Theory and Method of Multi-Source Information Fusion

多源信息融合理论与方法

吴彦华 陈慧贤 宋常建 呼鹏江
赵 娟 高兴荣 叶应流 编著

国防工業出版社
·北京·

内 容 简 介

本书从大家耳熟能详的小故事入手，类比多源信息融合的基本概念和根本任务，方便读者迅速把握该研究方向的核心思想，然后进行多源信息融合理论和方法的层层剖析，并通过应用场景的任务设置，展现多源信息融合的实现过程。从整体内容把握来看，本书是编者多年从事多源信息融合教学的经验总结，以深入浅出的方式，将专业的内容通过形象化的描述达到便于读者理解的目的。

本书适合初次进行多源信息融合学习的学生使用，也适合从事本科教学工作的教师使用。

图书在版编目（CIP）数据

多源信息融合理论与方法/吴彦华等编著．—北京：国防工业出版社，2024.5

ISBN 978-7-118-13203-8

Ⅰ．①多…　Ⅱ．①吴…　Ⅲ．①信息融合-教材　Ⅳ．①G202

中国国家版本馆 CIP 数据核字（2024）第 064764 号

※

国防工业出版社出版发行

（北京市海淀区紫竹院南路 23 号　邮政编码 100048）

天津嘉恒印务有限公司印刷

新华书店经售

*

开本 710×1000　1/16　**印张** 21½　**字数** 385 千字

2024 年 5 月第 1 版第 1 次印刷　**印数** 1—1600 册　**定价** 158.00 元

国防书店：（010）88540777　　书店传真：（010）88540776

发行业务：（010）88540717　　发行传真：（010）88540762

前言

信息融合因现代战争的作战需要而诞生，随着相关技术发展进入各行各业，涵盖内容交叉了若干学科。本书编写组相关成员在学习信息融合相关课程时，该门课程还是一门只面向相关专业研究生开设的课程。信息技术的日新月异，以及相关学科教育发展的需求，使得该门课程正逐步向本科生及有相关学习需求的非在校人士开放。

该门课程开设时间相对较短，而且内容涉猎很广，市面上的相关教材大多以“内容为王”，显得严肃高冷，往往更像专著，阅读和学习的门槛较高。本书的编写组成员都是长期耕耘于一线教学岗位上的教师，作为教师，更希望读者能够因为本书而对该门课程及其相关研究领域产生浓厚兴趣。因而，编写组在整理本书内容的基础上，在本书的可读性上也下了较多功夫，开了很多的研讨会，并在自己的课堂上加以揣摩和实践，采用了较多类比的方法，希望将抽象的内容具体化和现实化，使其显得更加亲切，所以该书里面有很多的内容来自编写组在大学课堂实际授课中的教案。当然在实际编写过程中，编写组也担心是否会因难度较大，而让读者失去“追书”的兴趣，因而列举了较多的实例进行解释。

由于信息融合涉及内容较多，专业也较复合，编写组在调研了市面上很多教材后，梳理编写逻辑，将本书分成 7 章。为了提高学习效果的针对性，每章小结采用了思维导图的形式将本章的知识体系予以梳理，希望给予读者直观印象，这也是编写组希望以读者为中心，换位思考做出的一些尝试。

第 1 章对多源信息融合的含义、研究内容、数学方法和应用等进行概述，由吴彦华教授和高兴荣讲师编写。吴彦华在国防科技大学从事该门课程的教学和建设工作，对该门课程有较深入的研究，作为主编对于全书的轮廓和梗概进行了整体设计和把握。第 2 章数据预处理主要介绍在信息融合中对信息数据进行预过滤预修正和量纲对准，时空配准以及数据关联等的方法，由宋常建讲师编写。第 3 章和第 4 章都是信息融合中的数据级融合，内容用两个任务——目标检测和目标跟踪作为牵引进行讲解，其中第 3 章由赵娟讲师和陈慧贤教授编写，第 4 章由陈慧贤教授和叶应流高级工程师编写。第 5 章特征级融合和第 6 章决策级融合分别对应了信息融合中的另两种融合级别，针对目标识别和综合决策的具体任务展开讲解，带有鲜明的功能导向，其中，第 5 章由吴彦华教授和高兴荣讲师编写，第 6 章由宋常建讲师编写。第 7 章态势评估与威胁估计面向信息战场军事应用，介绍了相关理论和方法，由呼鹏江讲师编写。全书的统稿工作由陈慧贤教授负责。

当然，编写组虽然做了很多工作，但仍是窥豹一斑，希望读者多提宝贵意见。

本书编写组

目录

第1章 概述

按照现在的互联网思维，最好能用一句话简洁地告诉大家，这本书说了什么。关于这个问题编写组研究了很久，最后得出结论，本书讲述了“三个臭皮匠赛过诸葛亮”的故事。

1.1 含　义

这个故事本身源自一个军事应用的传说，究其原因就是“一个臭皮匠”能力有限，没办法成为运筹帷幄的“诸葛亮”，而“多源信息”（三个臭皮匠）通过“融”实现了“合”（超越一个诸葛亮）的目标。这说明人们在很久以前就已经充分认识到了多源融合的重要性，而且也采用了很多方式付诸实践，早期形式较为单一，多以人作为主体直接参与。

从某种角度来看，目前多源信息融合的结果最终还是为人类所评价和使用，因而其处理过程仍仅限于人类对现实世界的认知领域。从唯物论的认识论出发，人类对现实世界的认识是一个由浅入深、由低到高、由片面到全面的过程。人类在认识过程中总是从对客观事物的诸多方面一一察觉开始，然后对察觉结果进行综合，总结出规律性认识，再循环往复、不断提高，实现对事物的准确认知。这就是由特殊到一般，并且不断发展变化的认识过程，其中由诸多察觉信息产生对事物的综合认识的过程就是信息融合的过程。

以人类对客观事物的认识为例，人可以将五官（对该事物）的察觉信息在头脑中融合。随着科学技术发展出现的各类探测传感设备和技术手段，实际上是感官的延伸，人们又可借由这些“感官”装置在陆、海、空、天范围内，采用信息系统进一步复刻这一过程。

图 1-1 展示了获取不同类型的众多客观事物信息（信息池）之后，进行源于同一事物的信息聚集（关联/相关）处理，以及对事物进行准确、及时的融合估计改善皆是信息融合的工作内容。这种基于综合认识的信息被称为融合信息，它能实现比单一察觉信息更全面、更准确的事物认知。

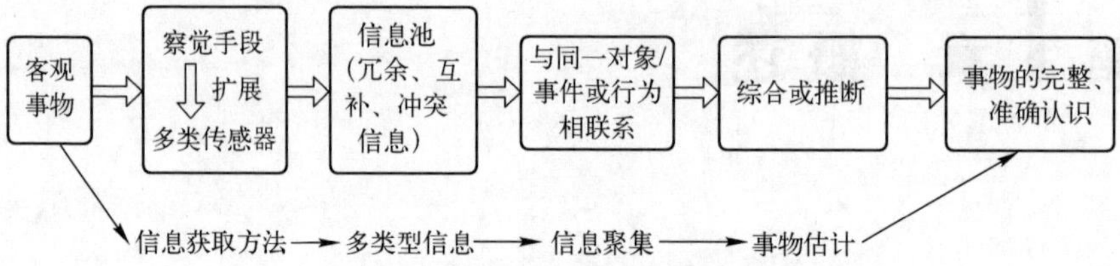

图 1-1　信息融合类比人类对客观事物的认识过程

如果将人类对客观世界的感知类比信息系统的感知与推断，可将其分为 5 个阶段，对应关系如图 1-2 所示。

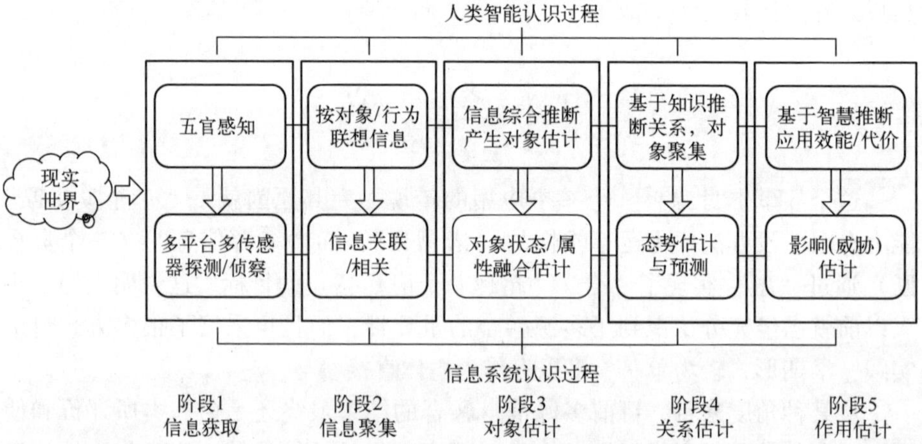

图 1-2　人类与信息系统 5 个阶段感知对照

从图 1-2 可以看出，信息系统对事物的认识过程就是采用信息技术模拟人类认知过程 5 个阶段的多源信息融合过程，包括客观事物信息融合获取、融合处理和融合应用，它们遍布物理域、信息域和认知域，是人类认识世界并改造世界不可或缺的技术途径和方法。

鉴于信息本身是一种抽象的内容，信息表现形式也并不统一（如文字、图像等），同时人们还无法界定信息获取的有效方法，经常呈现出信息太多但并不充分的情况，特别是关于信息融合的评价标准和结果也并不是唯一且具体的，因此信息融合技术在应用上难度很大。

1.1.1 基本概念

作为学习者，大家习惯从概念开始学习，但是在市面上选择相关教材时，总会有几个专有名词给大家带来疑惑，这几个名词近似却不一致，如数据融合、传感器融合等。早期这些概念区分并不清晰，这与当时的应用场景和技术的发展水平有关。这些概念的关联与区别，大家可以在信息、数据、信号等相关概念的区别与联系的基础上，参考图1-3做进一步理解。

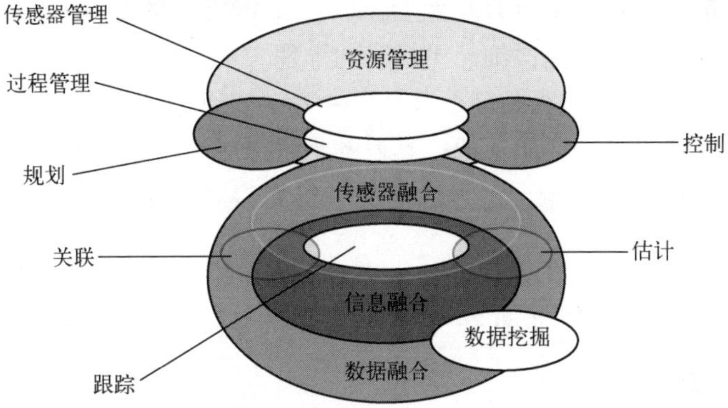

图1-3 相关概念的区别与联系

因为多源信息融合（multi-source information fusion）涉及的内容具有广泛性和多样性的特点，各行各业会按自己的理解给出不同的定义，且在不同的历史时期人们所关注的焦点不同，所以信息融合尚无统一和公认的定义。

1. 官方定义

在军事领域，信息融合技术应用得最先进、最成熟的国家当属美国。目前能被大多数研究者接受的信息融合的定义，是由美国三军组织实验室理事联合会（joint directors of laboratories，JDL）提出的，在不同的时期，JDL从军事应用的角度给出了以下几种信息融合定义。

JDL早期定义[1]：对来自单源和多源的数据和信息进行关联、相关和组合，以获得目标精确的位置和身份估计，完整、及时地评估战场态势和威胁。

JDL修正定义[2]：信息融合是一种多层次、多方面的处理过程，主要完成对多源数据的自动检测、关联、相关、组合和估计等处理，从而提高状态和身份估计的精度及对战场态势和威胁的重要程度进行适时完整的评价。

JDL当前定义[3]：信息融合是一个数据或信息综合过程，用于估计和预测实体状态。

从 JDL 对信息融合定义的演变过程可以看出，JDL 始终把信息融合看作一个信息综合过程，但信息融合所适用的范围却越来越宽，例如将对目标位置和身份的估计推广到更广义的状态估计。另外，信息融合的定义越来越简明，但包含的内容却越来越宽广。

2. 学者定义

除强调信息融合是一个过程外，一些学者也从信息融合实现的功能和目的方面对其进行了定义。

Hall 的定义[4]：信息融合是组合来自多个传感器的数据和相关信息，以获得比单个独立传感器更详细、更精确的推理。

Wald 的定义[5]：信息融合是一个用来表示如何组合或联合来自不同传感器数据的方法和工具的通用框架，其目的是获得更高质量的信息。

Li 的定义[6]：信息融合是为达到某一目的，对来自多个实体的信息进行组合。

1.1.2　发展过程及研究现状

1. 第一阶段

信息融合的第一阶段是数据融合。数据融合在概念上是指组合来自多（同类或不同类）传感器的探测数据和相关信息，以获得单一传感器无法得到的更准确可信的结论或高质量信息。

虽然数据融合概念起源于 20 世纪 70 年代，但更早期（美国和苏联在 20 世纪四五十年代，我国在 20 世纪六七十年代）就已经开始应用的多雷达情报综合方法——雷达-ESM 情报关联系统，实际上就是数据融合的初始范例，只是由于当时雷达探测性能差异较大，在多雷达情报处理方法上多采用人工或自动选主站（选择对目标探测效果最好的雷达）的方式进行情报综合，以单一主站对某批目标进行定位、识别与跟踪，因此融合特征尚不典型。在该综合方式下，当主站丢失跟踪目标时，由其他探测到该目标的雷达站（该批目标次站）进行补点或接替主站工作。由于两个雷达站探测精度的差异和非同步工作，在换站跟踪时，会出现目标航迹不连续或偏移现象，大大降低了目标跟踪的时效性和精度，对后续作战应用产生不利影响，这一缺陷是多雷达情报综合方式从选单一主站方式走向融合方式的主要动因。

同时，美国还率先开展多声纳信号融合系统的研究，研制了可自动探测出敌方潜艇位置的信息融合系统，随后开发的战场管理和目标检测系统，进一步证实了信息融合的可行性和有效性。然而同一时期的研究并不仅限于同类传感器的信息融合，第二次世界大战末期出现了一种综合利用雷达和光学两种信息的信息融合系统。

这些尝试的成功标志着信息融合理论和技术研究热潮的到来，使得信息融合开始作为一门独立的学科首先在军事应用中受到青睐。

2. 第二阶段

信息融合发展的第二阶段从1987年建立信息融合初级模型开始。信息融合与数据融合的第一个不同点在于信息源，信息融合除采用多传感器探测数据，还融入了其他信息源，如侦察情报（技侦、航侦、人工情报等）、其他军/民情报、开源文档，以及已有资料（数据库、档案库）信息等。这是由于从20世纪80年代开始，传感器技术飞速发展，使军事系统中的传感器数量急剧增加，传统的信息处理方式已无法满足现代军事作战的需求，因此，信息融合的研究工作成了军工生产和高技术开发等多方面所关心的核心问题。1985年，JDL下设的C^3I技术委员会成立了信息融合专家组（DFS），专门组织和指导相关的信息融合技术的研究，为统一信息融合定义、建立信息融合的公共参考框架做了大量卓有成效的工作，也从而一举奠定了美国在信息融合领域的领先地位。1988年，美国国防部把信息融合列为20世纪90年代重点研究开发的20项关键技术之一，且列为最优先发展的A类。从那以后，信息融合理论和技术便开始迅速发展起来，不仅在C^3I系统和C^4ISR系统等军事领域被广泛应用，而且逐渐向复杂工业过程控制、机器人导航、身份鉴定、空中交通管制、海洋监视、遥感图像、综合导航和管理等多领域方向扩展和渗透。

第二个不同点是信息融合方法和技术比数据融合难度更大，体现在从统计学和结构化模型迈向非结构化模型，以及基于知识的系统和人工智能技术的引入。从1987年起，美国三军信息融合年会、SPIE传感器融合年会、IEEE系统和控制论会议、IEEE航空航天与电子系统会议、IEEE自动控制会议、IEEE指挥、控制通信和信息管理系统（C^3MIS）会议、国际军事运筹学会议等也不断地报道信息融合领域的最新研究和应用开发成果。为了进行广泛的国际交流，1998年国际信息融合学会（International Society of Information Fusion，ISIF）成立，总部设在美国，每年举行一次信息融合国际学术大会，创立了*Information Fusion*国际刊物，系统介绍信息融合领域最新的研究进展和应用成果。1985年以来，国外信息融合领域活跃着许多学术研究团队，其中比较著名的有：Bar-Shalom、Willett和Kirubarajan的研究团队，Llinas的研究团队，Waltz的研究团队，Li和Jilkov的研究团队，Blackman的研究团队，

Hall 的研究团队，等等。他们的研究成果在信息融合领域具有非常重要的影响，是该领域的经典资料，同时他们对该领域的研究成果进行了系统总结，先后出版了许多有关信息融合方法的专著。主要有：Llinas 与 Waltz 的专著《多传感器数据融合》、Hall 的专著《多传感器数据融合中的数学技术》、Mahler 的《统计多源多目标信息融合》、Gros 的《NDT 数据融合》以及 Goodman 和 Mahler 的《数据融合中的数学》对信息融合研究的内容、应用和公共基础作了全面系统的论述；Hall 和 Llinas 的《多传感器数据融合手册》对常用的数据融合算法进行了汇总和概括；Varshney 的《分布式检测和数据融合》和 Dasarathy 的《决策融合》研究了分布式检测中的决策融合；Antony 的《数据融合自动化的原理》描述了数据融合中的数据库技术；Iyengar 和 R. Brooks 的《分布式传感器网络》介绍了分布式传感器网络信息融合的进展；Farina 和 Studer 的《雷达数据处理》，Blackmann 的《多目标跟踪及在雷达中的应用》与《现代跟踪系统的分析与设计》，Bar-Shalom 等的《跟踪与数据互联》《估计及在跟踪与导航中的应用》与《多目标多传感器跟踪原理与技术》，Ince 等的《综合水下监视系统原理》，Stone 和 Barlow 等的《贝叶斯多目标跟踪》，Luo 和 Michael 的《用于智能机器和系统的多传感器综合与融合》以及由 Bar-Shalom 主编的连续出版物《多传感器多目标跟踪方法与进展》则综合报道了信息融合在多目标跟踪领域的新思想、新方法和新进展。

第三个不同点是信息融合的研究领域从目标定位、识别与跟踪跨入态势/影响估计等高级感知领域。随着 20 世纪 80 年代后期“空地一体战”和 20 世纪 90 年代后期“联合作战”战略思想的出现，数据融合技术逐渐转向对跨军兵种和多维作战空间的多源信息融合研究，出现了以设计混合传感器和处理器为主要目标的第二代信息融合系统，形成了综合各种实时、非实时战场情报的面向战略、战术、火控等诸层面的人工智能系统。如全源信息分析系统（all-source analysis system，ASAS）作为陆军战术指控系统（army tactical command and control system，ATCCS）的 5 个分系统之一，对所有情报来源进行融合，每 7min 更新一幅态势图，能及时、准确、全面地提供敌方兵力部署与作战能力，分析薄弱环节，预测可能的行动方向。联合监视与目标攻击雷达系统（joint surveillance target attack radar subsystem，JSTARS）具有强大的空、海情报融合功能，安装在 E-8A 等预警指挥机上，承担空地一体作战指控任务。协同作战能力（cooperation engagement capability，CEC）已应用于宙斯盾和多艘战舰上，能对战斗群内几十艘战舰进行火力控制并可与陆基导弹、空中战机进行信息互通，其中的协同作战处理机（cooperative engagement processor，CEP）具有高实时、高精度数据融合功能。美军主要装备的战术数据链，如

Link 11、Link 16，由于传输带宽受限，虽然具有一定的航迹综合能力，但是缺乏完整意义上的数据融合功能，航迹质量与 CEC 相比差距较大。美军战斗标识评估小组（all services combat identification evaluation team，ASCIET）2001 年的一项测试报告显示，CEC 对一个目标会产生 1.06 个航迹，而 Link 16 为 1.35 个，Link 11 为 1.5 个，Raytheon 公司声称在 CEC 和非 CEC 设备的混合网络上采用其数据融合引擎，这一指标可以达到 1.2 航迹/目标。

第四个不同点是信息融合的应用领域从战略和战术预警扩展到支持整个作战过程（作战决策、指挥控制、火力打击及作战评估等）和民用领域（医学诊断、环境监测、状态维护、机器人等）的更大应用范畴。自 20 世纪 80 年代以来，美国三军总部对应用信息融合的战术和战略监视系统一直给予高度重视。美国国防部从海湾战争、科索沃战争中实际体会到了信息融合理论和技术的巨大潜力。因此，一直以来，美国都非常重视信息自动综合处理技术的研究，不断加大对信息融合理论和技术研究的人力、物力和财务投入，同时进一步升级 C^3I 系统，通过在 C^3I 中增加计算机，建立以信息融合中心为核心的 C^4I 及 C^4SR。巨大的人力、物力和财力的投入使得美国始终在信息融合系统开发方面居于世界领先水平，20 世纪 80 年代美国率先研制出应用于大型战略系统、海洋监视系统和小型战术系统的第一代信息融合系统。20 世纪 90 年代美国、英国和加拿大等国开始研发 ASAS（全源分析系统）、NCSS（海军指挥控制系统）、ENSCE（敌方态势估计）等第二代系统。20 世纪 90 年代以后，美国不断改进研制第三代信息融合系统，如 2001 年安装于沙特美军基地的“协同空战中心第 10 单元（TsT）”等。

3. 第三阶段

信息融合领域第一阶段和第二阶段的研究和发展目标，无论是在理论上还是在技术和应用实现上都力图建立一个能够自动运行的产品，并将其嵌入应用系统中或直接作为系统应用到相应业务活动中。为此，对于传统结构化数学模型和方法，如统计学、计算方法、数学规划，以及各种信息处理算法无法解决的目标识别、态势估计、影响（威胁）估计等高级融合问题，则求助于不确定性处理和人工智能技术。然而，当前不确定性处理技术，特别是人工智能技术的发展与高级信息融合的需求相去甚远。信息融合中的诸多问题离不开用户的参与，特别是融合系统运行过程中，离不开人的操作、选择、判断、行动、管理和控制这一无法回避的现实。

自 2005 年后，信息融合研究和设计者不得不反思“建立自动运行的融合产品/系统”这一目标的可行性和正确性，从而使信息融合领域理论和技术发展进入了第三阶段。该阶段的显著特征是致力于建立一个人在感知环中的信息融合系统，以在信息融合系统设计、运行、应用等各阶段通过与人的紧密耦合，发挥用户对信息融合的主导作用，以满足用户的应用需求。不难看出，第三阶段的目标又回归到信息融合学科的初衷——信息融合产生、发展的动因皆来自应用，当前正致力构建的用户—信息融合模型就是该阶段的典型代表。第三阶段信息融合的应用特征是随大数据概念、方法和应用出现的，大数据特征是海量数据规模、快速动态的数据体系、多数据类型和低数据价值密度；信息融合领域的大数据是指来源广泛、获取手段各异且有人参与和理解判定的数据集合。当前，大数据技术在工业、金融、经济、安全等现实社会各领域的应用方兴未艾。

包含用户主导的信息融合结构和大数据技术的应用将使信息融合在军事领域的应用扩展到观测、判断、决策与行动（OODA）各环节，并向闭环控制发展。从这个意义上说，虽然信息融合概念产生于军事应用领域，但实际上它是人类对现实世界各类事物的认识过程中早已应用的概念和方法，只是当前由于信息技术，特别是电子技术的发展，传感器和感知技术手段在能力、精度和自动化程度上得到极大提升，为人类认识能力的提升创造了新的环境条件和可行性，这就使信息融合技术更加体现出其在人类认知活动中的作用和巨大应用潜力，从而受到各应用领域普遍青睐和重视。进入 21 世纪以来，美国国防部、海军和空军进一步把信息融合作为 GIG、CEC、C^4ISR、C^4KISR 和弹道导弹防御中的关键技术，进行攻关研究。另外，欧洲的一些国家也启动了研究多源信息融合系统的研制计划，英国国防部将对信息基础设施进行信息系统融合，以提供“端到端的融合”。BAE 系统公司已成功验证了将地面和空中分散的传感器组网互联并融合两者信息的技术，此举使传感器节点网络中的全部数据都被实时地融合到了一幅单一的作战空间态势图中。目前，国外的信息融合系统正不断向功能综合化、三军系统集成化网络化发展，经过逐步集成和完善，最终将形成全球指挥控制系统。

与此同时，信息融合的应用正迈向世界和国家多领域融合、发展规律预测和战略规划等高端应用。

1.1.3 优点

1. 单传感器系统存在的问题（一个臭皮匠的劣势）

（1）单个传感器或传感器通道的故障，会造成量测的数据丢失，从而导致整个系统瘫痪或崩溃。

（2）单个传感器在空间上仅能覆盖环境中的某个特定区域，并且只能提供本地事件、问题或属性的量测信息。

（3）单个传感器不能获得对象的全部环境特征。

2. 多传感器系统的优势（三个臭皮匠的优势）

与单传感器系统相比，多传感器系统主要具有如下优点。

（1）增强系统的生存能力——多个传感器的量测信息之间有一定的冗余度，当有若干传感器不能利用或受到干扰，或某个目标或事件不在覆盖范围内时，一般总会有一个传感器可以提供信息。

（2）扩展空间覆盖范围——通过多个交叠覆盖的传感器作用区域，扩展了空间覆盖范围，因为一个传感器有可能探测到其他传感器探测不到的地方。

（3）扩展时间覆盖范围——用多个传感器的协同作用提高检测概率，因为某个传感器在某个时间段上可能探测到其他传感器在该时间段不能顾及的目标或事件。

（4）提高可信度——因为多个传感器可以对同一目标或事件加以确认，一个传感器探测的结果也可以通过其他传感器加以确认，从而提高探测信息的可信度。

（5）降低信息的模糊度——多传感器的联合信息降低了目标或事件的不确定性。

（6）增强系统的鲁棒性和可靠性——对于依赖单一信息源的系统，如果该信源出现故障，那么整个系统就无法正常工作，而对于融合多个信息源的系统来说，由于不同传感器可以提供冗余信息，当某个信息源由于故障而失效时，系统依然可以根据其他信息源所提供的信息正常工作，系统具有较好的故障容错能力和鲁棒性。

（7）提高探测性能——对来自多个传感器的信息加以有效融合，取长补短，提高了探测的有效性。

（8）提高空间分辨率——多传感器的合成可以获得比任何单传感器更高的分辨率。

（9）成本低、质量轻、占空少——多传感器的使用，使对传感器的选择更加灵活和有效，因而可达到成本低、质量轻、占空少的目的。

3. 信息融合的优势（诸葛亮的过人之处）

信息融合的优势主要指信息融合能够获得与单一信息源相比的众多优势，其在应用上提高了信息的利用率和应用效能，这也是信息融合产生和发展的原动力。从当前信息融合理论与应用发展状况看，信息融合的优势主要包括以下几个方面。由于这方面已有许多文献和书籍描述，这里仅作简述。

1）范围扩展优势

范围扩展包括情报覆盖范围扩展和应用覆盖领域扩展。随着探测介质类型的扩展和新的探测机理的出现，传感器探测能力不断提高；随着探测平台动力性能的提升和活动空间的扩大，传感器探测和监视的空间和时间范围日趋扩展，目前已全天候覆盖陆、海、空、天、电磁诸维度。然而，只有通过信息融合才能实现对传感器时空覆盖范围的实时、一致感知，消除态势模糊和混乱，使决策者和指挥者避免被信息海洋所淹没，透过迷雾，知己知彼。随着信息融合理论、方法和技术的日益成熟和领域的扩展，应用范围正在向三个方向发展：

第一个方向是向底层，即向原始测量信息融合延伸，为适应弱信号目标（隐身和干扰环境、低慢小和高速运动目标）的检测与跟踪需求，目前已出现测量信号级融合技术。第二个方向是向跨领域扩展，随着信息源类型的增加，特别是各类情报收集手段和途径进入信息融合领域，以及大数据技术的应用，信息融合学科应用正步入跨学科、跨专业、跨部门阶段。这里的跨学科是指信息融合多学科发展的边缘特性，使其从诞生于多学科应用向推动多学科融合发展迈进，这是由于每个学科的发展都需要与其关联的其他学科知识，需要借鉴其他相关学科的原理和技术，而信息融合恰恰能促进多学科融合发展历程；信息融合的跨专业、跨部门应用已屡见不鲜。第三个方向是信息融合的应用正在向高层上升，随着跨行业、跨部门情报的获取，特别是大数据理论和方法的应用，以及用户（决策者、操作者、控制者）对信息融合起主导作用，信息融合正出现在国家级发展战略决策、跨国经济发展预测，以及多领域（地缘政治、民族宗教、能源开发、经济发展等）关联影响分析等高层应用中，当前世界各经济和军事大国在战略发展规划和路线图论证与规划中，无不采用信息融合技术。

2）统计优势

从提升战场感知能力的角度来看，融合多传感器数据与单传感器相比存在多项统计优势。首先，如果采用多个同类传感器跟踪同一运动目标，统计组合多传感器观测数据能够改善目标状态（位置和速度）估计。例如，采用最优方法融合 N 个独立观测能够获得多源信息融合的第一个统计优势为，即目标位置和速度统计估计的改善因子与 $\sqrt{N}$ 成正比，这里的 N 个观测可由多传感器独立获得，也可由单传感器 N 次独立测量获得。此处采用的最优方法是指对同一目标的探测覆盖率较高时（观测该目标的传感器数量较多），可以根据融合位置精度要求，选择精度较高的目标测量，剔除低精度测量，以获得满足需求的目标融合位置精度。在工程应用中，通常将多源目标融合定位精度指标设定为不低于单传感器定位精度，就是以较充分的测量为前提。当对同一目标的测量覆盖率较低、测量数据较少时，无法获得高精度的统计估计结果。多源信息融合的第二个统计优势是能够提高目标跟踪的连续性和时效性。多传感器同时跟踪一个目标时，若目标机动致使某（些）传感器丢失该目标，只要有一个传感器未丢失，就能对该目标连续跟踪，并且融合的位置会使目标航迹平滑衔接，这对跨区域大范围连续跟踪目标至关重要，能大大扩展拦截作战范围，提高时效性。多源信息融合的第三个统计优势是能够提升态势的完整性和清晰性，包括提高真目标航迹率、减少漏警率、降低假航迹率、减小模糊航迹（冗余航迹和假航迹）率，从而减少目标标识（批号）变化率，增加目标航迹长度。多源信息融合的第四个统计优势是提高作战识别（CID）率，包括目标特征的统计积累、态势要素的统计积累、态势的统计分类、自底向上和自顶向下的不确定性变换和统计推理、支持目标的尽早发现和预警、属性识别与威胁估计，以及后续的作战决策和火力打击行动。

3）信息互补优势

多源信息融合所实现的信息互补优势包含下述几个方面。

一是传感器探测机理和探测能力的互补，包括多介质互补、多频段互补、多模式互补、多分辨率互补、有源与无源探测互补，以及传感器部署与探测范围互补等。这种能力互补能够提高战场感知目标的完整性、探测的精确性和隐蔽性，是实现早期预警、正确决策和快速行动的前提。

二是对目标的定位与识别的互补。通常，对目标的定位和跟踪与对目标的识别采用的是不同介质和机理的传感器，如有源雷达（定位跟踪为主）、无源雷达（ESM，以识别为主）、图像传感器（SAR、红外、可见光等）等。在融合处理过程中，只有将定位跟踪信息与识别信息相结合，才能克服如关联/相关模糊、目标机动判定延误等难点，实现尽早发现预警、打击目标尽快锁定，支持威胁估计、作战决策和火力打击。

三是情报信息与传感器数据互补。情报信息通常指侦察情报、人工情报和开源文档情报，其以准实时或非实时预存方式提供使用，在作战活动的征候判断、预先威胁估计和早期预警中，起到重要作用。例如，在弹道目标预警中，通过侦察到的对方弹道导弹部署和活动情况，能够初步判断其可能动用弹道导弹的征候；而在红外预警卫星探测发现某弹道导弹点火发射之后，尚不能确定其来袭方向，此时，依靠侦察情报预知的该导弹发射平台（发射井）担负的任务和平时训练信息，即可估计出其来袭方向，甚至能够估计出其打击目标，从而尽早实现反导预警。

四是非实时信息与实时信息互补。这对高级融合即态势估计与威胁估计至关重要，仅依靠实时探测信息是无法实现态势估计与威胁估计的，特别是对敌方作战意图的估计和敌方可能采取的伪装和欺骗手段的判断，在实时信息确定敌方兵力平台位置之后，只有依靠包括国际形势、地缘政治和军事态势等在内的非实时或准实时信息，才能正确判断敌方意图和可能受到威胁的我方目标。

五是人与机器的互补。没有用户参与的信息融合系统无法满足应用需求，这已成为不争的事实。通过人的认知能力和判定能力与机器的自动处理能力互补，才能实现及时、准确、完整、连续的态势感知，获得信息优势，为应用行动优势提供支撑。

4）识别和判定优势

信息融合的目标是为应用提供态势感知，而态势感知中有大量需要识别和判定的问题。比起单源信息处理，多源信息融合有着不可比拟的识别和判定优势，主要表现为在多传感器信号融合检测中能尽早识别发现有较大威胁的隐身战略轰炸机和弹道导弹/巡航导弹等目标。在目标融合定位、识别与跟踪中，多传感器信息融合能够尽早识别和检测出目标状态变化（机动）和变化出现时间，实现对目标的精确、连续跟踪。在目标识别中，能够基于多介质、多手段、多传感器提供的目标特征信息，融合识别目标属性/身份，并基于内部、外部和周边关系信息对目标属性进一步识别和验证。例如：有源雷达提供的目标位置和雷达截面积与无源传感器、敌我识别传感器提供的目标特征和身份信息融合，能显著提高目标识别率；多介质图像传感器信息融合能够实现目标隐蔽跟踪和识别；侦察情报与实时探测情报融合能够识别导弹型号；等等。在战场态势估计中，需要在多传感器信息融合基础上，接入技侦、航侦和战场侦察提供的外部有关信息（国际政治、经济、军事形势），并与预先收集的信息相结合，估计和识别战场对象、环境要素、作战意图之间的关系，以估计敌方企图、能力和脆弱点，支持我方取得信息优势和决策优势。此外，在融合系统运行过程中，指挥官利用机器自动计算能力，发挥人的认知思维和即时响应能力，通过操作者和控制者可实现对任何应用阶段、任何融合级别出现的识别和判定问题的理解、认知判定和干预，实现判定信息融合（DEC-IF）。例如，能够及时识破敌方的伪装、隐蔽和欺骗手段，准确识别敌方意图、作战计划、行动路线，同时能够注入、预测和估计敌方对我方态势的感知程度，以影响敌方的判断、决策和行动，通过行动信息融合（ACT-IF），实现“观察—调整—决策—行动”（OODA）闭环的作战对策控制，为基于我方意图塑造战场态势，获得作战优势提供支撑。

5）应用支持优势

信息融合产品/系统的应用包括微观应用和宏观应用两类。微观应用可视为局部应用，主要指单一平台或单一业务环节的应用，如医生采用正电子断层扫描——核磁共振成像（PET-MAR），就能获得融合图像，以判断病情；司机只需察看驾驶室中的仪表，就能感知道路、车辆和周边状态；操作员只需观察雷达扫描屏即可得知目标位置；指挥员通过察看多雷达融合显示画面，能够知悉空中态势；等等。微观应用在民用领域非常广泛，在军事领域则通常指0级和1级融合，即目标检测、定位、识别和跟踪应用。宏观应用可视为大范围、多环节或全局性应用，也可称为高级融合应用，通常涉及融合众多信息源和广域内设置的多探测平台和传感器信息，在民用上支持如跨地区（跨国）制造业或商业信息系统、政务或社会管理信息系统，以及国家和地区发展规划和高层决策。在军事上，态势估计和威胁估计为决策提供支持就属于宏观应用范畴。当前，随着接入信息从多传感器向多手段、多平台、多介质的扩展，以及高级信息融合方法和模型的出现，信息融合系统正在逐渐覆盖从微观到宏观的各个应用领域，解决各应用领域中依靠单一信息源无法解决的应用难题。在军事领域，信息融合的主要应用支持优势如下。

（1）微观应用向信号级融合应用延伸，以解决单一传感器无法探测和跟踪隐身目标、低慢小目标和强干扰环境目标的难题，支持目标的早期发现和预警。

（2）1级融合应用向异类传感器（如有源和无源传感器）和多介质传感器（多介质图像）信息融合应用发展，以解决目标识别、目标机动判定、相关/关联中的模糊性等难题，提高目标信息的完整性、连续性和准确性，支持指挥决策和精确打击。

（3）2级融合向多类情报获取手段（技侦、人工、开源、数据库等）扩展，解决战场态势要素关系、聚集和知识表示，以及态势估计、识别和预测问题，支持威胁估计、作战决策和效果评估。

（4）3级融合向外部和关系信息扩展，增加了任务信息、社会/政治/经济/民族宗教信息，以及历史背景和地理环境信息，解决威胁企图、能力和威胁时机，以及伪装、隐蔽和欺骗识别等难题，提高战略和战术预警及战场控制能力。

（5）用户参与信息融合设计、运行控制和信息分发，将融合功能从多源探测和侦察信息融合扩展到判定信息融合和行动信息融合，这是达成信息融合评估与精练，提升应用支持能力的主要途径。用户的参与能实现信息融合与应用任务的紧密耦合，在各个任务环节上对作战活动提供支持，是实现体系作战优势的关键。

1.2 基本架构

“三个臭皮匠”必须有效互补才能达到“诸葛亮”的水平，否则也有可能适得其反，所以“三个臭皮匠”如何进阶为“诸葛亮”是多源信息融合的研究内容。

1.2.1 系统结构

1. 集中式结构

这个结构就是“三个臭皮匠”独立工作时只搜集相关情报，不对情报作出决策，只有三方碰头时，才统一对搜集的情报进行决策。

以目标跟踪为例，集中式结构的特点是将各个传感器的量测传给融合中心，由融合中心统一进行目标跟踪处理。该结构充分利用了传感器的信息，系统信息损失小，性能比较好，但系统对通信带宽要求较高，系统的可靠性较差。根据传感器量测是否处理，可将集中式结构具体分为两种形式：无跟踪处理的集中式结构和有跟踪处理的集中式结构，具体如图 1-4 所示。

无跟踪处理的集中式结构见图 1-4（a）。在该结构中，所有传感器的量测都不经过跟踪处理，只是起数据收集作用，得到量测后，将量测直接传送给融合中心，由融合中心集合所有传感器的量测进行跟踪处理。无跟踪的集中式结构最大可能地利用传感器信息，可对无法由单传感器跟踪的弱目标形成航迹，并且结构简单，仅在融合中心存在跟踪处理过程。在无跟踪的集中式结构中，对融合中心的处理能力要求非常高，对各传感器的处理能力要求比较低，对通信带宽的要求非常高，系统可靠性差。系统的跟踪结果完全取决于融合中心，融合中心一旦出现故障，整个系统就会完全崩溃。需要注意的是，由于各传感器不在同一参考空间带来配准误差，无跟踪的集中式结构产生虚假航迹的概率相对于各传感器自行跟踪要高很多，并且会大大降低系统的性能。

有跟踪处理的集中式结构见图 1-4（b）。在该结构中，传感器模块本身具有跟踪处理能力，利用传感器自身获取的量测形成目标航迹，将跟踪处理关联的量测传送给融合中心，由融合中心进一步实现各传感器量测的综合跟踪处理。相对于无跟踪处理的集中式结构，有跟踪处理的集中式结构的系统

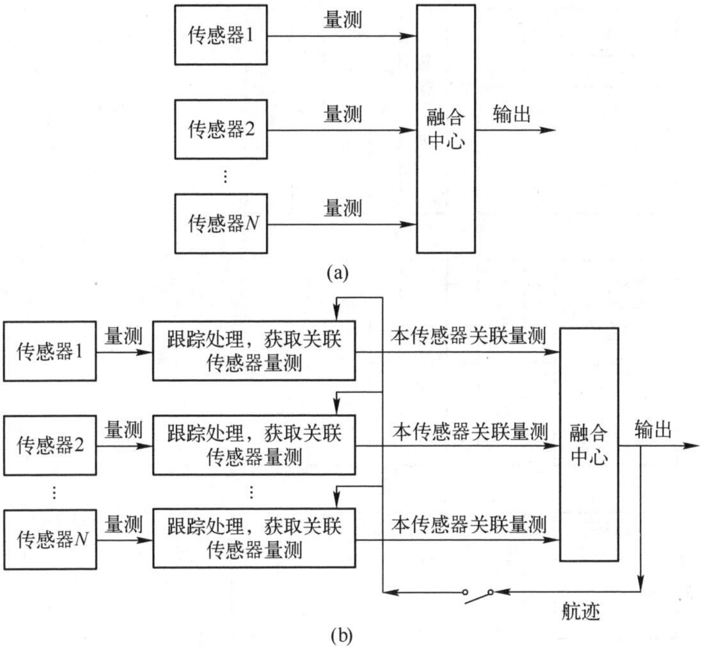

图 1-4　集中式结构

（a）有跟踪处理；（b）无跟踪处理。

信息损失较大，性能略差，对融合中心处理能力要求降低，对传感器处理能力要求升高，处理通信带宽要求降低，系统可靠性增强。融合中心的跟踪结果可以反馈回各传感器的跟踪处理环节，改善各传感器局部航迹的性能，但通信带宽的要求明显增加，传感器的跟踪处理复杂度上升。

多传感器数据融合有三种基本方法：①直接进行传感器数据融合；②以特征矢量表示传感器数据，然后进行特征矢量融合；③对每个传感器数据进行处理，获得高层推论或决策，然后进行决策级融合。各种方法利用不同的融合技术，如图 1-5 所示。

如果多传感器数据是匹配的（这些传感器量测的是相同的物理现象，如两个视觉图像传感器或两个声学传感器），那么这些原始的传感器数据可以直接融合。典型的原始数据融合技术包括经典估计方法，如卡尔曼滤波。反之，如果传感器数据不匹配，那么这些数据必须在特征/状态矢量层或决策层进行融合。

特征层融合包括传感器数据典型特征的提取。一个特征提取的例子就是漫画家运用关键的面部特征来代表人的面部，通过关键的特征使大家识别出

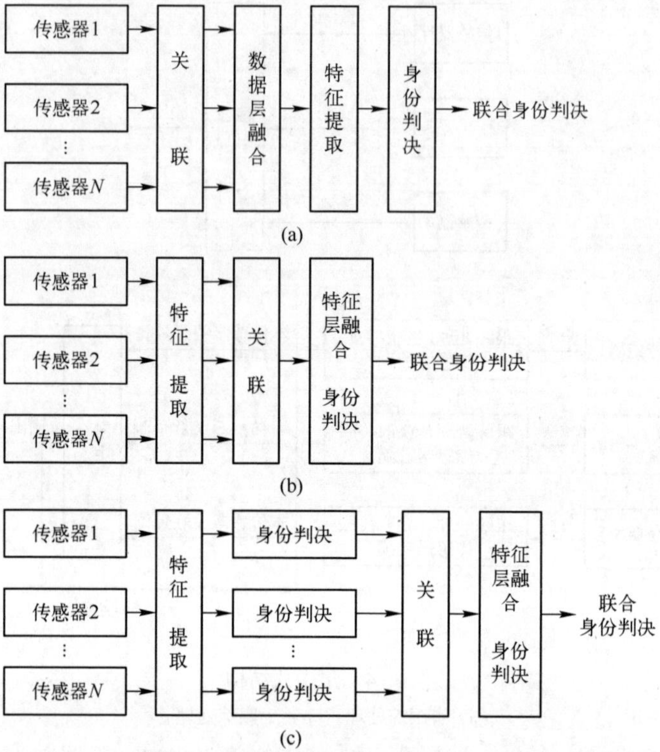

图 1-5 各种方法利用的不同融合技术

（a）直接传感器数据融合；（b）以特征向量表示传感器数据，然后对特征向量进行融合；（c）每个传感器分别处理后获得高层推论或决策，之后进行融合。

某个著名人物，这种技术在政治讽刺漫画中很普遍。有证据表明人类可以利用基于特征的认知功能来识别物体。在多传感器特征层融合中，先从多个传感器的量测中提取特征，然后将这些特征组合成单一的特征矢量，输入模式识别过程中，最后利用神经网络方法、聚类算法或模板方法等模式识别方法进行识别。

决策层融合是在每个传感器已经初步确定了一个实体的位置、属性、身份之后，再将这些信息进行融合。决策层融合方法有加权决策法（表决法）、经典推理法、贝叶斯推理法和 D-S 方法。

2. 分布式结构

分布式结构的特点是先由各个传感器对所获取的量测进行跟踪处理，再对各个传感器形成的目标航迹进行融合。该结构的信息损失大于集中式结构，性能较集中式略差，但可靠性高，并且对系统通信带宽要求不高。

分布式结构具体分为三种形式：有融合中心的分布式结构，无融合中心、共享航迹的分布式结构，以及无融合中心、共享关联量测的分布式结构。

有融合中心的分布式结构见图1-6（a）。在该结构中，传感器本身具有跟踪处理能力，利用传感器自身获取的量测形成目标航迹，将形成的目标航迹传送给融合中心，由融合中心进一步实现各传感器航迹的融合处理。有融合中心的分布式结构与有跟踪处理的集中式结构近似，差别在于有跟踪处理的集中式结构在各传感器跟踪处理后，传递给融合中心的是关联量测；有融合中心的分布式结构在各传感器跟踪处理后，传递给融合中心的是目标航迹。与有跟踪处理的集中式结构相比，有融合中心的分布式结构的系统信息损失略大，性能略低，系统可靠性基本与之相当，对融合中心处理能力要求降低，传感器处理能力相当，通信带宽基本与之在同一数量级。在有融合中心的分布式结构中如果存在反馈环节，可以改善各传感器局部航迹的性能，但对通信带宽的要求明显增加，传感器跟踪处理复杂度上升。反馈环节的加入并不能改善融合系统的性能，但可以提高传感器局部航迹的估计精度。

无融合中心、共享航迹的分布式结构见图1-6（b）。在该结构中，传感器本身具有跟踪处理能力，利用传感器自身获取的量测形成目标航迹，将形成的目标航迹传送至通信链路，同时传感器从通信链路中接收其他传感器发送的航迹信息，将本传感器的航迹信息与其他传感器的航迹信息进行航迹融合处理。航迹融合处理结果可以反馈到本传感器的跟踪处理环节，改进本传感器的跟踪性能。与有融合中心的分布式结构相比，无融合中心、共享航迹的分布式结构的系统信息损失相当，性能也基本相当，不再存在融合中心节点，传感器处理能力要求提高，通信带宽要求相当。特别要强调的是，由于不存在融合中心，这种结构的系统可靠性非常高，任何一个节点的损坏，对于整个系统的影响都非常小，系统仍然可以鲁棒地工作。

无融合中心、共享关联量测的分布式结构见图1-6（c）。在该结构中，传感器本身具有跟踪处理能力，利用传感器自身获取的量测形成目标航迹，将跟踪处理关联的量测传送至通信链路，同时传感器从通信链路中接收其他传感器发送的关联量测信息，将其他传感器的关联量测信息引入跟踪处理环节，改进本传感器的跟踪性能。与无融合中心、共享航迹相比，无融合中心、共享关联量测的分布式结构的系统信息损失较小，性能略高，同样不存在融合中心节点，对信源处理能力要求、通信带宽要求基本相当。同样，由于此结构中不存在融合中心，系统可靠性非常高，任何一个节点的损坏，对于整个系统的影响都非常小，系统仍然可以鲁棒地工作。

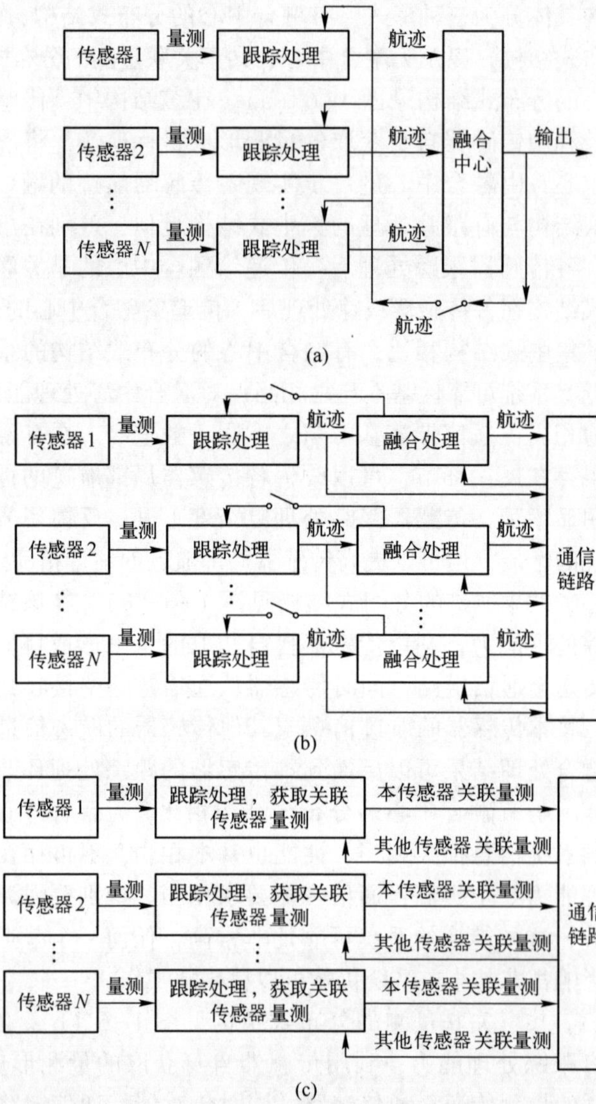

图 1-6　分布式结构

（a）有融合中心；（b）无融合中心、共享航迹；（c）无融合中心、共享关联量测。

3. 混合式结构

混合式结构是集中式和分布式两种结构的组合，同时传送各个传感器的量测及各个传感器经过跟踪处理的航迹，综合融合量测及目标航迹。该结构保留了集中式和分布式两种结构的优点，但在通信带宽、计算量、存储量上一般要付出更大的代价。

1.2.2　功能模型

功能模型是从融合过程的角度，表述信息融合系统及其子系统的主要功能、数据库的作用，以及系统工作时各组成部分之间的相互作用关系。在信息融合功能模型的发展过程中，JDL 模型及其演化版本占据十分重要的地位，是目前信息融合领域使用最为广泛、认可度最高的一类经典的功能模型，并被广泛应用于军事和民用领域。其他的功能模型还包括修正瀑布模型[7]、情报环模型[8]、Body 模型[9]、混合模型[10]等。

1. 经典的功能模型

1）JDL 模型

1984 年，美国国防部成立数据融合联合指挥实验室，提出了 JDL 模型。经逐步改进和推广使用，JDL 模型已成为美国国防信息融合系统的一种实际标准。最初的 JDL 模型包括第 1 级处理即目标位置/身份估计、第 2 级处理即态势评估、第 3 级处理即威胁估计、第 4 级处理即过程优化、数据库管理系统等功能，1992 年人们将信息预处理模块引入 JDL 模型中，从而形成了信息融合功能模型的基本结构，如图 1-7 所示。

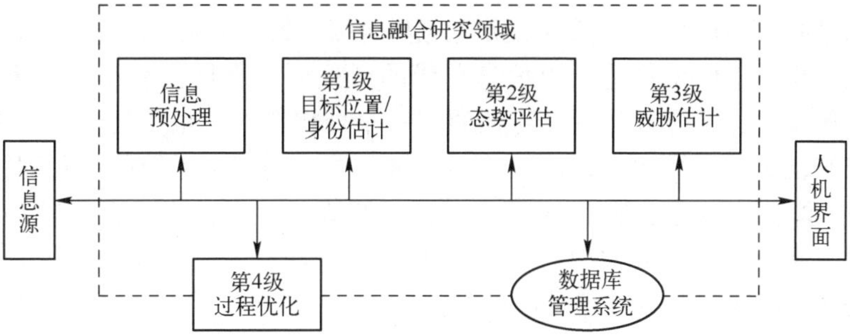

图 1-7　JDL 模型

信息预处理功能主要指初级过滤，它自动控制进入融合系统的数据流量，即根据观测时间、报告位置、数据或传感器类型、信息的属性和特征来分选和归并数据，以控制进入融合中心的信息量。此外，信息预处理功能还将数据进行分类，并按后续处理的优先次序进行排列。

第 1 级处理即目标位置/身份估计，由数据校准、互联、跟踪和身份融合组成。数据校准将各传感器的观测值变换为公共坐标系，包括坐标变换、时间变换、单位转换等；互联将各传感器的数据分为一系列组，每组代表某一目标；跟踪是融合各传感器信息，获得最佳融合航迹；身份融合是综合与身份有关的数据进行身份识别，采用技术主要有聚类方法、神经网络、模板法、D-S 证据理论及贝叶斯推理方法等。

第 2 级处理即态势评估，包括态势的提取和评估。首先由不完整的数据集合建立一般化的态势表示，对前几级处理产生的兵力分布情况给出一个合理的解释，其次通过对复杂战场环境的正确分析与表达，导出敌我双方兵力的分布推断，给出意图、行动计划和结果。

第 3 级处理即威胁估计，包括确定我方和敌方力量的薄弱环节，我方和敌军的编成估计、危险估计、临近事件的指示和预警估计、瞄准计算和武器分配等。

第 4 级处理即过程优化，主要包括采集管理及系统性能评估功能。采集管理用于控制融合的数据收集，包括传感器的选择、任务分配及传感器工作状态的优选和监视等。传感器任务分配要求预测动态目标的未来位置，计算传感器的指向角，规划观测和最佳资源利用。性能评估进行系统的性能评估及有效性度量。此外，过程优化还进行各融合功能的需求分析，以及对通信设施、武器平台等资源的管理。

此外，数据库管理系统、人机界面也是信息融合系统的重要组成部分。

信息融合系统并没有刻意去规定数据融合级别的严格顺序，这一点从图 1-7 就可以看出，即模型构造是以信息总线的形式而不是用流程结构来表示的。但是一般来讲，系统设计者都习惯假定一个处理顺序。很明显，在应用中需要用户来规定某种顺序，以便解决不同级别、不同层次系统的各种问题。在 JDL 模型中，信息融合级是按照一个有序的流程执行的。但在实际环境中，信息融合系统的各个级别中会有大量的并发行动，尤其在第 2、3、4 级中，这也是 JDL 模型没能描述清楚的地方。

2）JDL-User 模型

2002 年 E. P. Blasch 在基本的 JDL 模型基础上提出了更符合工程实际、也更具操作性的 JDL-User 模型[11]，如图 1-8 所示。

在 JDL-User 模型中，信息融合分为 6 级，下面对其各级别的功能进行简要的介绍。

第 0 级为预处理过程，在像素/信号级数据关联的基础上估计、预测信号/目标的状态。

第 1 级为目标估计过程，包括目标状态和属性估计两个方面。在关联量测与跟踪的基础上，估计目标的状态，如空间位置和速度；对传感器数据进

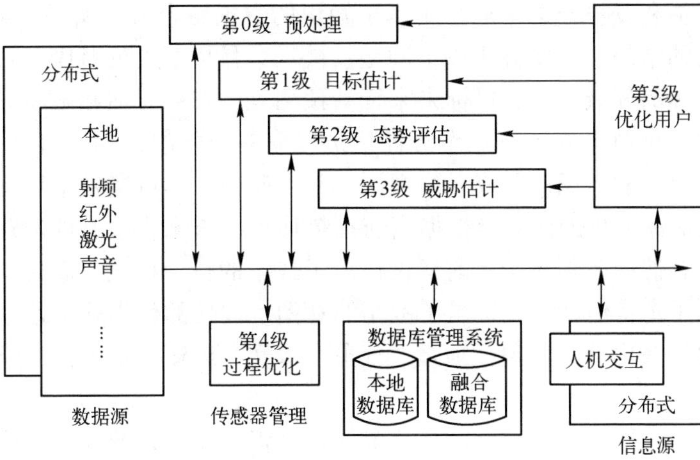

图 1-8　JDL-User 模型

行特征提取和处理，估计目标的身份。其中目标的状态估计即传统 JDL 中的位置融合。

第 1 级融合处理要考虑的第二类问题是属性融合，也称身份融合。属性融合按功能或结构可分为数据级、特征级和决策级。在数据级融合中，将每个传感器的属性观测数据进行融合，提取特征矢量，进一步转变成身份报告。数据级属性识别常用的方法有模板法、聚类分析、自适应神经元网络等。在特征级融合中，首先将每个传感器的属性观测数据进行特征矢量提取，使用神经网络或聚类算法将这些特征矢量进行融合，得到融合目标身份报告。决策级融合则是将每个传感器根据各自的属性量测数据进行目标身份的初步报告，可使用数据级及特征级的算法来完成；再进一步应用决策级融合技术，如经典推理、贝叶斯推理、D-S 证据推理、广义证据处理等，将各个传感器提供的目标身份的初步报告进行融合，完成目标身份估计。

位置融合与属性融合并不是截然分开的，位置与属性融合能够解决单纯的位置融合或属性融合不能解决的问题。例如，在跟踪算法中融入属性信息可以提高分辨目标的能力。在数据关联时，引入属性信息，可提高杂波环境中多目标跟踪的性能。

第 2 级为态势评估过程，根据第 1 级处理提供的信息对战场上的战斗力量分配情况等进行评估，从而构建整个战场的综合态势图。

第 3 级为威胁估计过程，在态势评估的基础上，考虑各种可能的行动及武器配置等，估计出作战事件出现的程度和严重性，并对作战意图做出指示与告警。

态势评估和威胁分析一般采用基于知识的数据融合方法实现，解释第1级处理系统的结果。主要分析以下问题：被观察目标所处的范围、目标之间的关系、目标的分级组合、目标未来行动预测等。态势评估和威胁分析的任务密切相关，但侧重点不同。态势评估是建立关于作战活动、事件、机动、位置和兵力等要素组织，形成一张视图，并由此估计出可能发生和已经发生的事情。而威胁分析的任务是根据当前态势估计出未来作战事件出现的程度或严重性。它们的区别在于，前者仅指出了敌军的行为模式，而后者对其威胁能力给出了定量估计，并指出了敌军的意图。评估的依据除了通过各种传感器所获得的数据外，还包括地理、气象、水文、运输乃至政治、经济等各种因素。

第4级为过程优化过程，可在整个融合过程中监控系统性能，识别增加潜在的目标，并根据实际需要，随时改变传感器部署，这一部分也称传感器管理。传感器管理构成了信息融合的闭环反馈环节，有助于实现整个系统性能的优化。

传感器管理的目的是利用有限的传感器资源，在满足某种具体的战术要求下，在要求的空域，对多个目标进行跟踪，以某一综合最优准则，对传感器资源进行合理分配，包括选择何种传感器、该传感器的工作方式及参数等。

多传感器资源管理系统可对多种（个）传感器，包括单平台及多平台多传感器系统，地理上分布的多传感器网络（如多雷达组网）实行时间、空间管理及模式管理，它完成的功能有目标排列、事件预测、传感器预测、传感器对目标的分配、空间和时间控制及配置与控制策略。

第5级为优化用户过程，自适应地决定查询和获取信息的用户，自适应地获取和显示数据以支持决策制定和行动。

其他的辅助支持系统包括数据库管理系统和人机交互等部分。

在JDL-User模型中，如何发现被观测对象的空间位置，也就是目标跟踪，是多源信息融合的最基本的功能，位于6级模型的第1级。这部分是目前多传感器融合最活跃和发展最快的研究领域。

3）JDL其他修正模型

1998年Steinberg等提出一种JDL修正模型[3]，该模型将图1-7中的“威胁估计”改为“影响估计”，从而将功能模型的应用从军事领域推广到民用领域。之后，随着信息融合技术应用领域越来越宽，所要解决的问题日益复杂，许多专家在多源信息融合功能模型中增加了人的认知优化功能，相应的JDL模型可以修改为如图1-9所示的结构。

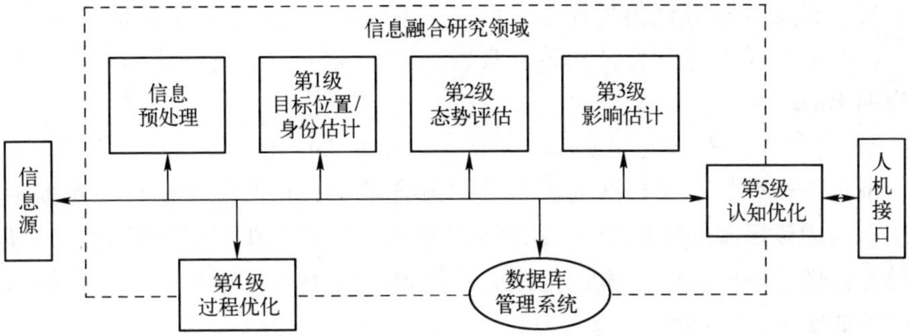

图 1-9　JDL 模型

2. 其他功能模型

1）修正瀑布模型（modified waterfall fusion model，MW）

瀑布模型由 M. Bedworth 等于 1994 年提出，广泛应用于英国国防信息融合系统，并得到了英国政府科技远期规划数据融合工作组的认可，如图 1-10 所示。它重点强调了较低级别的处理功能。它的信号获取和处理、特征提取和模式处理环节对应 JDL 模型的第 0、第 1 级处理，而态势评估和决策制定分别对应于 JDL 模型的第 2、第 3 和第 4 级处理。尽管瀑布模型的融合过程划分得最为详细，但是它并没有明确的反馈过程，这是瀑布模型的主要缺点。为此，有学者提出修正瀑布模型，在修正瀑布模型中存在反馈循环，包括开环控制和反馈回路控制。

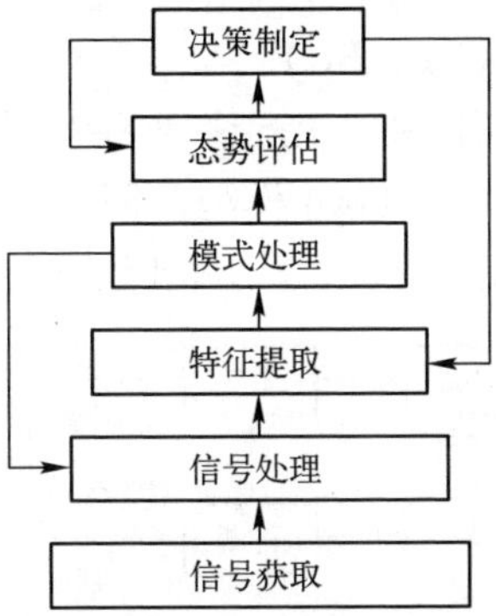

图 1-10　修正瀑布模型

修正的瀑布模型是一种面向行为控制的模型。它包含了修正的局部反馈环。

（1）从决策制定到态势评估，反映态势改进及做出的新的控制行为。

(2) 从模式处理到信号处理，反映改善的模式处理对态势评估的影响。

(3) 从决策制定到特征提取，反映改善的决策对提高特征的处理和制定行为的影响。

2) 情报环模型 (intelligence cycle-based model, IC)

情报环模型是宏观数据处理的数据融合模型，它对应于修正瀑布模型的顶层。因为该模型的底层模块没有清楚地表示出来，即底层的行为和处理模块没有在情报环模型中具体细化，所以该模型比 JDL 模型和修正瀑布模型更抽象，如图 1-11 所示。

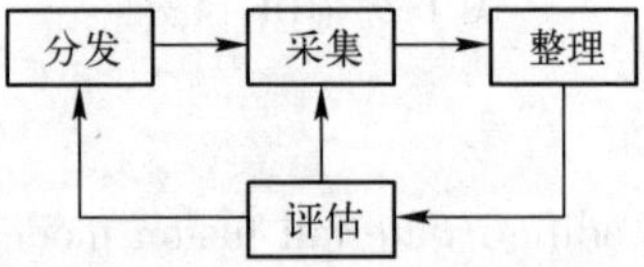

图 1-11 情报环模型

由于数据融合处理中一些循环处理在 JDL 模型中无法体现，情报环模型旨在体现出这些循环特性，它主要由以下四部分组成。

(1) 采集：获取传感器信息和原始情报信息。

(2) 整理：对所获得的信息进行分析、比较和相关处理。

(3) 评估：对经整理后的信息进行融合和分析，并在情报分发阶段将融合信息传带给用户，以便做出行动决策和下一步的情报收集工作。

(4) 分发：把融合结果和决策分发给用户。

3) Boyd 模型 (Boyd model, BD)

Boyd 模型 (OODA 控制回路) 用于军事指挥处理，现在已经大量用于信息融合。从图 1-12 可以看出，Boyd 模型使问题的反馈迭代特性显得十分清楚，而且与 JDL 模型有一定的对应性。Boyd 模型包括如下四个处理阶段。

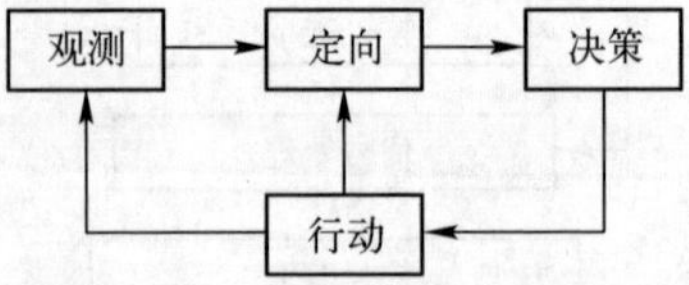

图 1-12 Boyd 模型

(1) 观测阶段：获取传感器数据，相应于 JDL 的第 0、第 1 级处理和情报环的采集阶段。

(2) 定向阶段：对数据进行综合处理，以了解态势的变化，确定“大方向”，这一阶段包括 JDL 的第 2、第 3 级处理和情报环的采集与整理阶段。

（3）决策阶段：制定反应计划，包括 JDL 的第 4 级过程优化和情报环的分发行为，还有如后勤管理和计划编制等。

（4）行动阶段：执行计划。

Boyd 模型的优点是它使各个阶段构成了一个闭环，表明了数据融合的循环性。随着融合阶段不断递进，传递到下一级融合阶段的数据量不断减少。但是 Boyd 模型的不足之处在于，决策和执行阶段对 Boyd 模型其他阶段的影响能力欠缺，并且各个阶段也是按顺序执行的。

4）混合模型（Omnibus model，OB）

混合模型综合了其他模型的优点，如图 1-13 所示。混合模型制定处理中的循环特性，以使循环特性更明确。它的循环特性类似于 Boyd 模型，与 Body 模型相比，它提供更详细合理的处理过程。不同的处理层模块如下。

（1）传感器和信号处理模块对应 Body 模型中的观测阶段；

（2）特征提取和模式处理模块对应 Body 模型的定向阶段；

（3）关系处理和决策制定模块对应 Body 模型的决策阶段；

（4）控制和资源分配模块对应 Body 模型的执行阶段。

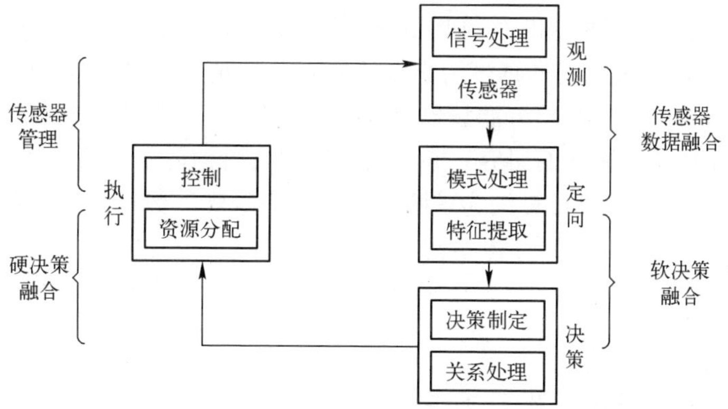

图 1-13　混合模型

从观测阶段到定向阶段是传感器数据融合过程。定向阶段经软决策融合到达决策阶段。从决策阶段经硬决策融合到达执行阶段，且从执行阶段经传感器管理可返回到观测阶段。

混合模型比修正瀑布模型、情报环模型和 Body 模型更完整，原因在于该模型包含了以上这些模型中的许多重要特性和功能。混合模型简便，而且能被广泛应用于许多非军事数据融合领域。此外，混合模型比其他三种模型更具一般性、循环特性和闭环回路特性。因此，混合模型可被看作广泛用于非军事数据融合处理和应用的标准融合处理模型。

1.3　多源信息融合中的理论方法

多源信息融合是一门综合性很强的交叉学科，所涉及的知识领域很宽，因此信息融合具有本质的复杂性。随机性是信息融合所面临的最主要问题，传统的估计理论为解决信息融合中随机性问题提供了不可或缺的理论基础。另外，我们也注意到，近年来发展起来的一些新理论和新方法，如以主观贝叶斯方法、D-S 证据推理、DSmT 理论等为代表的不确定性理论，以粗糙集理论、随机集理论、支持向量机、神经网络、遗传算法、贝叶斯网络等为代表的智能计算与模式识别理论，开始或已经用于多源信息融合中，正成为推动信息融合技术向前发展的重要力量。以下简要介绍这些技术手段。

1.3.1　估计理论方法

估计理论方法包括用于线性随机系统的卡尔曼滤波与平滑、信息滤波器等，以及用于非线性随机系统的扩展卡尔曼滤波（EKF）、强跟踪滤波器（STF）等。近年来，越来越多的学者致力于近似精度可达二阶的无迹卡尔曼滤波器（UKF）和分开差分滤波器（DDF），以及基于随机抽样技术的非线性非高斯系统粒子滤波等的研究，并取得了很多有价值的研究成果。

期望极大化（EM）算法为求解在具有不完全观测数据情况下的参数估计与融合问题，提供了一个全新的思路。

另外，基于混合系统的多模型估计适用于结构或参数变化的系统状态估计，是一种鲁棒性强的自适应估计方法。

1.3.2　不确定性推理方法

在多源信息融合中，各种信息源所提供的信息一般都是不完整的、不精确的、模糊的，即信息包含大量的不确定性。信息融合中心不得不依赖这些不确定性信息进行推理，以达到目标身份识别和属性判决的目的。因此，不确定性推理方法是目标身份识别和属性信息融合的基础。不确定推理方法包括主观贝叶斯方法、D-S 证据推理、DSmT、模糊集合理论、模糊逻辑、模糊推理、可能性理论等。

1.3.3　智能计算与模式识别理论

模式识别是人类自然智能的一种基本形式。所谓“模式”，就是人类按照时间和空间中可观测的自然属性和认识属性对客观事物的划分。所谓“模式识别”，就是依据某些观测获得的属性把一类事物和其他类型的事物区分的过程。一般来说，我们现在所研究的“模式识别”主要属于人工智能的范畴。目前，应用于信息融合中的智能计算与模式识别理论包括粗糙集理论、随机集理论、灰色系统理论、支持向量机、信息熵理论、神经网络、遗传算法、贝叶斯网络等。

1.4　多源信息融合的应用

多传感器信息融合系统的应用范围[11-21]很广，大致分为军事应用和民事应用两大类。

1.4.1　民用

1. 工业过程监视

工业过程监视是信息融合的一个重要应用领域，融合的目的是识别引起系统状态超出正常运行范围的故障条件，并据此触发若干报警器。核反应堆监视和石油平台监视是这类监视的典型例子。

2. 工业机器人

随着现代科学技术的飞速发展，机器人的开发与应用范围不断扩大，集环境感知、动态决策与规划、行为控制与执行等多种功能于一体。

工业机器人使用模式识别和推理技术来识别三维对象，确定它们的方位，并被引导去处理这些对象。多数机器人采用的是较近物理接触的传感器组和与观测目标有较短距离的遥感传感器，如 TV 摄影机等。机器人通过融合来自多个传感器的信息，避开障碍物，使之按照通常的指挥行动。随着传感器技术的发展，机器人上的传感器数量将不断增加，以便使它更自由地运动和做出更灵活的动作，这就更需要信息融合技术和方法作为保证。

3. 智能制造系统

智能制造系统的物理基础是智能机器，它包括各种智能加工机床、工具和材料传送、准备装置，检测和试验装置及装配装置。通过把各种传感器的信息进行智能融合处理，可以减少制造过程中信息的模糊性、多维信息的耦合性和状态变化的不确定性等，使机器智能在制造系统中代替人的脑力劳动，使脑力劳动自动化，在维持自动生产时，不再依赖于人的监视和决策控制，使制造系统可以自主生产。

4. 遥感

遥感主要用于对地面的监视，以便识别和监视地貌、气象模式、矿产资源、植物生长环境条件和威胁情况（如原油泄漏、辐射泄漏等）。使用的传感器有合成孔径雷达等。基于遥感信息融合，可综合利用能谱信息、光谱信息、微波信息及数字高程模型（DEM）地理信息，通过协调所使用的传感器信息，对物理现象和事件进行定位、识别和解释。

5. 船舶避碰与交通管制系统

在船舶避碰和船舶交通管制系统中，通常依靠雷达、声纳、信标、灯塔、气象水文、全球定位系统（GPS）等传感器提供的信息及航道资料数据，来实现船舶的安全航行和水域环境保护。在这一过程中信息融合理论发挥着非常重要的作用。

6. 空中交通管制

空中交通管制系统是一个复杂的整体，它包括工作人员、管理机构、技术资源和操作程序管理，其是为了建立安全、高效而又秩序井然的空中交通。换句话说，是为了合理地利用空中交通资源，减小延迟和调度等待时间并选用合适航线以节省燃料，从而降低业务费用，改善服务质量。空中交通管制系统主要由导航设备、监视和控制设备、通信设备及人员四个部分组成。导航设备可使飞机沿着指定航线飞行，运用无线电信息识别出预先精心设置的某些地理位置；再由飞行员把每个固定地点的时间和高度信息转送到地面，然后通过融合方法检验与飞行计划是否一致。监视和控制设备的目的是修正飞机对指定航线的偏离，防止相撞并调度飞机流量。其中主要由一、二次雷达的融合提供有关飞机位置、航向、速度和属性等信息。现在的航管设备是在不同传感器（多雷达结构）、计算机和操纵台之间进行完整的信息综合。调度人员则监视空中飞机的飞行情况，并及时提出处理危险状况的方法。空中交通管制系统是一个典型的多因素、多层次的信息融合系统。

7. 智能驾驶系统

对于民用车辆而言，GPS 能够在绝大多数情况下完成高精度的导航定位，但仍然存在着当车辆行驶在一定环境下卫星信号暂时“丢失”而无法定位的问题；而对于诸如运钞车、警车、救护车这样的特殊车辆而言，由于它们要执行特殊任务，在行驶过程中必须对其进行连续、可靠的导航定位，以便指挥中心随时掌握它们所处的位置，显然仅依靠 GPS 无法满足上述要求；当道路不平坦时，雷达传感器也可能把小丘或小堆误认为是障碍，从而降低系统的稳定性。对此，研究者纷纷引入了多传感器信息融合的思想，提出了不同的融合算法，研制了智能驾驶系统，如碰撞报警系统（CW）、偏向报警系统（LDW）、智能巡游系统（ICC）及航位推算系统（DR）等。

8. 智能交通系统

通过对关键基础理论模型的研究，有效地运用信息、通信、自动控制和系统集成等技术，实现了大范围内发挥作用的实时、准确、高效的交通运输管理。智能交通系统利用 CCD、RFID、电磁感应等传感器进行组网协作实现车辆识别和运动状态估计，提供道路车辆的流量、路况、违章、突发事故、调度等处理。智能交通系统协同探测与处理结构如图 1-14 所示。

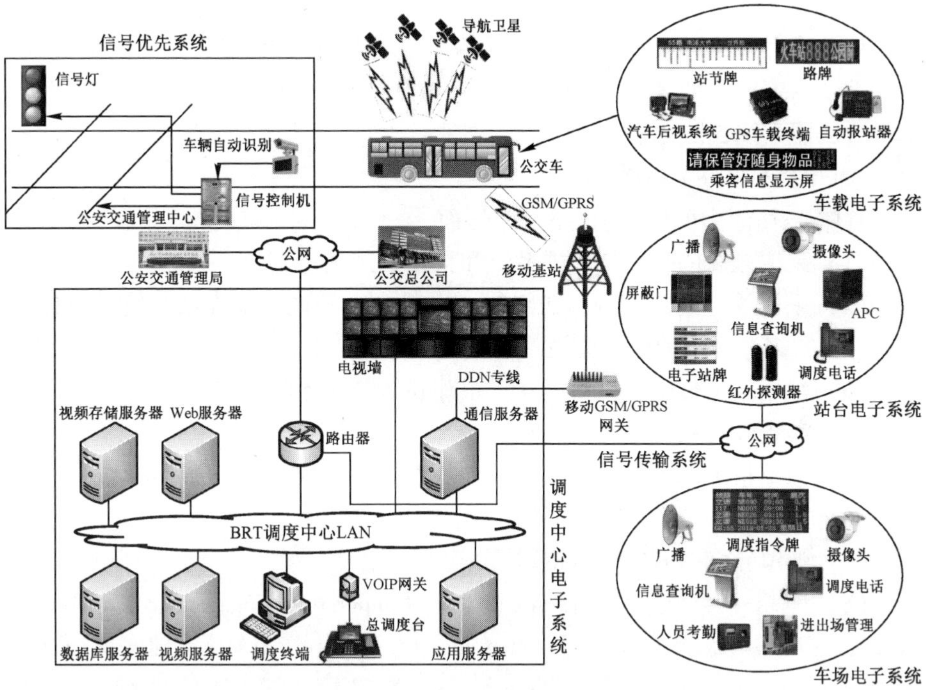

图 1-14　智能交通系统协同探测与处理结构

9. 网络入侵检测

随着互联网技术日益发展，计算机必须面对来自互联网的各种入侵，因而需要有效运用入侵检测系统使计算机远离这些未经允许的或恶意的行为，而基于多特征信息融合的入侵检测、基于多源信息融合的协同网络入侵检测则可以强化检测力，同时减少错误报警。

10. 火灾报警

火灾报警主要用于获取火灾发生时的相关信息，并进行处理，以达到及时准确报警的目的。但在火灾发生过程中信息数量多且层次不一，如温度、火焰光谱、气体浓度、燃烧音、火焰能量辐射、湿度等，从火灾判断的角度来看，任何一种信息都是模糊的、不精确的，只有综合多方面信息，并加以融合利用，才能对火灾进行更准确、更可靠的监测。火灾报警中利用信息融合理论应着重解决的问题主要有：①优化选择反映火灾特征的状态信号和参数，②提取采集信号的特征参数，③设计信息融合算法、策略和方案。

1.4.2 军用

信息融合理论和技术起源于军事领域，在军事上应用最早、范围最广，几乎涉及军事应用的各个方面。信息融合在军事上的应用包括从单兵作战、单平台武器系统到战术和战略指挥、控制、通信、计算机、情报、监视和侦察（C^4ISR）任务的广阔领域。

具体应用范围可概括为以下几个方面。

（1）采用多源的自主式武器系统和自备式运载器。

（2）采用单一武器平台，如舰艇、机载空中警戒、地面站、航天目标监视或分布式多源网络的广域监视系统。

（3）采用多个传感器进行截获、跟踪和指令制导的火控系统。

（4）情报收集系统。

（5）敌情指示和预警系统，其任务是对威胁和敌方企图进行估计。

（6）军事力量的指挥和控制站。

（7）弹道导弹防御中的 BMC^3I 系统。

（8）网络中心战、协同作战能力（Cooperative Engagement Capability，CEC）、空中单一态势图（Single Integrated Air Picture，SIAP）、地面单一态势图（Single Integrated Ground Picture，SIGP）、海面单一态势图（Single Integrated Sea Picture，SISP）、C^4ISR（Command、Control、Communication、Computer、Intelligence、Surveillance、Reconnaissance）、IC^4ISR（首字母 I 表示 Integrative）、C^4KISR（K 即 Kill）等复杂大系统中的应用。

美国国防部所关注的问题包括发射器、平台、武器和军事单元等动态实体的位置、特征和身份。这些动态数据往往被称为战役级数据库或战役级态势显示数据（显示在地图背景上）。除了完成战役级数据库，美国国防部用户还寻求更高层次的有关敌情态势的推论（如实体间的关系及其与环境和敌更高层组织的关系）。与美国国防部相关的应用实例有海洋监视、空对空防御、战场情报、监视和目标获取、战略预警和防御，每个军事应用都有一个特别关注的问题、一套传感器、一组要得到的推论及一组特有的挑战。

海洋监视系统用于检测、跟踪和识别海洋目标及事件，包括用来支持海军战术级舰队作战行动的反潜战系统及自主武器自动制导系统。传感器组包括雷达、声纳、电子情报系统（Electronic Intelligence，ELINT）、通信观测、红外和合成孔径雷达（Synthetic Aperture Rader，SAR）观测。海洋监视系统的观测空间可能有上百海里，关注区域内的空中、水面及水下目标。利用多个监视的主要挑战在于监视范围大、目标和传感器的组合多、信号传播环境复杂（特别是对于水下声纳探测而言）。

军方研发的空对空和地对空防御系统用于检测、跟踪和识别飞行器、对空武器和传感器。这些防御系统利用如雷达、被动电子支援措施（Electronic Support Measures，ESM）、红外敌我识别器（Identification Friend or Foe，IFF）、光电图像传感器和目标观测器等传感器，支持对空防御、战役级集结、空袭任务分配、目标优先级确定、路径规划和其他活动。这些数据融合系统的挑战在于敌方对抗措施、快速决策需求及目标传感器可能的大量组合。敌我识别器系统的一个特殊困难是需要可靠地识别非合作的敌方飞行器。由于武器系统在世界范围内大量扩散，导致武器原产国和武器使用者之间的联系很小。

战场情报、监视和目标数据获取系统用于检测和识别潜在的地面目标。这方面的例子包括地雷定位和自动目标识别。传感器包括合成孔径雷达空中监视、被动电子支援措施、照明侦察、地基声音传感器、远程侦察（监视）飞行器、光电传感器和红外传感器等。关键是要寻求能够支持战场态势评估和威胁估计的信息。

目前，世界各主要军事大国都开始竞相投入大量人力、物力和财力进行信息融合理论与技术的研究，安排了大批研究项目，并已取得大量研究结果。到目前为止，美国、英国、德国、法国、意大利、日本、俄罗斯等国家已研制出数百种军用信息融合系统，比较典型的有：TCAC（Tactical Command and Control）——战术指挥控制，TOP——海军战争状态分析显示，BETA——战场使用和目标获取系统，ASAS（All-Source Analysis System）——全源分析系统，DAGR——辅助空中作战命令分析专家系统，PART——军用双工无线电/雷达瞄准系统，AMSUI——自动多源部队识别系统，TRWDS——目标获取和武器输送系统，AIDD——炮兵情报数据融合，ENSCE（Enemy Situation Correlation Element）——敌方态势估计，ANALYST——地面部队战斗态势评定系统，TsT——协同空战中心第10单元，BCIS（Battlefield Combat Identification System）——战场战斗识别系统，FBCB2（Force XXL Battle Command Brigade-and-Below）——21旅级及旅以下作战指挥系统，GNCST——全球网络中心监视与瞄准系统，陆军“创业”系统及空军“地平线系统”，等等。

此外，出现了多模传感器武器系统，最具代表性的是法国汤姆逊无线电公司与澳大利亚的阿贝尔视觉系统公司合作研制的“猛禽”系统，美国集合成孔径雷达与光电摄像装置为一体的“全球鹰”无人机等。目前，美军的信息融合系统正不断向功能综合化、三军系统集成化、网络化发展，计划由现有的143个典型的信息系统，经过逐步集成和完善，最终形成以全球指挥控制系统、陆军“创业”系统、海军“哥白尼”系统、空军“地平线系统”等为代表的综合信息融合系统。

在实际应用方面，在1991年海湾战争中，美国和多国部队使用的MCS-陆军机动控制系统等是机动平台上安装多类传感器信息融合系统并成功使用的实例。在1996年科索沃战争中，美军研制的“目标快速精确捕获”系统，从数据接收、信息融合到火力打击这一过程最快只需5min，使识别目标和攻击目标几乎能同时完成。在2002年的阿富汗战争及2003年的伊拉克战争中，“协同空战中心第10单元”成功地缩短信息处理时间，自动给出目标精确坐标，实现了传感器到射手（sensor to shooter）的一体化处理，证明了信息融合的巨大优势。

当今信息融合技术已被广泛应用于航空航天工程、环境、石化精炼、航海安全、电力、运输、无人机导航与制导、智能制造、医疗、商业工程、社会经济过程、冲突管理和决策等领域，如战略预警系统、多机器人自主定位与导航系统、智能交通监控系统、环境监测系统、公共安全监控系统、物流感知与调度网络等。

战略预警系统是一类典型的以信息融合技术为基础的大尺度感知系统，其任务是在远程、超远程距离上对弹道导弹、战略轰炸机等威胁目标进行监视与探测，以便早期发现并组织拦截威胁目标。其感知平台如远程预警雷达、预警卫星、预警机等在相当大跨度的时间、空间、频谱上进行探测和协作。被探测目标具有高机动、高速度、强隐身、强干扰对抗等特性，在环境背景复杂时，辨识易受季节、天气、大气、电离层、等离子体、光照、时间、地形、视角等多种因素的影响。战略预警系统需要实时估计目标的运动状态，辨识目标的身份、类别、态势、威胁及环境参数。目标和环境的辨识结果可以优化目标的运动模型，目标的运动估计也可以修正目标和环境的辨识。目标运动状态的估计与目标、环境的辨识深度耦合，需要联合优化。美国战略预警系统协同探测与处理结构如图 1-15 所示。

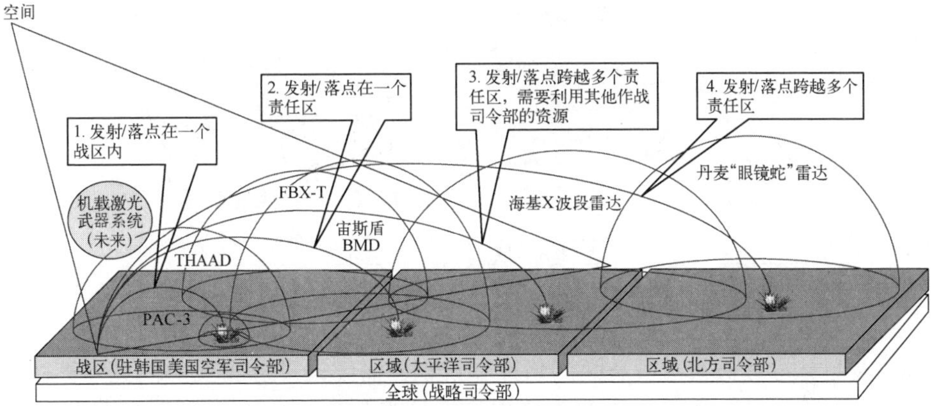

图 1-15　美国战略预警系统协同探测与处理结构

多机器人自主定位与导航系统在信息维数和时间尺度等方面具有典型的大尺度特性。系统中多个机器人在自身位姿不确定、完全未知的环境中，首先通过其自身的传感器提取和辨识环境路标的特征，得到相对观测信息，同时对自身位置和路标位置进行估计，在多机器人协同工作下，随着机器人的移动，融合各机器人的特征子地图形成单一完整的公共环境地图，并同时得到各机器人本身的运动轨迹。感知手段包括超声波、激光、红外及 CCD（Charge Coupled Device）相机等传感器。应用包括无人机、水下机器人、探月车等机器人自主运动。机器人自身位置的估计和环境地标的辨识深度耦合，其处理一般是交互迭代的过程。多机器人自主定位与导航系统协同探测与处理结构如图 1-16 所示。

无线传感器网络是一种由大量通过无线自组织网络连接的传感器节点所构成的感知系统，它将微机电系统（Micro Electro Mechanical System，MEMS）、计算机网络、无线通信和信息融合等技术有机地融为一体，利用大量布置的小型、廉价、异类、低能耗的传感器节点，实现对大范围内自然环境的探测或对感兴趣目标的监控，具有抗毁、抗干扰、隐蔽性强、应用广泛等优点。无线传感器网络中的传感器节点可以采集包括声音、视频、图像、温度、湿度、磁场、振动等在内的多种信息，这些信息本身具有时空及频谱的冗余关联特性，并且与环境之间存在着较强的耦合关系。利用这些信息对

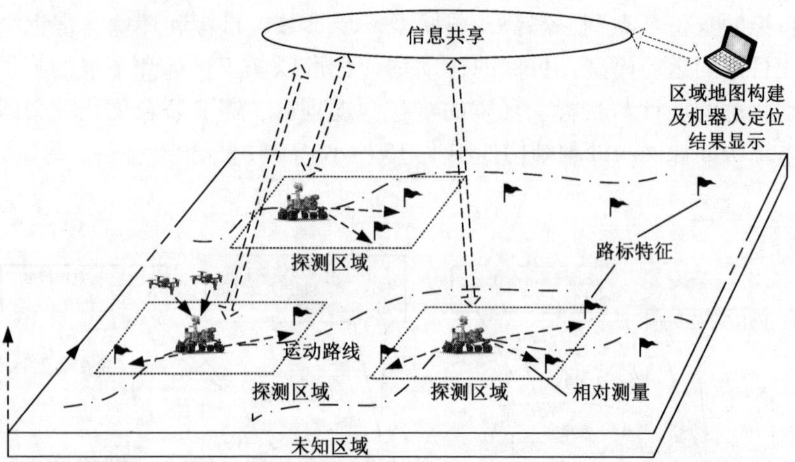

图 1-16　多机器人自主定位与导航系统协同探测与处理结构

环境及目标参数进行准确有效的估计和辨识，需要设计分布式协同处理算法，并且要求算法对系统或环境的不确定具有较强的鲁棒处理能力。无线传感器网络结构如图 1-17 所示。

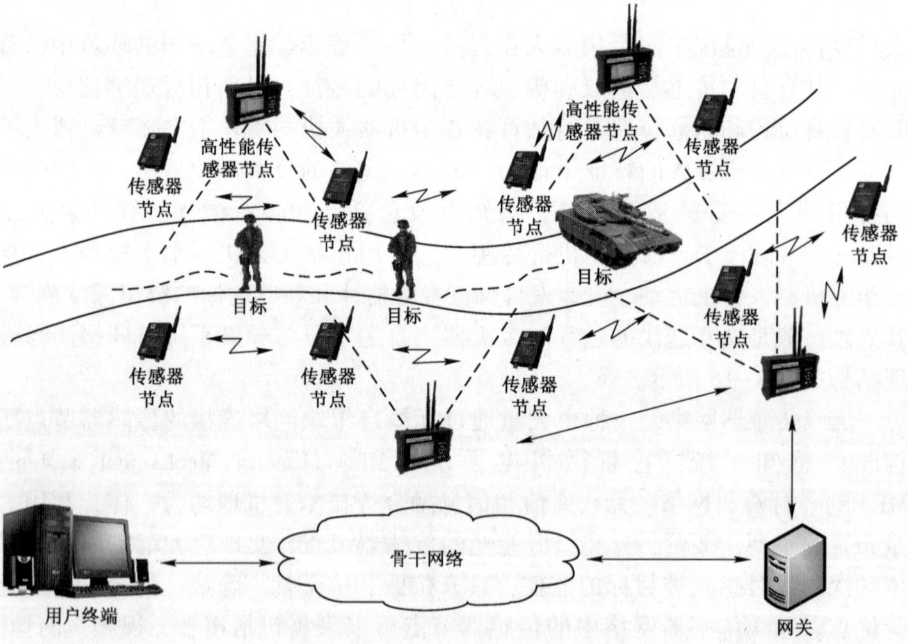

图 1-17　无线传感器网络结构

小　结

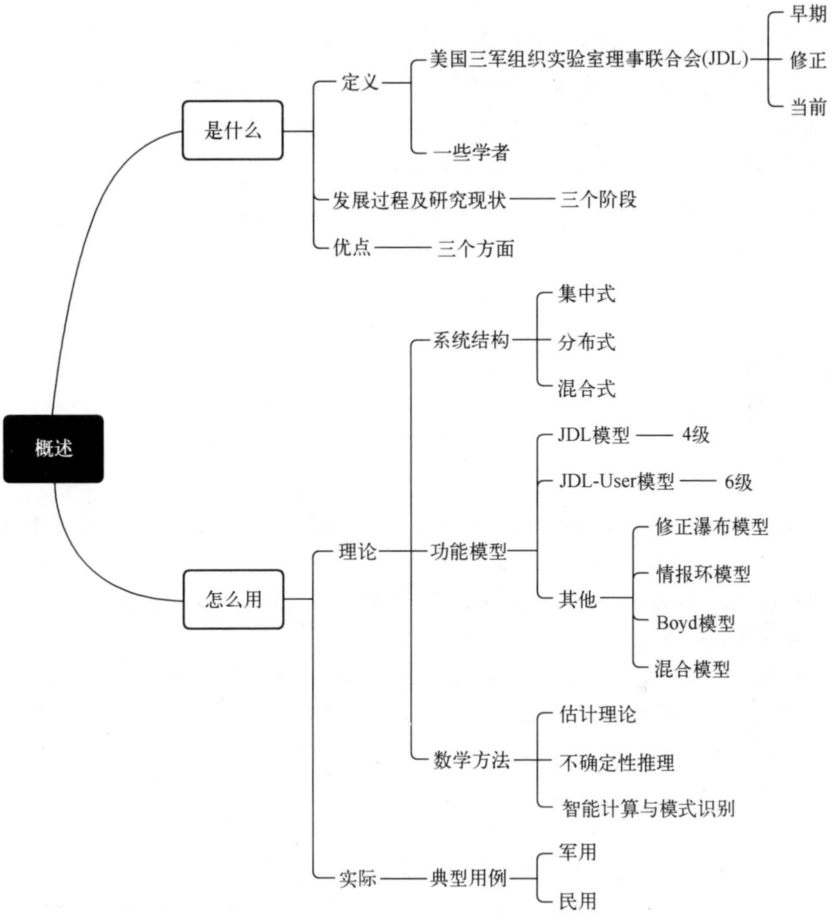

习　题

1. 通过查阅相关文献，结合本章中内容，给出自己理解的信息融合的基本概念。

2. 与单传感器相比，多源信息融合的优势有哪些？

3. 简述信息融合发展的三个阶段。

4. 简要说明信息融合的系统结构。画出分布式结构中有融合中心的结构框图，并作出说明。

5. 画出 JDL 模型示意图，并作出分级说明。

6. 画出 JDL-User 模型示意图，并作出分级说明。

7. 多源信息融合会用到哪些数学方法？查阅资料，对这些数学方法作出简要概述。

8. 多源信息融合在军事上有哪些应用？

9. 通过查阅相关文献，分析多传感器数据融合面临的问题。

参考文献

[1] White F E. Data Fusion Lexicon. Joint Directors of Laboratories [M]. San Diego: Technical Panel for C^3, Data Fusion Sub-Panel, Naval Ocean Systems Center, 1987.

[2] White F E. A model for data fusion [M]. Orlando: Proc. 1st National Symposium on Sensor Fusion, 1988.

[3] Steinberg A N, Bowman C L, White F E. Revisions to the JDL Data Fusion Model [C]. Quebec: In SPIE Proc. 3rd NATO/IRIS Conf., 1998.

[4] Hall D L, Llinas J. Handbook of Multisensor Data Fusion [M]. CRC Press: Danvers, 2001.

[5] Wald L. Some terms of reference in data fusion [J]. IEEE Transactions on Geoscience and Remote Sensing, 1999, 37 (3): 1190-1193.

[6] Li X R. Information fusion for estimation and detection [C]. International Workshop on Information Fusion, Beijing, 2002.

[7] Harri C J, Bailey A, Dodd T J. Multi-sensor data fusion in defence and aerospace [J]. The Aeronautical Journal, 1998, 102 (1015): 229-244.

[8] Shulsky A. Slient Warface: Understanding the World of Intelligence [M]. London: Brassey's Defence Publishers, 1993.

[9] Body J. A disource on winning and losing [C]. Alabama: Maxwell Air Force Base Leture, 1987.

[10] Vogt D, Brink V Z. The Azisa standard for mine sensing and control [C]. Presentation at

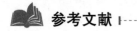

Automation in Mining Conference，2007.
[11] Blasch E P. JDL Level Fusion Model："User Refinement" Issues and Applications [J]. Processing of the SPIE on Signal Processing，Sensor Fusion and Target Recognition VI，Orlando，FL，USA，2002：270-279.
[12] 韩崇昭，朱洪艳，段战胜，等．多源信息融合 [M]．2版．北京：清华大学出版社，2009.
[13] 何友，王国宏，关欣，等．信息融合理论及应用 [M]．北京：电子工业出版社，2010.
[14] 何友．多目标多传感器分布信息融合算法研究 [D]．北京：清华大学，1996.
[15] 彭冬亮，文成林，薛安克．多传感器多源信息融合理论及应用 [M]．北京：科学出版社，2010.
[16] 蔡希尧．雷达目标的航迹处理 [J]．国外电子技术，1979：8-12.
[17] 苗兴国．现代雷达系统的数据处理 [J]．现代雷达，1980，3 (6)：46-57.
[18] 龙永锡．多目标跟踪的方法 [J]．指挥与控制，1980，1：6-10.
[19] 董志荣．多目标密集环境下航迹处理问题及集合论描述法 [J]．火控技术，1981，5 (2)：1-12.
[20] 袁俊山．雷达站航迹数据处理 [J]．指挥与控制，1981，2：96-108.
[21] 周宏仁．机动目标当前统计模型与自适应跟踪算法 [J]．航空学报，1983，4 (1)：73-86.

第2章 数据预处理

信息融合可以避免单一传感器的局限，得到更准确、更可靠的信息，为决策方提供辅助支持。多传感器信息融合系统因良好的性能鲁棒性、扩展的时空覆盖区域、优良的目标分辨能力及故障容错能力，无论是在军事领域还是在民用领域中均得到广泛应用。

信息融合的前提是数据源，而数据来源于传感器，因此传感器数据源的好坏直接影响着信息融合算法效果。其实这一部分的工作主要是基于传感器“数据”，为了“融”做准备，进行的信号处理工作。以第 1 章的类比来理解就是“三个臭皮匠”可能来自中国不同的地域，对于相同事物的看法和描述均有不同，无法直接统一观点，所以需要先将大家拉到同一个框架下，建立一定标准，用统一的方法对事物进行描述。如果要形象地类比这部分工作及其重要性，可以将其看成信息时代的“统一度量衡”。从信息系统的角度来看，在实际的多传感器系统中，由于各传感器工作任务不同，传感器本身性能的差异，以及传感器所处物理环境的不同，即使对同一目标进行观测，不同传感器的观测数据也会出现各种各样的差异，导致传感器的测量数据不能直接进行融合处理。待处理数据在质量、类别等方面有高精度和高准确度要求，这是保证融合处理算法能够获得优异性能的前提。需通过预过滤、预修正、量纲对准使数据满足质量要求，通过数据关联满足类别要求。除此之外，信息融合系统对待处理数据在时间、空间上有一致性要求，因此为了保证融合处理的多源输入是同一实体或目标在相同时刻、同一位置的观测信息，需要进行数据关联。

需要说明的是，无论是预过滤、预修正、数据关联，还是时空配准，都属于融合前的预处理，它在第 1 章中的经典 JDL-User 模型中属于第 0 级处理。数据预处理在信息融合流程中的位置和作用如图 2-1 所示。从图 2-1 可以看出，数据预处理可处理的数据包括传感器采集的原始数据、传感器特征数据和高级信息等，即数据预处理可能发生于信息融合的各个层级，但数据级更为普遍，即对传感器原始数据或提取的特征进行的预先处理。

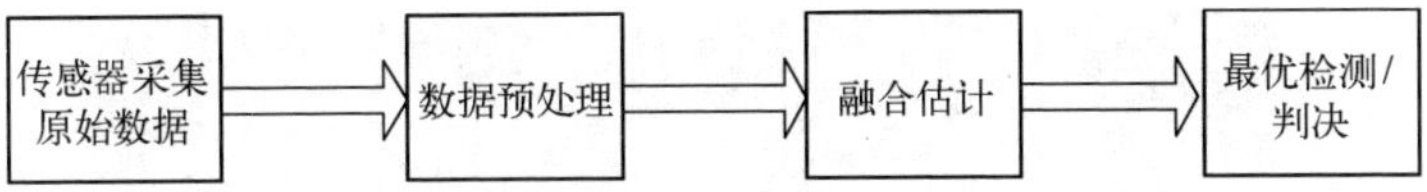

图 2-1 数据预处理在信息融合中的作用

2.1 预过滤、预修正和量纲对准

2.1.1 预过滤

就现代雷达应用领域而言，大部分雷达是通过发射电磁波，接收目标反射的电磁波回波，并通过对回波进行信号处理来进行与目标的相关工作的，如图 2-2 所示。当然，在实际系统中除有用的目标回波外，还包含大量固定目标回波和慢速目标回波（如低空无人机目标的回波，需要一些特种雷达对其完成相关检测、跟踪、识别等任务）。此外，即使采用高性能的数字动目标显示系统，也会由于天线扫描调制、视频量化误差及系统不稳等因素的存在，使其输出存在大量的杂波剩余，如图 2-3 所示。这种杂波剩余通常表现为不需要的回波，包括地杂波、海杂波、雨杂波、鸟杂波等，通常来自地面及建筑物、海洋、雨雪天气、鸟群昆虫等。加之目前采用的动目标显示系统（moving target inidcation，MTI）简单来说就是一种滤波器系统，主要任务是突

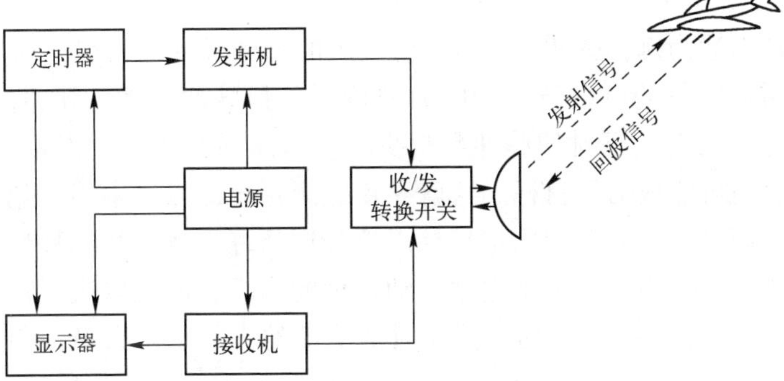

图 2-2 典型雷达基本工作原理

出目标、弱化噪声和杂波的影响，为减少信号损失，往往只对消有限的距离范围，而不采用全程对消，因此，对消范围以外的云雨杂波、海岛回波等仍能形成大面积的杂波。

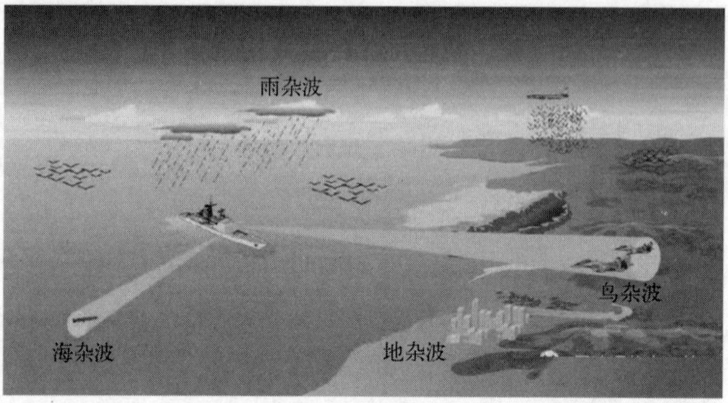

图 2-3　雷达测试中的杂波剩余示意图

预过滤是去掉在数据采集、传输过程中，由于干扰等原因所产生的一些不合理或具有较大误差的数据，以提高信号的质量。通过预过滤，能够滤除超阈值异常值和无效量测噪声值，同时滤除关于目标的信息不完整序列。

1. 点迹过滤

假设研究对象为位置 x 和速度 v，预测值是根据当前时刻 i 对应的(x_i, v_i)来预测下一时刻 i+1 的(x_{i+1}, v_{i+1})，量测值是根据传感器（雷达）得到的。由于各种误差的存在，x 和 v 这两个值都不准确，所以需要把它们进行加权融合得到一个新的量——状态值。点迹就是所谓的测量值，由雷达对同一个目标探测得到的一系列点（假设目标静止，但由于误差的存在，会扫描出不止一个点）。而航迹对应的是状态值，是点迹和预测轨迹的加权融合。

以脉冲雷达为例，脉冲雷达因辐射较短的高频脉冲而得名，如图 2-4 所示。脉冲雷达辐射的电磁波信号的典型特征包括脉冲宽度、脉冲重复频率、参差重频等。在雷达辐射的脉冲数较少时，监测系统给出的点迹虚警较大，噪声和干扰也可能成为假目标。这就导致监测系统的点迹中不仅包含运动目标的点迹，而且包含大量的固定目标点迹和假目标点迹，我们称后者为孤立点迹。点迹的多少不仅取决于空中运动目标的多少，而且取决于雷达所处的地理环境、气象条件、MTI 的性能和对消范围的大小。这么多的杂波剩余进入数据处理计算机，增加了计算机负担，甚至可能导致计算机过载。因此，在对一次处理给出的点迹进行二次处理之前，必须进行再加工和过滤，争取将非目标点迹减至最少，这就是所谓的“点迹过滤”。点迹过滤可消除大部分由杂波剩余或干扰产生的假点迹或孤立点迹，除了减轻计算机负担和防止计算机饱和，还可以改善数据融合系统的状态估计精度，提高系统性能。

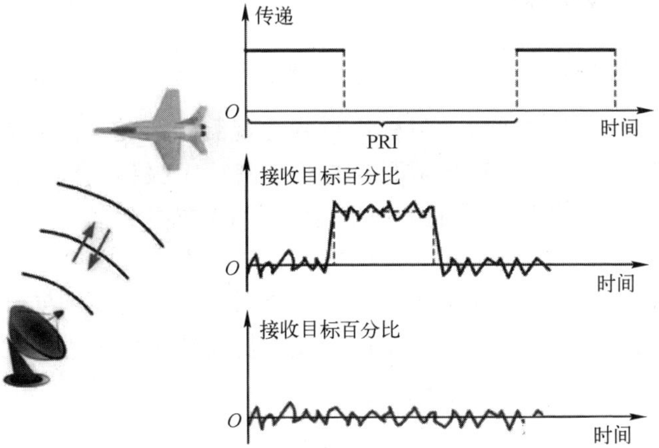

图 2-4　脉冲雷达典型辐射信号示意图

点迹过滤的基本依据就是运动目标和固定目标跨周期的相关性不同。利用一定的判定准则判定点迹的跨周期特性，就可区别运动目标和固定目标。特别需要强调的是，这里所说的跨周期是指扫描到扫描的周期，而不是脉冲到脉冲的周期。

2. 点迹合并

在信号检测的过程中，由于要对所观察的距离范围进行距离分割，即将雷达的观测范围分成若干距离门或距离单元（按照时空的关系分解为检测的小窗），以实现全程检测。这些距离门对于雷达来说是相对固定的，如果目标运动到两个距离门的分界线处，就有可能在同一方位上相邻的两个距离门同时检测到目标。如果雷达的距离分辨率很高，其距离门的尺寸必然很小，目标的电尺寸若很大，就有可能同时在同一方位上的相邻几个距离门内被检测到，这种现象被称为目标分裂。在方位估计中也存在目标分裂的问题，这是在信噪比较小时，信号检测器所采用的检测准则不合适所造成的，将一个目标判定成两个目标。鉴于上述情况，在信号融合处理时就必须将它们合并成一个目标，这个过程就称为“点迹合并”。

点迹合并可通过在距离和方位上设置一个二维门的方法获得解决，二维门的大小与距离门的尺寸、检测准则、脉冲回波数及目标的尺寸均有关。

3. 去野值

在数据处理前，还应该做的一项工作就是去野值，即去掉那些在录制、传输过程中，由于受到干扰等原因所产生的一些不合理或具有粗大误差的数据。通常这些数据被称作野值。

2.1.2　预修正

在多传感器对空中或海上目标进行联合观测的情况下，通常每个传感器都会基于自身量测自主处理生成目标局部航迹，上报到上级情报中心，如雷达营或雷达旅/团。然而，人们发现来自同一目标的各传感器局部航迹与目标真实航迹并不重合，而是存在一定的偏差，并且不同传感器局部航迹的偏差并不相同，经常向某一方向确定性偏移。当同一目标的不同局部航迹相对偏差较大时，无法实现局部航迹的正确相关，从而使我们看到一批目标出现多批航迹等模糊现象，如图 2-5 所示。

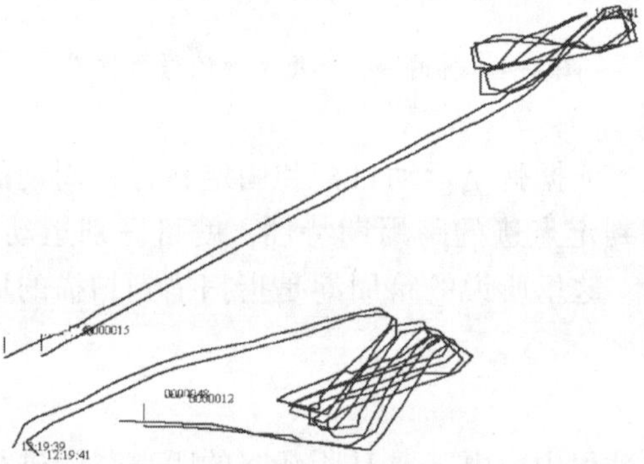

图 2-5　量测固定误差产生的航迹模糊

该现象是由于不同传感器存在不同的系统误差引起的，滤波或融合只能降低随机误差，而对均值非零的系统误差无可奈何。为此，人们采取周期性维护方法，如标定、瞄星、检飞等措施，以将系统误差降至最低。然而，在传感器投入运行后，随着时间的推移，系统误差也在不断增长。因此，需要在传感器运行期间，对其系统误差进行估计，以对其测量进行补偿。这是国内外传感器探测领域均会采用的系统方法。

当使用传感器对目标坐标参数进行测量时，在所测得的参数数据中包含有两种误差：一种是随机误差，每次测量时，它都有可能是不同的，这个误差无法修正；另一种是固定误差，即上述实例中的固定偏差，或称系统误差，它不随测量次数的变化而变化，可通过预修正消除。

以雷达为例，常见的系统误差有站位误差和测量目标坐标的固定误差两类。这些系统误差均可通过预修正来消除。

(1) 雷达站的站位误差，即雷达所在位置的经纬度误差。

(2) 雷达所给出的目标坐标的系统误差，即测量误差中的固定误差，包括：

① 雷达天线波束的指向偏差或雷达天线的电轴和机械轴不重合所产生的偏差；

② 距离测量中的零点偏差；

③ 高度计零点偏差；

④ 方法误差，是指由于采集某种信息处理方法而产生的误差，如在进行方位测量时，采用方位起始和方位终止之后计算方位中心所产生的滞后误差等。

2.1.3　量纲对准

信息融合系统包含多种传感器，既有同类传感器，又有异类传感器。即使是同类传感器，得出的观测量的单位也不同，比如测量人的身高，量纲既可以是厘米，也可以是米。异类传感器测量的对象不一样，其采用的量纲更是不同。比如，二维坐标平面上两点的位置信息（cm，cm），飞机起降水平垂直速度（km/h，m/s），定位中的距离角度信息（距离，角度），人的身高体重配对信息（身高，体重）。

因此，需要在融合之前进行量纲对准，即把各个传感器送来的各个数据中的参数量纲进行统一，以便后续计算。

1. 数据的无量纲化

在量纲对准时，有两个问题：一是确定对准到哪个量纲；二是怎样对准到选定的量纲上。对于信号级融合，处理的是同类传感器观测的数据，要对准的量纲应依据实际问题的需求而确定。然而在特征级融合中，输入的是观测对象的特征数据，需要比较不同观测对象的相似性。

此时，可以考虑对数据做无量纲化处理。数据的无量纲化有两种方法：Min-Max 归一化和 0 均值标准化。Min-Max 归一化对观测值做如下处理：

$$x'=\frac{x-x_{\min}}{x_{\max}-x_{\min}} \tag{2-1}$$

式中：$x_{\min}/x_{\max}$为所有观测的最小值/最大值。Min-Max 归一化适合于小样本场景，能放大微小差异。0 均值标准化对观测值做如下处理：

$$x' = \frac{x-\mu}{\sigma} \tag{2-2}$$

式中：μ 为所有观测的均值；σ 为标准差。通过 0 均值标准化处理，观测向量的各维度均服从标准正态分布。0 均值标准化适合于大样本的相似度、聚类计算等。

2. 常用的距离度量

量纲对准的核心在于数据的无量纲化，而数据的无量纲化的目的是方便对数据进行相似性（如距离）度量。常见的相似性度量方法有距离度量、相关系数、二值矢量的关联系数和一致系数及概率相似性测量等，此处重点介绍三种常用的距离度量方法。

1）欧氏距离度量

在计算不同数据样本相似性的时候，最常用的是欧氏距离度量。假设空间内任意两个样本 $\boldsymbol{x}$ 和 $\boldsymbol{y}$ 是 n 维矢量，对应的坐标分别是$(x_1,x_2,\cdots,x_n)$和$(y_1,y_2,\cdots,y_n)$，这两点间的欧氏距离为

$$d_{\boldsymbol{xy}} = \sqrt{\sum_{k=1}^{n}(x_k - y_k)^2} \text{ 或 } d_{\boldsymbol{xy}} = \sqrt{(\boldsymbol{x}-\boldsymbol{y})(\boldsymbol{x}-\boldsymbol{y})^{\mathrm{T}}} \tag{2-3}$$

2）标准化欧氏距离度量

欧氏距离要求两个量测点具有相同的量纲，受量纲的影响而变化。因此，可引入标准化欧氏距离，即量测点的每个维度上的值均除以该维度的均值，对各维度量值进行了标准化（无量纲化）处理，其计算过程如下：

$$d_{\boldsymbol{xy}} = \sqrt{\sum_{i=1}^{n}\frac{(x_i - y_i)^2}{\sigma_i^2}} \text{ 或 } d_{\boldsymbol{xy}} = \sqrt{(\boldsymbol{x}-\boldsymbol{y})\boldsymbol{W}(\boldsymbol{x}-\boldsymbol{y})^{\mathrm{T}}} \tag{2-4}$$

式中：协方差矩阵 $\boldsymbol{W}$ 为一个对角阵；对角线上元素 σ_n^2 为各个维度上数据集的方差；其他位置元素为0。通过式（2-4）的计算，可实现各维度数据的标准化，达到数据的无量纲处理目的。

$$\boldsymbol{W} = \begin{pmatrix} 1/\sigma_1^2 & & & \\ & 1/\sigma_2^2 & & \\ & & \ddots & \\ & & & 1/\sigma_n^2 \end{pmatrix} \tag{2-5}$$

3）马氏距离度量

标准化欧氏距离的计算是假设各维度参数相互独立（相互间无关联）的。那么对于各维度有关联的情况，这种度量显然就不合适了。比如，一条关于身高的信息与一条关于体重的信息，二者是关联的，并且是尺度无关的测量。

此时，就需要引入马氏距离。马氏距离度量考虑各种特征之间的联系，可定义为两个服从统一分布并且其协方差矩阵为 $\boldsymbol{\Sigma}$ 的随机变量的差异长度。设 $\boldsymbol{x}$ 和 $\boldsymbol{y}$ 是从期望矢量为 $\boldsymbol{\mu}$、协方差矩阵为 $\boldsymbol{\Sigma}$ 的数据集 G 中抽取的两个样本，则定义马氏距离

$$d(\boldsymbol{x},\boldsymbol{y})=\sqrt{(\boldsymbol{x}-\boldsymbol{y})\boldsymbol{\Sigma}^{-1}(\boldsymbol{x}-\boldsymbol{y})^{\mathrm{T}}} \tag{2-6}$$

马氏距离的优点是不受量纲影响，两点之间的马氏距离与原始数据的测量单位无关，由标准化数据和中心化数据计算出的马氏距离相同，还可以排除变量之间的相关性干扰。缺点是夸大了变化微小的变量的作用，而且样本数要大于样本的维数，否则协方差矩阵的逆矩阵不存在。如果协方差矩阵的逆矩阵不存在，那么只能采用欧氏距离的度量方法。

显然，可引入马氏距离度量以去除量纲影响。当 $\boldsymbol{\Sigma}$ 为单位阵时，马氏距离等价为欧氏距离；而当 $\boldsymbol{\Sigma}$ 为对角阵时，马氏距离则等价为标准欧氏距离。

例 2.1　已知一个二维正态集合 G 的分布为 $N\left(\begin{pmatrix}0\\0\end{pmatrix},\begin{pmatrix}1 & 0.9\\0.9 & 1\end{pmatrix}\right)$，求点 $A:\begin{pmatrix}1\\1\end{pmatrix}$ 和点 $B:\begin{pmatrix}1\\-1\end{pmatrix}$ 至均值点 $M:\boldsymbol{\mu}=\begin{pmatrix}0\\0\end{pmatrix}$ 的距离。

解：由题设，可得

$$\boldsymbol{\Sigma}=\begin{pmatrix}1 & 0.9\\0.9 & 1\end{pmatrix},\quad \boldsymbol{\Sigma}^{-1}=\frac{1}{0.19}\begin{pmatrix}1 & -0.9\\-0.9 & 1\end{pmatrix}$$

从而，马氏距离为

$$d_M^2(A,M)=(1,1)\boldsymbol{\Sigma}^{-1}\begin{pmatrix}1\\1\end{pmatrix}=0.2/0.19$$

$$d_M^2(B,M)=(1,-1)\boldsymbol{\Sigma}^{-1}\begin{pmatrix}1\\-1\end{pmatrix}=3.8/0.19$$

后者与前者之比为 $\sqrt{19}$，若使用欧氏距离，算得的距离值相等，即

$$d_E^2(A,M)=d_E^2(B,M)=2$$

这是由于马氏距离的计算中加入了对数据的相关性的考虑，AM 具有更强的相似性，BM 具有很弱的相似性。因此，A、B 两点到均值点 M 的马氏距离相差较大。

2.2　数据配准

在信息融合中，各传感器存在时间基准和空间基准不统一的现象。时间

基准不统一现象主要有：各传感器的时间基准有差异，相互间存在时间差，导致校准精度不一致；各传感器的时间校准信号和测量值的传输时间不同，造成传输延迟不一致；各传感器的测量值采样时刻不同步，导致采样周期不一致。空间基准不统一现象主要有：同类/异类多模传感器上传数据的空间基准可能不一致；平台内/平台间/系统级上各类传感器采用的空间坐标系可能不一致；图像传感器传输的观测图像与参考图像间存在空间扭曲差异，需寻求映射函数。

如果不做时间配准，则各级传感器时钟不同步，同时多传感器-多平台间-多系统之间，时间坐标无法统一；如果不做空间配准，则各级传感器空间序列不一致，同时多传感器-多平台间-多系统之间，空间坐标无法统一，导致后续融合处理无法展开或结果无意义，干扰决策和判断。反映到具体作战环境中，还可能导致各军兵种作战图无法协同，最终影响作战效能。

2.2.1 时间配准

随着信息融合技术的发展和多传感器信息融合系统的广泛应用，信息融合中的时间配准问题逐渐受到了人们的关注。在实际的多传感器系统中由于各传感器工作任务和传感器本身性能的不同及所处环境的差异，即使是对同一目标进行观测，不同传感器的观测数据也不一定同步，因此测量数据不能直接进行融合，需要将不同传感器在不同时刻获得的目标观测数据转换到统一的融合时刻，即在时间上进行配准。时间配准是进行后续信息数据融合的前提步骤之一，缺失时间信息或采用精度不高的时间信息，可能导致融合结果达不到预期效果，甚至比使用单一传感器的效果更差，从而妨碍综合判断、决策的性能和稳健性，最终严重影响系统的整体效能。

在多传感器信息融合系统的实际工作中，系统本身和工作环境都是各传感器观测数据时间不匹配问题的来源，而且在各种原因中有确定的也有随机的，有量测造成的也有传输引起的。在对多传感器时间配准的研究中，一般认为，造成各传感器测量数据时间不匹配的原因主要有以下三方面。

（1）各传感器的时间基准不一致。各传感器工作时采用时钟的基准和精度一般是不同的，在各传感器之间会形成相互的时间偏差。

（2）观测数据和时间校对信号经通信网络传输时存在传输延迟。由于通信网络中数据传输的复杂性和非实时性，使得各传感器的观测数据和时间校对信号在传输时会产生传输延迟，而且通信网络对各传感器造成的延迟可能是相同的，也可能是不同的。

（3）各传感器的采样周期和开机时刻不一致。由于任务的不同和传感器本身性能的差异，使各传感器的采样周期和开机时间不一定相同，而且各传感器对目标的采样可能是均匀采样，也可能是非均匀采样。

多传感器信息融合的时间配准就是将各传感器关于同一目标的异步测量数据通过某种方法处理统一到同步的融合处理时刻。针对时间基准不统一的问题，可以采用高精度授时的方法来提供全域同步时钟源；针对传输时延不一致的问题，则可通过在测量信息数据中打上时间戳，标记相应的测量时间来解决；针对采样周期不一致的问题，通常会利用数学上的一些算法来弥补，如内插外推法、最小二乘法、拉格朗日插值法、样条函数插值法及各种数据拟合方法都经常被用到。

1. 高精度授时

针对传感器的时间基准不一致问题，目前比较普遍的方式是以较高精度的时钟或以 GPS/北斗提供的时间信号为基准，其他各传感器模块采用硬件校准或软件校准的方法保持与时间基准的高精准同步。对于硬件校准，精度可达纳秒级。图 2-6 和图 2-7 分别给出的是亚纳秒级授时与同步模块和高精度军用北斗/GPS 时统设备。

图 2-6　亚纳秒级授时与同步模块

图 2-7　高精度军用北斗/GPS 时统设备

当然，也可以利用软件算法校准技术，获得多路高精度的时钟输出，供多源传感器节点使用，校准后的时钟准确度也可达到几纳秒或者皮秒级。

图 2-8 给出了一款北斗/GPS 驯服恒温晶振同步时钟模块，具备授时和守时的功能。它具有高集成度、超小尺寸和低功耗特征，采用高速 A/D、D/A 芯片和基于锁相环的高精度时频控制算法，产生并发送精确稳定的时间。其频率输出日平均准确度小于 10^{-12}，实时准确度可达 5×10^{-5}，守时精度优于 1μs/h，可集成于发射机、各种传感器、仪器仪表、数字视频广播（digital video broadcast，DVB）、数字音频广播（digital audio broadcast，DAB）、中国移动多媒体广播（China mobile multimedia broadcast，CMMB）、地面数字多媒体广播（digital terrestrial multimedia broadcast，DTMB）、全球微波接入互操作（world interoperability for microwave access，Wimax）及码分多址（code division multiple access，CDMA）等对时间频率要求苛刻的系统中，为系统提供高精度的时间和频率参考信号。

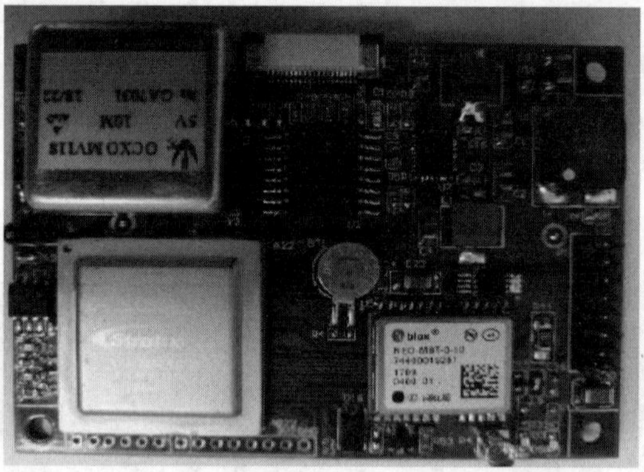

图 2-8 小尺寸低功耗北斗/GPS 双模时统模块

表 2-1 给出了几种典型的授时方案的技术指标情况。

表 2-1 几种典型的授时方案的技术指标

指　标	GPS	北斗	原子钟	IEEE-1588v2
典型授时精度	3ns	5ns	10ns	1μs
需要卫星覆盖	需要	需要	不需要	不需要
综合成本	中	中	高	低
支持参考时钟同步	不支持	不支持	支持	不支持
支持以太网接口	不支持	不支持	不支持	支持

2. 时间配准的功能模型

通常，时间配准问题涉及配准方法、配准频率、配准误差及配准的实时性等方面。在多传感器系统的实际应用中，由于工作任务的区别和应用环境的不同，对时间配准的配准精度和实时性要求也不尽相同。同时由于各传感器本身性能的差异，不同传感器的采样数据具有不同特点，这些都影响并限制了时间配准方法和配准频率的选择。多传感器信息融合的时间配准应该根据具体的应用场景和采样数据特点，在满足配准要求的情况下，从配准精度和配准实时性两个方面来提高时间配准的性能。

在一般的时间配准处理单元中，其主要的结构和功能包括数据分析、配准频率和配准方法的选择、配准性能的控制、配准要求和一些先验知识库等。时间配准功能模型如图 2-9 所示。

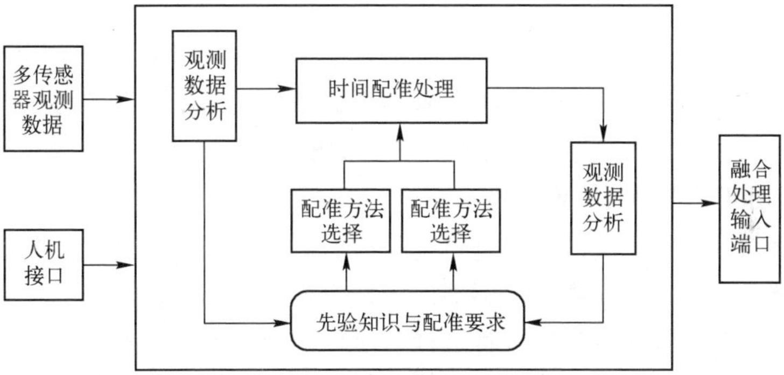

图 2-9　时间配准的功能模型

在时间配准的功能模型中，各模块的主要功能如下。

1）观测数据分析模块

当多个传感器的观测数据输入时间配准处理单元时，应在时间配准处理前对观测数据进行简要的分析，得到需要进行时间配准处理的传感器及其采样数据的一些信息。如传感器的数量、类型，采样数据的采样周期和相互间的时间间隔等。

2）先验知识与配准要求模块

在该模块中，存放有配准精度和实时性等时间配准的要求和标准，以及系统中各传感器的一些先验信息，如采样精度、采样周期等。该模块根据观测数据分析模块输入的信息和先验知识，在符合配准要求的前提下对配准方法和配准频率的选择进行限制。同时，该模块能够根据配准后数据分析模块的反馈信息对相关参数进行适当调整。

3）配准方法选择模块

在该模块中，包含系统所能使用的时间配准方法，根据先验知识与配准要求模块输入的信息选择合适的配准方法。

4）时间配准处理模块

该模块根据选定的时间配准方法和配准频率，对原始数据进行时间配准处理，并将配准结果输出到信息数据融合处理单元。

5）配准数据分析模块

该模块对时间配准后的数据进行分析，计算配准误差和实时性等配准指标参数，并将结果反馈给先验知识和配准要求模块。

6）配准频率选择模块

该模块根据先验知识与配准要求模块输入的信息选择合适的配准频率。在多传感器时间配准中，有些情况下，后续融合处理单元对融合后数据的频率有特定的要求，此时进行时间配准就省去了时间配准频率选择的环节，直接按照要求的频率进行时间配准。若融合处理单元对配准频率没有特定的要求，就应该根据采样数据的特点选择合适的配准频率。

3. 时间配准的频率设计

在对时间配准模块的频率进行选择时，通常是将高采样频率传感器的测量数据转换到最低采样频率传感器的采样时刻上，即同步时刻只能在最低采样频率传感器的采样时刻中进行选择，所以同步频率不会高于传感器集合中的最低采样频率。当传感器间的采样频率相差较大时，高采样频率传感器测量数据就会被浪费。因此，在进行时间配准前，应首先对同步频率进行合理的选择，选择合理的同步频率也就是选择配准频率，配准频率的选择需重点考虑以下因素。

（1）配准计算的实时性。当单次配准计算所需时间与测量数据集合中的数据数量无关时，配准频率越高，配准计算所需的时间越多；配准频率越低，配准计算所需的时间越少。当单次配准计算所需时间与测量数据集合中的数据数量相关时，配准频率对配准计算实时性的影响与具体的配准实现方法相关。

（2）同步频率。配准频率越高，同步频率越高；配准频率越低，同步频率越低。需要说明的是，有些情况下，同步频率与时间配准频率是完全相同的。

（3）传感器集合中的采样频率极值。配准频率的最大值不大于传感器集合中的最高采样频率，配准频率的最小值可以小于传感器集合中的最低采样频率。

设多传感器信息融合系统的时间配准频率为 f_t，同步频率的最大值和最小值分别为 $f_s^{\max}$ 和 $f_s^{\min}$，系统传感器集合中的最高采样频率为 $f_{\max}$，则考虑配准计算的实时性时，要满足

$$f_t^{\min}(T_{\max}) \leqslant f_t \leqslant f_t^{\max}(T_{\max}) \tag{2-7}$$

考虑同步频率时，f_t 要满足

$$f_s^{\min} \leqslant f_t \leqslant f_s^{\max} \tag{2-8}$$

考虑传感器集合中采样频率极值时 f_t 要满足

$$f_t \leqslant f_{\max} \tag{2-9}$$

如果 $f_t^{\min}(T_{\max}) > f_{\max}$，则所采用的时间配准算法无法满足融合系统的实时性要求，需要选择实时性更好的时间配准算法。在融合系统实时性要求满足的前提下，下面给出选择配准频率的两种简单方法。

方法 1：取所有传感器采样频率的平均值

$$f_t = \frac{1}{N}\sum_{i=1}^{N} f_i \tag{2-10}$$

方法 2：取所有传感器采样频率的加权平均值

$$f_t = \frac{1}{N}\sum_{i=1}^{N} a_i f_i,\ \ a_i = P_i / \sum_{i=1}^{N} P_i \tag{2-11}$$

式中：权值 $a_i(i=1,2,\cdots,N)$ 由传感器采样精度 $P_i(i=1,2,\cdots,N)$ 确定。

这两种方法均采用计算传感器采样频率均值的方式获得所需要的配准频率，其主要目的是减少配准频率与传感器集合中采样频率的累积差值，降低少数较大或者较小的采样频率对配准过程的影响。与方法 1 相比，方法 2 在确定配准频率时考虑了传感器的采样精度，从而有利于增强高采样精度传感器的量测数据在时间配准中的影响。

在配准频率 f_t 确定后，对于相邻的配准时刻 $T_f(k-1)$ 和 $T_f(k)$，有

$$T_f(k) - T_f(k-1) = 1/f_t \tag{2-12}$$

对于多传感器观测同一目标情况下的时间配准，为避免出现非周期的同步数据，所选择的配准频率对应的同步周期应为某一传感器采样周期的整数倍，并且配准计算时刻为该传感器采样时刻集合的子集。配准计算过程中出现的拟合公式缺失和量测数据无法利用的情况，主要是由配准频率过大造成的，所以在进行配准频率选择时应适当选择较小的配准频率。另外，如果选择的配准频率不合适，则可能导致量测数据无法利用，因为传感器间的传输延迟时间可能存在差异，不同传感器的量测数据到达融合中心的先后次序可能与其所对应的采样时刻先后顺序不同。当同步周期小于传感器间传输延迟时间的差值时，将无法利用传输延迟较大的传感器测量数据进行配准。

内插外推法、最小二乘虚拟法、曲线拟合法等常用于解决由于采样周期或开机时刻不一致导致的数据不匹配问题。在实际应用中较常采用的是内插外推法和最小二乘虚拟法，这两种方法在算法处理时间间隔内采用的目标运

动模型为匀速直线运动，比较适用于目标速度恒定或缓慢变化的情况。

1）内插外推法

内插外推法在同一时间片内对各传感器采集的目标观测数据进行内插、外推。内插是利用区间内已知点的函数值，来近似区间内未知点的函数值的方法[1]。内插法分为线性内插和非线性内插等。外推是根据已知点（过去和现在）的函数值，近似计算观测范围外的点的函数值的方法。类似地，外推法分为线性外推、指数曲线等。将高精度观测时间上的数据推算到低精度时间点上，以实现各传感器时间上的匹配。

内插外推法步骤可描述为：首先取定时间片，时间片的划分随具体运动目标而异，目标的状态可分为静止、低速运动和高速运动，对应融合时间片可以选为小时、分钟或秒级；其次将各传感器观测数据按测量精度进行增量排序；最后将各高精度观测数据分别向最低精度时间点内插、外推，从而形成一系列等间隔的目标观测数据以进行融合处理。

设传感器 A 和传感器 B 对同一目标进行观测，在同一时间片内的采样数据序列如图 2-10 所示，传感器 A 在 T_{a_i} 时刻的测量数据为$(X_{a_i},Y_{a_i},Z_{a_i},V_{x_{a_i}},V_{y_{a_i}},V_{z_{a_i}})$，传感器 B 在 T_{b_j}时刻的测量数据为$(X_{b_j},Y_{b_j},Z_{b_j},V_{x_{b_j}},V_{y_{b_j}},V_{z_{b_j}})$，设由传感器 A 向传感器 B 的采样时刻进行时间配准，配准后的数据用$(X_{a_ib_j},Y_{a_ib_j},Z_{a_ib_j})$表示。内插外推法的配准公式为

$$\begin{bmatrix} X_{a_1b_1} & X_{a_2b_1} & \cdots & X_{a_nb_1} \\ X_{a_1b_2} & X_{a_2b_2} & \cdots & X_{a_nb_2} \\ \vdots & \vdots & \ddots & \vdots \\ X_{a_1b_m} & X_{a_2b_m} & \cdots & X_{a_nb_m} \end{bmatrix} = \begin{bmatrix} X_{a_1} & X_{a_2} & \cdots & X_{a_n} \\ X_{a_1} & X_{a_2} & \cdots & X_{a_n} \\ \vdots & \vdots & \ddots & \vdots \\ X_{a_1} & X_{a_2} & \cdots & X_{a_n} \end{bmatrix} +$$

$$\begin{bmatrix} T_{b_1}-T_{a_1} & T_{b_1}-T_{a_2} & \cdots & T_{b_1}-T_{a_n} \\ T_{b_2}-T_{a_1} & T_{b_2}-T_{a_2} & \cdots & T_{b_2}-T_{a_n} \\ \vdots & \vdots & \ddots & \vdots \\ T_{b_m}-T_{a_1} & T_{b_m}-T_{a_2} & \cdots & T_{b_m}-T_{a_n} \end{bmatrix} \cdot \begin{bmatrix} V_{x_{a_1}} & 0 & \cdots & 0 \\ 0 & V_{x_{a_2}} & \cdots & 0 \\ \vdots & \vdots & \ddots & \vdots \\ 0 & 0 & \cdots & V_{x_{a_n}} \end{bmatrix} \tag{2-13}$$

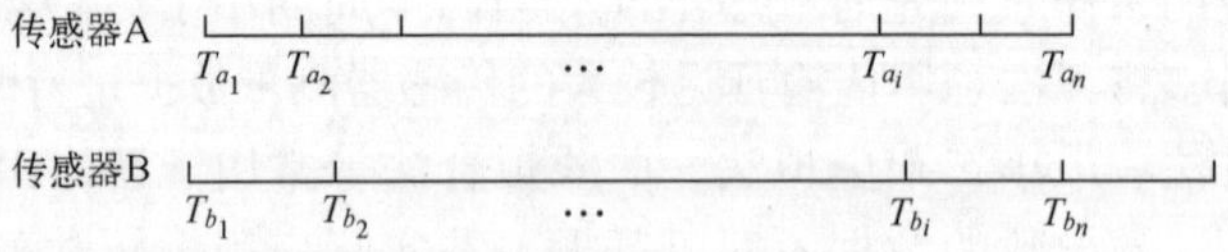

图 2-10　内插外推法的传感器采样序列图

$$\begin{bmatrix} Y_{a_1b_1} & Y_{a_2b_1} & \cdots & Y_{a_nb_1} \\ Y_{a_1b_2} & Y_{a_2b_2} & \cdots & Y_{a_nb_2} \\ \vdots & \vdots & \ddots & \vdots \\ Y_{a_1b_m} & Y_{a_2b_m} & \cdots & Y_{a_nb_m} \end{bmatrix} = \begin{bmatrix} Y_{a_1} & Y_{a_2} & \cdots & Y_{a_n} \\ Y_{a_1} & Y_{a_2} & \cdots & Y_{a_n} \\ \vdots & \vdots & \ddots & \vdots \\ Y_{a_1} & Y_{a_2} & \cdots & Y_{a_n} \end{bmatrix} + \begin{bmatrix} T_{b_1}-T_{a_1} & T_{b_1}-T_{a_2} & \cdots & T_{b_1}-T_{a_n} \\ T_{b_2}-T_{a_1} & T_{b_2}-T_{a_2} & \cdots & T_{b_2}-T_{a_n} \\ \vdots & \vdots & \ddots & \vdots \\ T_{b_m}-T_{a_1} & T_{b_m}-T_{a_2} & \cdots & T_{b_m}-T_{a_n} \end{bmatrix} \cdot \begin{bmatrix} V_{y_{a_1}} & 0 & \cdots & 0 \\ 0 & V_{y_{a_2}} & \cdots & 0 \\ \vdots & \vdots & \ddots & \vdots \\ 0 & 0 & \cdots & V_{y_{a_n}} \end{bmatrix} \tag{2-14}$$

$$\begin{bmatrix} Z_{a_1b_1} & Z_{a_2b_1} & \cdots & Z_{a_nb_1} \\ Z_{a_1b_2} & Z_{a_2b_2} & \cdots & Z_{a_nb_2} \\ \vdots & \vdots & \ddots & \vdots \\ Z_{a_1b_m} & Z_{a_2b_m} & \cdots & Z_{a_nb_m} \end{bmatrix} = \begin{bmatrix} Z_{a_1} & Z_{a_2} & \cdots & Z_{a_n} \\ Z_{a_1} & Z_{a_2} & \cdots & Z_{a_n} \\ \vdots & \vdots & \ddots & \vdots \\ Z_{a_1} & Z_{a_2} & \cdots & Z_{a_n} \end{bmatrix} + \begin{bmatrix} T_{b_1}-T_{a_1} & T_{b_1}-T_{a_2} & \cdots & T_{b_1}-T_{a_n} \\ T_{b_2}-T_{a_1} & T_{b_2}-T_{a_2} & \cdots & T_{b_2}-T_{a_n} \\ \vdots & \vdots & \ddots & \vdots \\ T_{b_m}-T_{a_1} & T_{b_m}-T_{a_2} & \cdots & T_{b_m}-T_{a_n} \end{bmatrix} \cdot \begin{bmatrix} V_{z_{a_1}} & 0 & \cdots & 0 \\ 0 & V_{z_{a_2}} & \cdots & 0 \\ \vdots & \vdots & \ddots & \vdots \\ 0 & 0 & \cdots & V_{z_{a_n}} \end{bmatrix} \tag{2-15}$$

在实际的多传感器信息融合系统中，有些传感器不能提供采样时刻的目标运动速度信息，所以需要由采样数据计算得到。在传感器测量数据仅包含位置信息的情况下，可以对内插外推公式进行了推广，由测量数据和采样间隔来估算目标的运动速度，在前面的采样数据序列和其他假设下，以 X 方向为例，推广后的内插外推法配准算法公式为

$$\begin{bmatrix} X_{a_1b_1} & X_{a_2b_1} & \cdots & X_{a_nb_1} \\ X_{a_1b_2} & X_{a_2b_2} & \cdots & X_{a_nb_2} \\ \vdots & \vdots & \ddots & \vdots \\ X_{a_1b_m} & X_{a_2b_m} & \cdots & X_{a_nb_m} \end{bmatrix} = \begin{bmatrix} X_{a_1} & X_{a_2} & \cdots & X_{a_n} \\ X_{a_1} & X_{a_2} & \cdots & X_{a_n} \\ \vdots & \vdots & \ddots & \vdots \\ X_{a_1} & X_{a_2} & \cdots & X_{a_n} \end{bmatrix} + \begin{bmatrix} T_{b_1}-T_{a_1} & T_{b_1}-T_{a_2} & \cdots & T_{b_1}-T_{a_n} \\ T_{b_2}-T_{a_1} & T_{b_2}-T_{a_2} & \cdots & T_{b_2}-T_{a_n} \\ \vdots & \vdots & \ddots & \vdots \\ T_{b_m}-T_{a_1} & T_{b_m}-T_{a_2} & \cdots & T_{b_m}-T_{a_n} \end{bmatrix} \cdot \begin{bmatrix} \frac{X_{a_2}-X_{a_1}}{T_{a_2}-T_{a_1}} & 0 & \cdots & 0 \\ 0 & \frac{X_{a_3}-X_{a_2}}{T_{a_3}-T_{a_2}} & \cdots & 0 \\ \vdots & \vdots & \ddots & \vdots \\ 0 & 0 & \cdots & \frac{X_{a_{n+1}}-X_{a_n}}{T_{a_{n+1}}-T_{a_n}} \end{bmatrix} \tag{2-16}$$

例 2.2　假设某目标在平面做匀加速直线运动，运动方向与正水平方向夹角为 30°，加速度为 0.2m/s^2，在采样时刻 $t=0$ 的初始速度为 5m/s。传感器 A 对其速度和位置信息进行采集，采集周期为 10s，t_i 时刻的采样数据格式为（X 位置，Y 位置，X 速度，Y 速度），在 $t=10\text{s}$ 和 $t=60\text{s}$ 时刻的采样值分别是（150，200，6，4）和（670，496，15，8），现需要将传感器 A 的采样数据进行时间配准，试根据内插外推法分别计算出 $t=25\text{s}$ 和 $t=55\text{s}$ 时刻的目标位置配准数据。

解：由题设，已知目标做匀加速运动。$t=10\text{s}$ 采样值外推得到 $t=25\text{s}$ 采样值

$$P_{x_{25}}=150+6\times(25-10)+0.5\times0.2\times\cos30°\times(25-10)^2=259.485$$

$$P_{y_{25}}=200+4\times(25-10)+0.5\times0.2\times\sin30°\times(25-10)^2=271.25$$

$$V_{x_{25}}=6+0.2\times\cos30°\times(25-10)=8.658$$

$$V_{y_{25}}=4+0.2\times\sin30°\times(25-10)=5.5$$

则 $t=25\text{s}$ 时采样值为（259.485，271.25，8.658，5.5）。

根据 $t=60\text{s}$ 采样值内插得到 $t=50\text{s}$ 采样值

$$P_{x_{55}}=670-[15\times(60-55)-0.5\times0.2\times\cos30°\times(60-55)^2]=597.17$$

$$P_{y_{55}}=496-[8\times(60-55)-0.5\times0.2\times\sin30°\times(60-55)^2]=457.25$$

$$V_{x_{55}}=15+0.2\times\cos30°\times(55-60)=14.134$$

$$V_{y_{55}}=8+0.2\times\sin30°\times(55-60)=7.5$$

则 $t=65\text{s}$ 时采样值为（597.17，457.25，13.228，7.5）。

上述方法是假设工作目标在每个处理时间间隔内做匀速直线运动，并且运动速度恒等于采样点时刻的速度或平均速度，目标的运动速度在不同处理时间间隔内进行跳变，适用于目标运动速度恒定或变化较慢的情况。内插外推算法由于具有应用限制少、计算简便等优点在实际中应用较广。但内插外推算法也存在着一些不足，例如配准后得到的同步数据的频率不会高于传感器集合中的最低采样频率，高采样频率传感器的测量数据有时无法得到充分利用；其假设运动模型比较简单，在目标运动复杂时配准误差较大。

在实际的多传感器应用中，观测目标的机动性较强、运动轨迹较复杂，匀速直线运动模型与实际运动状态相差较大，所以时间配准误差较大，不能满足对配准精度要求较高的应用场合。同时，现有的时间配准方法，多数是在观测数据上直接进行时间配准，未考虑观测数据本身的测量误差对配准后数据精度的影响；而且在进行时间配准处理时未考虑配准的实时性，使多传感器系统融合处理后的状态滞后于目标的实际运动状态。有些文献研究了直

线变速运动假设下的时间配准问题[2]，并具体采用单维度上的匀加速运动和匀变加速运动为假设模型，推导了最小二乘虚拟法在该两种模型下的算法公式。

2）最小二乘虚拟法

当两个传感器的采样周期之比为整数时，可以利用最小二乘规则将多个采样数据虚拟成一个时刻同步的采样数据，从而实现时间配准。假设有两类传感器，分别为传感器 A 和 B，这两类传感器的采样周期分别为 T_a 和 T_b（假设 $T_b>T_a$），且二者之比为整数 N。假设两传感器对目标的采样序列如图 2-11 所示。

图 2-11　最小二乘虚拟法的传感器采样序列

目标状态最近一次更新时刻为$(k-1)T_b$，下一次更新时刻为 $kT_b=[(k-1)T_b+NT_a]$，则在传感器 B 对目标状态的一次更新内，传感器 A 有 N 次测量值，因此可以采用最小二乘法将传感器 A 的 N 次测量值融合为一个与传感器 B 采样时刻同步的虚拟测量值，然后再与传感器 B 的测量值进行融合处理。

用 $\boldsymbol{Z}_N=[z_1,z_2,\cdots,z_N]^{\mathrm{T}}$ 表示传感器 A 在$(k-1)T_b$ 至 kT_b 时刻的 N 个测量值集合，z_N 与传感器 B 的测量值同步，若用 $\boldsymbol{U}=[z,z']^{\mathrm{T}}$ 表示 $z_1,z_2,\cdots,z_N$ 融合后的测量值及其导数，则传感器 A 的测量值 z_i 可表示为

$$z_i=z+(i-N)T_a\cdot z'+v_i\quad(i=1,2,\cdots,N)\tag{2-17}$$

式中：v_i 表示测量噪声。将上式写成矢量形式为

$$\boldsymbol{Z}_N=\boldsymbol{W}_N\boldsymbol{U}+\boldsymbol{V}_N\tag{2-18}$$

根据最小二乘准则，有 $\boldsymbol{U}=[z,z']^{\mathrm{T}}=(\boldsymbol{W}_N^{\mathrm{T}}\boldsymbol{W}_N)^{-1}\cdot\boldsymbol{W}_N^{\mathrm{T}}\cdot\boldsymbol{Z}_N$，其协方差估计值为 $\boldsymbol{R}_U=\sigma^2(\boldsymbol{W}_N^{\mathrm{T}}\boldsymbol{W}_N)^{-1}$，融合后得到 kT_b 时刻的量测值及量测噪声方差的标量形式为

$$z(kT_b)=c_1\cdot\sum_{i=1}^{N}z_i+c_2\cdot\sum_{i=1}^{N}i\cdot z_i\tag{2-19}$$

$$\mathrm{Var}[z(kT_b)]=\frac{2\sigma^2(2N+1)}{N(N+1)}\tag{2-20}$$

式中：$c_1=-2/N$；$c_2=6/[N(N+1)]$。

当个传感器采样周期之比不是整数时，一般不能采用最小二乘法。但当融合周期为所有传感器采样周期的整数倍时也可以采用。假设两传感器 A 和 B 的采样周期分别为 M 和 N，且 M/N 不是整数，此时可用最小二乘规则将传感器 A 的 N 次测量值和传感器 B 的 M 次测量值分别虚拟为采样时刻同步时的传感器 A 和 B 的测量值，然后进行融合处理。

最小二乘虚拟法对配准周期有特殊的要求，而且要求传感器的采样起始时刻必须相同，所以使用场景较为受限。配准后数据的时间周期不会小于传感器集合的最大采样周期，并且该方法在配准周期内假设目标做匀速直线运动，在目标运动状态复杂时的配准误差会比较大。

3）拉格朗日插值法

插值法时根据函数的已知数据求出一个解析式，要求它通过已知样点，由此确定近似函数，而后根据函数式计算所求时刻的数据。利用数据插值法进行多传感器时间配准，就是根据已知采样点数据得到目标运动的轨迹方程，而后由方程得到配准时刻的数据。

拉格朗日插值法是采样拉格朗日插值多项式估算函数表达式，然后根据函数表达式计算时间配准点数据。

假设需要对传感器 A 进行时间配准，传感器 A 的采样序列如图 2-12 所示。在时刻 $t_i(i=1,2,\cdots,n)$ 的采样数据为 $Z_i=(x_i,y_i)$。

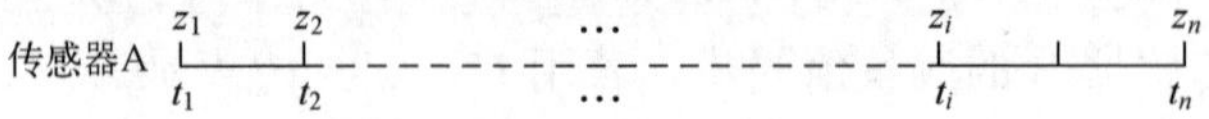

图 2-12 拉格朗日插值法的传感器采样序列

假设时间配准时刻为 $t_j(t_i<t_j<t_{i+1})$。以二维坐标平面为例，配准后数据记为 (x_{ij},y_{ij})，则可以采用拉格朗日线性插值、抛物线插值或高次插值法进行配准计算。拉格朗日线性插值法也称作拉格朗日两点插值法，是假设目标在时间配准时刻所在的采样周期内做匀速直线运动，其插值公式为

$$x_{ij}=\frac{t_j-t_{i+1}}{t_i-t_{i+1}}x_i+\frac{t_j-t_i}{t_{i+1}-t_i}x_{i+1} \tag{2-21}$$

$$y_{ij}=\frac{t_j-t_{i+1}}{t_i-t_{i+1}}y_i+\frac{t_j-t_i}{t_{i+1}-t_i}y_{i+1} \tag{2-22}$$

拉格朗日抛物线插值法也称拉格朗日三点插值法，是假设目标在单个维度上的运动轨迹为抛物线，其插值公式为

$$x_{ij}=\frac{(t_j-t_i)(t_j-t_{i+1})}{(t_{i-1}-t_i)(t_{i-1}-t_{i+1})}x_{i-1}+\frac{(t_j-t_{i-1})(t_j-t_{i+1})}{(t_i-t_{i-1})(t_i-t_{i+1})}x_i+\frac{(t_j-t_{i-1})(t_j-t_i)}{(t_{i+1}-t_{i-1})(t_{i+1}-t_i)}x_{i+1} \tag{2-23}$$

$$y_{ij}=\frac{(t_j-t_i)(t_j-t_{i+1})}{(t_{i-1}-t_i)(t_{i-1}-t_{i+1})}y_{i-1}+\frac{(t_j-t_{i-1})(t_j-t_{i+1})}{(t_i-t_{i-1})(t_i-t_{i+1})}y_i+\frac{(t_j-t_{i-1})(t_j-t_i)}{(t_{i+1}-t_{i-1})(t_{i+1}-t_i)}y_{i+1} \tag{2-24}$$

根据式（2-22）和式（2-23），很容易将拉格朗日插值法推广到多点插值，这是假设目标在某个维度上的运动轨迹是高次多项式曲线，此时的拉格朗日插值函数式多项式函数。当然，多项式的次数太高会使插值函数不稳定，一般情况下插值曲线的次数不高于五六次。在实际应用中，应根据目标的运动状态和假设的运动模型选择适当的拉格朗日插值多项式的次数。

此外，有时根据实际情况，也会采用串行合并法。它是将不同传感器对同一目标在不同时刻的量测数据直接组合成一个传感器的测量数据，然后进行融合处理。之所以这样做，是因为处理非同步采样数据一般是采取时间校正的方法将异步数据转换为同步数据后进行融合处理，但在目标机动转弯的情况下进行校准并非必要，也可以利用异步数据的特点来增强整个传感器系统的数据采样率，这种方法即串行合并法，其基本原理如图 2-13 所示。

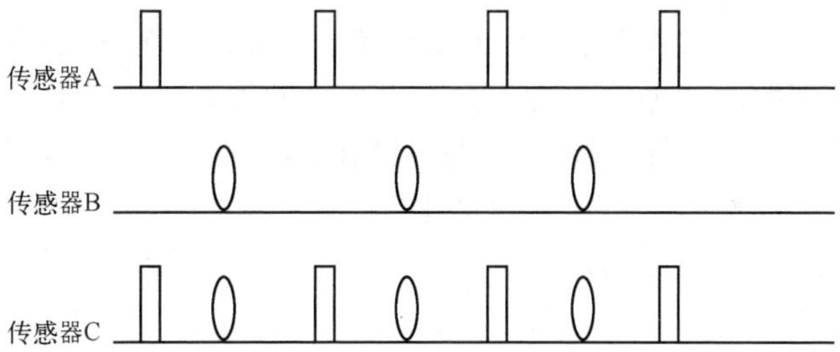

图 2-13　串行合并法的传感器采样序列

在串行合并法的数据处理过程中，不但避免了对异步数据进行时间校准的麻烦，而且利用异步数据增加了多传感器系统的总体数据率。这就意味着多传感器系统对目标跟踪精度的提高。假设送至融合中心的测量数据信息都在相同的平面坐标系下，融合中心对某传感器送来的数据采取串行合并式处理，则多源传感器综合跟踪问题变成了类似于单传感器的跟踪问题，不过数据变成了非均匀采样。需要注意的是，串行合并法只能得到非周期的同步数据，传感器数据的系统误差对配准精度有较大影响，而且处理前要求各传感器的数据类型和空间坐标系完全一致，因此其普适性较弱，仅可用于融合中心对融合时刻没有要求的场景。

2.2.2 空间配准

根据人们观察目标的习惯，这里采用目标跟踪来进一步说明空间配准。空间配准也是将多个传感器对于目标分析的结果放置于同一坐标系下，进行信息的完善、补充、纠错等工作。目标跟踪中定位是基本任务之一，现代空间定位往往是基于多平台、多系统的，多平台可以是空间卫星平台、空中机载平台、海上水面舰艇平台、水下舰艇平台、地面各雷达站平台等，为收集关于敌方作战单位的情报，需要雷达、电子侦察设施等情报系统，但它们一般探测的是目标相对于自己的距离与方位，在装载有雷达、电子侦察设施等情报系统的载体平台下，需要利用所观测到的距离和方位信息求出目标的精确位置。简而言之，不管在什么平台上，不管采用什么情报系统，在进行目标定位的融合处理之前，都要涉及空间配准问题，空间配准在多传感器信息融合模型中的地位可参考 JDL 模型的第一级。

对处于不同地点的各个传感器送来的量测值进行数据关联时，必须对多源传感器的数据坐标系进行统一，即通过坐标变换法，把它们都转换到信息处理中心或指挥中心的公共坐标系上来[3]。坐标变化是空间配准首要解决的问题。

从空间配准操作过程带来的误差角度来说，其误差的主要来源有四大类，分别是多传感器配准误差、随机干扰因素带来的偏差、多平台多传感器的动态偏差及数据率不一给异步传感器配准带来的误差[4]。

多传感器配准误差的主要来源也比较广泛，如各传感器参考坐标中量测的方位角、高低角和斜距偏差，通常由传感器的惯性量测单元对应的量测仪器引起；相对于公共坐标系的传感器位置误差，一般由导航系统的偏差引起；各传感器本身位置不确定，从而在各传感器向融合中心进行坐标变换时产生偏差；坐标转换公式的精度不够，为减少计算负担而在投影变换时采用了一些近似的方法；各传感器跟踪算法不同，局部航迹精度不同。

随机干扰因素带来的偏差属于偏差估计问题。在多平台多传感器系统中，主动传感器和被动传感器经常组合使用以适应愈加复杂、恶劣的环境，并提高系统的生存能力和战斗能力。不同传感器的分辨率、采样频率等量测性能指标直接影响空间配准方法的选择，如可选用的特征、特征提取的精度、不同传感器之间特征对应的稳定性等都会对空间配准的性能带来影响。此外，无论是同类传感器还是异类传感器，它们的传输速率通常是不一样的，即测量数据是不同步的，这也会给异步传感器配准带来误差。

归纳起来，解决多传感器空间配准问题的研究方法有三类。

（1）离线估计法。这类方法适用于目标位置已知，并且传感器偏差相对于时空都是恒定的情况。

（2）在线估计法。这类方法放宽传感器的偏差限制，将配准偏差和目标估计进行解耦，但要求配准中的传感器距离相对较小，而且该方法是否能有效用于平台间融合还有待分析。

（3）先进滤波技术。同时对传感器探测的目标状态和传感器的系统偏差进行估计，并以在线估计形式展示。

1. 常用的空间配准坐标系和坐标变换方法

对于多传感器系统来说，为准确描述传感器探测目标的运动状态和跟踪定位，应选用适当的坐标系，以提高测量和跟踪的精度及减少计算量。常见的坐标系有笛卡儿坐标系、球极坐标系、地理坐标系、大地坐标系、地平坐标系和载体坐标系等。在光学成像领域，有图像坐标系、像素坐标系和相机坐标系等。

1）笛卡儿坐标系

直角坐标系和斜角坐标系的统称，如图 2-14 所示。对于二维平面而言，相交于原点的两条数轴，构成了平面笛卡儿坐标系。如两条数轴上的度量单位相等，则称为笛卡儿坐标系。两条数轴互相垂直的笛卡儿坐标系，称为笛卡儿直角坐标系，否则称为笛卡儿斜角坐标系。一般常采用笛卡儿直角坐标系（简称直角坐标系）。

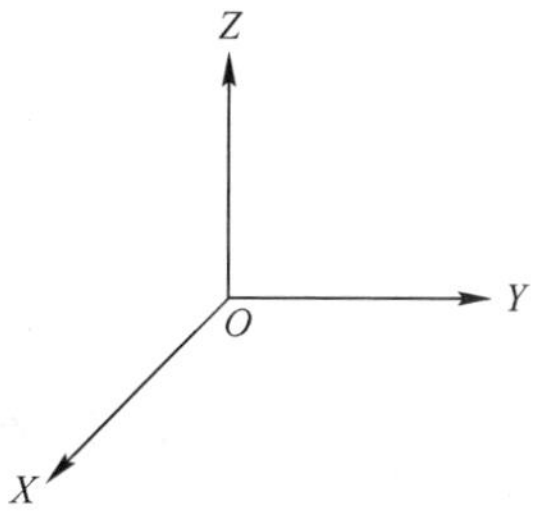

图 2-14　笛卡儿坐标系示意

对于三维空间而言，过定点 O，作三条互相垂直的数轴，它们都以 O 为原点且一般具有相同的长度单位。这三条轴分别叫作 x 轴（横轴）、y 轴（纵轴）、z 轴（竖轴），它们的正方向符合右手规则。这样就形成了笛卡儿坐标系，也称空间直角坐标系。

笛卡儿坐标系的创建，在代数和几何上架起了一座桥梁，使几何概念用数来表示，几何图形也可以用代数形式来表示。它是一种最直观、最简单的一种坐标系，广泛应用于工程、建筑涉及领域。

2）球极坐标系

二维平面上任一点 P 的位置可以用线段 OP 的长度 ρ 及从 Ox 到 OP 的角度 θ 来确定，有序数对(ρ,θ)为 P 点的极坐标，记为 $P(\rho,\theta)$；ρ 为 P 点的极径，θ 为 P 点的极角。同样，对于三维平面上的任意一点 P，也可以定义相应的极坐标（又称球极坐标或空间极坐标），它以坐标原点为参考点，由距离 ρ、仰角 θ 和方位角 φ 构成，记为 $P(\rho,\theta,\varphi)$。

球极坐标系在地理学、天文学中均有广泛应用。例如，民航飞机就使用极坐标的一个略加修改的版本进行导航。在0°射线一般被称为航向360，并且角度是以顺时针方向继续，航向360对应地磁北极，而航向90、180和270分别对应于磁东、南、西。因此，一架飞机向正东方向上航行5海里表示在航向90（空中交通管制读作090）上航行5个单位。

通常，信息处理中心采用笛卡儿坐标系，即直角坐标系，如两坐标雷达为（x，y）坐标，三坐标雷达为（x，y，z）坐标。但雷达和多数传感器所给出的坐标数据是以极坐标的形式给出的，即给出的是目标的斜距 r、方位角 θ 和仰角 ϕ，如图2-15所示。

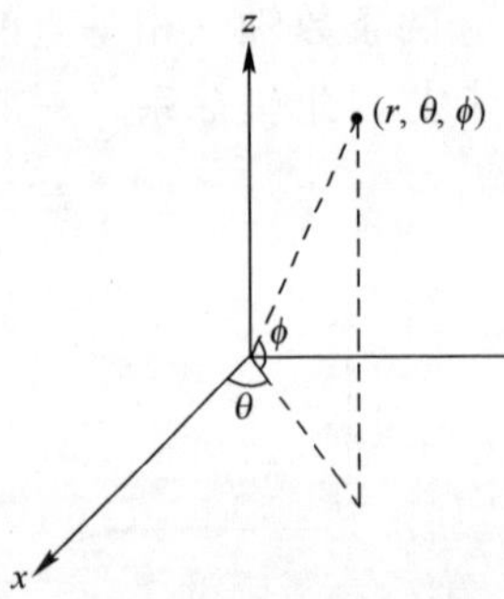

图2-15　笛卡儿/球坐标系转换示意

在进行数据处理时，需要将其变成直角坐标的形式。假定以(r,θ,ϕ)分别标识目标的斜距、方位角和仰角，则有直角坐标系的三个分量为

$$\begin{cases}x=r\cos\theta\cos\phi\\ y=r\sin\theta\cos\phi\\ z=r\sin\phi\end{cases} \tag{2-25}$$

同样，可以很容易得到

$$\begin{cases} r=\sqrt{x^2+y^2+z^2} \\ \theta=\arctan\dfrac{y}{x} \\ \phi=\arcsin\dfrac{z}{r} \end{cases} \tag{2-26}$$

这是在未考虑地球曲率情况下的变换公式。将极坐标数据变换成直角坐标数据是个非线性变换，会引入变换误差，导致互相关测量噪声的产生。以两坐标雷达为例，其噪声协方差矩阵为

$$\boldsymbol{R}_{xy}=\begin{bmatrix} \sigma_x^2 & \sigma_{xy}^2 \\ \sigma_{yx}^2 & \sigma_y^2 \end{bmatrix} \tag{2-27}$$

利用一阶展开，得到协方差矩阵中的各元素 σ_x^2、σ_y^2 和 σ_{xy}^2 如下：

$$\begin{cases} \sigma_x^2=\sigma_r^2\cos^2\theta+r^2\sigma_\theta^2\sin^2\theta \\ \sigma_y^2=\sigma_r^2\sin^2\theta+r^2\sigma_\theta^2\cos^2\theta \\ \sigma_{xy}^2=\dfrac{1}{2}\sin\theta(r^2-r^2\sigma_\theta^2) \end{cases} \tag{2-28}$$

式中：σ_r^2 为距离测量方差；σ_θ^2 为方位测量方差。

在跟踪过程中，利用笛卡儿坐标系时，状态方程是线性的，而测量方程是非线性的；利用极坐标系时，状态方程是非线性的，而测量方程是线性的。这意味着，在利用笛卡儿坐标系进行跟踪时，存在着允许利用线性动态模型进行外推滤波的优点。

3）地固坐标系

地固坐标系随地球矢量旋转，Z 轴指向地极原点，代表转轴的方向，即 Z 轴与地球自转轴相同，指向北极，X 轴指向过格林尼治本初子午线与赤道交点的笛卡儿空间直角坐标系，Y 轴与 Z 轴和 X 轴构成右手坐标系，如图 2-16 所示。

地固坐标系是固定在地球上与地球一起旋转的坐标系，如果忽略地球潮汐和板块运动，地面上点的坐标值在地固坐标系中是固定不变的。用地固坐标系描述地球表面点的空间位置更为方便。根据坐标系原点位置不同，地固坐标系分为地心坐标系（原点与地球质心重合）和参心坐标系（原点与参考椭球中心重合），前者以总地球椭球为基准，后者以参考椭球为基准，以地心为原点的坐标系也称地心（地固）坐标系（earth-centered earth-fixed, ECEF）。无论是参心坐标系还是地心坐标系又均可分为空间直角坐标系和大地坐标系两种形式，它们都与地球体连在一起，与地球同步运动。

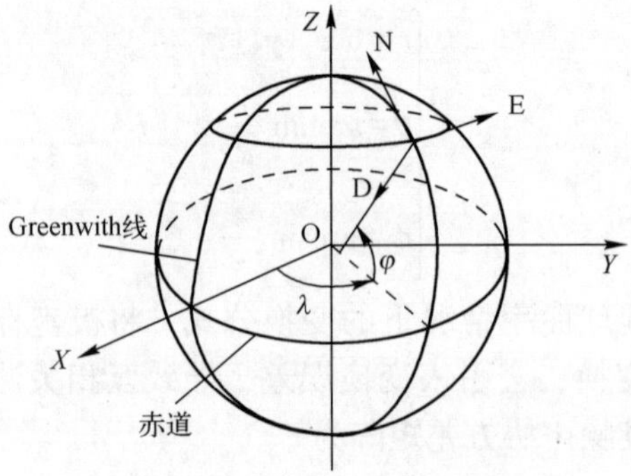

图 2-16　地心（地固）坐标系示意

对于地固坐标系，坐标原点选在参考椭球中心或者地心，坐标轴的指向具有一定的选择性，国际上通用的坐标系一般采用协议地极方向（conventional terrestrial pole，CTP）作为 Z 轴指向，因而，也称协议地球坐标系。与之相应的有以地球瞬时极为 Z 轴指向点的地球坐标系，称为瞬时地球坐标系。

协议地球坐标系和瞬时地球坐标系之间的差异是由极移引起的，极移参数由国际地球自转服务组织（international earth rotation service，IERS）根据所属台站的观测资料推算得到并以公报形式发布。据此，可实现两种坐标系之间的相互转换，变换公式为

$$\begin{pmatrix} X \\ Y \end{pmatrix}_{\text{CTS}} = M \begin{pmatrix} X \\ Y \end{pmatrix}_t \tag{2-29}$$

图 2-17 给出的是协议地球坐标系和瞬时地球坐标系之间的变换示意图。

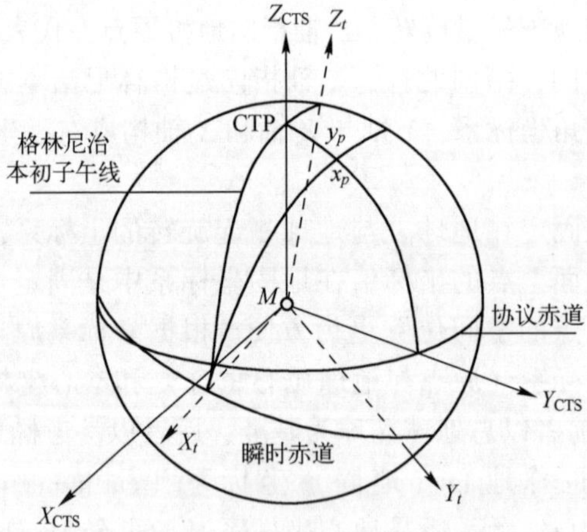

图 2-17　协议与瞬时地球坐标系变换示意

4）天球坐标系

天球坐标系又称天文坐标系，是一种以天极和春分点作为天球定向基准的坐标系。该坐标系引入的目的主要是准确描述天体在天球上的投影位置（如图 2-18 所示）。根据不同需要，设有地平坐标系、第一赤道坐标系（时角坐标系）、第二赤道坐标系（赤道坐标系）、黄道坐标系和银道坐标系等。天球坐标系的定义包含：基本圈——在天球上选取的太圆；极点——基本圈的一个几何极点；原点——在基本圈上选取的点；副圈——过基本圈的几何极点的任一半大圆；天体坐标的量度方向。

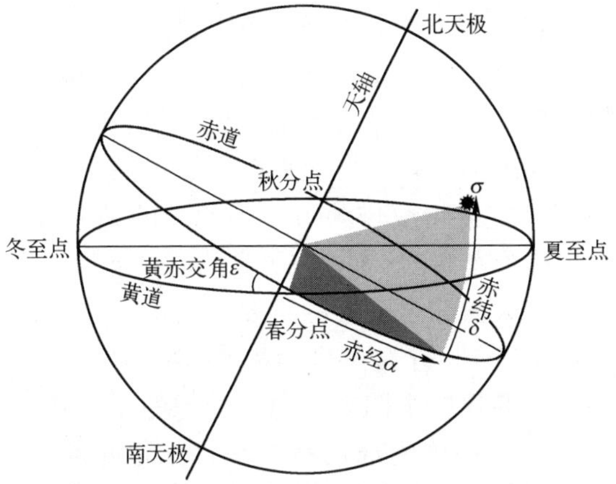

图 2-18　天球坐标系示意

对于天球坐标系，地面上点的坐标值受地球自转的影响一直处于变化运动之中，所以天球坐标系主要是用于描述卫星和地球的运行位置和状态。天体坐标系和协议坐标系之间也存在一定的转换关系，它们是借助瞬时地球坐标系与瞬时天球坐标系的指向相同来实现的，对于观测时间 t，可直接给出转换公式如下：

$$\begin{pmatrix} X \\ Y \end{pmatrix}_t = E\begin{pmatrix} X \\ Y \end{pmatrix}_t \quad E = R_3(\mathrm{GAST}) \tag{2-30}$$

2. 图像配准

在许多应用中，都利用图像数据融合来改善单个图像传感器的成像和自动检测/分类性能。典型的图像融合应用领域包括卫星/机载成像、地图测绘/海洋测绘、军事目标自动识别（automatic target recognition，ATR）、工业机器人技术、医学成像。需要重点说明的是，在 ATR 领域，通过各种毫米波/光学雷达/前视红外毫米波/前视红外单平台智能图像情报相关动态数据库进行战场监视、战场搜索、图像情报/信号情报/活动目标指示等相关情报，这类活动在陆军、海军和空军活动中占据非常重要的地位。

对来自不同传感器的配准数据进行综合可以提高复合图像的空间和光谱分辨率，从而增强用于军事情报、摄影测绘、地球资源和环境评估的卫星和航空图像。在进行图像复合和图像综合时，通常需要进行以下三项活动。

（1）图像配准：将重叠的图像和地图空间配准到一个公共坐标系下。

（2）图像镶嵌：执行非重叠的、邻近的图像截面配准，产生一个较大区域的复合图像。

（3）三维测量估计：校准图像数据中物体的空间大小的测量数据。

其中的图像配准，就是在一个公共的时间、空间和频谱参考系下调整数据，将图像数据转换到一个公共坐标系的空间变换，包括对图像或空间数据集中的物理项进行空间配准。它可能发生在原始图像层上（也就是一张图片中的任意像素可能以一定的精度作为另一图片中的某一或某些像素的参考，或者作为地图中的坐标参考），或者是在更高的层次上设计到目标而不是单个的像素配准。每个空间数据综合方法的重要之处都是在数据层上相互之间空间配准的准确性，或配准至一个公共坐标系中的精确性。

图像配准的核心是寻找一个图像到另一图像的正确映射，当已知一个不精确的配准估计时，寻找精确配准被称为是“优化配准”。如图 2-19 所示（左侧为观测图像，右侧为参考图像），一般的图像配准问题是给定两个 n 维传感器的输出，寻找函数 F 将传感器 2 的输出 $S_2(x_1,x_2,\cdots,x_n)$ 最优映射到传感器 1 的输出 $S_1(x_1,x_2,\cdots,x_n)$。理想情况下，$F(S_2(x_1,x_2,\cdots,x_n))=S_1(x_1,x_2,\cdots,x_n)$，由于所有传感器的输出都包含一些测量误差或噪声，因此理想情况很少出现。

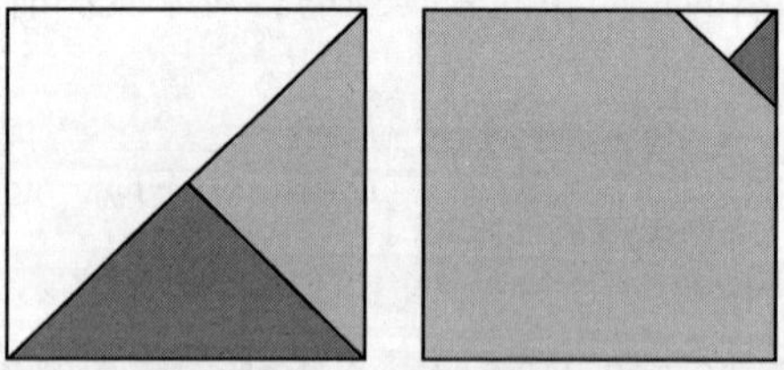

图 2-19 观测图像和参考图像

很显然，对于图 2-20，寻找将观测图像最优映射到参考图像的函数 $F(S_2)-S_1$，F 等于将观测图像旋转 90°并且沿正 y 方向平移 12.7cm。

图像配准的一般步骤如图 2-20 所示，主要包括特征提取、特征匹配、变换模型参数估计和图像重采样变换几个步骤。常用的图像配准方法如表 2-2 所示。

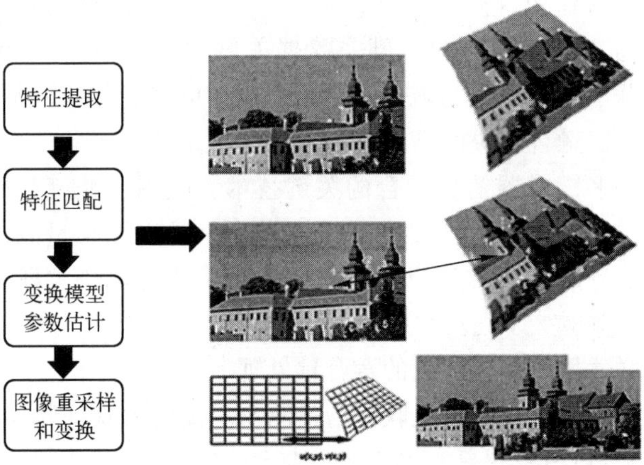

图 2-20　图像配准的一般步骤

表 2-2　常用的图像配准方法

算法	图像类型	匹配方法	插值函数	支持变换	注释
Andrus	边界图	相关法	无	Gruence	不容噪，少量旋转
Barnea	无限制	改进的相关法	无	平移	无旋转，比例变换噪声，弹性曲面
Barrow	无限制	爬山法	参数斜面	Gruence	容噪，少量位移
Brooks Iyengar	无限制	精英算法	无	Gruence	容噪，允许存在周期分量
Cox	线段	爬山法	无	Gruence	利用少量特征进行匹配
Davis	特定形状	松弛法	无	仿射	匹配形状
Goshtasby1986	控制点	各种方法	分段线性	弹性曲面	利用映射点拟合图像
Jain	子图	爬山法	无	平移	少量平移，无旋转，无噪声
Mandara	控制点	经典 G. A 算法	双线性	弹性曲面	利用误差拟合四个固定点
Mitiche	控制点	最小二乘	无	仿射	使用控制点

2.3　数据关联

以雷达系统为例，由于传感器观测过程和多目标跟踪环境中存在各种不确定性及随机性，会破坏回波量测与其目标源之间的对应关系，因此必须运用数据关联技术来解决。

数据关联是研究一个观测量和相关的其他观测量之间的关系，确定传感器接收到的量测信息和目标源对应关系。但需要重点强调的是，数据关联是点迹融合和点迹-航迹融合的基础。数据关联只能局部或部分解决航迹问题[5]。数据关联解决量测点与航迹是否是一类的问题，比如真假目标点识别、两类模糊等。数据融合解决的是航迹估计的问题。

数据关联是多传感器信息融合的关键技术，应用于航迹起始、集中式目标跟踪和分布式目标跟踪，主要有以下三种：一是量测与量测、量测与点迹的关联，用于航迹起始或估计目标位置；二是量测与航迹关联，用于目标状态的更新；三是航迹与航迹关联，用于航迹融合，局部航迹形成全局航迹。综上，数据关联适用于不同层级的融合预处理。

按关联的对象，可将数据关联分为量测与量测的关联（初始航迹）、量测与航迹关联（航迹保持/更新）和航迹与航迹的关联（航迹综合）。其中，量测与量测的数据关联通常用于初始航迹的生成阶段，通过对少量量测值的关联勾画出某一目标的初始航迹，常用的算法有启发式算法、贝叶斯轨迹确定算法、序列概率比检验等；量测与航迹关联则主要用于一个或多个目标航迹的维持和更新阶段，重点解决的是当前量测值归属于哪条已知航迹的问题，常用的算法有最近邻法、概率数据关联、多假设方法等；航迹与航迹的关联则属于更高层次的航迹综合判决，以分布式航迹关联为主要应用，解决已出现的多条航迹分属于哪些目标的问题，常用的方法有加权航迹关联、修正航迹关联、序贯航迹关联等。

按关联发生的频次，可将数据关联分为静态数据关联和动态数据关联。其中，静态数据关联所输入的测量来自稳态目标/事件或动态目标的断续测量，常用于目标定位；动态数据关联即对于动态目标，需要预测目标的未来位置，因而需要反复关联，常用于目标跟踪。

2.3.1　数据关联通用处理流程

数据关联可理解为单源多目标或多源多目标环境中，对来源于同一对象/实体的测量信号或数据进行聚集的过程。通俗地讲，数据关联是测量信息之间的联系，估计产生观测对象位置（点迹）或将其连接生成目标航迹的过程。

数据关联的一般过程，如图 2-21 所示。

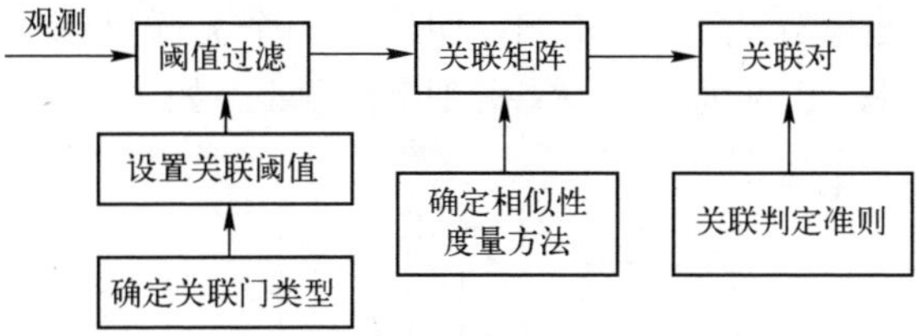

图 2-21　数据关联的一般处理过程

例 2.3　假设 A_1、A_2是两个已知实体的位置的估计值，均以经、纬度表示已获得两个实体的三个观测位置 Z_1、Z_2、Z_3，如图 2-22 所示试对观测值与实体进行关联。

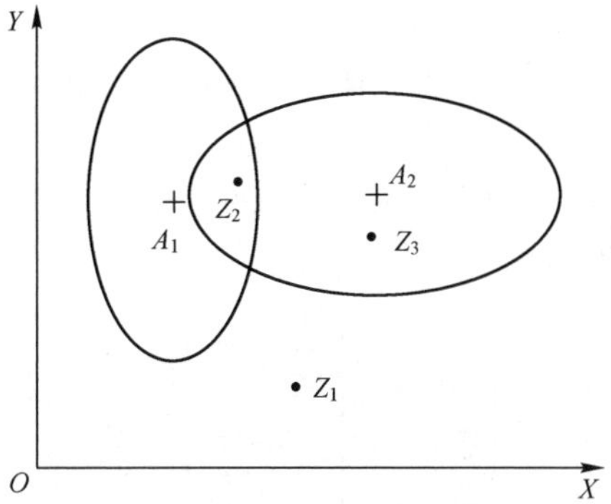

图 2-22　关于两个实体的三个量测值分布示意

解：观测量 $Z_i(i=1,2,3)$，与实体 $A_j(j=1,2)$，关联有三种可能。

（1）观测 Z_i 与实体 A_j 关联。

（2）观测 Z_i 与实体 A_j 关联。

（3）观测 Z_i 与实体 A_j 均不关联，它要么是由新的实体产生的观测，要么是由干扰或杂波剩余产生的观测。

若不考虑虚警影响，并假定实体是稳定的。数据关联的基本思路如下。

（1）建立关联门，确定关联阈值，椭圆关联门。

（2）阈值过滤：将测量 Z_1 过滤掉。

（3）建立观测 $Z_i(i=1,2,\cdots,m)$ 与实体 $A_j(j=1,2,\cdots,n)$ 的关联矩阵。

矩阵	$\boldsymbol{A}_1$	$\boldsymbol{A}_2$	$\boldsymbol{A}_3$	…	$\boldsymbol{A}_n$
$\boldsymbol{Z}_1$	S_{11}	S_{12}	S_{13}	…	S_{1n}
$\boldsymbol{Z}_2$	S_{21}	S_{22}	S_{23}	…	S_{2n}
⋮	⋮	⋮	⋮	⋮	⋮
$\boldsymbol{Z}_m$	S_{m1}	S_{m2}	S_{m3}	…	S_{mn}

确定相似性度量方法：各(Z_i, A_j)均包含一个关联度量S_{ij}，表示观测Z_i与实体A_j接近程度的度量或称相似性度量，如几何矢量距离：$S_{ij}=\sqrt{(Z_i-A_j)^2}$，计算得出

$$\begin{bmatrix} S_{21} & S_{22} \\ S_{31} & S_{32} \end{bmatrix}=\begin{bmatrix} 1 & 6 \\ 7 & 2 \end{bmatrix}$$

(4) 确定关联判定准则（如最近邻法）：对每个观测实体对(Z_i, A_j)，将几何矢量距离与已知阈值γ（关联门）比较，以确定观测Z_i能否与实体A_j进行关联。如果$S_{ij}\leqslant\gamma$，则用判定逻辑将观测Z_i分配给实体A_j。没有被关联的观测，用追加逻辑确定另一个假设的正确性，如是新实体或虚警等。

(5) 形成关联对：$Z_2 \rightarrow A_1$　$Z_3 \rightarrow A_2$

上例中，涉及关联门与阈值的概念与选取。关联门通常有两种：矩形和椭圆形。对于椭圆门的距离d，通常有

$$d^2=(z-\hat{z})^{\mathrm{T}} S^{-1}(z-\hat{z}) \leqslant G \tag{2-31}$$

进而，如果d表示位置信息，则有

$$\begin{aligned} d^2 &= \begin{bmatrix} x_2-x_1 \\ y_2-y_1 \end{bmatrix}^{\mathrm{T}} \begin{bmatrix} \dfrac{1}{\sigma_x^2} & 0 \\ 0 & \dfrac{1}{\sigma_y^2} \end{bmatrix} \begin{bmatrix} x_2-x_1 \\ y_2-y_1 \end{bmatrix} \\ &= \frac{(x_2-x_1)^2}{\sigma_x^2}+\frac{(y_2-y_1)^2}{\sigma_y^2} \end{aligned} \tag{2-32}$$

如果d表示位置和速度的二维信息，则有

$$d^2=\frac{(x_2-x_1)^2}{\sigma_x^2}+\frac{(y_2-y_1)^2}{\sigma_y^2}+\frac{(\dot{x}_2-\dot{x}_1)^2}{\sigma_{\dot{x}}^2}+\frac{(\dot{y}_2-\dot{y}_1)^2}{\sigma_{\dot{y}}^2} \tag{2-33}$$

对于关联阈值G，可由两种方法获取：一是最大似然法，另一种是γ^2分布法。在γ^2分布法中，d^2是M个独立高斯分布随机变量平方和，它服从自由度为M的γ^2概率分布，给出漏检率，查γ^2分布表得到阈值G。

2.3.2 相似度量方法

相似性度量包括很多种类型，如距离度量、相似度量、匹配度量、概率度量和隶属度度量等，针对不同场景，度量方式各异。

假设在m维空间中有$\boldsymbol{Y}$和$\boldsymbol{Z}$两点，常用的距离度量方式有如下几种。

(1) 欧氏距离指的是$\boldsymbol{Y}$和$\boldsymbol{Z}$之间的真实距离，在二维或三维空间中的欧氏距离就是两个点之间的真实几何距离，具体定义为

$$d_{YZ}=[(\boldsymbol{Y}-\boldsymbol{Z})^2]^{\frac{1}{2}} \tag{2-34}$$

（2）加权欧氏距离，在欧氏距离的基础上增加权值矩阵 $\boldsymbol{W}$，实现各维度数据的无量纲化，具体定义为

$$[(\boldsymbol{Y}-\boldsymbol{Z})^{\mathrm{T}}\boldsymbol{W}(\boldsymbol{Y}-\boldsymbol{Z})]^{\frac{1}{2}} \tag{2-35}$$

（3）一阶明可夫斯基距离，也称 Manhatta 距离，具体定义为

$$|\boldsymbol{Y}-\boldsymbol{Z}| \tag{2-36}$$

（4）P 阶明可夫斯基距离，具体定义为

$$|(\boldsymbol{Y}-\boldsymbol{Z})^{P}|^{\frac{1}{P}}\quad(1\leqslant P\leqslant\infty) \tag{2-37}$$

（5）Mahalanobis 距离。$\boldsymbol{R}$ 为协方差矩阵，具体定义为

$$(\boldsymbol{Y}-\boldsymbol{Z})\boldsymbol{R}^{-1}(\boldsymbol{Y}-\boldsymbol{Z})^{\mathrm{T}} \tag{2-38}$$

（6）Bhattacharyya 距离。具体定义为

$$\frac{1}{8}(\boldsymbol{Y}-\boldsymbol{Z})^{\mathrm{T}}[(\boldsymbol{R}_Y+\boldsymbol{R}_z)^{\frac{1}{2}}]^{-1}(\boldsymbol{Y}-\boldsymbol{Z})+\frac{1}{2}\ln\left\{[(\boldsymbol{R}_Y+\boldsymbol{R}_z)^{\frac{1}{2}}]\sqrt{|\boldsymbol{R}_Y|}\sqrt{|\boldsymbol{R}_z|}\right\} \tag{2-39}$$

此外，有时在进行模糊处理时，还会用隶属度度量，即是用隶属度作为度量标准。在进行属性判决时，也会用到概率度量，如

$$g_{ij}=\frac{\mathrm{e}^{-\gamma_{ij}^{\mathrm{T}}S_{ij}^{-1}\gamma_{ij}/2}}{(2\pi)^{\frac{m}{2}}\sqrt{|\boldsymbol{S}_{ij}|}} \tag{2-40}$$

2.3.3　典型数据关联算法

数据关联适合于点与点、点与航迹（利用滤波器的预测功能使点与航迹时间对正），或者航迹与航迹（利用滤波器的预测功能使点与时间对正）。经典方法有最近邻法、概论度量关联（PDA）、模糊隶属度（FCM）数据关联和基于模糊综合判决函数的数据关联。其中，前两者属于量测与航迹关联，后两者属于航迹与航迹的关联。航迹起始方法有贝叶斯轨迹确定方法和启发式算法。航迹终止方法有跟踪门方法和贝叶斯跟踪终止法。

1. 最近邻法

多目标跟踪时，需要将每个新接收到的位置报告分配给一个特定的目标航迹，最早的报告分类方法就是最近邻法[6]。最近邻法的基本思想是在一个新的测量值到达的时刻估计每个目标的位置，然后将测量值分配给最近的估计，如图 2-23 所示。由于这种方法可将多目标跟踪问题分解成一组单目标跟踪问题，因此具有非常广泛的实用场景。

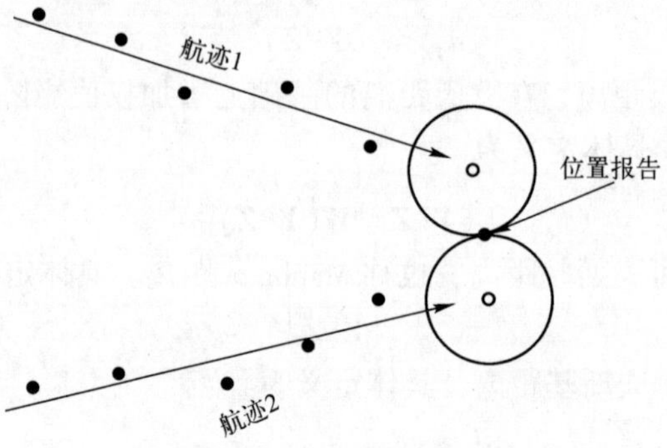

图 2-23　最近邻法准则示意

当接收到一个新的位置报告时，所有的现有航迹都被外推到新的量测时刻（如图 2-19 所示，实心圆表示早期的目标位置报告，空心圆表示外推位置的值），然后计算该位置报告与每个外推位置的距离，报告与最近的航迹关联。当然，最近邻法不仅能应用于对“点—迹”关联的预处理，也常用于样本识别和分类中，是一种简单有效的分类策略。

1）最近邻数据关联

将落在关联门内并且与被跟踪目标的预测位置“最邻近”的观测点作为与航迹相关联的观测。如有三个目标和三个测量，所形成的关联矩阵为

$$\begin{array}{c} \begin{matrix} m_1 & m_2 & m_3 \end{matrix} \\ \begin{bmatrix} 2 & 1 & 3 \\ 4 & 5 & 6 \\ 9 & 8 & 7 \end{bmatrix} \begin{matrix} T_1 \\ T_2 \\ T_3 \end{matrix} \end{array} \tag{2-41}$$

按最近邻

$$\begin{gathered} m_2 \rightarrow T_1 \\ m_1 \rightarrow T_2 \\ m_3 \rightarrow T_3 \end{gathered} \tag{2-42}$$

该算法的特点：一个目标最多只与跟踪门中一个测量相关，取跟踪门中距目标最近的测量与目标相关。

2）全局最近邻

使总的距离或关联代价达到最小，最优分配的问题

$$\min\left\{\sum_{i=1}^{n}\sum_{j=1}^{n} C_{ij}x_{ij}\right\} \tag{2-43}$$

$$\text{s. t.}\begin{cases}\sum_{i=1}^{n} x_{ij} = 1\\ \sum_{j=1}^{n} x_{ij} = 1\end{cases}$$

式中：x_{ij}为二值变量，若为 0 则表示不关联，若为 1 则表示关联。用矩阵表示时，矩阵的每行每列只能有 1 个元素为 1。

例如，$\begin{matrix} m_1 & m_2 \\ \end{matrix}$ $\begin{bmatrix}3 & 4\\6 & 9\end{bmatrix}\begin{matrix}T_1\\T_2\end{matrix}$ 的关联结果：$\begin{matrix}m_2\rightarrow T_1\\ m_1\rightarrow T_2\end{matrix}$ 用矩阵表示 $\begin{bmatrix}0 & 1\\1 & 0\end{bmatrix}$，关联矩阵 $\boldsymbol{C}=\begin{bmatrix}1 & 2 & 3\\2 & 4 & 6\\3 & 6 & 9\end{bmatrix}$。

关联矩阵较大时，二维分配问题可用 Munkre 算法或 Burgeois 算法求解，求解具多项式的复杂度，而且非 NP 问题。

该算法的特点：一个目标最多只与跟踪门中一个测量相关，以总关联代价（或总距离）作为关联评价标准，取总关联代价或总距离最小的关联对为正确关联对。

需要注意的是，最近邻法尽管非常有吸引力，但是也存在一些疑问和困难。例如，在早期的实验中发现建立多目标初始航迹时存在问题。在单目标情况下，积累两个报告就能得到一个速度估计，由此可创建一个航迹。然而，对于多个目标，没有确切的方法来推出这个初始速度。最初收到的两个报告可能代表单个目标的连续位置，也可能表示两个不同目标的最初观测。每个后续的报告可能是一个已知航迹的继续或一个新目标的开始。更糟糕的是，几乎每个传感器都会产生一些噪声，从而产生虚假的报告和虚假的航迹。并且，在被跟踪目标很接近时，难免会造成报告被错误分类，此时最近邻法的缺点就会被放大，因为它的错误关联分配结果会导致后续的融合处理（如卡尔曼预测跟踪）收敛得很慢，或者根本不收敛。因此，实际应用中，会针对不同情况，采用不同的数据关联方法。

2. 概论度量关联（probabilistic data association，PDA）

设目标运动模型及量测模型为[7]

$$\begin{aligned}X(k+1)&=\boldsymbol{\Phi}X(k)+\boldsymbol{G}V(k)\\ Z(k)&=h[X(k)]+W(k)\end{aligned}\tag{2-44}$$

式中：$\boldsymbol{\Phi}$ 为状态转移矩阵；$\boldsymbol{G}$ 为过程噪声增益矩阵；V 为过程噪声；W 为观

测噪声。

目标状态的一步预测值为

$$\hat{X}(k+1|k)=\boldsymbol{\Phi}\hat{X}(k|k) \tag{2-45}$$

预测协方差为

$$\boldsymbol{P}(k+1|k)=\boldsymbol{\Phi}P(k|k)\boldsymbol{\Phi}^{\mathrm{T}}+\boldsymbol{GQG}^{\mathrm{T}} \tag{2-46}$$

预测的观测矢量为

$$\hat{Z}(k+1|k)=h\lfloor\hat{X}(k+1|k)\rfloor \tag{2-47}$$

新息或量测残差为

$$\gamma_j=Z_j-\hat{Z}(k+1|k)=Z_j-h\lfloor\hat{X}(k+1|k)\rfloor \tag{2-48}$$

残差协方差

$$\boldsymbol{S}=\boldsymbol{h}_X\boldsymbol{P}(k+1|k)\boldsymbol{h}_X^{\mathrm{T}}+\boldsymbol{R} \tag{2-49}$$

式中：$\boldsymbol{h}_X$ 为 h 的雅可比矩阵，是对目标状态求导数；$\boldsymbol{R}$ 为观测噪声的方差矩阵。

设有 m_{k+1}个测量落入跟踪门内，即有 m_{k+1}个测量满足

$$\boldsymbol{\gamma}_j^{\mathrm{T}}\boldsymbol{S}^{-1}\boldsymbol{\gamma}_j<g^2 \tag{2-50}$$

式中：g^2 为跟踪门阈值，按概率计算 m_{k+1}个测量在状态更新时的权重因子 β_j。

假设用第 j 个量测对滤波器更新时，得到的状态估计值为

$$\hat{X}_j(k+1|k+1) \tag{2-51}$$

目标的状态估计为

$$\hat{X}(k+1|k+1)=\sum_{j=0}^{m_{k+1}}\beta_j\hat{X}_j(k+1|k+1) \tag{2-52}$$

其中：

$$\beta_0=\frac{b}{b+\sum\limits_{j=1}^{m_{k+1}}e_j};\ \beta_j=\frac{e_j}{b+\sum\limits_{j=1}^{m_{k+1}}e_j}\quad(j=1,2,\cdots,m_{k+1});$$

$$b=m_{k+1}(1-P_DP_G)[P_DP_GV]^{-1}$$

式中：P_D 为目标检测概率；P_G 为正确测量落入跟踪门内的概率；V 为跟踪门的体积。当测量为二维时，$V=\pi g^2\sqrt{|S|}$，当测量为三维时，$V=\frac{4}{3}\pi g^3\sqrt{|S|}$。

$$e_j=P_G^{-1}N[\gamma_j;0,S]=P_G^{-1}\times\frac{1}{(2\pi)^{\frac{M}{2}}\sqrt{|S|}}\exp\left[-\frac{1}{2}\gamma_j^{\mathrm{T}}S^{-1}\gamma_j\right]$$

式中：M 为测量的维数。

目标的状态估计及状态估计的协方差矩阵为

$$\hat{X}(k+1|k+1)\gamma=\hat{X}(k+1|k)+\boldsymbol{W}\times r \tag{2-53}$$

$$\boldsymbol{P}(k+1|k+1)=\boldsymbol{P}(k+1|k)-(1-\beta_0)\boldsymbol{WSW}^{\mathrm{T}}+\boldsymbol{W}\left[\sum_{j=1}^{m_{k+1}}\beta_j\gamma_j\gamma_j^{\mathrm{T}}-\gamma\gamma^{\mathrm{T}}\right]\boldsymbol{W}^{\mathrm{T}} \tag{2-54}$$

式中：$\boldsymbol{W}=\boldsymbol{P}(k+1|k)\boldsymbol{h}_X^{\mathrm{T}}\boldsymbol{S}^{-1}$；$\gamma=\sum_{j=1}^{m_{k+1}}\beta_j\gamma_j$。

该算法的特点：考虑跟踪门中所有测量的影响，各测量由于距跟踪门中心的距离不同其影响系数不同，各影响系数之和为 1，影响系数用概率求取。

3. 模糊隶属度（Fuzzy C-means，FCM）数据关联

以模糊 C 均值聚类算法（FCM）为基础。在 FCM 中，目标函数定义为

$$J_m(\boldsymbol{U},\boldsymbol{V})=\sum_{k=1}^{n}\sum_{i=1}^{c}(u_{ik})^m(d_{ik})^2 \tag{2-55}$$

可以证明，当 $u_{ik}=\dfrac{1}{\sum_{j=1}^{c}\left(\dfrac{d_{ik}}{d_{jk}}\right)^{2/(m-1)}}\ \forall i,k$，$v_i=\dfrac{\sum_{k=1}^{n}(u_{ik})^m x_k}{\sum_{k=1}^{n}(u_{ik})^m}\ \forall i$ 时，$J_m(\boldsymbol{U},\boldsymbol{V})$ 达到局部最小。其中，$d_{ik}=\sqrt{(x_k-v_i)^{\mathrm{T}}(x_k-v_i)}$。

4. 基于模糊综合判决函数的数据关联

1）模糊综合判决函数

该函数是一个映射将模糊矢量 $\boldsymbol{M}_i=[d_i(u_1),d_i(u_2),\cdots,d_i(u_k)]^{\mathrm{T}}\in[0,1]^k$ 映射至 $[0,1]$ 的函数。例如，下列 S_k 都是综合函数：

$$S_k(\boldsymbol{M}_i)=\left[\frac{1}{k}\sum_{l=1}^{k}[d_i(u_l)]^q\right]^{\frac{1}{q}}\quad(q>0) \tag{2-56}$$

$$S_k(\boldsymbol{M}_i)=\left[\sum_{l=1}^{k}a_l d_i(u_l)\right]\left(a_l\in[0,1],\sum_{l=1}^{k}a_l=1\right) \tag{2-57}$$

$$S_k(\boldsymbol{M}_i)=\left[\sum_{l=1}^{k}a_l[d_i(u_l)]^q\right]^{\frac{1}{q}}\left(a_l\in[0,1],\sum_{l=1}^{k}a_l=1,q>0\right) \tag{2-58}$$

2）基于模糊综合函数关联的步骤

（1）建立模糊因素集（各因素间的距离）：

$$\boldsymbol{U}_{ij}=[u_{ij}(1),u_{ij}(2),\cdots,u_{ij}(k)]^{\mathrm{T}} \tag{2-59}$$

例如，判定两航迹间的相关性。设在 t 时刻，两航迹的状态矢量为$\hat{\boldsymbol{X}}_i=[\hat{x}_i,\hat{\dot{x}}_i,\hat{y}_i,\hat{\dot{y}}_i]$和$\hat{\boldsymbol{X}}_j=[\hat{x}_j,\hat{\dot{x}}_j,\hat{y}_j,\hat{\dot{y}}_j]$，定义两航迹位置、速度和航向间的距离为

$$\begin{cases} u_{ij}(1)=\left[(\hat{x}_i-\hat{x}_j)^2+(\hat{y}_i-\hat{y}_j)^2\right]^{\frac{1}{2}} \\ u_{ij}(2)=\left|\left[(\hat{\dot{x}}_i)^2+(\hat{\dot{y}}_i)^2\right]^{\frac{1}{2}}-\left[(\hat{\dot{x}}_j)^2+(\hat{\dot{y}}_j)^2\right]^{\frac{1}{2}}\right| \\ u_{ij}(3)=\theta_{ij}=\left|\arctan\left[\dfrac{\hat{\dot{y}}_i}{\hat{\dot{x}}_i}\right]-\arctan\left[\dfrac{\hat{\dot{y}}_j}{\hat{\dot{x}}_j}\right]\right| \end{cases} \tag{2-60}$$

或者取为加权距离为

$$\begin{cases} u_{ij}(1)=\left[\left(\dfrac{\hat{x}_i-\hat{x}_j}{\boldsymbol{\sigma}_x}\right)^2+\left(\dfrac{\hat{y}_i-\hat{y}_j}{\boldsymbol{\sigma}_y}\right)^2\right]^{\frac{1}{2}} \\ u_{ij}(2)=\left|\dfrac{\left[(\hat{\dot{x}}_i)^2+(\hat{\dot{y}}_i)^2\right]^{\frac{1}{2}}-\left[(\hat{\dot{x}}_j)^2+(\hat{\dot{y}}_j)^2\right]^{\frac{1}{2}}}{\boldsymbol{\sigma}_v}\right| \\ u_{ij}(3)=\theta_{ij}=\left|\dfrac{\left(\arctan\left[\dfrac{\hat{\dot{y}}_i}{\hat{\dot{x}}_i}\right]-\arctan\left[\dfrac{\hat{\dot{y}}_j}{\hat{\dot{x}}_j}\right]\right)}{\boldsymbol{\sigma}_\theta}\right| \end{cases} \tag{2-61}$$

（2）选取一个隶属度函数，由模糊因素集建立模糊矢量

采用高斯型隶属度函数（也可采用其他隶属度函数，如哥西分布、三角形分布等），则元素间的相似隶属度为

$$d_{ij}(l)=\exp\left\{-\left[\frac{u_{ij}(l)}{\boldsymbol{\sigma}_{ij}}\right]^2\right\} \tag{2-62}$$

$$\boldsymbol{M}_{ij}=[d_{ij}(1),d_{ij}(2),d_{ij}(3)]^{\mathrm{T}}\in[0,1]^3 \tag{2-63}$$

（3）由模糊矢量建立模糊综合函数，并用模糊综合函数建立相似度量矩阵

两航迹间的模糊综合函数可定义为

$$\boldsymbol{S}_{ij}=\sum_{l=1}^{3}a_l\,\boldsymbol{\mu}_{ij}(l)\left(\sum_{l=1}^{3}a_l=1\right) \tag{2-64}$$

通过模糊综合函数可建立关联矩阵，再由最近邻法或全局最近邻法可给出关联结果。

需要强调的是，数据关联通常归为融合前的预处理，是点迹融合和点迹-航迹融合的基础。数据关联解决量测点与航迹是否是一类的问题，比如真假目标点识别、两类模糊等，而数据融合解决的是航迹估计问题。

小　结

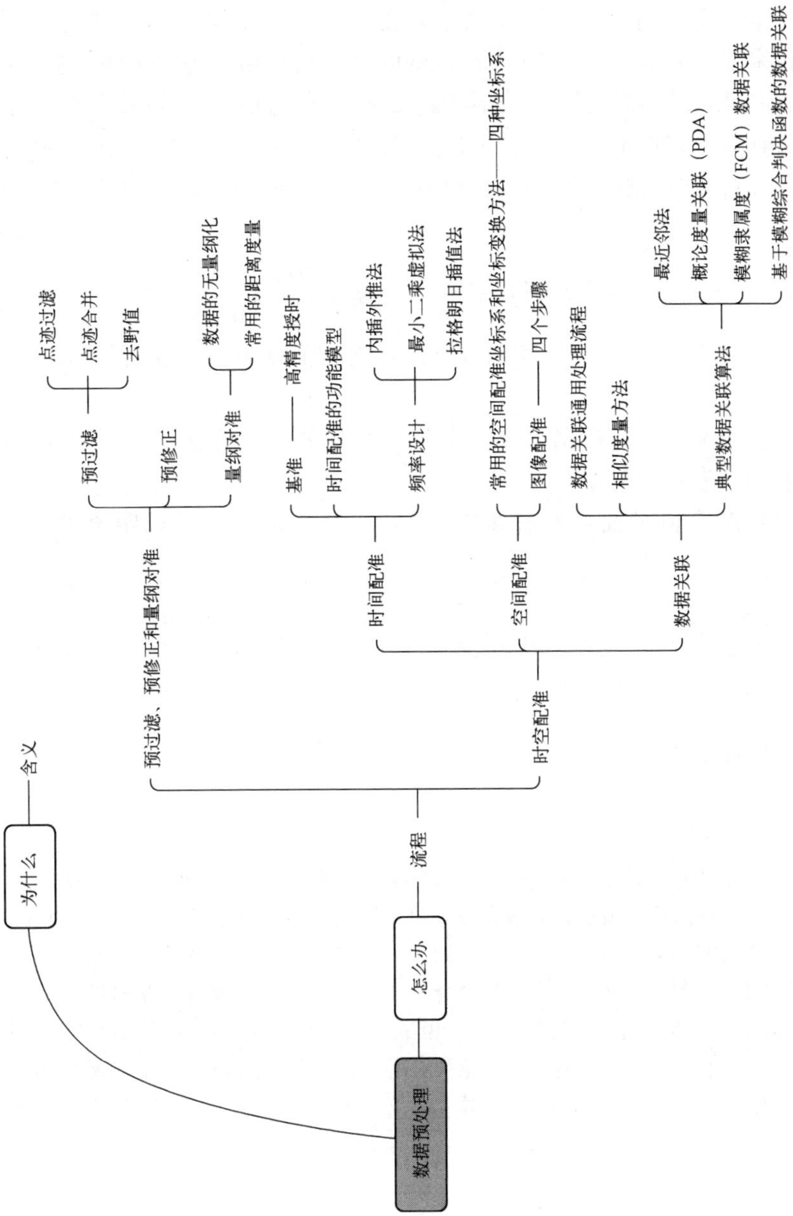
数据预处理
为什么
含义
怎么办
流程
预过滤、预修正和量纲对准
预过滤
点迹过滤
点迹合并
去野值
预修正
量纲对准
数据的无量纲化
常用的距离度量
时空配准
时间配准
基准
高精度授时
时间配准的功能模型
频率设计
内插外推法
最小二乘虚拟法
拉格朗日插值法
空间配准
常用的空间配准坐标系和坐标变换方法
四种坐标系
图像配准
四个步骤
数据关联
数据关联通用处理流程
相似度量方法
典型数据关联算法
最近邻法
概论度量关联（PDA）
模糊隶属度（FCM）数据关联
基于模糊综合判决函数的数据关联

习　题

1. 假设某目标在平面运动（运动类未知），传感器 A 对其速度和位置信息进行采集，采集周期为 20s，t_i 时刻的采样数据格式为（X 轴位置，Y 轴位置，X 轴速度，Y 轴速度），在 $t=0$s、20s、40s、60s 时刻的采样值分别是(0,0,2.5,4.3)、(70,121.2,4.5,7.8)、(180,311.8,6.5,11.3)和(330,571.6,8.5,14.7)，试根据内插外推法分别计算出 $t=25$s 和 $t=65$s 时刻的目标采样数据。

2. 已知一个二维正态集合 G 的分布为 $N\left(\begin{pmatrix}0\\0\end{pmatrix},\begin{pmatrix}1 & 0.95\\0.95 & 1\end{pmatrix}\right)$：

（1）分别求点 $A(1,1)$ 和点 $B(1,-1)$ 至均值点 M：(0,0) 的欧氏距离和马氏距离；

（2）查阅资料，根据二维正态分布的概率密度函数公式，分别计算点 A 和点 B 的概率；

（3）结合概率简要解释步骤（1）中马氏距离和欧氏距离差异的数学含义。

参考文献

[1] 施立涛．多传感器信息融合中的时间配准技术研究［D］．长沙：国防科技大学，2010.

[2] 吴小强，潘丽丽．最小二乘法在纯方位目标跟踪中的应用［J］．雷达与对抗，2016，36（4）：12-14.

[3] 韩崇昭，朱艳洪，等．多源信息融合［M］．2 版．北京：清华大学出版社，2010.

[4] 张海军．多传感器信息融合中的空间配准技术研究［D］．长沙：国防科技大学，2011.

[5] 何友，王国宏，等．信息融合理论及应用［M］．北京：电子工业出版社，2011.

[6] 江源源．多模复合制导信息融合技术研究［D］．哈尔滨：哈尔滨工程大学，2007.

[7] 刘瑞腾．目标跟踪滤波方法研究［D］．西安：西安电子科技大学，2018.

第3章 目标检测——数据级融合

多传感器检测融合就是将来自多个不同传感器的观测数据或判决结果进行综合，从而形成一个更准确的目标检测判决。多传感器检测融合系统由融合中心及多部传感器构成。融合系统的融合方式则分为集中式融合和分布式融合。在集中式融合方式下，各个传感器将其观测数据直接传输至融合中心，融合中心根据所有传感器的观测数据进行假设检验，从而形成最终的判决。在分布式融合方式下，各个传感器首先基于自己的观测进行判决，然后将判决结果传输至融合中心，融合中心根据所有传感器的判决进行假设检验，并形成系统最终判决。分布式检测融合是分布式融合的重要内容之一，用于判断目标是否存在，属于检测级融合的范畴。Tenney 和 Sandell[1]研究了由融合中心及两个传感器构成的检测融合系统，并在融合规则固定的条件下，给出了使系统检测性能达到最优的传感器判决规则。在传感器判决规则固定的条件下，文献［2］将各部传感器的判决视为融合中心的观测量，并将融合规则视为一般的假设检验判决规则。在文献［1］的基础上，Reibman 和 Nolte[2]提出了一种全局最优化检测融合系统的设计方法，即联合设计融合规则及各个传感器的判决规则，从而使融合系统的检测性能达到最优。全局最优化方法是检测融合理论的一个核心研究内容。采用全局最优化方法设计融合系统，可有效提高融合系统的检测能力[3-7]。

在实际应用中，提高融合系统检测能力的一个有效途径是采用软决策融合方法。在分布式检测融合系统中，各个传感器的输出既可以是一个明确的判决结果（硬决策），也可以是一个带有判决可信度信息的软决策。软决策融合系统的检测性能可明显优于硬决策融合系统。软决策融合问题本质上是一个量化检测融合问题[8-10]。文献［8］和文献［9］采用最大距离准则对传感器量化规则进行优化，并提出了一种次优的传感器量化规则。文献［10］则较好地解决了这一问题，给出了分布式量化检测融合系统中各个传感器的最优量化规则。根据文献［10］，在性价比很低的条件下，通过采用量化检测融合，可大幅提高对微弱信号的检测能力。

在各个传感器观测相关性不容忽略的条件下，有一种次优的系统性能优化方法[11]，即限定各个传感器均采用似然比阈值判决，在此基础上对融合规则及传感器判决阈值进行联合最优化。根据文献［11］，在传感器观测相关的条件下，采用该融合算法可获得明显优于单个传感器的检测性能。

本章研究的系统配置结构包括目前最为常用的三种结构及并行结构、串行结构及树形结构[12]，并针对不同的配置结构在决策融合方法的层面（硬决策和软决策）给出相应的最优及次优检测融合算法。

3.1　检测融合模型

如图 3-1 所示，总共有 N 个传感器随机地分布在感兴趣的区域（region of interest，ROI）中，其中，ROI 是一个面积为 b^2 的正方形区域。N 是一个服从泊松分布的随机变量：

$$p(N)=\frac{\lambda^N e^{-\lambda}}{N!}\quad(N=0,1,\cdots,\infty)\tag{3-1}$$

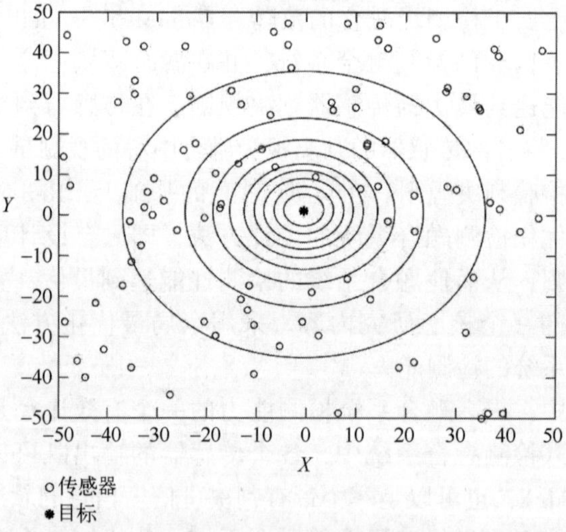

图 3-1　位于传感器区域中的目标的信号能量等高线

对无线传感器网络来说，传感器的位置是未知的，但假设它们是独立同分布的，则它们在 ROI 中服从共同的分布

$$f(x_i,y_i)=\begin{cases}\dfrac{1}{b^2} & \left(-\dfrac{b}{2}\leqslant x_i,y_i\leqslant\dfrac{b}{2}\right)\\ 0 & （其他）\end{cases} \tag{3-2}$$

式中：$i=1,2,\cdots,N$；(x_i,y_i)为传感器节点 i 的坐标。

局部传感器的噪声是独立同分布的，且都服从标准高斯分布，也就是均值为 0，方差为 1，即

$$n_i\sim N(0,1)\quad (i=1,2,\cdots,N) \tag{3-3}$$

对局部传感器 i 来说，二元假设检验问题是

$$\begin{cases}H_1:s_i=a_i+n_i & （目标存在）\\ H_0:s_i=n_i & （目标不存在）\end{cases} \tag{3-4}$$

式中：s_i 为传感器 i 处获得的信号；a_i 为目标所发射的信号在传感器 i 处收到时测得的振幅。采用各向同性的信号能量衰减模型可得

$$a_i^2=\frac{P_0}{1+\alpha d_i^n} \tag{3-5}$$

式中：P_0 为目标所发射的信号在距离为 0 处的功率；d_i 为目标和局部传感器 i 之间的距离

$$d_i=\sqrt{(x_i-x_t)^2+(y_i-y_t)^2} \tag{3-6}$$

式中：(x_i,y_i)为目标的坐标，进一步假设目标的位置服从 ROI 上的均匀分布；n 为信号衰减指数，其取值在 2 和 3 之间；α 为一个可变参数，α 越大意味着信号衰减越快。这样的信号衰减模型可以很容易地扩展到三维空间的问题。它们的区别在于式（3-5）中分母用的是 $1+\alpha d_i^n$，而不是 d_i^n。这样做就能使得即使在距离 d_i 接近 0 甚至等于 0 时也能保证模型是合理的。而当 d_i 很大（$\alpha d_i^n\gg 1$）时，这两个模型之间的差别就可以忽略不计了。

此处并没有特别指定被动式传感器的类型，而且这里采用的能量衰减模型也是通用的。例如，在雷达或无线通信系统中，对于在自由空间中传播的各向同性辐射电磁波来说，功率和到发射端的距离平方成反比。相似地，当一个简单的声源在空气中向外发射球面声波时，其声波强度也与距离平方成反比。

由于噪声具有单位方差，很明显，局部传感器 i 的信噪比（SNR）为

$$\mathrm{SNR}_i=a_i^2=\frac{P_0}{1+\alpha d_i^n} \tag{3-7}$$

定义零距离处的 SNR 为

$$\mathrm{SNR}_0 = 10\lg P_0 \tag{3-8}$$

假设观测样本 x 是按照某一概率规律产生的随机变量。根据观测样本 x 的测量结果，来判决哪个假设为真。这就是统计假设检验的任务，假设检验是融合检测技术的基础。其中 x 的取值范围构成观测空间。

在二元假设情况下，判决问题实质上是把观测空间分割成 R_0 和 R_1 两个区域，当 x 属于 R_0 时，判决 H_0 为真；当 x 属于 R_1，判决 H_1 为真。区域 R_0 和 R_1 称作判决区域。

用 D_i 表示随机事件"判决假设 H_i 为真"，这样二元假设检验有四种可能的判决结果。

（1）实际是 H_0 为真，而判决为 H_0（正确）。

（2）实际是 H_0 为真，而判决为 H_1（第一类错误，概率为 $p(D_1|H_0)$）。

（3）实际是 H_1 为真，而判决为 H_0（第二类错误，概率为 $p(D_0|H_1)$）。

（4）实际是 H_1 为真，而判决为 H_1（正确）。

在雷达信号检测问题中，第一类错误称为虚警，表示实际目标不存在而判为目标存在，$p_f = p(D_1|H_0)$ 称为虚警概率；第二类错误称为漏警，表示实际目标存在而判为目标不存在，$p_m = p(D_0|H_1)$ 称为漏警概率；实际目标存在而判为目标存在的概率称为检测概率或发现概率，记为 p_d。容易验证，$p_d = 1 - p_m$。

对于一般的情形，在 M 个假设 $H_1, H_2, \cdots, H_M$ 中，判断哪一个为真，也就是 M 元假设检验问题，其中：

$$\begin{gathered} H_1 : s_1 = a_1 + n_1 \\ H_2 : s_2 = a_2 + n_2 \\ \vdots \\ H_M : s_m = a_m + n_m \end{gathered}$$

例如，M 元通信系统是一个典型的 M 元假设检验例子。

采用假设检验进行统计判决，主要包含如下四步。

（1）给出各种可能的假设。分析所有可能出现的结果，并分别给出一种假设。二元假设检验问题可以省略这一步骤。

（2）选择最佳判决准则。根据实际问题，选择合适的判决准则。

（3）获取所需的数据材料。统计判决所需要的数据资料包括观测到的信息数据、假设的先验概率及在各种假设下接收样本的概率密度函数等。

（4）根据给定的最佳准则，利用接收样本进行统计判决。

假设在高斯噪声的条件下所有的局部传感器使用相同的阈值 τ 来进行判

决，可以得到局部传感器的误警率和检测概率

$$p_{fa}=\int_{\tau}^{\infty}\frac{1}{\sqrt{2\pi}}\mathrm{e}^{-t^2/2}\mathrm{d}t=Q(\tau)\tag{3-9}$$

$$p_{d_i}=\int_{\tau}^{\infty}\frac{1}{\sqrt{2\pi}}\mathrm{e}^{-(t-a^i)^2/2}\mathrm{d}t=Q(\tau-a_i)\tag{3-10}$$

式中：$Q(\cdot)$是标准高斯分布的互补分布函数：

$$Q(x)=\int_{x}^{\infty}\frac{1}{\sqrt{2\pi}}\mathrm{e}^{-t^2/2}\mathrm{d}t\tag{3-11}$$

假设 ROI 很大且信号能量衰减很快。所以，在 ROI 中只有相当小的一部分区域，也就是目标周围的区域，接收到的信号能量会明显大于零。不失一般性，忽略 ROI 的边界效应，并假设目标位于 ROI 的中心。因此，在某个特定的时刻，只会有一小部分的传感器可以检测到目标。为降低通信开支以及能量消耗，局部传感器只有在超过阈值 τ 时才会向融合中心发送数据。

对于信号检测问题，需要确定合理的判决准则。这里介绍几种常用的判决准则，它们最终都归结为似然比检验。

1. 极大后验概率准则

考虑二元检测问题：设观测样本为 x，后验概率 $p(H_1|x)$表示在得到样本 x 的条件下 H_1 为真的概率，$p(H_0|x)$表示在得到样本 x 的条件下 H_0 为真的概率，需要在 H_0 与 H_1 两个假设中选择一个为真。一个合理的判决准则就是选择最大可能发生的假设，也就是说，若

$$p(H_1|x)>p(H_0|x)\tag{3-12}$$

则判决 H_1 为真；否则，判决 H_0 为真。这个准则称为最大后验概率准则（MAP）。

事实上，式（3-12）可改写为

$$\frac{p(H_1|x)}{p(H_0|x)}>1\tag{3-13}$$

根据贝叶斯公式，用先验概率和条件概率来表示后验概率，即

$$p(H_i|x)=\frac{f(x|H_i)p(H_i)}{\sum_{j=0}^{1}f(x|H_i)p(H_i)}\tag{3-14}$$

式中：$f(x|H_1)$及$f(x|H_0)$为条件概率密度函数，又称似然函数；$p(H_i)$为假设 H_i 出现的概率。把式（3-14）代入式（3-13）中，可得

$$\frac{p(H_1|x)}{p(H_0|x)}=\frac{f(x|H_1)}{f(x|H_0)}\cdot\frac{p(H_1)}{p(H_0)}>1\tag{3-15}$$

所以，MAP 可改写为

$$l(x)=\frac{f(x|H_1)}{f(x|H_0)}>\frac{p(H_0)}{p(H_1)} \tag{3-16}$$

则判决 H_1 为真；否则，判决 H_0 为真。其中，称 $l(x)=\dfrac{f(x|H_1)}{f(x|H_0)}$为似然比。

上述判决是通过将似然比 $l(x)$ 与阈值$\dfrac{p(H_0)}{p(H_1)}=\dfrac{p(H_0)}{1-p(H_0)}$相比较来做出判决检验，从而称为似然比检验（LRT）。下面将会看到，根据其他几种准则进行判决检验，最后也都归结为似然比检验，只不过阈值不同而已。

为了方便，MAP 还可以改写为对数似然比检验，如果

$$h(x)=\ln l(x)=\ln f(x|H_1)-\ln f(x|H_0)>\ln\frac{p(H_0)}{p(H_1)} \tag{3-17}$$

则判决 H_1 为真；否则，判决 H_0 为真。

2. 最小风险贝叶斯判决准则

在最大后验概率准则中，没有考虑错误判决所付出的代价或风险，或者认为两类错误判决所付出的代价或风险是相同的。但是，在实际应用中，两类错误所造成的损失可能不一样。例如，在雷达信号检测中，漏警的后果比虚警的后果要严重得多。

为了反映不同的判决存在的差别，这里引入代价函数 C_{ij}，表示当假设 H_j 为真时，判决假设 H_i 成立所付出的代价$(i=0,1;j=0,1)$。一般地，取

$$C_{10}>C_{00},\quad C_{01}>C_{11} \tag{3-18}$$

即正确判决的代价小于错误判决的代价。

二元假设检验的平均风险或代价为

$$\begin{aligned}R &= \sum_{i,j} C_{ij}p(D_i,H_j) = \sum_{i,j} C_{ij}p(D_i,H_j)p(H_j)\\ &= [C_{00}p(D_0|H_0)+C_{10}p(D_1|H_0)]p(H_0)+\\ &\quad [C_{01}p(D_0|H_1)+C_{11}p(D_1|H_1)]p(H_1)\end{aligned}$$

$$p(D_0|H_0)=1-p(D_1|H_0)=1-\int_{R_1}f(x|H_0)\mathrm{d}x$$

$$p(D_0|H_1)=1-p(D_1|H_1)=1-\int_{R_1}f(x|H_1)\mathrm{d}x$$

所以

$$\begin{aligned}R=&C_{00}p(H_0)+C_{01}p(H_1)+\int_{R_1}[(C_{10}-C_{00})p(H_0)f(x|H_0)\\ &-(C_{01}-C_{11})p(H_1)f(x|H_1)]\mathrm{d}x\end{aligned}$$

要使 R 达到最小，要求 R_1 是满足如下关系的点的集合，即

$$(C_{10}-C_{00})p(H_0)f(x|H_0)-(C_{01}-C_{11})p(H_1)f(x|H_1)<0 \tag{3-19}$$

从而得到如下准则：若

$$l(x)=\frac{f(x|H_1)}{f(x|H_0)}>\frac{C_{10}-C_{00}}{C_{01}-C_{11}}\cdot\frac{p(H_0)}{p(H_1)} \tag{3-20}$$

则判决 H_1 为真；否则，判决 H_0 为真。

令阈值 $\eta=[(C_{10}-C_{00})p(H_0)]/[(C_{01}-C_{11})P(H_1)]$，则最小风险贝叶斯判决准则归结为似然比检验。

若取 $C_{10}-C_{00}=C_{01}-C_{11}$，则最小风险贝叶斯判决准则变成最大后验概率准则，即最大后验概率准则是最小风险贝叶斯判决准则的特例。

3. 聂曼-皮尔逊准则

许多情况下，不仅先验概率未知，而且代价也很难指定。解决这个困难的简单做法就是，在给定虚警概率 p_f 的条件下，使检测概率 p_d 达到最大，这就是聂曼-皮尔逊准则的基本思想。

一般地，人们希望虚警概率 p_f 和漏警概率 p_m 都尽量小。但这两个要求是互相矛盾的，即减少其中一个，必定增加另一个。因为

$$P(D_1|H_0)=\int_{R_1}f(x|H_0)\mathrm{d}x \tag{3-21}$$

$$p(D_0|H_1)=1-\int_{r_1}f(x|H_1)\mathrm{d}x \tag{3-22}$$

给定条件概率密度函数$f(x|H_0)$、$f(x|H_1)$，要使虚警概率$p(D_1|H_0)$变小，则判决域 R_1 应变小，从而漏警概率$p(D_0|H_1)$变大；反之亦然。

聂曼-皮尔逊准则就是，在$p_f=p(D_1|H_0)=\alpha$（常数）的约束条件下，使$p_m=p(D_0|H_1)$达到最小，或$p_d=p(D_1|H_1)$达到最大。其中，α 为检验的水平，p_d 的最大值为检验的势。

根据拉格朗日（Lagrange）乘数法，定义目标函数为

$$L=p(D_0|H_1)+\mu(p(D_1|H_0)-\alpha) \tag{3-23}$$

式中：μ 为拉格朗日乘子。将式（3-21）、式（3-22）代入式（3-23）得到

$$\begin{aligned}L&=\left[1-\int_{R_1}f(x|H_1)\mathrm{d}x\right]+\left[\int_{R_1}f(x|H_0)\mathrm{d}x-\alpha\right]\\&=(1-\mu\alpha)+\int_{R_1}[\mu f(x|H_0)-f(x|H_1)]\mathrm{d}x\end{aligned} \tag{3-24}$$

为了使 L 达到最小，则要求使被积函数，$\mu f(x|H_0)-f(x|H_1)<0$ 的点全部落入 R_1 中，且 R_1 中的点使被积函数$\mu f(x|H_0)-f(x|H_1)<0$，因此，有

$$R_1=\{x|\mu f(x|H_0)-f(x|H_1)<0\}$$

从而可得到判决准则为：若

$$\frac{f(x|H_1)}{f(x|H_0)}>\mu \tag{3-25}$$

则判决 H_1 为真；否则，判决 H_0 为真。

式（3-25）左边为似然比函数，右边为判决阈值，形式与前两种判决准则相似。不同之处在于阈值是拉格朗日乘子，需要根据约束条件求解，即

$$\int_{R1} f(x \mid H_0)\,\mathrm{d}x = \alpha \tag{3-26}$$

其中

$$R_1 = \left\{ x \mid l(x) = \frac{f(x \mid H_1)}{f(x \mid H_0)} > \mu \right\} \tag{3-27}$$

由于 μ 的作用主要是影响积分域，因此，根据式（3-27）求 μ 的解析式很不容易，下面介绍一种实用的计算求解方法。

根据式（3-27）可知，μ 越大，R_1 越小，从而 α 也越小，即 α 为 μ 的单调减函数，给定一个 μ 值，可求出一个 α 值，在计算的值足够多的情况下，可构成一个二维表备查，给定一个 α 后，可通过查表得到相应的 μ 值，这种方法得到的是计算解，其精度取决于二维表的制作精度。

至此，介绍三种判决准则，它们都要求计算似数比，只是阈值不同而已。检验的性能可以利用检测概率 p_d 随虚警概率 p_f 变化的曲线来分析，这条曲线称为接收机工作特性（receiver operating charactristic，ROC）。

3.2　检测融合网络结构

接下来把重点放在无线传感器网络的应用方面。上面讨论的情况已经隐含了一种网络结构，也就是说，ROI 中的所有传感器直接向融合中心发送数据。后面会给出分析结果，虽然它是基于简单的假设得到的，但它是通用的，能适合不同的网络结构。下面将给出一个例子来说明该方法能够适用于复杂的实际应用。

假设传感器区域很大，且随着到目标距离的增大信号衰减得很快。因此，如图 3-2 所示，只有一小部分的传感器能够检测到来自目标的信号。大多数传感器得到的测量数据都是纯噪声。由于来自这些传感器的局部决策并没有传递足够多关于目标的信息，所以这种做法不仅效果差而且浪费能量。当网络规模很大时，也存在扩展性的问题。一种合理的解决方案是采用如图 3-3 所示的三级分层网络结构。彼此之间相距比较近的节点形成一个簇，每个簇有属于自己的簇头，这些簇头充当局部融合中心的角色而且拥有更强大的计算和通信能力。如图 3-2 所示，每个簇负责检测 ROI 中的某个子区域。传感

器将会把数据发送到各自的簇头而不是相距较远的融合中心。根据某个簇或子区域中的传感器发送过来的数据，相应的簇头会对该子区域中是否有目标出现做出决策。簇头的决策将会进一步发送至融合中心，告诉融合中心在某个特定的区域是否出现目标或发生事件。

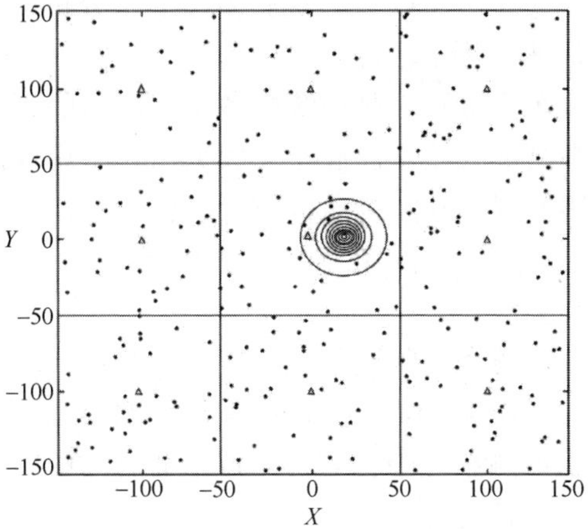

图 3-2　一个位于传感器区域中的目标的能量等高线
（该区域由 9 个簇头及其相应的子区域构成）

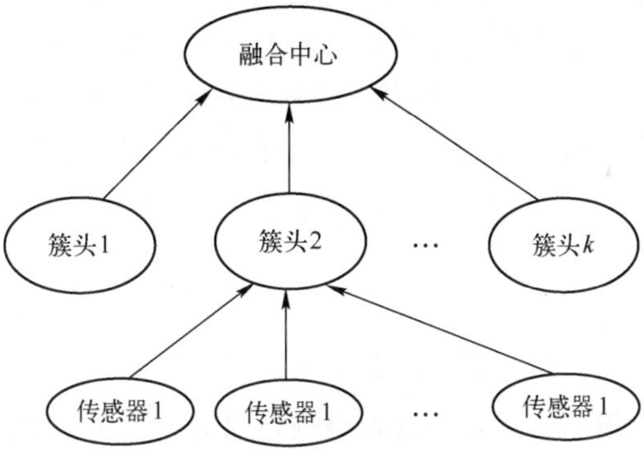

图 3-3　三级分层传感器网络结构

3.3　检测融合方法

采用检测融合方法的主要目的，就是通过对多个传感器检测结果的融合，获得任意单个传感器所无法达到的检测性能。因此，融合系统检测性能优于单个传感器检测性能的充分必要条件，就成为检测融合理论关注的一个主要问题。

由于不同类型的传感器通常具有不同的作用域，而在其共同作用域内，其观测质量可能会有较大差异。因此，在采用异质传感器构造检测融合系统时，首先需要对其在共同作用域内的观测质量进行分析，并据此选择相应的检测手段或检测设备进行融合。

在一定条件下，多传感器检测系统中各个传感器的观测量可以认为是相互独立的。传感器观测量的独立性假设可大大简化系统性能优化问题的复杂度。这证明了在传感器观测独立的条件下，最优传感器判决规则为似然比判决规则；而在传感器观测相关的条件下，最优传感器判决规则就无法简化为简单的似然比阈值判决。

由于相关条件下检测融合问题的复杂性，检测融合算法经常采用的一个假设是各个传感器观测独立。假设各个传感器观测独立的主要依据如下。

（1）在多传感器检测系统中，当各个传感器之间的间距较大时，传感器观测量的独立性假设近似成立。

（2）即使各个传感器的观测量是相关的，在弱相关条件下采用独立观测模型对系统性能进行优化，同样可获得明显优于单个传感器的检测性能。

事实上，这种传感器观测量的独立性假设在模式识别领域的分类器融合中已被广为采用，并已证明可有效提高融合系统的分类性能。

在实际应用中，提高融合系统检测能力的一个有效途径是采用软决策融合方法。在分布式检测融合系统中，各个传感器的输出既可以是一个明确的判决结果（硬决策），也可以是一个带有判决可信度信息的软决策。

3.3.1　硬决策

用 $I_i=\{0,1\}\,(i=1,2,\cdots,N)$ 来表示从局部传感器获得的二元数据。如果检测到目标，则 I_i 的值为1；如果没有检测到目标，则 I_i 的值为0。

Chair-Varshney 融合规则是一种最优的决策融合规则。主要是对下面数据的阈值进行测试

$$\begin{aligned}\Lambda_0 &= \sum_{i=1}^{N}\left[I_i\log\frac{p_{d_i}}{p_{fa_i}} + (1-I_i)\log\frac{1-p_{d_i}}{1-p_{fa_i}}\right] \\ &= \sum_{i=1}^{N} I_i\log\frac{p_{d_i}(1-p_{fa_i})}{p_{fa_i}(1-p_{d_i})} + \sum_{i=1}^{N}\log\frac{1-p_{d_i}}{p_{fa_i}}\end{aligned} \tag{3-28}$$

这个融合数据等效于对融合中心接收到的所有检测结果（“1”）做加权

和。如果某个传感器的检测性能较好，也就是说 p_{d_i} 较高 p_{fa_i} 较低，它的决策就会获得较高的权值，其权值可以表示为 $\log(p_{d_i}(1-p_{fa_i})/p_{fa_i}(1-p_{d_i}))$。

根据式（3-9）可知，一旦阈值 τ 已知，那么也就知道每个传感器的误警率了。但是想要求出每个传感器的 p_{d_i} 十分困难。根据式（3-10）可知，p_{d_i} 是由每个传感器到目标的距离及目标信号的幅度决定的。需要注意的是，由于只有当传感器接收到的信号超过阈值 τ 时，融合中心才能从该传感器获得数据，所以无法获知传感器的总数量 N。而另一种策略则是每个传感器将原始数据 s_i 发送至融合中心，然后融合中心根据这些原始数据做出决策。但传输原始数据将会付出高昂的代价，尤其是对于能量和带宽都十分有限的无线传感器网络来说更是如此。但只是传输二元数据到融合中心则是可以接受的。如果 p_{d_i} 未知，那么融合中心只能无差别地对待来自每个传感器的检测结果。一种直观的选择就是统计检测结果“1”出现的次数，因为对于融合中心来说，单个传感器发送的结果“1”几乎没什么用。系统级的决策是这样做出的：首先统计局部传感器检测到目标的次数，其次将它与阈值 T 进行比较，即

$$\Lambda = \sum_{i=1}^{N} I_i \underset{H_1}{\overset{H_0}{\lessgtr}} T \tag{3-29}$$

式中：$I_i = \{0,1\}$ 为传感器 i 做出的局部决策，也可以把这种融合规则叫作计数规则。

1. 并行结构硬决策融合系统的最优分布式检测融合算法

在并行结构硬决策融合系统中，各个传感器对同一目标或现象进行独立观测和判决，并将判决结果直接传送至融合中心。融合中心对各个传感器的判决进行融合，并给出系统的最终判决。本节研究并行结构硬决策融合系统的性能优化问题，以及融合规则和传感器判决规则的优化准则，使融合系统最终判决的贝叶斯风险达到最小。

1）系统描述

假设分布式并行检测融合系统由融合中心及 N 个传感器构成，如图 3-4 所示。用 H_0 表示零假设，用 H_1 表示备选假设。第 k 个传感器根据其观测 y_k 独立进行判决，并将判决结果 u_k 送至融合中心。$u_k=0$ 表示传感器 k 判决 H_0 为真，$u_k=1$ 表示该传感器判决 H_1 为真。融合中心对各部传感器的判决 $u=(u_1, u_2, \cdots, u_N)$ 进行融合，并给出系统的最终判决 $u_0=0$ 或 1。

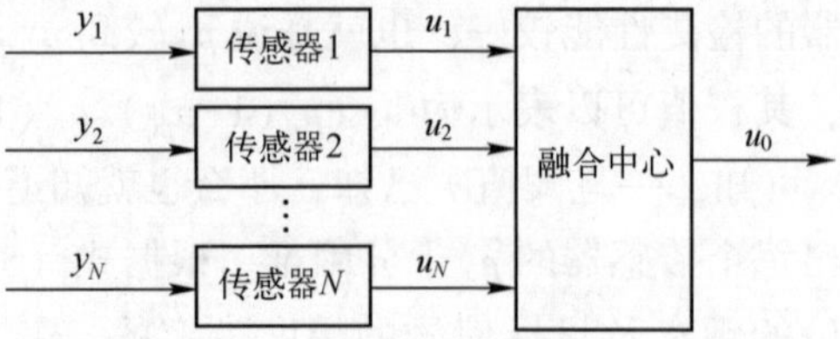

图 3-4　分布式并行检测融合系统

记第 k 个传感器观测量 y_k 的条件概率密度函数为$f_{Y_k}(y_k|H_j)(j=0,1)$；记第 k 个传感器的检测及虚警概率为 P_{DK}、P_{FK}；融合系统的检测及虚警概率分别为 P_D^f、P_F^f。

给定先验概率 $P_0=P(H_0)$、$P_1=P(H_1)$，并用 C_{ij}表示当 H_j 为真，而判断为 H_i 时所需付出的代价，则融合系统的贝叶斯风险可以表示为

$$R_B = \sum_{i=0}^{1}\sum_{j=0}^{1} C_{ij}P_jP(u_0 = i|H_j) \tag{3-30}$$

由于$P(u_0=i|H_1)=(P_D^f)^i(1-P_D^f)^{1-i}$，$P(u_0=i|H_0)=(P_F^f)^i(1-P_F^f)^{1-i}$，对式（3-30）进行简单整理可得

$$R_B=C_FP_F^f-C_DP_D^f+C \tag{3-31}$$

式中：

$$\begin{cases}C_F=P_0(C_{10}-C_{00})\\C_D=P_1(C_{01}-C_{11})\\C=P_1C_{01}+C_{00}P_0\end{cases} \tag{3-32}$$

在实际应用中，做出一个错误判决通常比做出正确判决要付出较多的代价。因此，假设 $C_{10}>C_{00}$，$C_{01}>C_{11}$，这意味着 $C_F>0$，$C_D>0$。由于 $P_D^f=P(u_0=1|H_1)$，$P_F^f=P(u_0=1|H_0)$，容易证明

$$P_D^f = \sum_u P(u_0 = 1|u)P(u|H_1) \tag{3-33}$$

$$P_F^f = \sum_u P(u_0 = 1|u)P(u|H_0) \tag{3-34}$$

将式（3-33）、式（3-34）代入式（3-31），则融合系统的贝叶斯风险可进一步表示为

$$R_B = C + \sum_u P(u_0 = 1|u)[C_FP(u|H_0) - C_DP(u|H_1)] \tag{3-35}$$

显然，融合系统的贝叶斯风险是由融合中心及各个传感器的判决规则共同决定的。记第 i 个传感器的判决规则为 γ_i，$u_i=\gamma_i(y_i)(i=1,2,\cdots,N)$；记融合中心的判决规则（融合规则）为 γ_0，$u_0=\gamma_0(u)$，则最优分布式检测系统的

优化目标，就是寻求一个系统判决规则 $\gamma=\{\gamma_0,\gamma_1,\cdots,\gamma_N\}$，使融合系统的贝叶斯风险 $R_B(\gamma)$ 取得最小值。由于融合规则 γ_0 可由条件概率 $P(u_0=1|u,\gamma_0)$ 完全描述，传感器判决规则 γ_i 可由条件概率 $P(u_i=1|y_i,\gamma_i)$ 完全描述，因此在便于理论推导的情况下，直接采用条件概率 $P(u_0=1|u,\gamma_0)$ 或 $P(u_i=1|y_i,\gamma_i)$ 给出融合规则及传感器判决规则。采用条件概率形式给出的判决规则，称为随机化判决规则。

2）最优分布式检测的必要条件

融合系统检测性能的优化问题，涉及融合中心及各个传感器判决规则的联合最优化，即全局最优化问题。这一全局最优化问题可以分两步来解决：首先，假设各个传感器的判决规则已经确定，可以求出融合中心的最优融合规则；其次，假设融合规则已经确定，可以求出各个传感器的最优判决规则。联合求解融合中心及各个传感器的最优判决规则，就可获得使系统贝叶斯风险达到最小的最优系统判决规则。

定理 3.1　假设各个传感器的判决规则已经确定，则使系统贝叶斯风险达到最小的最优融合规则为

$$\Lambda(u)\underset{H_0}{\overset{H_1}{\gtrless}}T \tag{3-36}$$

式中：$\Lambda(u)$ 为融合中心观测量的似然比，即 $\Lambda(u)=P(u|H_1)/P(u|H_0)$；$T=C_F/C_D$ 为判决阈值。

证明　根据式（3-35），为了使融合系统的贝叶斯风险取得最小值，条件概率 $P(u_0=1|u)$ 应该满足

$$P(u_0=1|u)=\begin{cases}1 & (C_FP(u|H_0)-C_DP(u|H_1)<0)\\0 & (C_FP(u|H_0)-C_DP(u|H_1)\geqslant 0)\end{cases}$$

显然，该式等价于

$$u_0=\begin{cases}1 & (C_FP(u|H_0)-C_DP(u|H_1)<0)\\0 & (C_FP(u|H_0)-C_DP(u|H_1)\geqslant 0)\end{cases}$$

根据上式，立即可得最优融合规则式（3-36）。

定理 3.2　假设融合规则已经确定，则使系统贝叶斯风险达到最小的各个传感器的最优判决规则为

$$f_{Y_k}(y_k|H_1)\sum_{\tilde{u}_k}C_DA(\tilde{u}_k)P(\tilde{u}_k|y_k,H_1)\underset{H_0}{\overset{H_1}{\gtrless}}$$

$$f_{Y_k}(y_k|H_0)\sum_{\tilde{u}_k} C_F A(\tilde{u}_k)P(\tilde{u}_k|y_k,H_0) \tag{3-37}$$

式中：$\tilde{u}_k=(u_1,\cdots,u_{k-1},u_{k+1},\cdots,u_N)$；$A(\tilde{u}_k)=P(u_0=1|\tilde{u}_k,u_k=1)-P(u_0=1|\tilde{u}_k,u_k=0)(k=1,2,\cdots,N)$。

证明 考虑第 k 个传感器的最优判决规则，记$\tilde{u}_k=(u_1,\cdots,u_{k-1},u_{k+1},\cdots,u_N)$，则根据式（3-33）可得

$$\begin{aligned}P_D^f=\sum_{\tilde{u}_k}\{&P(u_0=1|\tilde{u}_k,u_k=0)P(\tilde{u}_k,\tilde{u}_k=0|H_1)+\\&P(u_0=1|\tilde{u}_k,u_k=1)P(\tilde{u}_k,\tilde{u}_k=1|H_1)\}\end{aligned} \tag{3-38}$$

由于

$$P(\tilde{u}_k,\tilde{u}_k=0|H_1)=P(\tilde{u}_k|H_1)-P(\tilde{u}_k,\tilde{u}_k=1|H_1)$$

对式（3-38）进行简单整理可得

$$\begin{aligned}P_D^f=&\sum_{\tilde{u}_k}\{P(u_0=1|\tilde{u}_k,u_k=0)P(\tilde{u}_k|H_1)+\\&\sum_{\tilde{u}_k}A(\tilde{u}_k)P(\tilde{u}_k,u_k=1|H_1)\end{aligned} \tag{3-39}$$

式中：

$$A(\tilde{u}_k)=P(u_0=1|\tilde{u}_k,u_k=1)-P(u_0=1|\tilde{u}_k,u_k=0)$$

同样，根据式（3-34），融合系统的虚警概率可表示为

$$\begin{aligned}P_F^f=&\sum_{\tilde{u}_k}\{P(u_0=1|\tilde{u}_k,u_k=0)P(\tilde{u}_k|H_0)+\\&\sum_{\tilde{u}_k}\{A(\tilde{u}_k)P(\tilde{u}_k,u_k=1|H_0)\}\end{aligned} \tag{3-40}$$

将式（3-39）、式（3-40）代入式（3-31），可得

$$R_B=C_k+C_F\sum_{\tilde{u}_k}A(\tilde{u}_k)P(\tilde{u}_k,u_k=1|H_0)-C_D\sum_{\tilde{u}_k}\{A(\tilde{u}_k)P(\tilde{u}_k,u_k=1|H_1) \tag{3-41}$$

式中：$C_k=C+\sum_{\tilde{u}_k}\{P(u_0=1|\tilde{u}_k,u_k=0)\{C_FP(\tilde{u}_k|H_0)-C_DP(\tilde{u}_k|H_1)\}$。

由于各个传感器独立进行检测和判决，容易证明

$$P(\tilde{u}_k,u_k=i|H_j)=\int_{y_k}P(\tilde{u}_k|y_k,H_j)P(u_k=i|y_k)f_{Y_k}(y_k|H_j)\mathrm{d}y_k(i,j=0,1) \tag{3-42}$$

将式（3-42）代入式（3-25）并进行简单整理，可得

$$R_B=C_k+\int_{y_k}P(u_k=1|y_k)\{C_F\sum_{\tilde{u}_k}\{A(\tilde{u}_k)P(\tilde{u}_k|y_k,H_0)f_{Y_k}(y_k|H_0)-$$

$$C_D \sum_{\tilde{u}_k} A(\tilde{u}_k) P(\tilde{u}_k | y_k, H_1) f_{Y_k}(y_k | H_1) \} \mathrm{d}y_k$$

由于 C_k 的取值和第 k 个传感器的判决规则无关，故为了使系统贝叶斯风险取得最小值，根据上式可知条件概率 $P(u_k=1|y_k)$，对于 $k=1,2,\cdots,N$ 必须满足

$$P(u_k = 1 | y_k) = \begin{cases} 1 & \left(C_F \sum_{\tilde{u}_k} \{A(\tilde{u}_k) P(\tilde{u}_k | y_k, H_0) f_{Y_k}(y_k | H_0) < \right. \\ & \left. C_D \sum_{\tilde{u}_k} \{A(\tilde{u}_k) P(\tilde{u}_k | y_k, H_1) f_{Y_k}(y_k | H_1) \right) \\ 0 & (\text{其他}) \end{cases}$$

根据该条件概率，可得最优传感器判决规则式（3-37）。

定理 3.1 及定理 3.2 给出了最优分布式检测的必要条件。为了使系统性能达到最优，可以根据定理 3.1 及定理 3.2 联合求解最优融合规则及各个传感器的最优判决规则。根据定理 3.1 及定理 3.2 可看出，最优融合规则及最优传感器判决规则是耦合的。由于最优传感器判决规则不是似然比阈值判决，因此求解最优系统判决规则非常困难。但是，在各个传感器观测独立的条件下，最优传感器判决规则可简化为简单的似然比阈值判决。这样，为了获得最优系统判决规则，就仅需联合求解最优融合规则及各个传感器的最优判决阈值。

3）传感器观测独立条件下的最优分布式检测

为了推导各个传感器观测独立条件下的最优系统判决规则，需要首先给出融合规则单调性的定义。

定义 3.1　给定一个融合规则，如果对于任意的 k，$1 \leqslant k \leqslant N$，该融合规则均满足

$$A(\tilde{u}_k) = P(u_0 = 1 | \tilde{u}_k, u_k = 1) - P(u_0 = 1 | \tilde{u}_k, u_k = 0) \geqslant 0$$

则称该融合规则是单调的。

假设各个传感器观测相互独立，即

$$f_{Y_1 \cdots Y_N}(y_1, \cdots, y_N | H_j) = \prod_{i=1}^{N} f_{Y_i}(y_i | H_j) \ (j = 0, 1)$$

则容易证明 $P(\tilde{u}_k | y_k, H_j) = P(\tilde{u}_k | H_j)$。根据式（3-37），最优传感器判决规则就可简化为

$$C_D \sum_{\tilde{u}_k} \{A(\tilde{u}_k) P(\tilde{u}_k | H_1) f_{Y_k}(y_k | H_1) \underset{H_0}{\overset{H_1}{\gtrless}} C_F \sum_{\tilde{u}_k} \{A(\tilde{u}_k) P(\tilde{u}_k | H_0) f_{Y_k}(y_k | H_0) \tag{3-43}$$

进而，为了求解最优系统判决规则，可以合理假设 $P_{Di} \geqslant P_{Fi}(i=1,2,\cdots,N)$。这样，在传感器观测独立且 $P_{Di} \geqslant P_{Fi}$ 的条件下，即可证明由定理 3.1 给出的最优融合规则是单调的。

定理 3.3　最优融合规则的单调性：假设融合系统中各个传感器的观测相互独立，且满足 $P_{Di} \geqslant P_{Fi}(i=1,2,\cdots,N)$，则由定理 3.1 给出的最优融合规则是单调的。

证明　根据式（3-36），最优融合规则可表示为

$$\frac{P(u|H_1)}{P(u|H_0)} \underset{H_0}{\overset{H_1}{\gtrless}} \frac{C_F}{C_D}$$

由于各个传感器观测独立，该最优融合规则可进一步表示为

$$\frac{P(\tilde{u}_k|H_1)P(u_k|H_1)}{P(\tilde{u}_k|H_0)P(u_k|H_0)} \underset{H_0}{\overset{H_1}{\gtrless}} \frac{C_F}{C_D} \tag{3-44}$$

式中：$\tilde{u}_k=(u_1,\cdots,u_{k-1},u_{k+1},\cdots,u_N)$。由于 $P_{Dk} \geqslant P_{Fk}$，容易证明

$$\frac{P(u_k=1|H_1)}{P(u_k=1|H_0)} \geqslant \frac{P(u_k=0|H_1)}{P(u_k=0|H_0)}$$

这样，如果

$$\frac{P(\tilde{u}_k|H_1)P(u_k=0|H_1)}{P(\tilde{u}_k|H_0)P(u_k=0|H_0)} \geqslant \frac{C_F}{C_D} \tag{3-45}$$

则必有

$$\frac{P(\tilde{u}_k|H_1)P(u_k=1|H_1)}{P(\tilde{u}_k|H_0)P(u_k=1|H_0)} \geqslant \frac{C_F}{C_D} \tag{3-46}$$

根据式（3-44）~式（3-46）可以看出，如果对于判决矢量 $u=(\tilde{u}_k,u_k=0)$，融合中心的判决为 $u_0=1$，则对于 $u=(\tilde{u}_k,u_k=1)$ 其判决也必然为 $u_0=1$。因此

$$P(u_0=1|\tilde{u}_k,u_k=1)-P(u_0=1|\tilde{u}_k,u_k=0) \geqslant 0$$

即由定理 3.1 给出的最优融合规则是单调的。

由于最优融合规则是单调的，为了求解最优系统判决规则就仅需考虑单调融合规则。对于任意给定的单调融合规则，融合系统的最优传感器判决规则由定理 3.4 给出。

定理 3.4　假设融合系统中各个传感器的观测相互独立，则对于任意给定的单调融合规则，使系统检测性能达到最优的传感器判决规则为

$$\Lambda_k(y_k) \underset{H_0}{\overset{H_1}{\gtrless}} T_k \quad (k=1,2,\cdots,N)$$

式中：$\Lambda_k(y_k)$为单个传感器观测量的似然比，即$\Lambda_k(y_k)=f_{Y_k}(y_k|H_1)/f_{Y_k}(y_k|H_0)$

$$T_k=\frac{C_F\sum_{\tilde{u}_k}A(\tilde{u}_k)P(\tilde{u}_k|H_0)}{C_D\sum_{\tilde{u}_k}A(\tilde{u}_k)P(\tilde{u}_k|H_1)} \tag{3-47}$$

式中：$\tilde{u}_k=(u_1,\cdots,u_{k-1},u_{k+1},\cdots,u_N)$；$A(\tilde{u}_k)=P(u_0=1|\tilde{u}_k,u_k=1)-P(u_0=1|\tilde{u}_k,u_k=0)$。

证明　由于 $C_F>0$，$C_D>0$，$A(\tilde{u}_k)\geqslant 0$。根据式（3-43），该定理即可得证。

根据定理3.4可以看出，在各个传感器观测独立的条件下，最优传感器判决规则可简化为似然比阈值判决。这样，为了获得最优系统判决规则，就只需根据定理3.1及定理3.4联合求解最优融合规则及各个传感器的最优判决阈值。由于最优融合规则及最优传感器判决阈值是耦合的，因此需要采用数值迭代算法进行求解。

求解最优融合规则及最优传感器判决阈值的数值迭代算法可描述如下。

（1）任意选择一个初始融合规则$f^{(0)}$及一组初始传感器判决阈值 $T_k^{(0)}(k=1,2,\cdots,N)$，计算$\{f^{(0)},T_1^{(0)},T_2^{(0)},\cdots,T_N^{(0)}\}$对应的系统贝叶斯风险 $R_B^{(0)}$。设置循环变量 $n=1$，设置循环终止控制量 $\xi>0$。

（2）固定$\{T_1^{(n-1)},T_2^{(n-1)},\cdots,T_N^{(n-1)}\}$，根据式（3-36）求解融合规则$f^{(n)}$。

（3）对于第1个传感器，固定$\{f^{(n)},T_2^{(n-1)},\cdots,T_N^{(n-1)}\}$，并根据式（3-47）计算判决阈值 $T_1^{(n)}$。同样，对于第 k 个传感器，$k=2$，3，…，N，固定$\{f^{(n)},T_1^{(n)},\cdots,T_{k-1}^{(n)},T_{k+1}^{(n-1)},\cdots,T_N^{(n-1)}\}$，并根据式（3-47）计算判决阈值 $T_k^{(n)}$。

（4）计算$\{f^{(n)},T_1^{(n)},T_2^{(n)},\cdots,T_N^{(n)}\}$对应的系统贝叶斯风险 $R_B^{(n)}$。如果 $R_B^{(n-1)}-R_B^{(n)}>\xi$，则令 $n=n+1$，并转第（2）步继续循环，否则终止循环，并认为$\{f^{(n)},T_1^{(n)},T_2^{(n)},\cdots,T_N^{(n)}\}$为最优融合规则及最优传感器判决阈值。

显然，该数值迭代算法的收敛性与初始条件有关。对于任意给定的条件概率密度函数$f_{Y_k}(y_k|H_j)(k=1,2,\cdots,N;j=0,1)$，通过选择适当的初始条件，该迭代算法通常可迅速收敛于最优融合规则及最优传感器判决阈值。

4）实例计算

例题 3.1　考虑两个简单的分布式检测融合系统。融合系统1由融合中心

及两个传感器构成。融合系统 2 由融合中心及三个传感器构成。假设融合系统中各个传感器的观测量相互独立，且服从高斯分布

$$f_{Y_k}(y_k|H_1)=\frac{1}{\sqrt{2\pi}}\exp\left\{-\frac{(y_k-a_k)^2}{2}\right\} \tag{3-48}$$

$$f_{Y_k}(y_k|H_0)=\frac{1}{\sqrt{2\pi}}\exp\left\{-\frac{y_k^2}{2}\right\} \tag{3-49}$$

融合系统的性能优化准则采用最小错误概率准则，即 $C_{00}=C_{11}=0, C_{01}=C_{10}=1$。

首先考虑融合系统 1。令 $a_1=2.2, a_2=2.0$，则融合系统的接收机工作特性（ROC）曲线，即传感器的检测概率与虚警概率的关系曲线如图 3-5 所示；融合系统的贝叶斯风险随先验概率 P_0 的变化关系如图 3-6 所示。图中，实线代表融合系统的检测性能，虚线则代表各个传感器采用贝叶斯判决规则时的检测性能。根据图 3-5 和图 3-6 可以看出，融合系统的检测性能比单个传感器的检测性能有明显提高。

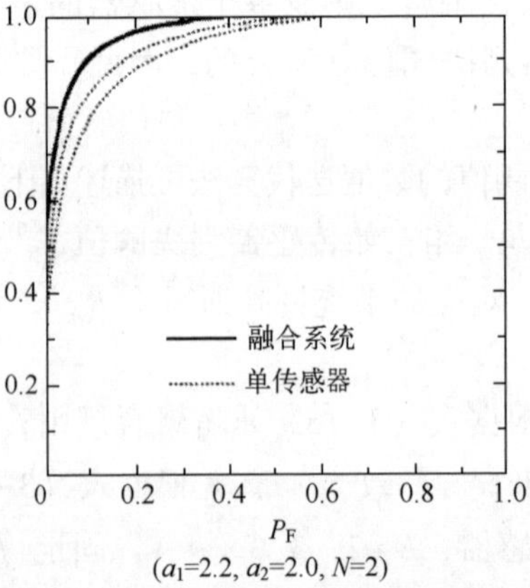

图 3-5　融合系统的 ROC 曲线

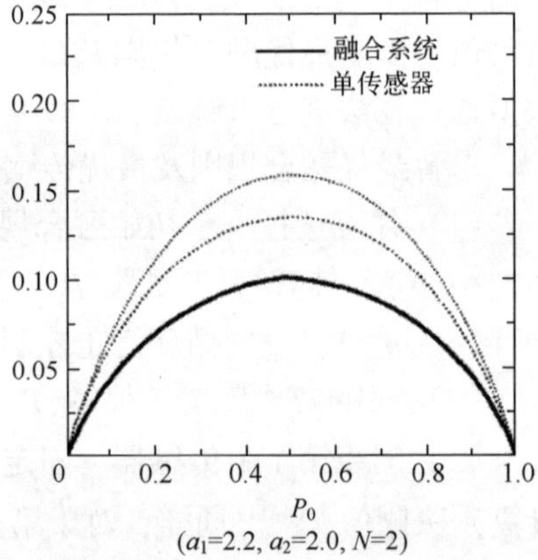

图 3-6　融合系统的贝叶斯风险

下面考虑融合系统 2。令 $a_1=2.2$，$a_2=2.0$，$a_3=1.8$，则融合系统的 ROC 曲线如图 3-7 所示，融合系统的贝叶斯风险随先验概率 P_0 的变化关系如图 3-8 所示。根据图 3-7 和图 3-8 可以看出，随着融合系统中传感器数量的增加，系统性能的提高更加明显。

2. 串行结构硬决策融合系统的最优分布式检测融合算法

与并行结构相对应，融合系统可以采用的另一种配置结构为串行结构。与并行结构不同，在分布式串行硬决策融合系统中，不存在一个唯一的融合

中心对各个传感器的判决进行融合。相反，融合过程是以分布式的方式由各个传感器共同完成的。融合系统的最终判决由一个指定的传感器直接给出。本节研究分布式串行检测硬决策融合系统的性能优化问题。各个传感器判决规则的优化准则为使融合系统的贝叶斯风险取得最小值。与并行结构融合系统相似，在各个传感器观测相关的条件下，虽然可以推导出最优传感器判决规则需要满足的必要条件，但是由于不能将其简化为似然比判决规则，因此很难求解。本节研究各个传感器观测独立条件下的最优检测问题。在各个传感器观测独立的条件下，可以证明最优传感器判决规则为似然比判决。这样，为了求解最优系统判决规则，就只需联合求解各个传感器的最优似然比判决阈值。

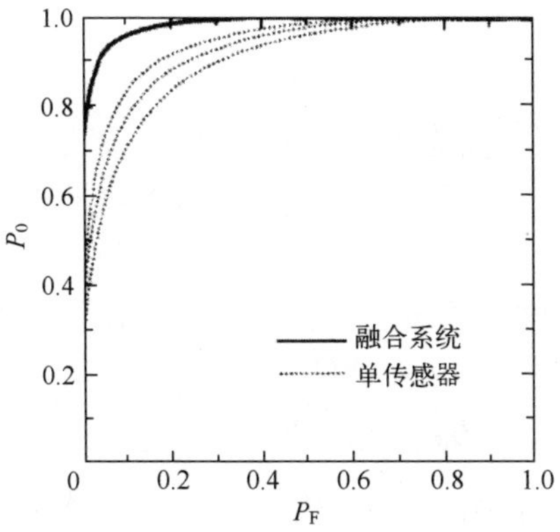

(a_1=2.2, a_2=2.0, a_3=1.8, N=3)

图 3-7　融合系统的 ROC 曲线

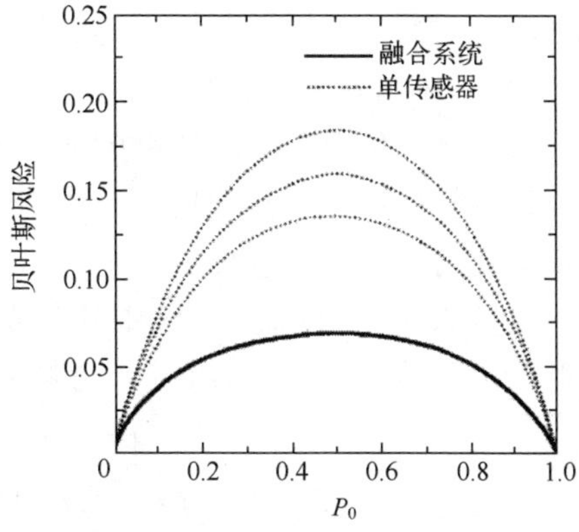

(a_1=2.2, a_2=2.0, a_3=1.8, N=3)

图 3-8　融合系统的贝叶斯风险

1）系统描述

设分布式串行检测融合系统由 N 个传感器构成（如图 3-9 所示）。各个传感器按串行结构连接且对同一目标或现象进行观测。第 1 个传感器直接根据其观测量 y_1 进行判决，并将其判决 u_1 传送至第 2 个传感器。第 i 个传感器则根据其观测量 y_i 及前一个传感器的判决 u_{i-1} 进行假设检验，并将其判决结果 u_i 传送至下一个传感器，$i=2,3,\cdots,N$。第 i 个传感器的判决过程实际上是一个对 y_i 及 u_{i-1} 进行融合的过程。最后一个传感器的判决 u_N 则为融合系统的最终判决。

记融合系统中各个传感器的检测及虚警概率分别为 P_{Di}、P_{Fi}，则融合系统的检测及虚警概率分别由 P_{DN}、P_{FN} 给出。给定先验概率 P_0、P_1 及代价权因子 C_{ij}，容易证明融合系统的贝叶斯风险可以表示为

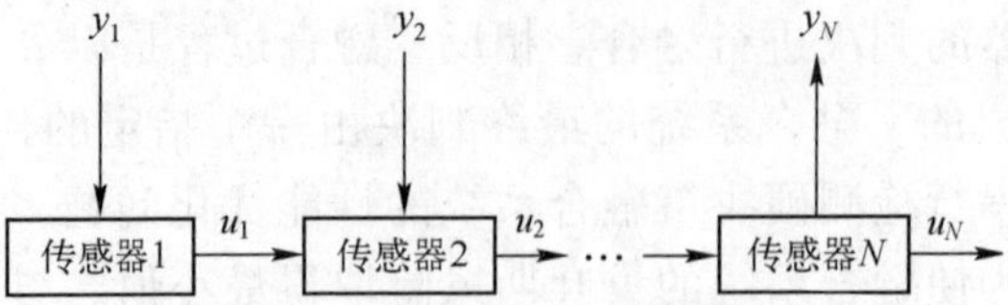

图 3-9　分布式串行检测融合系统

$$R_B=\sum_{i=0}^{1}\sum_{j=0}^{1}C_{ij}P_jP(u_N=i|H_j)=C_FP_{FN}-C_DP_{DN}+C \tag{3-50}$$

式中：$C_F=P_0(C_{10}-C_{00})$；$C_D=P_1(C_{01}-C_{11})$；$C=C_{01}P_1+C_{00}P_0$。显然，串行融合系统的检测性能由各个传感器的判决规则共同决定。记第 i 个传感器的判决规则为 γ_i，则融合系统检测性能的优化目标，就是寻求一个系统判决规则 $\gamma=\{\gamma_1,\gamma_2,\cdots,\gamma_N\}$，使系统贝叶斯风险 $R_B(\gamma)$ 取得最小值。

2）传感器观测独立条件下最优分布式检测的必要条件

假设各个传感器的观测相互独立。为了使融合系统的检测性能达到最优，则需要联合设计各个传感器的最优判决规则。可以证明，各个传感器的最优判决规则需要满足下述必要条件。

定理 3.5　假设融合系统中各个传感器的观测相互独立，则为了使系统的贝叶斯风险达到最小，第 1 个传感器的判决规则必须满足

$$P(u_1=1|y_1)=\begin{cases}1 & (C_FA(u_N,u_1,H_0)f_{Y_1}(y_1|H_0)<\\ & C_DA(u_N,u_1,H_1)f_{Y_1}(y_1|H_1))\\0 & (\text{其他})\end{cases} \tag{3-51}$$

第 k（$k=2,3,\cdots,N$）个传感器的判决规则必须满足

$$P(u_k=1|y_k,u_{k-1})=\begin{cases}1 & (C_FA(u_N,u_k,H_0)f_{Y_k}(y_k|H_0)P(u_{k-1}|H_0)<\\ & C_DA(u_N,u_k,H_1)f_{Y_k}(y_k|H_1)P(u_{k-1}|H_1))\\0 & (\text{其他})\end{cases} \tag{3-52}$$

式中：$f_{Y_k}(y_k|H_j)$ 为传感器观测量 y_k 的条件概率密度函数，且

$$A(u_i,u_k,H_j)=P(u_i=1|u_k=1,H_j)-P(u_i=1|u_k=0,H_j)$$

证明　首先考虑传感器 1 的判决规则。融合系统的检测概率可表示为

$$\begin{aligned}P_{DN}=P(u_N=1|H_1)=&P(u_N=1|u_1=0,H_1)P(u_1=0|H_1)+\\&P(u_N=1|u_1=1,H_1)P(u_1=1|H_1)\end{aligned}$$

由于 $P(u_1=0|H_1)=1-P(u_1=1|H_1)$，对上式进行简单整理可得

$$P_{DN}=P(u_N=1|u_1=0,H_1)+A(u_N,u_1,H_1)P(u_1=1|H_1) \tag{3-53}$$

式中：

$$A(u_i,u_k,H_j)=P(u_i=1|u_k=1,H_j)-P(u_i=1|u_k=0,H_j)$$

同样，融合系统的虚警概率可表示为

$$P_{FN}=P(u_N=1|u_1=0,H_0)+A(u_N,u_1,H_0)P(u_1=1|H_0) \tag{3-54}$$

将式（3-53）、式（3-54）代入式（3-50），并注意到

$$P(u_1=1|H_j)=\int P(u_1=1|y_1)f_{Y_1}(y_1|H_j)\mathrm{d}y_1(j=0,1)$$

可得

$$R_B=C_1+\int P(u_1=1|y_1)\{C_FA(u_N,u_1,H_0)f_{Y_1}(y_1|H_0)-C_DA(u_N,u_1,H_1)f_{Y_1}(y_1|H_1)\}\mathrm{d}y_1 \tag{3-55}$$

式中：

$$C_1=C+C_FP(u_N=1|u_1=0,H_0)-C_DP(u_N=1|u_1=0,H_1)$$

由于假设各个传感器的观测相互独立，容易证明 C_1 的取值与第 1 个传感器的判决规则无关。这样，根据式（3-55），为了使融合系统的贝叶斯风险取得最小值，传感器 1 的判决规则必须满足

$$P(u_1=1|y_1)=\begin{cases}1 & (C_FA(u_N,u_1,H_0)f_{Y_1}(y_1|H_0)< \\ & C_DA(u_N,u_1,H_1)f_{Y_1}(y_1|H_1)) \\ 0 & (\text{其他})\end{cases}$$

下面考虑第 k 个传感器的判决规则，$k=2,3,\cdots,N$。与式（3-53）及式（3-54）相似，融合系统的检测及虚警概率可表示为

$$P_{DN}=P(u_N=1|u_k=0,H_1)+A(u_N,u_k,H_1)P(u_k=1|H_1) \tag{3-56}$$

$$P_{FN}=P(u_N=1|u_k=0,H_0)+A(u_N,u_k,H_0)P(u_k=1|H_0) \tag{3-57}$$

由于各个传感器的观测相互独立，易知

$$P(u_k=1|H_j)=\sum_{u_{k-1}}\int P(u_k=1|y_k,u_{k-1})f_{Y_k}(y_k|H_j)P(u_{k-1}|H_j)\mathrm{d}y_k \tag{3-58}$$

将式（3-56）、式（3-57）代入式（3-50），并利用式（3-58），经简单整理可得

$$R_B=C_k+\sum_{u_{k-1}}\int P(u_k=1|y_k,u_{k-1})\{C_FA(u_N,u_k,H_0)f_{Y_k}(y_k|H_0)P(u_{k-1}|H_0)-C_DA(u_N,u_k,H_1)f_{Y_k}(y_k|H_1)P(u_{k-1}|H_1)\}\mathrm{d}y_k \tag{3-59}$$

式中：

$$C_k=C+C_FP(u_N=1|u_k=0,H_0)-C_DP(u_N=1|u_k=0,H_1)$$

同样地，由于各个传感器的观测相互独立，C_k 的取值与第 k 个传感器的判决规则无关。因此，根据式（3-59），为了使系统的贝叶斯风险取得最小

值，传感器 k 的判决规则必须满足

$$P(u_k=1|y_k,u_{k-1})=\begin{cases}1 & (C_FA(u_N,u_k,H_0)f_{Y_k}(y_k|H_0)P(u_{k-1}|H_0)< \\ & C_DA(u_N,u_k,H_1)f_{Y_k}(y_k|H_1)P(u_{k-1}|H_1)\ (k=2,3,\cdots,N)) \\ 0 & (\text{其他})\end{cases}$$

为了求解最优系统判决规则，需要根据式（3-51）及式（3-52）联合求解各个传感器的最优判决规则。容易看出，给定传感器 1 的观测量 y_1，由于 $P(u_1=1|y_1)=1$ 等价于该传感器的判决为 $u_1=1$（判决 H_1 为真），$P(u_1=1|y_1)=0$ 等价于该传感器的判决为 $u_1=0$（判决 H_0 为真），因此由式（3-51）给出的最优判决规则立即可以表示为

$$C_DA(u_N,u_1,H_1)f_{Y_1}(y_1|H_1)\underset{H_0}{\overset{H_1}{\gtrless}}C_FA(u_N,u_1,H_0)f_{Y_1}(y_1|H_0) \tag{3-60}$$

同样，由式（3-52）给出的最优判决规则可以表示为

$$C_DA(u_N,u_k,H_1)f_{Y_k}(y_k|H_1)P(u_{k-1}|H_1)\underset{H_0}{\overset{H_1}{\gtrless}} \tag{3-61}$$

$$C_FA(u_N,u_k,H_0)f_{Y_k}(y_k|H_0)P(u_{k-1}|H_0)\quad(k=2,3,\cdots,N)$$

容易看出，由式（3-60）、式（3-61）给出的最优传感器判决规则并不能直接表示为似然比阈值判决。为了将其简化为简单的似然比阈值判决，必须首先确定 $A(u_N,u_k,H_j)$ 的符号。

3）传感器观测独立条件下的最优分布式检测

与并行检测融合系统的性能优化问题相似，为了求解串行融合系统的最优系统判决规则，同样可以合理假设 $P_{Dk}\geqslant P_{Fk}(k=1,2,\cdots,N)$。在各个传感器观测独立且 $P_{Dk}\geqslant P_{Fk}$ 条件下，可以得出 $A(u_N,u_k,H_j)$ 的若干性质。根据这些性质可以证明 $A(u_N,u_k,H_j)\geqslant 0$ 并将最优传感器判决规则简化为似然比阈值判决。

引理 1　$A(u_N,u_N,H_j)=1(j=0,1)$。

证明　由 $A(u_N,u_N,H_j)=P(u_N=1|u_N=1,H_j)-P(u_N=1|u_N=0,H_j)$，且 $P(u_N=1|u_N=1,H_j)=1,P(u_N=1|u_N=0,H_j)=0$，引理 1 立即得证。

引理 2　$A(u_N,u_k,H_j)=\prod_{i=k+1}^{N}A(u_i,u_{i-1},H_j)(k=1,2,\cdots,N-1)$。

证明　首先，当 $k=N-1$ 时引理 2 自然成立。下面考虑 $k\leqslant N-2$ 时的情况。

对于任意给定的 $i, i \geqslant k+2$ 易知

$$P(u_i=1|u_k=1,H_j)=P(u_i=1|u_{i-1}=0,u_k=1,H_j)P(u_{i-1}=0|u_k=1,H_j)+ \\ P(u_i=1|u_{i-1}=1,u_k=1,H_j)P(u_{i-1}=1|u_k=1,H_j) \quad (3-62)$$

由于各个传感器的观测相互独立，可得

$$\begin{aligned} P(u_i=1|u_{i-1},u_k,H_j) &= \int P(u_i=1|y_i,u_{i-1},u_k,H_j)f_{Y_i}(y_i|u_{i-1},u_k,H_j)\mathrm{d}y_i \\ &= \int P(u_i=1|y_i,u_{i-1},H_j)f_{Y_i}(y_i|u_{i-1},H_j)\mathrm{d}y_i \\ &= P(u_i=1|u_{i-1},H_j) \end{aligned} \quad (3-63)$$

又由于$P(u_{i-1}=0|u_k=1,H_j)=1-P(u_{i-1}=1|u_k=1,H_j)$，根据式（3-62）及式（3-63），易得

$$\begin{aligned} &P(u_i=1|u_k=1,H_j) \\ &=P(u_i=1|u_{i-1}=0,u_k=0,H_j)+A(u_i,u_{i-1},H_j) \\ &P(u_{i-1}=1|u_k=1,H_j), i \geqslant k+2 \end{aligned} \quad (3-64)$$

式中：

$$A(u_i,u_{i-1},H_j)=P(u_i=1|u_k=1,H_j)-P(u_i=1|u_k=0,H_j)$$

采用同样方法可以证明

$$\begin{aligned} &P(u_i=1|u_k=0,H_j)=P(u_i=1|u_{i-1}=0,H_j)+A(u_i,u_{i-1},H_j) \\ &P(u_{i-1}=1|u_k=0,H_j), i \geqslant k+2 \end{aligned} \quad (3-65)$$

这样，根据式（3-64）及式（3-65）可得

$$A(u_i,u_k,H_j)=A(u_i,u_{i-1},H_j)A(u_{i-1},u_k,H_j) \quad (i \geqslant k+2) \quad (3-66)$$

由于 $N \geqslant k+2$ 根据式（3-66）易知

$$A(u_N,u_k,H_j)=A(u_N,u_{N-1},H_j)A(u_{N-1},u_k,H_j)$$

对上式重复使用式（3-66），可得

$$A(u_N,u_k,H_j)=\prod_{i=k+1}^{N}A(u_i,u_{i-1},H_j) \quad (k \leqslant N-2)$$

引理 3　如果 $A(u_N,u_{k+1},H_j) \geqslant 0$，则 $A(u_N,u_k,H_j) \geqslant 0 (k=1,2,\cdots,N-1)$。

证明　如果 $A(u_N,u_{k+1},H_j) \geqslant 0$，则根据式（3-61），第 $k+1$ 个传感器的最优判决规则可表示为

$$\frac{f_{Y_{k+1}}(y_{k+1}|H_1)P(u_k|H_1)}{f_{Y_{k+1}}(y_{k+1}|H_0)P(u_k|H_0)} \underset{H_0}{\overset{H_1}{\gtrless}} \frac{C_F A(u_N,u_{k+1},H_0)}{C_D A(u_N,u_{k+1},H_1)} \quad (3-67)$$

由于 $P_{Dk} \geqslant P_{Fk}$ 易知

$$\frac{f_{Y_{k+1}}(y_{k+1}|H_1)P(u_k=1|H_1)}{f_{Y_{k+1}}(y_{k+1}|H_0)P(u_k=1|H_0)} \geqslant \frac{f_{Y_{k+1}}(y_{k+1}|H_1)P(u_k=0|H_1)}{f_{Y_{k+1}}(y_{k+1}|H_0)P(u_k=0|H_0)} \tag{3-68}$$

根据式（3-67）及式（3-68）容易看出，对于任意给定的观测量 y_{k+1}，如果在 $u_k=0$ 的条件下第 $k+1$ 个传感器的判决为 $u_{k+1}=1$，则在 $u_k=1$ 的条件下其判决也必然为 $u_{k+1}=1$。因此

$$P(u_{k+1}=1|y_{k+1},u_k=1) \geqslant P(u_{k+1}=1|y_{k+1},u_k=0) \tag{3-69}$$

由于

$$P(u_{k+1}=1|u_k=1,H_j)=\int P(u_{k+1}=1|y_{k+1},u_k=1)f_{Y_{k+1}}(y_{k+1}|H_j)\mathrm{d}y_{k+1}$$

$$P(u_{k+1}=1|u_k=0,H_j)=\int P(u_{k+1}=1|y_{k+1},u_k=0)f_{Y_{k+1}}(y_{k+1}|H_j)\mathrm{d}y_{k+1}$$

根据式（3-69）易知

$$A(u_{k+1},u_k,H_j)=P(u_{k+1}=1|u_k=1,H_j)-P(u_{k+1}=1|u_k=0,H_j) \geqslant 0 \tag{3-70}$$

又根据引理 2 可得

$$A(u_N,u_k,H_j)=A(u_N,u_{k+1},H_j)A(u_{k+1},u_k,H_j)$$

因此，如果 $A(u_N,u_{k+1},H_j) \geqslant 0$，则根据式（3-70）可得 $A(u_N,u_k,H_j) \geqslant 0(k=1,2,\cdots,N-1)$。

根据引理 1 及引理 3，即可证明 $A(u_N,u_k,H_j) \geqslant 0$。首先，根据引理 1 可得 $A(u_N,u_k,H_j)>0$。由于 $A(u_N,u_N,H_j) \geqslant 0$，根据引理 3 可得 $A(u_N,u_{N-1},H_j) \geqslant 0$。重复利用引理 3，则最终可得 $A(u_N,u_k,H_j) \geqslant 0(k=1,2,\cdots,N-1)$。

由于 $A(u_N,u_k,H_j) \geqslant 0$，根据式（3-70）及式（3-71），各个传感器的最优判决规则即可简化为简单的似然比阈值判决。

定理 3.6　假设融合系统中各个传感器的观测相互独立，则为了使系统贝叶斯风险取得最小值，第 1 个传感器的最优判决规则为

$$\frac{f_{Y_1}(y_1|H_1)}{f_{Y_1}(y_1|H_0)} \underset{H_0}{\overset{H_1}{\gtrless}} \frac{C_F A(u_N,u_1,H_0)}{C_D A(u_N,u_1,H_1)} \tag{3-71}$$

第 k 个传感器的最优判决规则为

$$\frac{f_{Y_k}(y_k|H_1)}{f_{Yk}(y_k|H_0)} \underset{H_0}{\overset{H_1}{\gtrless}} \frac{C_F A(u_N,u_k,H_0)P(u_{k-1}|H_0)}{C_D A(u_N,u_1,H_1)P(u_{k-1}|H_1)} \quad (k=2,3,\cdots,N) \tag{3-72}$$

式中：

$$A(u_N,u_k,H_j)=P(u_N=1|u_k=1,H_j)-P(u_N=1|u_k=0,H_j)$$

证明　由于$A(u_N,u_k,H_j)\geqslant 0$，$C_F>0$，$C_D>0$，根据式（3-70）及式（3-71），该定理立即得证。

根据定理 3.6 可以看出，在各个传感器观测独立的条件下，最优传感器判决规则为似然比判决规则。但需要指出的是，传感器 1 的最优判决规则是一个普通的似然比判决规则，即通过将其观测量的似然比与某一固定阈值进行比较而得出判决结果。相反，传感器 k（$k=2,3,\cdots,N$）的最优判决规则却是具有两个阈值的似然比判决。其中，一个阈值用于 $u_{k-1}=0$ 时的判决，另一个阈值用于 $u_{k-1}=1$ 时的判决。用 T_1 表示第 1 个传感器的判决阈值，则根据式（3-71）及引理 2 可得

$$T_1=\frac{C_F\prod_{i=2}^{N}A(u_i,u_{i-1},H_0)}{C_D\prod_{i=2}^{N}A(u_i,u_{i-1},H_1)} \tag{3-73}$$

用 $T_{k,0}$、$T_{k,1}$分别表示第 k 个传感器在 $u_{k-1}=0$ 及 $u_{k-1}=1$ 条件下的判决阈值，则根据引理 1、引理 2 及式（3-72）可得

$$T_{k,m}=\frac{C_FP(u_{k-1}=m|H_0)\prod_{i=k+1}^{N}A(u_i,u_{i-1},H_0)}{C_DP(u_{k-1}=m|H_1)\prod_{i=k+1}^{N}A(u_i,u_{i-1},H_1)}\quad(k=2,3,\cdots,N-1,m=0,1) \tag{3-74}$$

及

$$T_{N,m}=\frac{C_FP(u_{N-1}=m|H_0)}{C_DP(u_{N-1}=m|H_1)}\quad(m=0,1) \tag{3-75}$$

由于各个传感器的判决规则为似然比判决，为了使融合系统的检测性能达到最优，只需联合求解由式（3-73）~式（3-75）给出的 $2N-1$ 个最优传感器判决阈值。由于最优传感器判决阈值是耦合的，因此需要采用数值方法进行求解。根据式（3-73）~式（3-75）容易看出，由于$P(u_i=m|H_j)$及$A(u_i,u_{i-1},H_j)$均可表示为传感器判决阈值的函数，因此采用数值迭代算法很容易求得各个传感器的最优判决阈值。

求解最优传感器判决阈值的数值迭代算法可以描述如下。

（1）任意选择一组初始判决阈值 $T_1^{(0)},T_{k,m}^{(0)}(k=2,3,\cdots,N;m=0,1)$，并计算相应的系统贝叶斯风险 $R_B^{(0)}$。设置循环变量 $n=1$，设置循环终止控制量 $\zeta>0$。

（2）对于第 1 个传感器，固定$\{\{T_{2,m}^{(n-1)}\}_{m=0}^{1},\{T_{3,m}^{(n-1)}\}_{m=0}^{1},\cdots,\{T_{N,m}^{(n-1)}\}_{m=0}^{1}\}$，并根据式（3-73）计算判决阈值 $T_1^{(n)}$。同样地，对于第 k 个传感器，$k=2,3,\cdots$，

N，固定$\{T_1^{(n)},\{T_{2,m}^{(n)}\}_{m=0}^1,\cdots,\{T_{k-1,m}^{(n)}\}_{m=0}^1,\{T_{k+1,m}^{(n-1)}\}_{m=0}^1,\cdots,\{T_{N,m}^{(n-1)}\}_{m=0}^1\}$，并根据式（3-74）计算判决阈值$T_{k,m}^{(n)}$。对于第$N$个传感器，则固定$\{T_1^{(n)},\{T_{2,m}^{(n)}\}_{m=0}^1,\cdots,\{T_{N-1,m}^{(n)}\}_{m=0}^1\}$，并根据式（3-75）计算$T_{N,m}^{(n)},m=0,1$。

（3）计算$\{T_1^{(n)},\{T_{2,m}^{(n)}\}_{m=0}^1,\cdots,\{T_{N,m}^{(n-1)}\}_{m=0}^1\}$对应的系统贝叶斯风险$R_B^{(n)}$。如果$R_B^{(n-1)}-R_B^{(n)}>\zeta$，则令$n=n+1$并转至第（2）步继续循环，否则终止循环并认为$\{T_1^{(n)},\{T_{2,m}^{(n)}\}_{m=0}^1,\cdots,\{T_{N,m}^{(n)}\}_{m=0}^1\}$即各个传感器的最优判决阈值。

同任何其他数值迭代算法一样，上面给出的迭代算法存在以下两方面的问题：首先，该算法不能保证收敛于最优传感器判决阈值。当循环终止时，所得的系统贝叶斯风险可能只是一个局部极小值。其次，该算法给出的最终结果依赖于初始条件。这样，当该算法不能收敛于最优传感器判决阈值时，可采用不同的初始条件进行尝试。

4）实例计算

例题 3.2　考虑一个简单的双传感器串行检测系统。传感器 1 根据其观测y_1独立进行判决，并将其判决结果u_1传送至传感器 2。传感器 2 根据其观测y_2及传感器 1 的判决u_1进行假设检验，并给出融合系统的最终判决u_2。传感器观测量的条件概率密度函数由式（3-68）及式（3-69）给出。融合系统的性能优化准则采用最小错误概率准则。各个传感器的最优判决阈值采用数值迭代算法进行求解。

令$a_1=2.0$，$a_2=2.5$，则融合系统的 ROC 曲线如图 3-10 所示。融合系统的贝叶斯风险随先验概率P_0的变化关系如图 3-11 所示。图中，实线代表融合系统的检测性能，虚线则代表各个传感器采用贝叶斯判决规则时的检测性能。根据图 3-10 和图 3-11 可以看出，融合系统的检测性能比单个传感器的检测性能有明显提高。

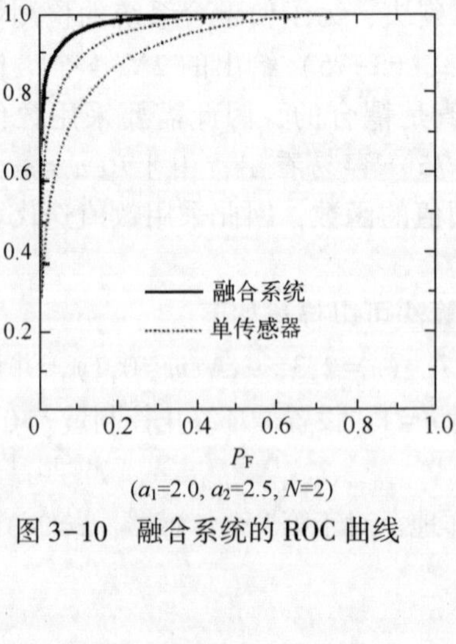

(a_1=2.0, a_2=2.5, N=2)

图 3-10　融合系统的 ROC 曲线

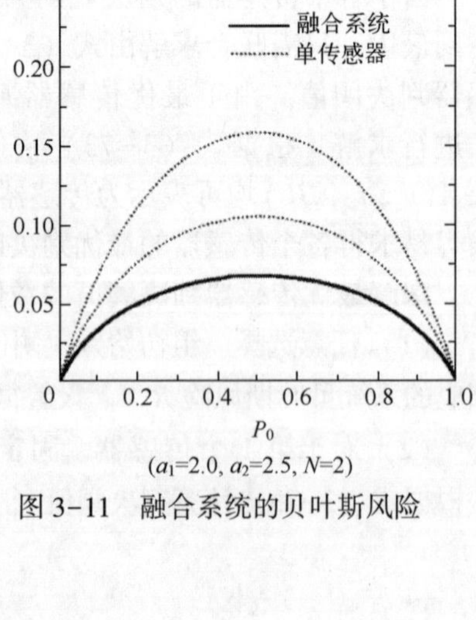

(a_1=2.0, a_2=2.5, N=2)

图 3-11　融合系统的贝叶斯风险

3. 树形结构硬决策融合系统的最优分布式检测融合算法

并行及串行系统结构是融合系统可以采用的两种最基本的配置结构之一。另一种较为复杂的系统配置结构是树形结构，树形结构是对并行及串行结构的推广。在特定条件下，树形结构可简化为简单的并行或串行结构。树形结构融合系统的基本组成单元称为节点。各节点可以是对同一目标或现象直接进行观测的传感器，也可以是仅对其前级节点的判决进行融合的局部融合器。融合系统的最终判决由唯一的根节点给出。本节研究树形结构硬决策检测融合系统的性能优化问题。各节点判决规则的优化准则为，使融合系统的贝叶斯风险取得最小值。与并行及串行结构融合系统相似，在各节点观测相关的条件下，虽然可以推导出最优节点判决规则需要满足的必要条件，但是由于不能将其简化为似然比判决规则，因此很难求解。本章研究各节点观测独立条件下的最优检测问题。在各节点观测独立的条件下，可以证明最优节点判决规则为似然比判决。这样，为了求解最优节点判决规则，就仅需联合求解各节点的最优似然比判决阈值。

1）系统描述

设融合系统由 N 个节点构成，且各节点按树形结构配置（如图 3-12 所示）。各节点对同一目标或现象进行观测，并独立进行判决。用 H_0 表示零假设，用 H_1 表示备选假设。融合系统的最终判决由节点 N（根节点）给出。

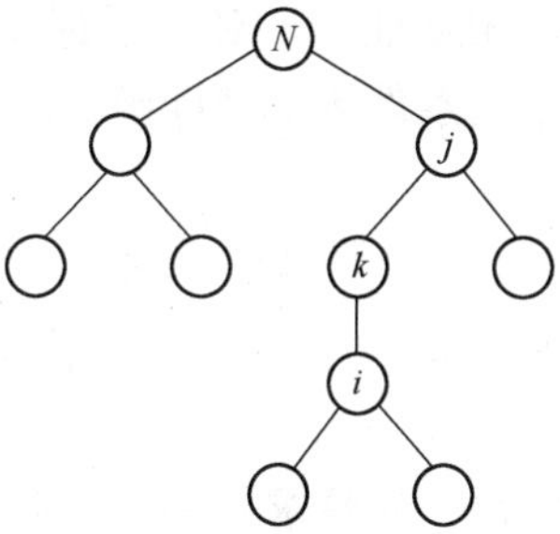

图 3-12　树形结构检测融合系统

融合系统的树形结构可以用一有向图 $G=\langle V,E\rangle$ 描述，其中 $V=\{1,2,\cdots,N\}$ 为所有节点的集合，$E=\{\langle i,j\rangle\}$ 为所有有向边的集合。有向边 $\langle i,j\rangle$ 描述了节点 i 与节点 j 之间的连接关系，且具有方向性。$\langle i,j\rangle$ 表示节点 i 将其判决 u_i 传送至节点 j，并在节点 j 与其他信息进行融合。

对于任意节点 k，如果 $\langle i,k\rangle\in E$，则称节点 i 为其直接前级节点，如果 $\langle k,j\rangle\in E$，则称节点 j 为其直接后级节点。记集合 A_k 为节点 k 的所有直接前

级节点，记集合 A_k 为节点 k 的所有直接后级节点，则 A_k 的基数 $|A_k|$ 为节点 k 的输入度，B_k 的基数 $|B_k|$ 称为节点 k 的输出度。显然，对于树形结构融合系统，输出度 $|B_k|$ 应满足 $|B_k|\leqslant 1$。输出度 $|B_k|>1$ 的融合系统则称为网络结构融合系统。

输入度为 0 的节点称为叶节点，输出度为 0 的节点称为根节点，输入及输出度均不为 0 的节点称为中间节点。本章假设融合系统的最终判决由唯一的根节点 N 给出，即 $|B_N|=0$，$|B_k|=1(k\neq N)$。

记节点 k 的观测量为 y_k，记其所有直接前级节点判决的集合为 I_k，即 $I_k=\{u_i,i\in A_k\}$，则节点 k 的判决规则 γ_k 可以表示为 $u_k=\gamma_k(y_k,I_k),u_k=0,1$。显然，节点 k 的判决过程就是对其观测量 y_k 及 I_k 的融合过程。在以下讨论中，称 y_k 为节点 k 的直接观测量，称 I_k 为其间接观测量。y_k、I_k 统称为节点 k 的观测量。

树形结构融合系统中各节点可以具有不同的观测结构。对于叶节点 k，由于其输入度为 0，故 I_k 不存在，其观测量仅由直接观测 y_k 构成。同样，对于某些中间节点（包括根节点），其直接观测量可以存在，也可以不存在。这样，对于不存在直接观测量的节点 k，其观测量仅由间接观测 I_k 构成。

为了对具有不同观测结构的节点进行统一处理，可以采用一种虚拟观测的方法。对于叶节点 k，可为其提供一个虚拟观测 I_k，I_k 满足 $P(I_k|H_0)=P(I_k|H_1)$，且 I_k 与 y_k 相互独立。对于不存在直接观测量的节点 k 可为其提供一个虚拟观测 y_k，y_k 的条件概率密度函数满足 $f_{Y_k}(y_k|H_0)=f_{Y_k}(y_k|H_1)$，且 y_k 与 I_k 相互独立。

由于 $P(I_k|H_0)=P(I_k|H_1),f_{Y_k}(y_k|H_0)=f_{Y_k}(y_k|H_1)$，虚拟观测量的引入并不要求任何附加的先验知识，也不会对系统检测性能造成任何影响。

通过引入虚拟观测量，可以采用统一的方法对各个节点的判决规则进行优化。而系统性能的优化问题，就是求解一个最优系统判决规则 $\gamma=\{\gamma_1,\gamma_2,\cdots,\gamma_N\}$，使融合系统的贝叶斯风险取得最小值。记融合系统中各节点的检测及虚警概率分别为 P_{Di}、$P_{Fi}(i=1,2,\cdots,N)$，则融合系统的检测及虚警概率分别由 P_{DN}、P_{FN} 给出。与式（3-50）相似，融合系统的贝叶斯风险可以表示为

$$R_B=C_FP_{FN}-C_DP_{DN}+C \tag{3-76}$$

式中：常数 C、$C_F\geqslant 0$、$C_D\geqslant 0$ 的定义同式（3-50）。

2）节点观测独立条件下最优分布式检测的必要条件

对于由 N 个节点构成的树形结构融合系统，其系统性能由 N 个节点的判决规则共同决定。因此，为了使系统性能达到最优，需要联合求解各节点的

最优判决规则。假设各节点的直接观测量相互独立，则容易证明，各节点的最优判决规则需要满足下述必要条件。

定理 3.7　假设各节点的直接观测量相互独立，则为了使融合系统的贝叶斯风险取得最小值，各节点的判决规则必须满足

$$P(u_k=1|y_k,I_k)=\begin{cases}1 & (C_F A(u_N,u_k,H_0)P(I_k|H_0)f_{Y_k}(y_k|H_0)< \\ & C_D A(u_N,u_k,H_1)P(I_k|H_1)f_{Y_k}(y_k|H_1) \\ & (k=1,2,\cdots,N)) \\ 0 & (\text{其他})\end{cases} \tag{3-77}$$

式中：$f_{Y_k}(y_k|H_j)$为节点观测量 y_k 的条件概率密度函数：

$$A(u_N,u_k,H_j)=P(u_N=1|u_k=1,H_j)-P(u_N=1|u_k=0,H_j)$$

证明　对于任意给定的节点 k，融合系统的检测概率可以表示为

$$\begin{aligned}P_{DN}&=P(u_N=1|H_1)\\ &=P(u_N=1|u_k=0,H_1)P(u_k=0|H_1)+\\ &\quad P(u_N=1|u_k=1,H_1)P(u_k=1|H_1)\\ &=P(u_N=1|u_k=0,H_1)\{1-P(u_k=1|H_1)\}+\\ &\quad P(u_N=1|u_k=0,H_1)P(u_k=1|H_1)\\ &=P(u_N=1|u_k=0,H_1)+A(u_N,u_k,H_1)P(u_k=1|H_1)\end{aligned} \tag{3-78}$$

式中：$A(u_i,u_k,H_j)=P(u_i=1|u_k=1,H_j)-P(u_i=1|u_k=0,H_j)$。同样，融合系统的虚警概率可表示为

$$P_{FN}=P(u_N=1|u_k=0,H_0)+A(u_N,u_k,H_0)P(u_k=1|H_0) \tag{3-79}$$

又由于各节点的直接观测量相互独立，容易证明

$$P(u_k=1|H_j)=\sum_{I_k}\int P(u_k=1|I_k,y_k)P(I_k|H_j)f_{Y_k}(y_k|H_j)\,\mathrm{d}y_k \tag{3-80}$$

将式(3-78)~式(3-80) 代入式 (3-76)，并经简单整理可得

$$\begin{aligned}R_B=C_k+\sum_{I_k}\int P(u_k=1|y_k,I_k)\{&C_F A(u_N,u_k,H_0)P(I_k|H_0)f_{Y_k}(y_k|H_0)-\\ &C_D A(u_N,u_k,H_1)P(I_k|H_1)f_{Y_k}(y_k|H_1)\}\,\mathrm{d}y_k\end{aligned} \tag{3-81}$$

式中：$C_k=C+C_F P(u_N=1|u_k=0,H_0)-C_D P(u_N=1|u_k=0,H_1)$。

记节点 k 及其所有子节点（以节点 k 为根节点的子树）的集合为 V_k，记其补集为$\widetilde{V}_k=V-V_k$，则$\widetilde{V}_k$ 中所有节点直接观测量的集合可以表示为$\widetilde{Y}_k=\{y_i,i\in\widetilde{V}_k\}$。由于各节点的直接观测量相互独立，则有

$$P(u_N=1|u_k=0,H_j)=\int_{\widetilde{Y}_k}P(u_N=1|\widetilde{Y}_k,u_k=0,H_j)f(\widetilde{Y}_k|u_k=0,H_j)\,\mathrm{d}\widetilde{Y}_k$$

$$= \int_{\widetilde{Y}_k} P(u_N = 1 | \widetilde{Y}_k, u_k = 0) f(\widetilde{Y}_k | H_j) \mathrm{d}\widetilde{Y}_k$$

式中：$f(\widetilde{Y}_k|H_j)$为$\widetilde{Y}_k$的条件概率密度函数。根据式（3-81）易知，C_k的取值和节点k的判决规则无关。这样，根据式（3-81），为了使融合系统的贝叶斯风险取得最小值，节点k的判决规则必须满足

$$P(u_k=1|y_k,I_k)=\begin{cases}1 & (C_F A(u_N,u_k,H_0)P(I_k|H_0)f_{Y_k}(y_k|H_0)< \\ & C_D A(u_N,u_k,H_1)P(I_k|H_1)f_{Y_k}(y_k|H_1) \\ & (k=1,2,\cdots,N)) \\ 0 & (\text{其他})\end{cases}$$

定理3.7实际上以随机化判决规则的形式给出了各个节点的最优判决规则。容易看出，给定传感器k的观测量I_k、y_k，由于$P(u_k=1|y_k,I_k)=1$等价于该节点的判决为$u_k=1$（判决H_1为真），$P(u_k=1|y_k,I_k)=0$等价于该节点的判决为$u_k=0$（判决H_0为真），因此由式（3-77）给出的最优节点判决规则立即可表示为

$$C_D A(u_N,u_k,H_1)f_{Y_k}(y_k|H_1)P(I_k|H_1) \underset{H_0}{\overset{H_1}{\gtrless}} C_F A(u_N,u_k,H_0)f_{Y_k}(y_k|H_0)P(I_k|H_0) \quad (k=1,2,\cdots,N) \tag{3-82}$$

显然，为了使融合系统的检测性能达到最优，需要根据式（3-82）联合求解各节点的最优判决规则。但是，由于式（3-82）给出的最优判决规则没有采用似然比判决规则的表达形式，因此不便采用数值方法进行求解。同串行融合系统的最优传感器判决规则一样，为了将式（3-82）表示为似然比阈值判决，必须首先确定$A(u_N,u_k,H_j)$的符号。

3）节点观测独立条件下的最优分布式检测

假设节点k共有N_k个后级节点，依次记为$j_1,j_2,\cdots,j_{N_k}$，即$<k,j_1>\in E,<j_1,j_2>\in E,\cdots,<j_{N_k-1},j_{N_k}>\in E$。由于任意节点$k$的最后一个后级节点均为根节点，故有$j_{N_k}=N(k=1,2,\cdots,N-1)$。显然，由于任意节点的输出度$|B_k|=1,j_1,j_2,\cdots,j_{N_k}$给出了由节点$k$到达根节点$N$的唯一路径。记该路径为$E_k=\{<j_{l-1},j_l>,l=1,2,\cdots,N_k\}$，其中$j_0=k,j_{N_k}=N$，则在各节点观测独立的条件下可以证明$A(u_N,u_k,H_j)$的下述性质。

引理1　$A(u_N,u_N,H_j)=1(j=0,1)$。

证明　由于$P(u_N=1|u_N=1,H_j)=1,P(u_N=1|u_N=0,H_j)=0$，可得

$$A(u_N,u_N,H_j)=P(u_N=1|u_N=1,H_j)-P(u_N=1|u_N=0,H_j)=1$$

引理 2　$A(u_N,u_k,H_j)=\prod_{<p,q>\in E_k}A(u_q,u_p,H_j)(k=1,2,\cdots,N-1)$。

证明　首先，如果 E_k 仅有一个元素，即节点 k 的直接后级节点为根节点 N，引理 2 自然成立。

当 E_k 包含不止一个元素时，对于任意 $<p,q>\in E_k$，则有

$$\begin{aligned}P(u_q=1|u_k=1,H_j)=&P(u_q=1|u_p=0,u_k=1,H_j)P(u_p=0|u_k=1,H_j)+\\&P(u_q=1|u_p=1,u_k=1,H_j)P(u_p=1|u_k=1,H_j)\end{aligned}\tag{3-83}$$

记 $I_{q,p}=\{u_l,l\in A_q,l\neq p\}$，则由于各节点的观测相互独立，容易证明

$$\begin{aligned}P(u_q=1|u_p,u_k,H_j)&=\sum_{I_{q,p}}\int P(u_q=1|y_q,I_{q,p},u_p,u_k,H_j)f_{Y_q}(y_q|H_j)P(I_{q,p}|u_p,u_k,H_j)\mathrm{d}y_q\\&=\sum_{I_{q,p}}\int P(u_q=1|y_q,I_{q,p},u_p,H_j)f_{Y_q}(y_q|H_j)P(I_{q,p}|u_p,H_j)\mathrm{d}y_q\\&=P(u_q=1|u_p,H_j)\end{aligned}$$

由式（3-83）可得

$$\begin{aligned}P(u_q=1|u_k=1,H_j)=&P(u_q=1|u_p=0,H_j)P(u_p=0|u_k=1,H_j)+\\&P(u_q=1|u_p=1,H_j)P(u_p=1|u_k=1,H_j)\\=&P(u_q=1|u_p=0,H_j)\{1-P(u_p=1|u_k=1,H_j)\}+\\&P(u_q=1|u_p=1,H_j)P(u_p=1|u_k=1,H_j)\\=&P(u_q=1|u_p=0,H_j)+A(u_q,u_p,H_j)P(u_p=1|u_k=1,H_j)\end{aligned}\tag{3-84}$$

式中：

$$A(u_q,u_p,H_j)=P(u_q=1|u_p=1,H_j)-P(u_q=1|u_p=0,H_j)$$

采用同样方法可以证明

$$\begin{aligned}&P(u_q=1|u_k=0,H_j)=P(u_q=1|u_p=0,H_j)+\\&A(u_q,u_p,H_j)P(u_p=1|u_k=0,H_j)\end{aligned}\tag{3-85}$$

根据式（3-84）及式（3-85）可得

$$A(u_q,u_k,H_j)=A(u_q,u_p,H_j)A(u_p,u_k,H_j)\tag{3-86}$$

由于 $E_k=\{<j_{l-1},j_l>,l=1,\cdots,N_k\}$，$j_0=k,j_{N_k}=N$，当 $<p,q>=<j_{N_k-1},j_{N_k}>$ 时，根据式（3-86）可得

$$A(u_N,u_k,H_j)=A(u_{j_{N_k}},u_{j_{N_k-1}},H_j)A(u_{j_{N_k-1}},u_k,H_j)$$

对上式重复使用式（3-86），可得

$$A(u_N,u_k,H_j)=\prod_{l=1}^{N_k}A(u_{j_l},u_{j_{l-1}},H_j)=\prod_{<p,q>\in E_k}A(u_q,u_p,H_j)$$

引理 3　对于任意的 $<p,q>\in E_k$ 如果 $A(u_N,u_q,H_j)\geqslant 0$ 则 $A(u_N,u_p,H_j)\geqslant 0$。

证明 该引理的证明方法与串行结构条件下引理3的证明相似，故予以省略。

根据引理1及引理3，容易证明$A(u_N,u_k,H_j)\geqslant 0(k=1,2,\cdots,N)$。这样，根据式（3-86），各节点的最优判决规则即可简化为似然比阈值判决。

定理3.8 假设融合系统中各节点的直接观测量相互独立，则使系统贝叶斯风险达到最小的各节点的最优判决规则为

$$\frac{f_{Y_k}(y_k|H_1)}{f_{Y_k}(y_k|H_0)}\underset{H_0}{\overset{H_1}{\gtrless}}\frac{C_F A(u_N,u_k,H_0)P(I_k|H_0)}{C_D A(u_N,u_k,H_1)P(I_k|H_1)}\quad(k=1,2,\cdots,N)\tag{3-87}$$

式中：

$$A(u_N,u_k,H_j)=P(u_N=1|u_k=1,H_j)-P(u_N=1|u_k=0,H_j)$$

证明 由于$A(u_N,u_k,H_j)\geqslant 0$，$C_F>0$，$C_D>0$，根据式（3-86）该定理立即得证。

定理3.8表明，在各节点观测独立的条件下，最优节点判决规则为似然比判决规则。事实上，该最优判决规则是在统一的节点观测结构下导出的。对于不同的节点观测结构，该最优判决规则具有不同的表达形式。对于叶节点k，由于其输入度为0，其间接观测量为虚拟观测，即$P(I_k|H_0)=P(I_k|H_1)$，因此式（3-87）可简化为

$$\frac{f_{Y_k}(y_k|H_1)}{f_{Y_k}(y_k|H_0)}\underset{H_0}{\overset{H_1}{\gtrless}}\frac{C_F A(u_N,u_k,H_0)}{C_D A(u_N,u_k,H_1)}\tag{3-88}$$

根据式（3-88）可以看出，叶节点的最优判决规则为一普通的似然比阈值判决（具有一个固定的判决阈值）。

同样地，对于不存在直接观测量的节点k，由于其直接观测为虚拟观测，即$f_{Y_k}(y_k|H_0)=f_{Y_k}(y_k|H_1)$，因此式（3-87）可简化为

$$\frac{P(I_k|H_1)}{P(I_k|H_0)}\underset{H_0}{\overset{H_1}{\gtrless}}\frac{C_F A(u_N,u_k,H_0)}{C_D A(u_N,u_k,H_1)}\tag{3-89}$$

显然，如果将I_k视为节点k的观测量，式（3-89）同样可视为一个具有固定阈值的似然比判决。

对于同时具有直接及间接观测量的节点k，其最优判决规则直接由式（3-74）给出。容易看出，这一最优判决规则是具有多个判决阈值的似然比判决。显

然，由于 I_k 由 $|A_k|$ 个节点 k 的直接前级节点的判决构成，且每个前级节点的判决可以有两个不同的取值（0 或 1），因此 I_k 可以有 $2^{|A_k|}$ 不同的取值。这样，为了求解其最优判决规则 γ_k 就需要确定 $2^{|A_k|}$ 个最优判决阈值。

对于叶节点及不具有直接观测量的节点 k，其最优判决规则可由一个最优判决阈值 T_k 确定。对于同时具有直接及间接观测量的节点 k，其最优判决规则就需要由一组最优判决阈值 $T_k(I_k)$ 确定。根据引理 2 及式（3-74）~式（3-76），当节点 k 为叶节点或不具有直接观测量时，其最优判决阈值应满足

$$T_k = \frac{C_F \prod\limits_{<p,q> \in E_k} A(u_q, u_p, H_0)}{C_D \prod\limits_{<p,q> \in E_k} A(u_q, u_p, H_1)} \tag{3-90}$$

当节点 k 同时具有直接及间接观测量时，其最优判决阈值应满足

$$T_k(I_k) = \frac{C_F P(I_k | H_0) \prod\limits_{<p,q> \in E_k} A(u_q, u_p, H_0)}{C_D P(I_k | H_1) \prod\limits_{<p,q> \in E_k} A(u_q, u_p, H_1)} \tag{3-91}$$

显然，为了使融合系统的检测性能达到最优，需要根据式（3-90）及式（3-91）联合求解各节点的最优判决阈值。由于各节点的最优判决阈值是相互耦合的，因此需要采用数值算法进行求解。下面给出一个求解最优节点判决阈值的数值迭代算法。为了简化算法描述的复杂度，这里假设各节点采用统一的节点观测模型。在具体编程实现时，对于叶节点或不具有直接观测量的节点 k，可采用式（3-90）对节点判决阈值进行迭代。

求解最优节点判决阈值的数值迭代算法可描述如下。

（1）任意选择一组初始判决阈值 $T_k^{(0)}(I_k)(k=1,2,\cdots,N)$，并计算相应的系统贝叶斯风险 $R_B^{(0)}$。设置循环变量 $n=1$，设置循环终止控制量 $\zeta>0$。

（2）对于节点 1，固定 $\{T_2^{(n-1)}(I_2),\cdots,T_N^{(n-1)}(I_N)\}$，并根据式（3-91），计算判决阈值 $T_1^{(n)}(I_1)$。以此类推，对于节点 $k(k=2,3,\cdots,N)$，固定 $\{T_1^{(n)}(I_1), T_2^{(n)}(I_2),\cdots,T_N^{(n-1)}(I_N)\}$ 并根据式（3-91），计算判决阈值 $T_k^{(n)}(I_k)$。

（3）计算 $\{T_1^{(n)}(I_1),T_2^{(n)}(I_2),\cdots,T_N^{(n-1)}(I_N)\}$ 对应的系统贝叶斯风险 $R_B^{(n)}$。如果 $R_B^{(n-1)}-R_B^{(n)}>\zeta$，则令 $n=n+1$ 并转至第（2）步继续循环，否则终止循环并认为 $\{T_1^{(n)}(I_1),T_2^{(n)}(I_2),\cdots,T_N^{(n-1)}(I_N)\}$ 就是各节点的最优判决阈值。

4）实例计算

例题 3.3　考虑一个由三个传感器构成的树形结构融合系统。假设各个传感器的观测相互独立。传感器 1 及传感器 2 分别根据其观测 y_1 及 y_2 独立进行

判决，并将其判决结果 u_1，u_2 传送至传感器 3。传感器 3 根据其观测 y_3 及前级传感器的判决 u_1、u_2 进行假设检验，并给出系统的最终判决 u_3。融合系统中各个传感器观测量的条件概率密度函数为高斯分布，系统性能的优化准则采用最小错误概率准则。各个传感器的最优判决阈值采用数值迭代算法进行求解。

令 $a_1=1.5$，$a_2=1.8$，$a_3=2.0$，则融合系统的 ROC 曲线如图 3-13 所示。融合系统的贝叶斯风险随先验概率 P_0 的变化关系如图 3-14 所示。图中，实线代表融合系统的检测性能，虚线则代表各个传感器采用贝叶斯判决规则时的检测性能。根据图 3-13 和图 3-14 可以看出，融合系统的检测性能比单个传感器的检测性能有明显提高。

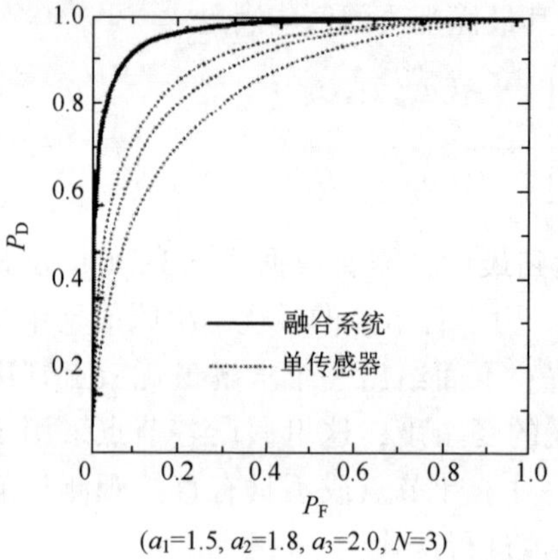

图 3-13　融合系统的 ROC 曲线

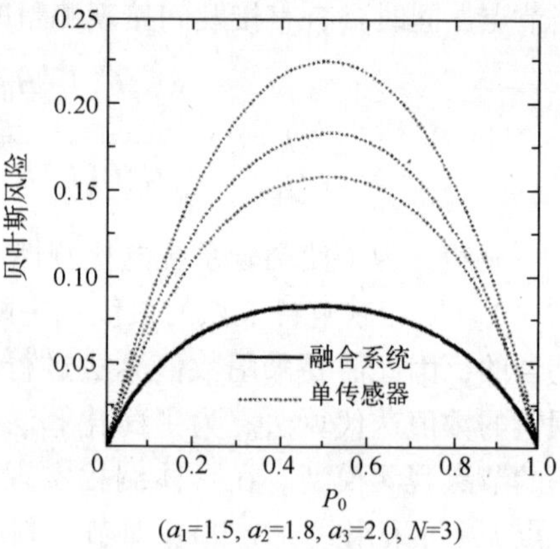

图 3-14　融合系统的贝叶斯风险

3.3.2　软决策

在实际应用中，提高融合系统检测能力的一个有效途径是采用软决策融合方法。在分布式检测融合系统中各个传感器仅向融合中心传送一个明确的二进制判决结果（硬决策），也可以是一个带有判决可信度信息的软决策。软决策融合系统的检测性能优于硬决策融合系统。

在前面研究的分布式检测融合系统中，各个传感器仅向融合中心传送一位二进制判决信息。但是，由于该判决信息仅相当于对传感器观测量的 1bit 量化，而且不能充分反映传感器的全部观测信息，限制了融合系统检测性能的进一步提高。

事实上，根据融合系统通信能力的差异，各个传感器可以向融合中心提供不同级别的观测信息。例如，当系统通信能力较差，或出于系统自身隐蔽性的要求，各个传感器可仅向融合中心提供一位二进制判决信息。相反，在系统通信能力较强且没有自身隐蔽性要求的情况下，各个传感器可将其观测数据全部传送至融合中心。各个传感器仅向融合中心传送一位二进制判决信息的融合系统称为分布式硬决策检测融合系统。与之相对应的是，各个传感器向融合中心传送其全部观测信息的融合系统，称为集中式融合系统。

在多数情况下，融合系统的通信能力虽然不能保证各个传感器可将其观测信息全部传送至融合中心，但是远大于各个传感器仅向融合中心传送一位二进制判决信息所需的通信能力。这样，为了尽可能提高融合系统的检测性能，一个合理的选择就是首先对各个传感器的观测量或检测统计量进行有限位量化，然后将该量化信息传送至融合中心进行融合。这种各个传感器均向融合中心传送有限位量化信息的融合系统称为分布式量化检测融合系统。在分布式量化检测融合系统中，各个传感器的量化位数可由具体融合系统的通信能力决定。

1. 分布式量化检测系统

本节研究采用并行系统结构的分布式贝叶斯量化检测系统。由于融合系统的检测性能由融合规则及各个传感器的量化规则共同决定，为了使系统性能达到最优，则需要联合设计最优融合规则及各个传感器的最优量化规则。

对于采用串行及树形系统结构的分布式量化检测融合系统，同样需要对各个传感器或节点的量化规则进行联合最优化。由于基本推导方法相似，故予以省略。

1）系统描述

设分布式并行量化检测融合系统由融合中心及 N 个传感器构成，如图 3-4 所示。各个传感器对其观测量 y_k 独立进行量化，并将量化结果 u_k 传送至融合中心。融合中心对各个传感器的量化结果进行融合，并形成系统的最终判决 u_0。表示融合 $u_0=0$ 表示融合系统判决 H_0 为真，$u_0=1$ 表示融合系统判决 H_1 为真。

假设第 k 个传感器向融合中心传送 m_k 位二进制量化信息，则该传感器的量化规则 y_k 可以表示为

$$u_k=\gamma_k(y_k)=\begin{cases} 0 & (y_k\in\Omega_k^{(0)}) \\ 1 & (y_k\in\Omega_k^{(1)}) \\ \vdots & \quad\vdots \\ M_k-1 & (y_k\in\Omega_k^{(M_k-1)}) \end{cases} \quad (M_k=2^{m_k},k=1,2,\cdots,N)$$

式中：$\Omega_k^{(0)},\Omega_k^{(1)},\cdots,\Omega_k^{(M_k-1)}$ 可以是第 k 个传感器观测空间的任意划分。记所有 N 个传感器的输出为 $u=(u_1,u_2,\cdots,u_N)$，则融合系统的检测及虚警概率可表示为

$$P_D^f=\sum_u P(u_0=1|u)P(u|H_1) \tag{3-92}$$

$$P_F^f=\sum_u P(u_0=1|u)P(u|H_0) \tag{3-93}$$

给定先验概率 P_0、P_1 及代价权因子 C_{ij} 根据式（3-92）及式（3-93），融合系统的贝叶斯风险可表示为

$$\begin{aligned} R_B &= C_F P_F^f - C_D P_D^f + C \\ &= C+\sum_u P(u_0=1|u)[C_F P(u|H_0)-C_D P(u|H_1)] \end{aligned} \tag{3-94}$$

式中：常数 C、C_F、C_D 的定义同式（3-32）。

融合系统的贝叶斯风险是由融合规则 $u_0=\gamma_0(u)$ 及各个传感器的量化规则 $u_k=\gamma_k(y_k)$ 共同决定的。分布式量化检测融合系统的性能优化问题，就是寻求一个最优的系统判决规则 $\gamma=\{\gamma_0,\gamma_1,\cdots,\gamma_N\}$，使融合系统的贝叶斯风险 $R_B(\gamma)$ 取得最小值。

2）最优分布式量化检测的必要条件

为了使分布式量化检测融合系统的性能达到最优，需要联合设计融合规则及各个传感器的量化规则。同样，这一联合优化问题可以分两步来完成：首先，在各个传感器量化规则固定的条件下，确定融合中心的最优融合规则。其次，在融合规则固定的条件下，确定各个传感器的最优量化规则。联合求解融合中心的最优融合规则及各个传感器的最优量化规则，就可获得使系统贝叶斯风险达到最小的最优系统判决规则。

首先考虑在各个传感器量化规则固定条件下的最优融合规则。根据式（3-94）容易证明，该最优融合规则为似然比阈值判决。

定理 3.9　假设各个传感器的量化规则已经确定，则使系统贝叶斯风险达到最小的最优融合规则为

$$\Lambda(u) \underset{H_0}{\overset{H_1}{\gtrless}} T \tag{3-95}$$

式中：$\Lambda(u)$ 为融合中心观测量的似然比，即 $\Lambda(u)=P(u|H_1)/P(u|H_0)$，$T=C_F/C_D$ 为判决阈值。

证明　与定理 3.1 的证明方法相同，故予以省略。

在融合规则固定的条件下，各个传感器的最优量化规则由下面的定理给出。

定理 3.10　假设融合规则固定，且传感器 k 向融合中心传送 m_k 位二进制量化信息，则使系统贝叶斯风险达到最小的各个传感器的最优量化规则可以表示为

$$u_k=\begin{cases} 0 & (C_k^0(y_k)=C_k(y_k)) \\ 1 & (C_k^1(y_k)=C_k(y_k)) \\ \vdots & \quad\vdots \\ M_k-1 & (C_k^{M_k-1}(y_k)=C_k(y_k)) \end{cases} \quad (k=1,2,\cdots,N) \tag{3-96}$$

式中：$M_k=2^{m_k}$；$C_k^m(y_k)=\sum\limits_{\tilde{u}_k}P(u_0=1|\tilde{u}_k,u_k=m)\{C_FP(\tilde{u}_k|y_k,H_0)f_{Y_k}(y_k|H_0)-C_DP(\tilde{u}_k|y_k,H_1)f_{Y_k}(y_k|H_1)\}$；$C_k(y_k)=\min\{C_k^0(y_k),C_k^1(y_k),\cdots,C_k^{M_k-1}(y_k)\}$；$\tilde{u}_k=(u_1,\cdots,u_{k-1},u_{k+1},\cdots,u_N)$。

证明　根据式（3-94），融合系统的贝叶斯风险可表示为

$$\begin{aligned} R_B&=C+\sum_u P(u_0=1|u)[C_FP(u|H_0)-C_DP(u|H_1)] \\ &=C+\sum_{m=0}^{M_k-1}\sum_{\tilde{u}_k}P(u_0=1|\tilde{u}_k,u_k=m)[C_FP(\tilde{u}_k,u_k=m|H_0)-C_DP(\tilde{u}_k, \\ &\quad u_k=m|H_1)] \end{aligned} \tag{3-97}$$

式中：$M_k=2^{m_k}$；$\tilde{u}_k=(u_1,\cdots,u_{k-1},u_{k+1},\cdots,u_N)$。又由于各个传感器对其观测量 y_k 独立进行量化，容易证明

$$P(\tilde{u}_k,u_k=m|H_j)=\int_{y_k}P(u_k=m|y_k)P(\tilde{u}_k|y_k,H_j)f_{Y_k}(y_k|H_j)\mathrm{d}y_k \tag{3-98}$$

将式（3-98）代入式（3-97），经简单整理可得

$$\begin{aligned} R_B&=C+\sum_{m=0}^{M_k-1}\sum_{\tilde{u}_k}P(u_0=1|\tilde{u}_k,u_k=m) \\ &\quad\int_{y_k}P(u_k=m|y_k)[C_FP(\tilde{u}_k|y_k,H_0)]f_{Y_k}(y_k|H_0)- \\ &\quad C_DP(\tilde{u}_k|y_k,H_1)f_{Y_k}(y_k|H_1)\mathrm{d}y_k \\ &=C+\int_{y_k}\sum_{m=0}^{M_k-1}P(u_k=m|y_k)\sum_{\tilde{u}_k}P(u_0=1|\tilde{u}_k,u_k=m) \\ &\quad\cdot[C_FP(\tilde{u}_k|y_k,H_0)f_{Y_k}(y_k|H_0)-C_DP(\tilde{u}_k|y_k,H_1)f_{Y_k}(y_k|H_1)]\mathrm{d}y_k \\ &=C+\int_{y_k}\sum_{m=0}^{M_k-1}P(u_k=m|y_k)C_k^m(y_k)\mathrm{d}y_k \end{aligned} \tag{3-99}$$

式中：

$$C_k^m(y_k) = \sum_{\widetilde{u}_k} P(u_0 = 1 | \widetilde{u}_k, u_k = m) \{ C_F P(\widetilde{u}_k | y_k, H_0) f_{Y_k}(y_k | H_0) - C_D P(\widetilde{u}_k | y_k, H_1) f_{Y_k}(y_k | H_1) \}$$

显然，由于 C 为常数，为了使式（3-99）取得最小值，条件概率 $P(u_k=m|y_k)$ 应该满足

$$P(u_k=m|y_k)=\begin{cases}1 & (C_k^m(y_k)=\min\{C_k^0(y_k),C_k^1(y_k),\cdots,C_k^{M_k-1}(y_k)\})\\ 0 & (C_k^m(y_k)\neq\min\{C_k^0(y_k),C_k^1(y_k),\cdots,C_k^{M_k-1}(y_k)\})\end{cases}$$

$$(m=0,1,\cdots,M_k-1)$$

记 $C_k(y_k)=\min\{C_k^0(y_k),C_k^1(y_k),\cdots,C_k^{M_k-1}(y_k)\}$，则根据上式可得与其等价的最优量化规则为

$$u_k=\begin{cases}0 & (C_k^0(y_k)=C_k(y_k))\\ 1 & (C_k^1(y_k)=C_k(y_k))\\ \vdots & \vdots \\ M_k-1 & (C_k^{M_k-1}(y_k)=C_k(y_k))\end{cases}\quad (k=1,2,\cdots,N)$$

定理 3.9 及定理 3.10 给出了最优分布式量化检测的必要条件。为了使系统性能达到最优，需要根据定理 3.9 及定理 3.10 联合求解最优融合规则及各个传感器的最优量化规则。

3）传感器观测独立条件下的最优分布式量化检测

对于分布式量化检测融合系统，同样可以给出融合规则单调性的定义。

定义 3.2 给定融合规则，如果对于任意一个传感器 $k(1\leqslant k\leqslant N)$，以及传感器输出 m，$l(0\leqslant l\leqslant m\leqslant M_k-1)$，该融合规则均满足

$$P(u_0=1|\widetilde{u}_k,u_k=m)-P(u_0=1|\widetilde{u}_k,u_k=l)\geqslant 0$$

则称该融合规则是单调的。

在各个传感器观测独立的条件下，可以证明由定理 3.9 给出的最优融合规则是单调的。这样，为了使系统检测性能达到最优，就仅需考虑单调的融合规则。在融合规则单调的条件下，最优传感器量化规则就可简化为简单的似然比量化规则。

定理 3.11 假设融合系统中各个传感器的观测量相互独立，则对于任意给定的单调融合规则，使系统检测性能达到最优的各个传感器的量化规则可表示为

$$u_k=\begin{cases}0 & (T_{k,0}\leqslant\Lambda_k(y_k)<T_{k,1})\\1 & (T_{k,1}\leqslant\Lambda_k(y_k)<T_{k,2})\\ \vdots & \vdots\\M_k-1 & (T_{k,M_k-1}\leqslant\Lambda_k(y_k)<T_{k,M_k})\end{cases}\quad(k=1,2,\cdots,N)\tag{3-100}$$

式中：$\Lambda_k(y_k)$为单个传感器观测量的似然比，即$\Lambda_k(y_k)=f_{Y_k}(y_k|H_1)/f_{Y_k}(y_k|H_0)$。

$$M_k=2^{m_k},T_{k,0}=0,T_{k,M_k}=\infty$$

$$T_{k,m}=\frac{C_F\sum\limits_{\tilde{u}_k}A(\tilde{u}_k,m,m-1)P(\tilde{u}_k|H_0)}{C_D\sum\limits_{\tilde{u}_k}A(\tilde{u}_k,m,m-1)P(\tilde{u}_k|H_1)}\quad(m=1,2,\cdots,M_k-1)\tag{3-101}$$

$$A(\tilde{u}_k,m,m-1)=P(u_0=1|\tilde{u}_k,u_k=m)-P(u_0=1|\tilde{u}_k,u_k=m-1)$$

$$\tilde{u}_k=(u_1,\cdots,u_{k-1},u_{k+1},\cdots,u_N)$$

证明 在各个传感器观测独立的条件下，易知

$$P(\tilde{u}_k|y_k,H_j)=P(\tilde{u}_k|H_j)\quad(j=0,1;k=1,2,\cdots,N)$$

这样，根据定理 3.10，各个传感器的最优量化规则就可以表示为

$$u_k=\begin{cases}0 & (y_k\in\Omega_k^{(0)})\\1 & (y_k\in\Omega_k^{(1)})\\ \vdots & \vdots\\M_k-1 & (y_k\in\Omega_k^{(M_k-1)})\end{cases}\quad(k=1,2,\cdots,N)\tag{3-102}$$

式中：

$$\Omega_k^{(m)}=\{y_k:C_k^m(y_k)=\min\{C_k^0(y_k),C_k^1(y_k),\cdots,C_k^{M_k-1}(y_k)\}\}\tag{3-103}$$

$$C_k^m(y_k)=\sum_{\tilde{u}_k}P(u_0=1|\tilde{u}_k,u_k=m)\{C_FP(\tilde{u}_k|H_0)f_{Y_k}(y_k|H_0)-C_DP(\tilde{u}_k|H_1)f_{Y_k}(y_k|H_1)\}\tag{3-104}$$

容易证明，式（3-102）对传感器观测空间的划分是一个似然比划分。首先，当$y_k\in\Omega_k^{(m)}$时，$1\leqslant m\leqslant M_k-2$，根据式（3-103）易得

$$C_k^{m-1}(y_k)\geqslant C_k^m(y_k)\tag{3-105}$$

$$C_k^m(y_k)\leqslant C_k^{m+1}(y_k)\tag{3-106}$$

将式（3-104）代入式（3-105），则有

$$\sum_{\tilde{u}_k}P(u_0=1|\tilde{u}_k,u_k=m-1)[C_FP(\tilde{u}_k|H_0)f_{Y_k}(y_k|H_0)-C_DP(\tilde{u}_k|H_1)f_{Y_k}(y_k|H_1)]\geqslant$$
$$\sum_{\tilde{u}_k}P(u_0=1|\tilde{u}_k,u_k=m)[C_FP(\tilde{u}_k|H_0)f_{Y_k}(y_k|H_0)-C_DP(\tilde{u}_k|H_1)f_{Y_k}(y_k|H_1)]$$

对上式进行简单整理，可得

$$
\begin{aligned}
& f_{Y_k}(y_k \mid H_1) \sum_{\tilde{u}_k} C_D A(\tilde{u}_k, m, m-1) P(\tilde{u}_k \mid H_1) \\
& \geqslant f_{Y_k}(y_k \mid H_0) \sum_{\tilde{u}_k} C_F A(\tilde{u}_k, m, m-1) P(\tilde{u}_k \mid H_0)
\end{aligned} \tag{3-107}
$$

式中：$A(\tilde{u}_k,m,m-1)=P(u_0=1\mid\tilde{u}_k,u_k=m)-P(u_0=1\mid\tilde{u}_k,u_k=m-1)$。根据融合规则的单调性，易知 $A(\tilde{u}_k,m,m-1)\geqslant 0$。这样根据式（3-107）可得

$$
\frac{f_{Y_k}(y_k \mid H_1)}{f_{Y_k}(y_k \mid H_0)} \geqslant \frac{C_F \sum_{\tilde{u}_k} A(\tilde{u}_k, m, m-1) P(\tilde{u}_k \mid H_0)}{C_D \sum_{\tilde{u}_k} A(\tilde{u}_k, m, m-1) P(\tilde{u}_k \mid H_1)} \tag{3-108}
$$

同样，将式（3-104）代入式（3-106），并经简单整理，可得 $f_{Y_k}(y_k\mid H_1)\sum_{\tilde{u}_k} C_D A(\tilde{u}_k, m+1,m)P(\tilde{u}_k\mid H_1)\leqslant f_{Y_k}(y_k\mid H_0)\sum_{\tilde{u}_k} C_F A(\tilde{u}_k,m+1,m)P(\tilde{u}_k\mid H_0)$。由于融合规则是单调的，易知 $A(\tilde{u}_k,m+1,m)\geqslant 0$。故根据上式可得

$$
\frac{f_{Y_k}(y_k \mid H_1)}{f_{Y_k}(y_k \mid H_0)} \leqslant \frac{C_F \sum_{\tilde{u}_k} A(\tilde{u}_k, m+1, m) P(\tilde{u}_k \mid H_0)}{C_D \sum_{\tilde{u}_k} A(\tilde{u}_k, m+1, m) P(\tilde{u}_k \mid H_1)} \tag{3-109}
$$

这样，当 $y_k\in\Omega_k^{(m)}$ 时，$1\leqslant m\leqslant M_k-2$，根据式（3-108）及式（3-109）可得

$$
\frac{C_F \sum_{\tilde{u}_k} A(\tilde{u}_k, m, m-1) P(\tilde{u}_k \mid H_0)}{C_D \sum_{\tilde{u}_k} A(\tilde{u}_k, m, m-1) P(\tilde{u}_k \mid H_1)} \leqslant \frac{f_{Y_k}(y_k \mid H_1)}{f_{Y_k}(y_k \mid H_0)} \leqslant \frac{C_F \sum_{\tilde{u}_k} A(\tilde{u}_k, m+1, m) P(\tilde{u}_k \mid H_0)}{C_D \sum_{\tilde{u}_k} A(\tilde{u}_k, m+1, m) P(\tilde{u}_k \mid H_1)} \tag{3-110}
$$

采用同样方法，当 $y_k\in\Omega_k^{(0)}$ 时，可以证明

$$
\frac{f_{Y_k}(y_k \mid H_1)}{f_{Y_k}(y_k \mid H_0)} \leqslant \frac{C_F \sum_{\tilde{u}_k} A(\tilde{u}_k, 1, 0) P(\tilde{u}_k \mid H_0)}{C_D \sum_{\tilde{u}_k} A(\tilde{u}_k, 1, 0) P(\tilde{u}_k \mid H_1)} \tag{3-111}
$$

当 $y_k\in\Omega_k^{(M_k-1)}$ 时，可以证明

$$
\frac{f_{Y_k}(y_k \mid H_1)}{f_{Y_k}(y_k \mid H_0)} \geqslant \frac{C_F \sum_{\tilde{u}_k} A(\tilde{u}_k, M_k-1, M_k-2) P(\tilde{u}_k \mid H_0)}{C_D \sum_{\tilde{u}_k} A(\tilde{u}_k, M_k-1, M_k-2) P(\tilde{u}_k \mid H_1)} \tag{3-112}
$$

令 $T_{k,0}=0$，$T_{k,M_k}=\infty$，

$$T_{k,m}=\frac{C_F\sum\limits_{\tilde{u}_k}A(\tilde{u}_k,m,m-1)P(\tilde{u}_k\mid H_0)}{C_D\sum\limits_{\tilde{u}_k}A(\tilde{u}_k,m,m-1)P(\tilde{u}_k\mid H_1)}\quad(k=1,2,\cdots,N;1\leqslant m\leqslant M_k-1)$$

则根据式（3-110）~式（3-112），由式（3-102）给出的最优量化规则可表示为

$$u_k=\begin{cases}0 & (T_{k,0}\leqslant\Lambda_k(y_k)<T_{k,1})\\ 1 & (T_{k,1}\leqslant\Lambda_k(y_k)<T_{k,2})\\ \vdots & \quad\vdots\\ M_k-1 & (T_{k,M_k-1}\leqslant\Lambda_k(y_k)<T_{k,M_k})\end{cases}\quad(k=1,2,\cdots,N)$$

式中：$\Lambda_k(y_k)=f_{Y_k}(y_k\mid H_1)/f_{Y_k}(y_k\mid H_0)$。

定理 3.11 表明，在融合规则单调且各个传感器观测独立的条件下，最优量化规则为似然比量化规则。这样，为了使量化检测融合系统的检测性能达到最优，就仅需根据定理 3.9 及定理 3.11 联合求解最优融合规则及各个传感器的最优量化阈值。由于最优融合规则及最优量化阈值是耦合的，因此需要采用数值方法进行求解。

求解最优融合规则及最优量化阈值的数值迭代算法可以描述如下。

（1）任意选择一个初始融合规则 $f^{(0)}$ 及各个传感器的初始量化阈值 $T_{k,m}^{(0)}(k=1,2,\cdots,N,m=0,1,2,\cdots,M_k)$，且满足 $T_{k,0}^{(0)}=0,T_{k,M_k}^{(0)}=\infty,T_{k,0}^{(0)}\leqslant T_{k,1}^{(0)}\leqslant\cdots\leqslant T_{k,M_k}^{(0)}$。计算 $\{f^{(0)},\{T_{1,m}^{(0)}\}_{m=0}^{M_1},\{T_{2,m}^{(0)}\}_{m=0}^{M_2},\cdots,\{T_{N,m}^{(0)}\}_{m=0}^{M_N}\}$ 对应的系统贝叶斯风险 $R_B^{(0)}$。设置循环变量 $n=1$，设置循环终止控制量 $\xi>0$。

（2）固定 $\{\{T_{1,m}^{(n-1)}\}_{m=0}^{M_1},\{T_{2,m}^{(n-1)}\}_{m=0}^{M_2},\cdots,\{T_{N,m}^{(n-1)}\}_{m=0}^{M_N}\}$，根据式（3-95）求解融合规则 $f^{(n)}$。

（3）对于第 1 个传感器，固定 $\{f^{(n)},\{T_{2,m}^{(n-1)}\}_{m=0}^{M_2},\cdots,\{T_{N,m}^{(n-1)}\}_{m=0}^{M_N}\}$，并根据式（3-101）计算 $T_{1,m}^{(n)}(m=1,2,\cdots,M_1-1)$。以此类推，对于第 $k(k=2,3,\cdots,N)$ 个传感器，固定 $\{f^{(n)},\{T_{1,m}^{(n)}\}_{m=0}^{M_1},\cdots,\{T_{N,m}^{(n)}\}_{m=0}^{M_N}\}$，并根据式（3-101）计算量化阈值 $T_{k,m}^{(n)}(m=1,2,\cdots,M_k-1)$。

（4）计算 $\{f^{(n)},\{T_{1,m}^{(n)}\}_{m=0}^{M_1},\cdots,\{T_{N,m}^{(n)}\}_{m=0}^{M_N}\}$ 对应的系统贝叶斯风险 $R_B^{(n)}$。如果 $R_B^{(n-1)}-R_B^{(n)}>\xi$，则令 $n=n+1$，并转第（2）步继续循环，否则终止循环，并认为 $\{f^{(n)},\{T_{1,m}^{(n)}\}_{m=0}^{M_1},\cdots,\{T_{N,m}^{(n)}\}_{m=0}^{M_N}\}$ 即最优融合规则及各个传感器的最优量化阈值。

4）实例计算

例题 3.4　考虑一个简单的双传感器量化检测融合系统。假设各个传感器的观测量相互独立且服从高斯分布。融合系统的性能优化准则采用最小错误

概率准则，最优传感器量化阈值采用数值迭代算法进行求解。

假设各个传感器均向融合中心传送两位二进制量化信息，即 $m_k=2$，$M_k=4$，$k=1$，2。$a_1=2.0$，$a_2=1.8$，则最优量化检测系统的 ROC 曲线如图 3-15 所示。融合系统的贝叶斯风险随先验概率 P_0 的变化关系如图 3-16 所示。图中，实线代表融合系统的检测性能，虚线则代表各个传感器采用贝叶斯判决规则时的检测性能。根据图 3-15 及图 3-16，可以看出，融合系统的检测性能比单个传感器的检测性能有明显提高。

最优量化检测系统与最优硬决策检测系统的性能对比如图 3-17 及图 3-18 所示。最优量化检测系统与集中式融合系统的性能对比如图 3-19 及图 3-20 所示。由图 3-17~图 3-20 可以看出，最优量化检测系统的性能明显优于最优硬决策检测系统，且接近集中式融合系统的检测性能。

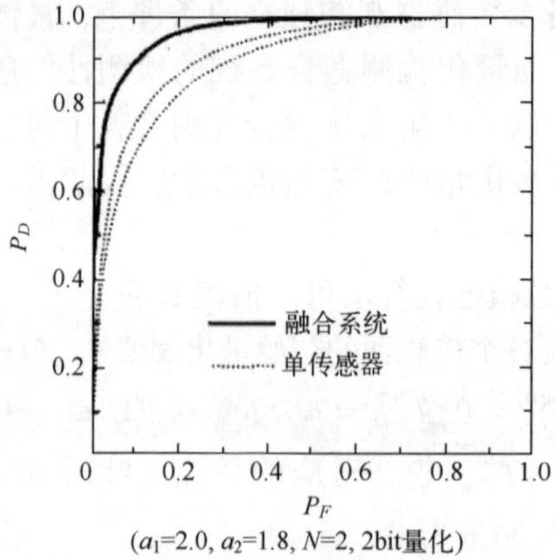

图 3-15　量化检测融合系统的 ROC 曲线

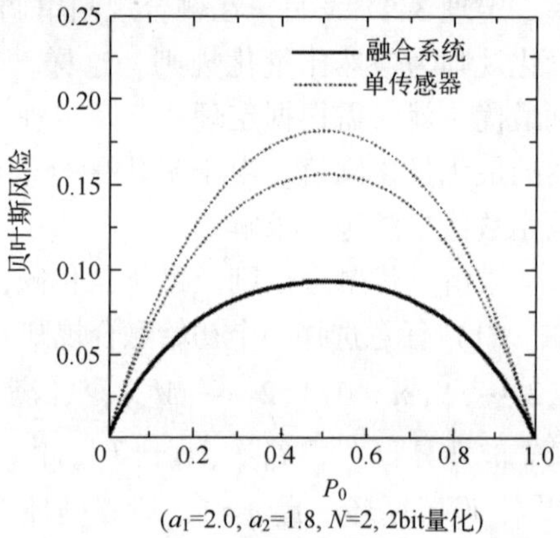

图 3-16　量化检测融合系统的贝叶斯风险

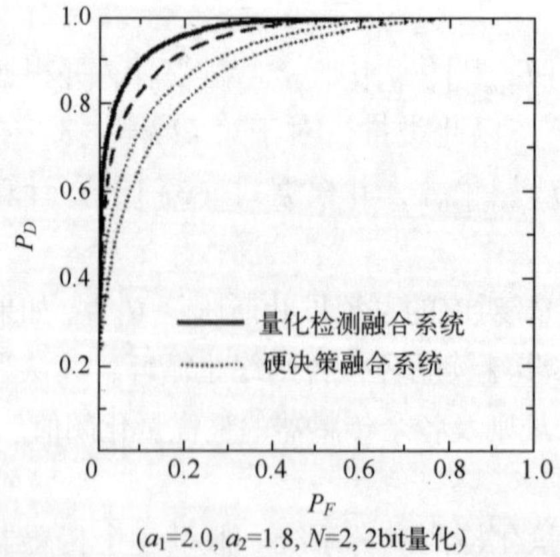

图 3-17　量化与硬决策融合系统的 ROC 曲线

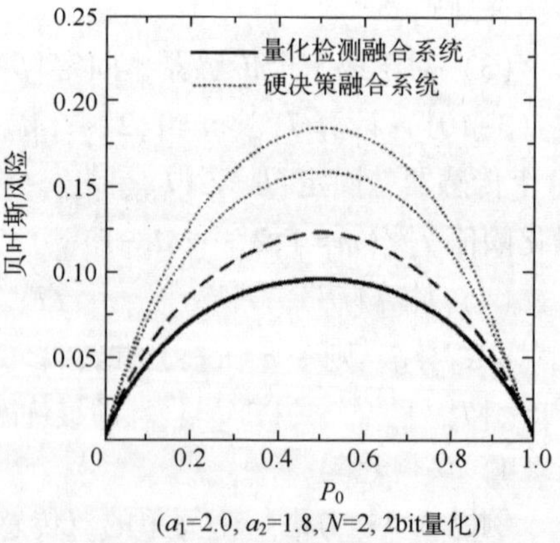

图 3-18　量化与硬决策系统的贝叶斯风险

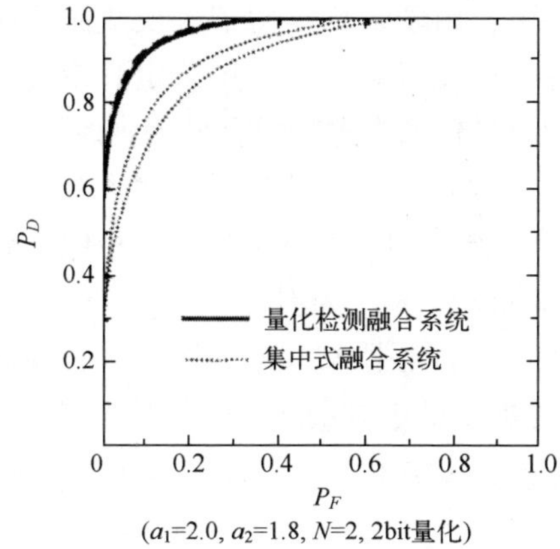

图 3-19　量化与集中式融合系统的 ROC 曲线

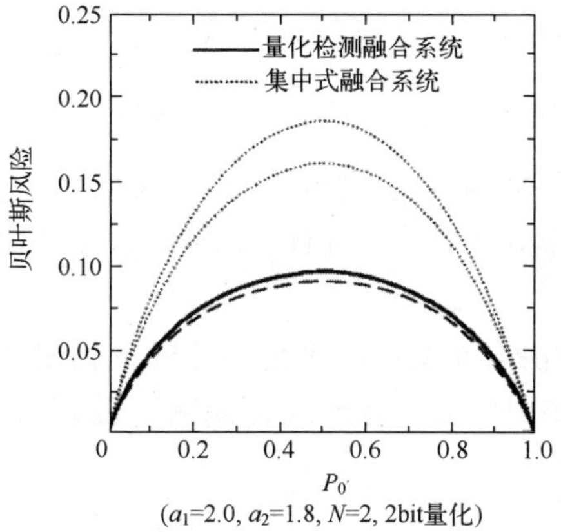

图 3-20　量化与集中式系统的贝叶斯风险

2. 分布式 N-P 检测融合系统

在前面几节研究的分布式检测融合系统中，系统性能的优化准则为最小风险准则。采用最小风险准则对系统性能进行优化，需要首先确定先验概率及代价权因子。但是，在许多重要应用领域，先验概率及代价权因子很难确定。在这种情况下，一个可行的选择就是采用 Neyman-Pearson（N-P）准则。

本节研究并行结构条件下的分布式 N-P 检测融合系统。由于分布式硬决策检测系统可以视为分布式量化检测系统的一个特例，因此本节直接推导量化检测系统的最优系统判决规则。在各个传感器观测独立的条件下，前面所得关于贝叶斯检测系统的结论，很容易推广到分布式 N-P 检测系统。在各个传感器观测相关的条件下，由于最优传感器判决规则不再是简单的似然比判决，本节给出一种次优的检测融合方法，即限定各个传感器均采用似然比量化规则，并对融合规则及量化阈值进行联合最优化。

在串行及树形系统结构条件下，贝叶斯检测融合系统的相关结论同样可以推广到 N-P 检测融合系统。由于基本推导方法相似，故这里予以省略。

1）最优分布式量化检测的必要条件

考虑由融合中心及 N 个传感器构成的分布式并行量化检测融合系统。假设传感器 k 输出 m_k 位二进制量化信息。对于分布式 N-P 检测系统而言，系统性能的优化准则为，在给定虚警概率 $P_F^f=\alpha$ 的条件下，使系统检测概率 P_D^f 取得最大值。采用拉格朗日方法，这一带有约束条件的优化问题可以描述为，在 $P_F^f=\alpha$ 的条件下使目标函数 F 取得最大值：

$$F=P_D^f-\lambda(P_F^f-\alpha) \tag{3-113}$$

将式（3-92）、式（3-93）代入式（3-113），则目标函数 F 可进一步表示为

$$F=\sum_u P(u_0=1|u)[P(u|H_1)-\lambda P(u|H_0)]+\alpha\lambda \tag{3-114}$$

显然，融合系统的检测性能由融合规则 γ_0 及各个传感器的量化规则 γ_k 共同决定。为了使系统检测性能达到最优，需要联合设计融合规则 γ_0 及量化规则 $\gamma_k(k=1,2,\cdots,N)$。

定理 3.12　假设融合系统中各个传感器的量化规则已经确定，则对于任意给定的虚警概率 $P_F^f=\alpha$，使系统检测概率取得最大值的最优融合规则为

$$P(u_0=1|u)=\begin{cases}1 & (\Lambda(u)>\lambda)\\ r & (\Lambda(u)=\lambda)\\ 0 & (\Lambda(u)<\lambda)\end{cases} \tag{3-115}$$

式中：$\Lambda(u)=P(u|H_1)/P(u|H_0)$；融合中心的判决阈值 λ 及随机化因子 r 由虚警概率 α 确定，即

$$\sum_{\Lambda(u)>\lambda} P(u|H_0)+r\sum_{\Lambda(u)=\lambda} P(u|H_0)=\alpha \tag{3-116}$$

证明　根据式（3-114），目标函数可表示为

$$F=\sum_u P(u_0=1|u)\{\Lambda(u)-\lambda\}/P(u|H_0)+\alpha\lambda$$

式中：$\Lambda(u)=P(u|H_1)/P(u|H_0)$。由于各个传感器的量化规则已经确定，对于任意给定的虚警概率 α 及判决阈值 λ，为了使目标函数 F 取得最大值，最优融合规则应该满足

$$P(u_0=1|u)=\begin{cases}1 & (\Lambda(u)>\lambda)\\ r & (\Lambda(u)=\lambda)\\ 0 & (\Lambda(u)<\lambda)\end{cases}$$

式中：r 为随机化因子，$r\in[0,1]$。又根据上式及（3-93）易得

$$P_F^f=\sum_{\Lambda(u)>\lambda}P(u|H_0)+r\sum_{\Lambda(u)=\lambda}P(u|H_0)$$

这样，给定虚警概率 $P_F^f=\alpha$，判决阈值 λ 及随机化因子 r 就必须满足式（3-116）。

定理 3.13　假设融合规则固定，且传感器向融合中心传送 m_k 位二进制量化信息，则对于任意给定的系统虚警概率 $\alpha(0<\alpha<1)$，使系统检测概率取得最大值的各个传感器的最优量化规则为

$$u_k=\begin{cases}0 & (C_k^0(y_k)=C_k(y_k))\\ 1 & (C_k^1(y_k)=C_k(y_k))\\ \vdots & \vdots\\ M_k-1 & (C_k^{M_k-1}(y_k)=C_k(y_k))\end{cases}\quad (k=1,2,\cdots,N)\tag{3-117}$$

式中：$M_k=2^{m_k}$；$C_k^m(y_k)=\sum\limits_{\widetilde{u}_k}P(u_0=1|\widetilde{u}_k,u_k=m)\{P(\widetilde{u}_k|y_k,H_1)f_{Y_k}(y_k|H_1)-\lambda P(\widetilde{u}_k|y_k,H_0)f_{Y_k}(y_k|H_0)\}$；$C_k(y_k)=\max\{C_k^0(y_k),C_k^1(y_k),\cdots,C_k^{M_k-1}(y_k)\}$；$\widetilde{u}_k=(u_1,\cdots,u_{k-1},u_{k+1},\cdots,u_N)$；$\lambda$ 的取值应该满足 $P_F^f=\alpha$。

证明　令 $\widetilde{u}_k=(u_1,u_2,\cdots,u_{k-1},u_{k+1},\cdots,u_N)$，则根据式（3-114）目标函数可表示为

$$F=\alpha\lambda+\sum_{m=0}^{M_k-1}\sum_{\widetilde{u}_k}P(u_0=1|\widetilde{u}_k,u_k=m)[P(\widetilde{u}_k,u_k=m|H_1)-\lambda P(\widetilde{u}_k,u_k=m|H_0)\tag{3-118}$$

式中：$M_k=2^{m_k}$。又由于各个传感器对其观测量 y_k 独立进行量化，容易证明

$$P(\widetilde{u}_k,u_k=m|H_j)=\int_{y_k}P(u_k=m|y_k)P(\widetilde{u}_k|y_k,H_j)f_{Y_k}(y_k|H_j)\mathrm{d}y_k$$

将上式代入式（3-118），并经简单整理可得

$$F=\alpha\lambda+\int_{y_k}\sum_{m=0}^{M_k-1}P(u_k=m|y_k)C_k^m(y_k)\mathrm{d}y_k\tag{3-119}$$

式中：

$$C_k^m(y_k)=\sum_{\widetilde{u}_k}P(u_0=1|\widetilde{u}_k,u_k=m)\{P(\widetilde{u}_k|y_k,H_1)f_{Y_k}(y_k|H_1)-\lambda P(\widetilde{u}_k|y_k,H_0)f_{Y_k}(y_k|H_0)\}$$

容易看出，由于 $\alpha\lambda$ 的取值与量化规则 γ_k 无关，故为了使式（3-119）取得最大值，条件概率 $P(u_k=m|y_k)$ 应该满足

$$P(u_k=m|y_k)=\begin{cases}1 & (C_k^m(y_k)=\max\{C_k^0(y_k),\cdots,C_k^{M_k-1}(y_k)\}) \\ 0 & (C_k^m(y_k)\neq\max\{C_k^0(y_k),\cdots,C_k^{M_k-1}(y_k)\})\end{cases}\quad (m=0,1,\cdots,M_k-1)$$

记 $C_k(y_k)=\max\{C_k^0(y_k),\cdots,C_k^{M_k-1}(y_k)\}$，则根据该条件概率，可得与其等价的最优量化规则式（3-117）。又根据式（3-113）可知

$$F=P_D^f-\lambda(P_F^f-\alpha)$$

这样，通过选择 λ 的取值使之满足 $P_F^f=\alpha$，则由式（3-117）给出的最优量化规则就可保证在 $P_F^f=\alpha$ 的条件下使检测概率 P_D^f 取得最大值。

定理 3.12 及定理 3.13 给出了融合系统检测性能达到最优的必要条件。为了获得最优系统检测性能，需要根据定理 3.12 及定理 3.13 联合求解最优融合规则及 N 个传感器的最优量化规则。根据定理 3.13 可以看出，由于最优量化规则不是似然比量化规则，最优系统判决规则很难求解。

2）传感器观测独立条件下的最优分布式检测

在各个传感器观测独立的条件下，可以证明由定理 3.12 给出的最优融合规则是单调的。这样，为了使系统检测性能达到最优，就只需考虑单调的融合规则。在融合规则单调的条件下，最优传感器量化规则就可简化为简单的似然比量化规则。

定理 3.14　假设融合系统中各个传感器的观测相互独立，且融合中心采用一给定的单调融合规则，则对于任意给定的虚警概率 $\alpha(0<\alpha<1)$，使系统检测概率达到最大的各个传感器的最优量化规则为

$$u_k=\begin{cases}0 & (T_{k,0}\leqslant\Lambda_k(y_k)<T_{k,1}) \\ 1 & (T_{k,1}\leqslant\Lambda_k(y_k)<T_{k,2}) \\ \vdots & \vdots \\ M_k-1 & (T_{k,M_k-1}\leqslant\Lambda_k(y_k)<T_{k,M_k})\end{cases}\quad (k=1,2,\cdots,N)$$

式中：$\Lambda_k(y_k)=f_{Y_k}(y_k|H_1)/f_{Y_k}(y_k|H_0)$；$M_k=2^{m_k}$；$T_{k,0}=0$；$T_{k,M_k}=\infty$。其中：

$$T_{k,m}=\lambda\frac{\sum\limits_{\tilde{u}_k}A(\tilde{u}_k,m,m-1)P(\tilde{u}_k|H_0)}{\sum\limits_{\tilde{u}_k}A(\tilde{u}_k,m,m-1)P(\tilde{u}_k|H_1)}\quad (m=1,2,\cdots,M_k-1)$$

(3-120)

式中：

$$A(\tilde{u}_k,m,m-1)=P(u_0=1|\tilde{u}_k,u_k=m)-P(u_0=1|\tilde{u}_k,u_k=m-1)$$

$$\widetilde{u}_k=(u_1,\cdots,u_{k-1},u_{k+1},\cdots,u_N)$$

且 λ 的取值需要满足

$$P_F^f=\alpha \tag{3-121}$$

证明　该定理的证明与定理 3.11 相似，故予以省略。

定理 3.14 表明，在融合规则单调且各个传感器观测独立的条件下，最优量化规则为似然比量化规则。这样，根据定理 3.12 和定理 3.14 联合求解最优融合规则及最优传感器量化阈值，就可获得全局最优化系统判决规则。由于最优融合规则与最优量化阈值是耦合的，需要采用数值迭代算法进行求解。

3）传感器观测相关条件下的次优分布式检测

根据定理 3.13 可以看出，在各个传感器观测相关的条件下，最优量化规则不是似然比量化规则，因此即使采用数值迭代方法也很难求解。这样，在传感器观测相关的条件下，就需要考虑一些次优的检测方法。其中，一个可行的次优检测方法是，限定传感器量化规则为似然比量化规则，并对融合规则及各个传感器的量化阈值进行联合最优化。

定理 3.15　假设融合规则已经确定，且各个传感器向融合中心传送 m_k 位二进制量化信息。又假设各个传感器均采用似然比量化规则，即

$$u_k=\begin{cases}0 & (T_{k,0}\leqslant\Lambda_k(y_k)<T_{k,1})\\ 1 & (T_{k,1}\leqslant\Lambda_k(y_k)<T_{k,2})\\ \vdots & \quad\vdots\\ M_k-1 & (T_{k,M_k-1}\leqslant\Lambda_k(y_k)<T_{k,M_k})\end{cases}\quad(k=1,2,\cdots,N) \tag{3-122}$$

式中：$\Lambda_k(y_k)=f_{Y_k}(y_k|H_1)/f_{Y_k}(y_k|H_0)$；$M_k=2^{m_k}$；$T_{k,0}=0$；$T_{k,M_k}=\infty$；则对于任意给定的虚警概率 $\alpha(0<\alpha<1)$，为了使系统检测概率达到最大，各个传感器的最优量化阈值 $T_{k,m}$ 由式（3-123）给出：

$$T_{k,m}=\lambda\frac{\sum_{\widetilde{u}_k}A(\widetilde{u}_k,m,m-1)P(\widetilde{u}_k|T_{k,m},H_0)}{\sum_{\widetilde{u}_k}A(\widetilde{u}_k,m,m-1)P(\widetilde{u}_k|T_{k,m},H_1)}\quad(m=1,2,\cdots,M_k-1) \tag{3-123}$$

式中：

$$A(\widetilde{u}_k,m,m-1)=P(u_0=1|\widetilde{u}_k,u_k=m)-P(u_0=1|\widetilde{u}_k,u_k=m-1)$$
$$\widetilde{u}_k=(u_1,\cdots,u_{k-1},u_{k+1},\cdots,u_N)$$

且 λ 的取值需要满足

$$P_F^f=\alpha \tag{3-124}$$

证明 对于任意给定的判决矢量 $\boldsymbol{u}$，由于融合规则已经确定，故 $P(u_0=1|\boldsymbol{u})$ 为常数。这样，根据式（3-114），目标函数 F 关于量化阈值 $T_{k,m}$ 的偏导数可表示为

$$\frac{\partial F}{\partial T_{k,m}}=\sum_{u}P(u_0=1|\boldsymbol{u})\left[\frac{\partial P(\boldsymbol{u}|H_1)}{\partial T_{k,m}}-\lambda\frac{\partial P(\boldsymbol{u}|H_0)}{\partial T_{k,m}}\right]$$

令 $\tilde{u}_k=(u_1,\cdots,u_{k-1},u_{k+1},\cdots,u_N)$，则上式可进一步表示为

$$\frac{\partial F}{\partial T_{k,m}}=\sum_{i=0}^{M_k-1}\sum_{\tilde{u}_k}P(u_0=1|\tilde{u}_k,u_k=i)\left[\frac{\partial P(\tilde{u}_k,u_k=i|H_1)}{\partial T_{k,m}}-\lambda\frac{\partial P(\tilde{u}_k,u_k=i|H_0)}{\partial T_{k,m}}\right] \tag{3-125}$$

由于各个传感器均采用似然比量化规则，容易证明

$$P(\tilde{u}_k,u_k=i|H_j)=\int_{T_{k,i}}^{T_{k,i+1}}P(\tilde{u}_k|\eta_k,H_j)f_{\Lambda_k}(\eta_k|H_j)\mathrm{d}\eta_k$$

式中：$f_{\Lambda_k}(\eta_k|H_j)$ 为 $\Lambda_k(y_k)$ 的条件概率密度函数。根据上式易得

$$\frac{\partial P(\tilde{u}_k,u_k=i|H_j)}{\partial T_{k,m}}=\begin{cases}P(\tilde{u}_k|T_{k,m},H_j)f_{\Lambda_k}(T_{k,m}|H_j) & (i=m-1)\\-P(\tilde{u}_k|T_{k,m},H_j)f_{\Lambda_k}(T_{k,m}|H_j) & (i=m,j=0,1)\\0 & (i\neq m-1,m)\end{cases} \tag{3-126}$$

将式（3-126）代入式（3-125），并进行简单整理，可得

$$\frac{\partial F}{\partial T_{k,m}}=-\sum_{\tilde{u}_k}A(\tilde{u}_k,m,m-1)[P(\tilde{u}_k|T_{k,m},H_1)f_{\Lambda_k}(T_{k,m}|H_1)-\lambda P(\tilde{u}_k|T_{k,m},H_0)f_{\Lambda_k}(T_{k,m}|H_0)] \tag{3-127}$$

式中：

$$A(\tilde{u}_k,m,m-1)=P(u_0=1|\tilde{u}_k,u_k=m)-P(u_0=1|\tilde{u}_k,u_k=m-1)$$

设 $\{T_{k,1},T_{k,2},\cdots,T_{k,M_k-1}\}_{k=1}^{N}$ 为给定虚警概率的条件下，使系统检测概率达到最大的最优量化阈值，则应有 $\frac{\partial F}{\partial T_{k,m}}=0(m=1,2,\cdots,M_k-1,k=1,2,\cdots,N)$，将式（3-127）代入上式，并经简单整理，可得

$$\frac{f_{\Lambda_k}(T_{k,m}|H_1)}{f_{\Lambda_k}(T_{k,m}|H_0)}=\lambda\frac{\sum_{\tilde{u}_k}A(\tilde{u}_k,m,m-1)P(\tilde{u}_k|T_{k,m},H_0)}{\sum_{\tilde{u}_k}A(\tilde{u}_k,m,m-1)P(\tilde{u}_k|T_{k,m},H_1)} \tag{3-128}$$

根据似然比条件概率密度的性质易知

$$T_{k,m}=\frac{f_{\Lambda_{k1}}(T_{k,m}|H_1)}{f_{\Lambda_k}(T_{k,m}|H_0)}$$

因此，根据式（3-128）可得最优量化阈值需要满足的条件为

$$T_{k,m}=\lambda\frac{\sum\limits_{\tilde{u}_k}A(\tilde{u}_k,m,m-1)P(\tilde{u}_k|T_{k,m},H_0)}{\sum\limits_{\tilde{u}_k}A(\tilde{u}_k,m,m-1)P(\tilde{u}_k|T_{k,m},H_1)}$$

显然，在量化规则采用似然比量化规则的条件下，为了获得最优系统检测性能，需要根据定理 3.12 及定理 3.15 联合求解最优融合规则及各个传感器的最优量化阈值。由于最优融合规则及最优量化阈值是耦合的，因此需要采用数值迭代算法进行求解。

传感器观测相关条件下求解最优融合规则及最优量化阈值的数值迭代算法可描述如下。

（1）给定系统的虚警概率 α，任意选择一个初始融合规则 $f^{(0)}$ 及一组初始量化阈值 $T_{k,m}^{(0)}(k=1,2,\cdots,N,m=0,1,\cdots,M_k)$，且满足 $P_F^f=\alpha$。计算 $\{f^{(0)},\{T_{1,m}^{(0)}\}_{m=0}^{M_1},\{T_{2,m}^{(0)}\}_{m=0}^{M_2},\cdots,\{T_{N,m}^{(0)}\}_{m=0}^{M_N}\}$ 对应的系统检测概率 $P_D^{f(0)}$，设置循环变量 $n=1$，设置循环终止控制量 $\xi>0$。

（2）对于第 1 个传感器，固定 $\{f^{(n-1)},\{T_{2,m}^{(n-1)}\}_{m=0}^{M_2},\cdots,\{T_{N,m}^{(n-1)}\}_{m=0}^{M_N}\}$，并根据式（3-123）及式（3-124）计算 $T_{1,m}^{(n)}(m=1,2,\cdots,M_1-1)$。同样，对于第 $k(k=2,3,\cdots,N)$ 个传感器，固定 $\{f^{(n-1)},\{T_{2,m}^{(n-1)}\}_{m=0}^{M_2},\cdots,\{T_{N,m}^{(n-1)}\}_{m=0}^{M_N}\}$，并根据式（3-123）及式（3-124）计算量化阈值 $T_{k,m}^{(n)}(m=1,2,\cdots,M_k-1)$。

（3）固定 $\{\{T_{1,m}^{(n)}\}_{m=0}^{M_1},\{T_{2,m}^{(n)}\}_{m=0}^{M_2},\cdots,\{T_{N,m}^{(n)}\}_{m=0}^{M_N}\}$，根据式（3-115）及式（3-116）求解融合规则 $f^{(n)}$。

（4）计算 $\{f^{(n)},\{T_{1,m}^{(n)}\}_{m=0}^{M_1},\cdots,\{T_{N,m}^{(n)}\}_{m=0}^{M_N}\}$ 对应的系统检测概率 $P_D^{f(n)}$。如果 $P_D^{f(n)}-P_D^{f(n-1)}>\xi$，则令 $n=n+1$，并转第（2）步继续循环，否则终止循环，并认为 $\{f^{(n)},\{T_{1,m}^{(n)}\}_{m=0}^{M_1},\cdots,\{T_{N,m}^{(n)}\}_{m=0}^{M_N}\}$ 即最优融合规则及最优量化阈值。

需要指出的是，如果假设各个传感器观测量之间的相关性可以忽略，则有

$$P(\tilde{u}_k|T_k,H_j)=P(\tilde{u}_k|H_j)$$

这样式（3-123）就可简化为

$$T_{k,m}=\lambda\frac{\sum\limits_{\tilde{u}_k}A(\tilde{u}_k,m,m-1)P(\tilde{u}_k|H_0)}{\sum\limits_{\tilde{u}_k}A(\tilde{u}_k,m,m-1)P(\tilde{u}_k|H_1)}\tag{3-129}$$

容易看出，式（3-129）就是传感器观测独立条件下的最优量化阈值式（3-120）。

小　结

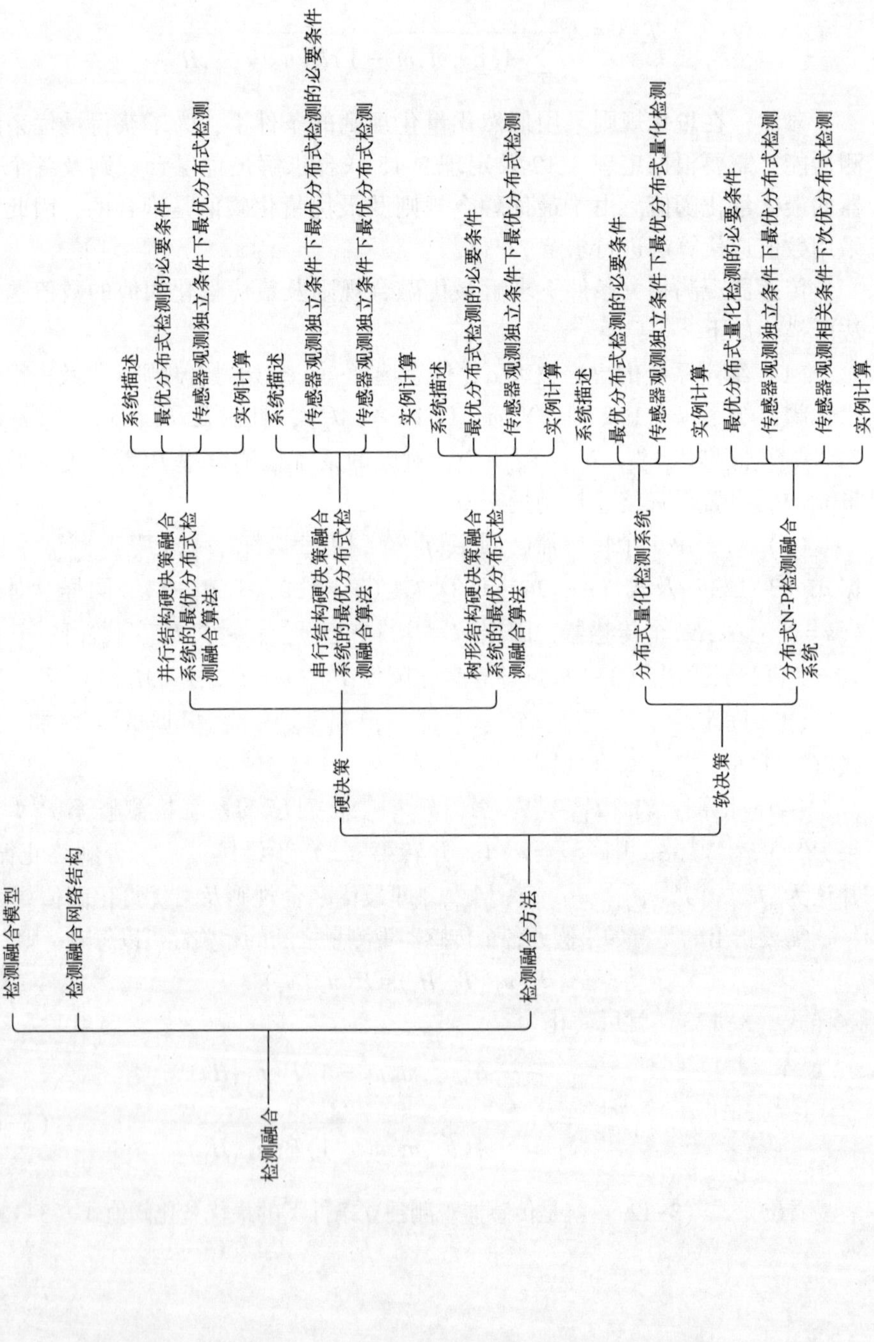
检测融合
检测融合模型
检测融合网络结构
检测融合方法
硬决策
并行结构硬决策融合系统的最优分布式检测融合算法
系统描述
最优分布式检测的必要条件
传感器观测独立条件下最优分布式检测
实例计算
串行结构硬决策融合系统的最优分布式检测融合算法
系统描述
传感器观测独立条件下最优分布式检测的必要条件
传感器观测独立条件下最优分布式检测
实例计算
树形结构硬决策融合系统的最优分布式检测融合算法
系统描述
最优分布式检测的必要条件
传感器观测独立条件下最优分布式检测
实例计算
软决策
分布式量化检测系统
系统描述
最优分布式检测的必要条件
传感器观测独立条件下最优分布式量化检测
实例计算
分布式N-P检测融合系统
最优分布式量化检测的必要条件
传感器观测独立条件下最优分布式检测
传感器观测相关条件下次优分布式检测
实例计算

习　　题

1. 说明硬决策和软决策的区别。

2. 画出分布式并行检测融合系统框图。假设各个传感器观测相互独立，说明为什么随着融合系统中传感器数量增加，系统性能得到提高？

3. 画出分布式串行检测融合系统框图。假设各个传感器观测相互独立，说明为什么融合系统的检测性能，比单个传感器的检测性能有明显提高？

4. 画出树形结构检测融合系统框图。假设各个传感器观测相互独立，说明为什么融合系统的检测性能，比单个传感器的检测性能有明显提高？

5. 简述分布式量化检测系统和集中式融合系统的区别，以及最优量化检测系统的主要优点。

参考文献

[1] TENNEY R. R., SANDELL Jr N. R. Detection with Distributed Sensor [J]. IEEE Transactions. On Aerospace and Electronic Systems., Vol. 17: 98-101, 1981.

[2] REIBMAN A. R., NOLTE L W. Optimal Detection and Performance of Distributed Sensor Systems [J]. IEEE Transactions. on Aerospace and Electronic Systems., Vol. 23: 24-30, 1987.

[3] HOBALLAH I. Y., VARSHNEY P. K. Distributed Bayesian Signal Detection [J]. IEEE Transactions on Information. THEORY, 35 (5): 995-1000, 1989.

[4] BLUM R. S. Optimum Distributed Detection of Weak Signals in Dependent Sensors [J]. IEEE Transactions On Information. Theory 38 (3): 1066-1079, 1992.

[5] BLUM R. S. Necessary Conditions for Optimum Distributed Sensor Detectors under the Neyman-Pearson Criterion [J]. IEEE Transactions. On Information. Theory, 42 (3): 990-994, 1996.

[6] Ming Xiang, Chongzhao Han. Distributed Detection under Bayesian Criterion: Part Ⅰ-Parallel Structure [C]. 4th International Conference on Information Fusion, Montreal, 2001.

[7] Ming Xiang, Chongzhao Han. Distributed Detection under Bayesian Criterion: Part Ⅱ-

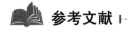

Serial Structure [C]. 4th International Conference on Information Fusion, Montreal, 2001.

[8] LEE C. C., CHAO J. J. Optimum Local Decision Space Partitioning for Distributed Detection [J]. IEEE Transactions. on Aerospace and Electronic Systems. Vol, 25 (4): 536-544, 1989.

[9] LONGO M., LOOKABAUGH T. D., GRAY R M. Quantization for Decentralized Hypothesis Testing under Communication Constraints [J]. IEEE Transactions. On Information. Theory, 36 (2): 241-255, 1990.

[10] MingXiang, Chongzhao Han. Global Optimization for Distributed Detection System [C]. 3rd International Conference on. Information Fusion, Paris, 2000.

[11] MingXiang, Chongzhao Han. Global Optimization for Distributed Detection System under the Constraint of Likelihood Ratio Quantizers [C]. 3rd International Conference, on Information Fusion, Paris, 2000.

[12] VARSHNEY P. K. Distributed Detection and Data Fusion [M]. 1997.

第4章　目标跟踪——数据级融合

目标跟踪[1-2]是指为了维持对目标当前状态的估计，即对传感器接收到的量测进行处理的过程。其中，目标状态包括运动学分量、其他分量（如辐射的信号强度、谱特性、“属性”信息等）、常数或其他缓变参数（如耦合系数、传播速度等）。量测是指被噪声污染的有关目标状态的观测信息，包括直接的位置估计、斜距、方位角信息、两个传感器间的抵达时间差，以及由于多普勒频移导致的传感器间的观测频差等[3]。目标跟踪处理过程所关注的量测通常不是原始的观测数据，而是信号处理子系统或者检测子系统的输出信号，因而在实际的处理过程中，需要将不同传感器的量测指标投射到同一坐标体系下进行综合评估，在明确目标的情况下维持量测的过程。

4.1　正交投影与最小二乘估计

4.1.1　正交投影

正交投影是建立不同坐标系之间关系的常用方法，基本工具是矢量计算。

1. 内积空间

基本的线性空间的计算除了矢量的加法及标量与矢量的乘法，还有矢量的内部乘积（简称内积）。

如图 4-1 所示，设 $\boldsymbol{a}$、$\boldsymbol{b}$ 为二维坐标中的两个矢量，其顶点坐标分别为 (x_1,y_1) 和 (x_2,y_2)，则矢量 $\boldsymbol{a}$、$\boldsymbol{b}$ 的长度分别为 $\|\boldsymbol{a}\|=\sqrt{x_1^2+y_1^2}$ 和 $\|\boldsymbol{b}\|=\sqrt{x_2^2+y_2^2}$。

$$x_1=\|\boldsymbol{a}\|\cos\alpha,\quad y_1=\|\boldsymbol{a}\|\sin\alpha \tag{4-1}$$

$$x_2=\|\boldsymbol{b}\|\cos\beta,\quad y_2=\|\boldsymbol{b}\|\sin\beta \tag{4-2}$$

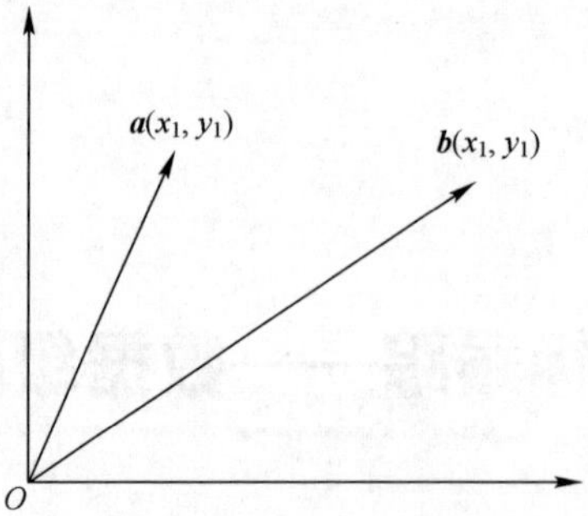

图 4-1　矢量关系

矢量 $\boldsymbol{a}$ 与 $\boldsymbol{b}$ 之间的夹角余弦为

$$\cos(\alpha-\beta)=\cos\alpha\cos\beta+\sin\alpha\sin\beta=\frac{x_1x_2+y_1y_2}{\|\boldsymbol{a}\|\cdot\|\boldsymbol{b}\|} \tag{4-3}$$

数值 $x_1x_2+y_1y_2=\|\boldsymbol{a}\|\cdot\|\boldsymbol{b}\|\cos(\alpha-\beta)$ 为矢量 $\boldsymbol{a}$ 在矢量 $\boldsymbol{b}$ 方向投影的长度 $\|\boldsymbol{a}\|\cos(\alpha-\beta)$ 与矢量 $\boldsymbol{b}$ 长度的乘积，也可以解释为矢量 $\boldsymbol{b}$ 在矢量 $\boldsymbol{a}$ 方向投影的长度 $\|\boldsymbol{b}\|\cos(\alpha-\beta)$ 与矢量 $\boldsymbol{a}$ 长度的乘积。如果矢量 $\boldsymbol{a}$ 或矢量 $\boldsymbol{b}$ 为单位长度，则数值 $x_1x_2+y_1y_2$ 表示一个矢量在一个单位矢量方向的投影长度。若矢量 $\boldsymbol{a}$ 和矢量 $\boldsymbol{b}$ 的夹角为 0，则 $x_1x_2+y_1y_2=\|\boldsymbol{a}\|\cdot\|\boldsymbol{b}\|$。

$x_1x_2+y_1y_2$ 是两个矢量之间的一种运算，将其定义为矢量 $\boldsymbol{a}$ 和矢量 $\boldsymbol{b}$ 的内积 $<\boldsymbol{a},\boldsymbol{b}>=x_1x_2+y_1y_2$。有了内积的定义，矢量 $\boldsymbol{a}$、$\boldsymbol{b}$ 间夹角的余弦可表示为

$$\cos(\alpha-\beta)==\frac{<\boldsymbol{a},\boldsymbol{b}>}{\|\boldsymbol{a}\|\cdot\|\boldsymbol{b}\|} \tag{4-4}$$

若矢量 $\boldsymbol{a}$ 和矢量 $\boldsymbol{b}$ 相互垂直（正交），则 $<\boldsymbol{a},\boldsymbol{b}>=0$。矢量 $\boldsymbol{a}$ 的长度可表示为 $<\boldsymbol{a},\boldsymbol{b}>=\sqrt{<\boldsymbol{a},\boldsymbol{a}>}$。

定义 n 维空间的两个矢量 $\boldsymbol{x}=(x_1,x_2,\cdots,x_n)^{\mathrm{T}}$、$\boldsymbol{y}=(y_1,y_2,\cdots,y_n)^{\mathrm{T}}$ 的内积为 $<\boldsymbol{x},\boldsymbol{y}>=x^{\mathrm{T}}y=x_1y_1+x_2y_2+\cdots+x_ny_n$，同样定义矢量间的夹角为 $\arccos\dfrac{<\boldsymbol{x},\boldsymbol{y}>}{\|\boldsymbol{x}\|\cdot\|\boldsymbol{y}\|}$。

$<\boldsymbol{x},\boldsymbol{y}>=x^{\mathrm{T}}y=x_1y_1+x_2y_2+\cdots+x_ny_n$ 满足交换律、分配率、齐次性和非负性，即

（1）交换律：$<\boldsymbol{x},\boldsymbol{y}>=<\boldsymbol{y},\boldsymbol{x}>$；

（2）分配率：$<\boldsymbol{x},\boldsymbol{y}+\boldsymbol{z}>=<\boldsymbol{x},\boldsymbol{y}>+<\boldsymbol{x},\boldsymbol{z}>$；

（3）齐次性：$<k\boldsymbol{x},\boldsymbol{y}>=k<\boldsymbol{x},\boldsymbol{y}>$；

（4）非负性：$<\boldsymbol{x},\boldsymbol{y}>\geqslant 0$，当且仅当 $x=0$ 时，$<\boldsymbol{x},\boldsymbol{x}>=0$。

线性空间上的任意二元运算，只要满足交换律、分配率、齐次性和非负性，都可以将其定义为空间上矢量的内积。

定义 4.1　设 V 是实数域 $\mathbf{R}$ 上的线性空间，V 中任意两个矢量 $\boldsymbol{x}$ 和 $\boldsymbol{y}$ 的内积 $<\boldsymbol{x},\boldsymbol{y}>$ 都为满足下列 4 个条件的 $V\times V\to\mathbf{R}$ 映射。

（1）交换律：$<\boldsymbol{x},\boldsymbol{y}>=<\boldsymbol{y},\boldsymbol{x}>$；

（2）分配率：$<\boldsymbol{x},\boldsymbol{y}+\boldsymbol{z}>=<\boldsymbol{x},\boldsymbol{y}>+<\boldsymbol{x},\boldsymbol{z}>$；

（3）齐次性：$<k\boldsymbol{x},\boldsymbol{y}>=k<\boldsymbol{x},\boldsymbol{y}>$；

（4）非负性：$<\boldsymbol{x},\boldsymbol{y}>\geqslant 0$，当且仅当 $x=0$ 时，$<\boldsymbol{x},\boldsymbol{x}>=0$。

欧几里得空间，就是定义了内积的实线性空间，又称内积空间或欧氏空间。而定义了内积的复线性空间称为酉空间。酉空间的理论与欧氏空间的理论很接近，有一套平行的理论。本书如不特别声明的空间主要指欧氏空间。

有了内积的定义，同样可以定义矢量 $\boldsymbol{x}$、$\boldsymbol{y}$ 的夹角为 $\arccos\dfrac{<\boldsymbol{x},\boldsymbol{y}>}{\|\boldsymbol{x}\|\cdot\|\boldsymbol{y}\|}$，矢量间的距离为 $\|\boldsymbol{x}-\boldsymbol{y}\|=\sqrt{<\boldsymbol{x}-\boldsymbol{y},\boldsymbol{x}-\boldsymbol{y}>}$。

由定义 4.1 设 V 是实数域 $\mathbf{R}$ 上的线性空间，V 中任意两上矢量 $\boldsymbol{x}$ 和 $\boldsymbol{y}$ 的内积 $<\boldsymbol{x},\boldsymbol{y}>$ 都为满足下列 4 个条件的 $V\times V\to\mathbf{R}$ 映射。可知，内积是直观上三维空间运算的推广，并不特指某一个运算，而是指满足条件的任意二元运算。有了内积的定义，就可以定义矢量长度（范数）和矢量间的距离和夹角了。

设 x、y 是两个二阶矩随机变量，不难验证，运算 $E(xy)$ 也满足内积性质，即

（1）交换律：$E(xy)=E(yx)$；

（2）分配率：$E(x(y+z))=E(xy)+E(xz)$；

（3）齐次性：$E(kxy)=kE(xy)$；

（4）非负性：$E(x^2)\geqslant 0$，$E(x^2)=0$ 的充要条件是 $x\overset{a,s}{=}0$。

其中，$x\overset{a,s}{=}0$ 表示以 x 概率 1 趋近于 0。

在随机过程中，全体二阶矩随机变量组成的集合按通常定义的随机变量的加法及数乘构成线性空间。如果定义内积 $<\boldsymbol{x},\boldsymbol{y}>aE(xy)$，则该线性空间构成欧几里得空间。同时，该空间具有完备性，可以证明它是一个希尔伯特空间。

2. 正交投影矩阵

1）线性子空间

在直角坐标系中，通常使用一个 3 元组 (x,y,z) 表示一个点的坐标。实际上，这个点也可以用一个二维坐标 (x,y) 和一个一维坐标 z 表示。很容易验

证，XOY平面和Z轴构成了三维空间的二维和一维子空间。实际上，在三维空间中，任何一个过原点的直线都构成了一个一维子空间；同样，任意过原点的平面都构成了一个二维子空间。只要过原点的直线不在这个平面上，这条直线和平面上的任何两条直线就都可以构成三维空间的基。这条直线和该平面是三维几何空间的一个部分，它们对于原来的运算也都构成一个线性空间，因此可以给出线性子空间的定义。

定义 4.2 设V_1是数域K上的线性空间V的一个非空子集，且V已有的线性运算满足以下条件。

(1) 若$x,y\in V_1$，则$x+y\in V_1$。

(2) 若$x\in V_1,k\in K$，则$kx\in V_1$。则称V_1为V的线性子空间或子空间。

显然，任意线性子空间V_1的维数都不大于整个线性空间V的维数，即$\dim V_1\leqslant \dim V$。

例如，设$\boldsymbol{A}$为一个$m\times n$阶的实数矩阵，假设$m\geqslant n$，其列矢量为$\boldsymbol{\alpha}_1$，$\boldsymbol{\alpha}_2,\cdots,\boldsymbol{\alpha}_n$。记$R(\boldsymbol{A})$为变换（矩阵）$\boldsymbol{A}$的值域，即$R(\boldsymbol{A})=\{y\mid \exists_x y=\boldsymbol{A}x\}$，显然，$R(\boldsymbol{A})$中的矢量都是$\boldsymbol{\alpha}_1,\boldsymbol{\alpha}_2,\cdots,\boldsymbol{\alpha}_n$的线性组合，$R(\boldsymbol{A})$就是$m$维空间中$\boldsymbol{\alpha}_1$，$\boldsymbol{\alpha}_2,\cdots,\boldsymbol{\alpha}_n$构成的$n$维矢量。对于任意$m$维矢量$\boldsymbol{b}$，$\boldsymbol{b}\in R(\boldsymbol{A})$，当且仅当方程$\boldsymbol{A}x=\boldsymbol{b}$有解。显然$R(\boldsymbol{A})\subset R^m$，其维数等于矩阵$\boldsymbol{A}$的秩，即$\dim R(\boldsymbol{A})=\operatorname{rank}\boldsymbol{A}$，由于$\operatorname{rank}\boldsymbol{A}=\operatorname{rank}\boldsymbol{A}^{\mathrm{T}}$，则$\dim R(\boldsymbol{A})=\dim R(\boldsymbol{A}^{\mathrm{T}})=\operatorname{rank}\boldsymbol{A}$。

容易看出，每个非零线性空间至少有两个子空间，一个是它自己，另一个是仅有零矢量构成的子集，通常称后者为零子空间。由于零子空间不含线性无关的矢量，因此它没有基，规定其维数为零。

不难验证，任意m阶齐次线性方程组$\boldsymbol{A}x=0$的解空间也是R^m的子空间，称为$\boldsymbol{A}$的核空间或零空间，记为$N(\boldsymbol{A}),N(\boldsymbol{A})\{x\mid \boldsymbol{A}x=0\}$。$\boldsymbol{A}$的核空间的维数，称为$\boldsymbol{A}$的零度，记为$n(\boldsymbol{A})$。容易证明，$n(\boldsymbol{A})=n-\operatorname{rank}\boldsymbol{A},n(\boldsymbol{A}^{\mathrm{T}})=m-\operatorname{rank}\boldsymbol{A}^{\mathrm{T}}$。因而有

$$\begin{cases}\operatorname{rank}\boldsymbol{A}+n(\boldsymbol{A})=m\\ \operatorname{rank}\boldsymbol{A}^{\mathrm{T}}+n(\boldsymbol{A}^{\mathrm{T}})=m\\ n(\boldsymbol{A})-n(\boldsymbol{A}^{\mathrm{T}})=n-m\end{cases}\tag{4-5}$$

2) 子空间的交与和

线性空间V的两个子空间V_1、V_2是集合V的两个子集。V_1、V_2的并$V_1\cup V_2$与交$V_1\cap V_2$。同样也是V的子集。那么，$V_1\cup V_2$与$V_1\cap V_2$是否是V的子空间?

在三维空间中，任意过原点的平面都构成其二维子空间。设V_1、V_2是两

个过原点的平面，对于 V_1、V_2中的两个非零矢量 $\boldsymbol{x}_1 \in V_1$，$\boldsymbol{x}_2 \in V_2$，有 $\boldsymbol{x}_1 \in V_1 \cup V_2$，$\boldsymbol{x}_2 \in V_1 \cup V_2$，但 $\boldsymbol{x}_1+\boldsymbol{x}_2 \notin V_1 \cup V_2$，即 $V_1 \cup V_2$，对运算+不封闭，不构成空间。因此，$V_1 \cup V_2$是 V 的子集，但不是 V 的子空间。

对于交运算，在三维空间中，任意两个过原点平面的交集都是一个过原点的直线，它是三维空间中的一个一维子空间。

对于一般情况，若 V_1、V_2是空间 V 的子空间，则 $0 \in V_1 \cap V_2$。对于 $V_1 \cap V_2$中任意两个矢量 $\boldsymbol{x}_1 \in V_1 \cap V_2$，$\boldsymbol{x}_2 \in V_1 \cap V_2$，有 $\boldsymbol{x}_1+\boldsymbol{x}_2 \in V_1$，并且 $\boldsymbol{x}_1+\boldsymbol{x}_2 \in V_2$，因此，$\boldsymbol{x}_1+\boldsymbol{x}_2 \in V_1 \cap V_2$，即 $V_1 \cap V_2$对加运算是封闭的。容易验证，$V_1 \cap V_2$对乘运算也是封闭的。因此，$V_1 \cap V_2$是 V 的子空间。

定理 4.1　如果 V_1、V_2是数域 K 上的线性空间 V 的两个子空间，那么它们的交 $V_1 \cap V_2$也是 V 的子空间。

在三维空间中，任意矢量(x,y,z)都可以表示成 XOY 平面上的矢量$(x,y,0)$和 Z 轴上的矢量$(0,0,z)$之和，即$(x,y,z)=(x,y,0)+(0,0,z)$。实际上，矢量$(x,y,0)$就是(x,y,z)沿着 Z 轴在 XOY 平面上的投影；矢量$(0,0,z)$就是(x,y,z)沿着 XOY 平面在 Z 轴上的投影。对于任意过原点的直线和平面，它们构成的子空间分别记为 V_1和 V_2只要直线不在平面上（V_1不是 V_2的子空间），则三维空间中的任意矢量都可以表示成空间 V_1上一个矢量与 V_2上一个矢量之和。同样，二维空间的任意矢量也可以表示成两个一维空间中矢量的和。

对于一般情况，设 V_1、V_2都是数域 K 上的线性空间 V 的子空间，称 V_1上元素与 V_2上元素之和构成的集合为 V_1与 V_2的和，记为 $V_1+V_2=\{z \mid \exists_{x \in V_1} \exists_{y \in V_2}\ z=x+y\}$。

显然，$0 \in V_1+V_2$。

对任何 $\boldsymbol{x}_1 \in V_1+V_2$，$\boldsymbol{x}_2 \in V_1+V_2$都存在 $\boldsymbol{y}_1 \in V_1$，$\boldsymbol{y}_2 \in V_2$，$\boldsymbol{z}_1 \in V_1$，$\boldsymbol{z}_2 \in V_2$，满足 $\boldsymbol{x}_1=\boldsymbol{y}_1+\boldsymbol{y}_2$，$\boldsymbol{x}_2=\boldsymbol{z}_1+\boldsymbol{z}_2$。由于 $\boldsymbol{y}_1+\boldsymbol{z}_1 \in V_1$，$\boldsymbol{y}_2+\boldsymbol{z}_2 \in V_2$，因此 $\boldsymbol{x}_2+\boldsymbol{x}_1=(\boldsymbol{y}_1+\boldsymbol{z}_1)+(\boldsymbol{y}_2+\boldsymbol{z}_2) \in V_1+V_2$，即集合 V_1+V_2，对运算+封闭。很容易验证，V_1+V_2对数乘运算也是封闭的，因此 V_1+V_2是空间 V 的子空间。

定理 4.2　若 V_1、V_2都是数域 K 上的线性空间 V 的子空间，则它们的和 V_1+V_2，也是 V 的子空间。

不难证明，若 $V_1 \subseteq W$ 且 $V_2 \subseteq W$，则 $V_1+V_2 \subseteq W$，即 V_1+V_2是包含 V_1和 V_2的最小子空间。

在三维空间中，如果两个平面既不重叠，也不平行，那么这两个平面的交为一条直线（一维空间），三维空间中任意矢量都可以表示成这两个平面中矢量的和。也就是说，这两个二维平面的和空间构成三维空间，两个空间之和的维数等于两个空间维数之和减去其交空间的维数。对于一般情况，有定理4.3。

定理4.3（维数公式） 若 V_1、V_2 都是数域 K 上的线性空间 V 的子空间，则 $\dim(V_1+V_2)=\dim V_1+\dim V_2-\dim(V_1\cap V_2)$。

证明： 设 $\dim V_1=n_1$，$\dim V_2=n_2$，$\dim(V_1\cap V_2)=m$ 显然 $m\leqslant\min\{n_1,n_2\}$。不失一般性，假设 $n_1\leqslant n_2$。

若 $m=n_1$，由 $V_1\cap V_2\subseteq V_1$，知 $V_1\cap V_2=V_1$，因此 $V_1=V_1\cap V_2\subseteq V_2$，从而 $V_1+V_2=V_2$。所以，$\dim(V_1+V_2)=\dim V_2=n_1+n_2-m$。

若 $m<n_1$，设 $\boldsymbol{x}_1,\boldsymbol{x}_2,\cdots,\boldsymbol{x}_m$ 为 $V_1\cap V_2$ 的基，则可以分别找到 n_1-m 个矢量 $\boldsymbol{y}_1,\boldsymbol{y}_2,\cdots,\boldsymbol{y}_{n_1-m}$ 和 n_2-m 个矢量 $\boldsymbol{z}_1,\boldsymbol{z}_2,\cdots,\boldsymbol{z}_{n_2-m}$，使 $\boldsymbol{x}_1,\boldsymbol{x}_2,\cdots,\boldsymbol{x}_m,\boldsymbol{y}_1,\boldsymbol{y}_2,\cdots,\boldsymbol{y}_{n_1-m}$ 和 $\boldsymbol{x}_1,\boldsymbol{x}_2,\cdots,\boldsymbol{x}_m,\boldsymbol{z}_1,\boldsymbol{z}_2,\cdots,\boldsymbol{z}_{n_2-m}$ 分别构成 V_1 和 V_2 的基。显然，$\boldsymbol{x}_1,\boldsymbol{x}_2,\cdots,\boldsymbol{x}_m,\boldsymbol{y}_1,\boldsymbol{y}_2,\cdots,\boldsymbol{y}_{n_1-m},\boldsymbol{z}_1,\boldsymbol{z}_2,\cdots,\boldsymbol{z}_{n_2-m}$ 都是 V_1+V_2 子空间中的矢量。

如果 $\boldsymbol{x}_1,\boldsymbol{x}_2,\cdots,\boldsymbol{x}_m,\boldsymbol{y}_1,\boldsymbol{y}_2,\cdots,\boldsymbol{y}_{n_1-m},\boldsymbol{z}_1,\boldsymbol{z}_2,\cdots,\boldsymbol{z}_{n_2-m}$ 线性无关，并且 V_1+V_2 中的任何矢量都可以表示成 $\boldsymbol{x}_1,\boldsymbol{x}_2,\cdots,\boldsymbol{x}_m,\boldsymbol{y}_1,\boldsymbol{y}_2,\cdots,\boldsymbol{y}_{n_1-m},\boldsymbol{z}_1,\boldsymbol{z}_2,\cdots,\boldsymbol{z}_{n_2-m}$ 的线性组合，则 $\boldsymbol{x}_1,\boldsymbol{x}_2,\cdots,\boldsymbol{x}_m,\boldsymbol{y}_1,\boldsymbol{y}_2,\cdots,\boldsymbol{y}_{n_1-m},\boldsymbol{z}_1,\boldsymbol{z}_2,\cdots,\boldsymbol{z}_{n_2-m}$ 构成 V_1+V_2 的基，V_1+V_2 的维数为 n_1+n_2-m。

显然，V_1 中任何矢量都可以表示成 $\boldsymbol{x}_1,\boldsymbol{x}_2,\cdots,\boldsymbol{x}_m,\boldsymbol{y}_1,\boldsymbol{y}_2,\cdots,\boldsymbol{y}_{n_1-m}$ 的线性组合，V_2 中任何矢量都可以表示成 $\boldsymbol{x}_1,\boldsymbol{x}_2,\cdots,\boldsymbol{x}_m,\boldsymbol{z}_1,\boldsymbol{z}_2,\cdots,\boldsymbol{z}_{n_2-m}$ 的线性组合。因此，V_1 和 V_2 中的任何矢量都可以表示成 $\boldsymbol{x}_1,\boldsymbol{x}_2,\cdots,\boldsymbol{x}_m,\boldsymbol{y}_1,\boldsymbol{y}_2,\cdots,\boldsymbol{y}_{n_1-m},\boldsymbol{z}_1,\boldsymbol{z}_2,\cdots,\boldsymbol{z}_{n_2-m}$ 的线性组合，V_1+V_2 中的任何矢量也都可以表示成 $\boldsymbol{x}_1,\boldsymbol{x}_2,\cdots,\boldsymbol{x}_m,\boldsymbol{y}_1,\boldsymbol{y}_2,\cdots,\boldsymbol{y}_{n_1-m},\boldsymbol{z}_1,\boldsymbol{z}_2,\cdots,\boldsymbol{z}_{n_2-m}$ 的线性组合。

为了证明 $\boldsymbol{x}_1,\boldsymbol{x}_2,\cdots,\boldsymbol{x}_m,\boldsymbol{y}_1,\boldsymbol{y}_2,\cdots,\boldsymbol{y}_{n_1-m},\boldsymbol{z}_1,\boldsymbol{z}_2,\cdots,\boldsymbol{z}_{n_2-m}$ 线性无关，只需证明，如果存在 n_1+n_2-m 线性无关的 $k_1,k_2,\cdots,k_m,p_1,p_2,\cdots,p_{n_1-m},q_1,q_2,\cdots,q_{n_2-m}$，满足 $\sum\limits_{i=1}^{m}k_ix_i+\sum\limits_{j=1}^{n_1-m}p_jy_j+\sum\limits_{l=1}^{n_2-m}q_lz_l=0$，则 $k_1,k_2,\cdots,k_m,p_1,p_2,\cdots,p_{n_1-m},q_1,q_2,\cdots,q_{n_2-m}$ 全为0。

令 $x=\sum\limits_{l=1}^{n_2-m}q_lz_l=-\sum\limits_{i=1}^{m}k_ix_i-\sum\limits_{j=1}^{n_1-m}p_jy_j$，则由 $x=\sum\limits_{l=1}^{n_2-m}q_lz_l$，得 $x\in V_2$，由 $x=\sum\limits_{i=1}^{m}k_ix_i-\sum\limits_{j=1}^{n_1-m}p_jy_j$，得 $x\in V_1$，所以，$x\in V_1\cap V_2$。因此，x 可以写成 $\boldsymbol{x}_1,\boldsymbol{x}_2,\cdots,\boldsymbol{x}_m$ 的线性组合，即存在 $t_1,t_2,\cdots,t_m$，$x=\sum\limits_{i=1}^{n_2-m}t_ix_i$。由此得 $\sum\limits_{i=1}^{m}t_ix_i-\sum\limits_{i=1}^{n_2-m}q_iz_i=0$。但 $\boldsymbol{x}_1,\boldsymbol{x}_2,\cdots,\boldsymbol{x}_m,\boldsymbol{z}_1,\boldsymbol{z}_2,\cdots,\boldsymbol{z}_{n_2-m}$ 是 V_2 的基，它们线性无关，因此 $t_1=t_2=\cdots=t_m=$

$q_1=q_2=\cdots=q_{n_2-m}=0, x=0$。

由 $x=0$ 可得 $\sum_{i=1}^{m} k_i x_i + \sum_{j=1}^{n_1-m} p_j y_j = 0$，但 $\boldsymbol{x}_1, \boldsymbol{x}_2, \cdots, \boldsymbol{x}_m, \boldsymbol{y}_1, \boldsymbol{y}_2, \cdots, \boldsymbol{y}_{n_1-m}$ 是 V_1 的基，得

$$k_1=k_2=\cdots=k_m=p_1=p_2=\cdots=p_{n_1-m}=0$$

由此，证明了若 $\sum_{i=1}^{m} k_i x_i + \sum_{j=1}^{n_1-m} p_j y_j + \sum_{l=1}^{n_2-m} q_l z_l = 0$，则 $k_1, k_2, \cdots, k_m, p_1, p_2, \cdots, p_{n_1-m}$，$q_1, q_2, \cdots, q_{n_2-m}$ 全为 0，即 $k_1, k_2, \cdots, k_m, p_1, p_2, \cdots, p_{n_1-m}, q_1, q_2, \cdots, q_{n_2-m}$ 线性无关，它们构成了 V_1+V_2 的基。

根据和空间 V_1+V_2 的定义，空间 V_1+V_2 中任意矢量 $\boldsymbol{z}$ 都存在 $x \in V_1$、$y \in V_2$，满足 $\boldsymbol{z}=x+y$。但一般这种表示并不唯一。

例如，设 V 为一个三维空间。在三维空间 V 中，如果两个平面 V_1 和 V_2 既不重叠，也不平行，那么，在 V_1 中任选一个不为 0 的矢量 $\boldsymbol{a}$，在 V_2 中任选两个线性无关的矢量 $\boldsymbol{b}$ 和 $\boldsymbol{c}$，则矢量 $\boldsymbol{a}$、$\boldsymbol{b}$、$\boldsymbol{c}$ 线性无关，它们构成三维空间的一个基。三维空间中任何一个矢量都可以表示成矢量 $\boldsymbol{a}$、$\boldsymbol{b}$、$\boldsymbol{c}$ 的线性组合，即对任意矢量 $\boldsymbol{z}$，都存在 k_1, k_2, k_3，满足 $\boldsymbol{z}=k_1\boldsymbol{a}+k_2\boldsymbol{b}+k_3\boldsymbol{c}$。而 $k_1\boldsymbol{a} \in V_1, k_2\boldsymbol{b}+k_3\boldsymbol{c} \in V_2$，所以，$\boldsymbol{z} \in V_1+V_2$。但是，因为 $\boldsymbol{a}$、$\boldsymbol{b}$、$\boldsymbol{c}$ 是任意选择的，所以可以有多种选择。$x \in V_1$、$y \in V_2$ 满足 $\boldsymbol{z}=x+y$。

在上述三维空间中，V_1 和 V_2 为两个不同的平面，维数都是 2，其交集为一直线，即 $\dim(V_1 \cap V_2)=1$。$\dim V=3, \dim V_1=\dim V_2=2$。因此，$\dim V=\dim V_1+\dim V_2-\dim(V_1 \cap V_2)$。

在上例中，如果 V_1 为一个不为 0 的矢量，既不在 V_2 上，也不与 V_2 平行，则 $\dim(V_1 \cap V_2)=0, \dim V=\dim V_1+\dim V_2$。对 V 中的任意矢量 $\boldsymbol{z}$，都存在唯一 $x \in V_1$、$y \in V_2$，满足 $\boldsymbol{z}=x+y$。

对于一般情况，如果 $\dim(V)=\dim(V_1)+\dim(V_2)$，那么，对 V 中的任意矢量 $\boldsymbol{z}$ 都存在唯一 $x \in V_1$、$y \in V_2$，满足 $\boldsymbol{z}=x+y$。这种情况下称 V_1+V_2 为 V_1 与 V_2 的直和或直接和，记为 $V_1 \oplus V_2$。

定义 4.3　如果 V_1+V_2 中的任意矢量只能唯一表示为子空间 V_1 的一个矢量与子空间 V_2 的一个矢量的和，则称 V_1+V_2 为 V_1 与 V_2 的直和或直接和，记为 $V_1 \oplus V_2$。

定理 4.4　和 V_1+V_2 为直和的充要条件是 $V_1+V_2=L(0)$。

证明： 充分性。设 $V_1 \cap V_2=L(0)$，则对 $\boldsymbol{z} \in V_1+V_2$，若

$$
\begin{aligned}
z&=x_1+x_2, x_1\in V_1, x_2\in V_2\\
z&=y_1+y_2, y_1\in V_1, y_2\in V_2
\end{aligned}
\tag{4-6}
$$

则有$(x_1-y_1)+(x_2-y_2)=0, x_1-y_1\in V_1, x_2-y_2\in V_2$，即$(x_1-y_1)=-(x_2-y_2)\in V_1\cap V_2$。因此，由$x_1-y_1=0, x_2-y_2=0$，得$x_1=y_1, x_2=y_2$。于是，$z$的分解式唯一，$V_1+V_2$为直和。

必要性。假设V_1+V_2为直和，证明必有$V_1\cap V_2=L(0)$。

如果$V_1\cap V_2\neq L(0)$，则存在$x\neq 0, x\in V_1\cap V_2$。因为$V_1\cap V_2$为线性空间，则$x\in V_1\cap V_2$，由此得$0=0+0=x+(-x)$，与$V_1+V_2$为直和的假设矛盾。

由定理4.4和V_1+V_2为直和的充要条件是$V_1+V_2=L(0)$，很容易得到下述推论。

推论1　设V_1、V_2都是线性空间V的子空间，令$U=V_1+V_2$，则$U=V_1\oplus V_2$的充要条件为$\dim U=\dim(V_1+V_2)=\dim V_1+\dim V_2$。

推论2　如果$x_1, x_2, \cdots, x_k$为V_1的基，$y_1, y_2, \cdots, y_l$为V_2的基，且V_1+V_2为直和，则$x_1, x_2, \cdots, x_k$，$y_1, y_2, \cdots, y_l$为$V_1\oplus V_2$的基。

在通常的三维空间中，任意3个线性无关的矢量$\boldsymbol{a}$、$\boldsymbol{b}$、$\boldsymbol{c}$都可以构成三维空间的一个基，而矢量$\boldsymbol{b}$和$\boldsymbol{c}$可以构成一个二维平面。三维空间中任意矢量都可表示成矢量$\boldsymbol{a}$、$\boldsymbol{b}$、$\boldsymbol{c}$的线性组合，并且这种表示是唯一的。三维欧式空间可以表示为由矢量$\boldsymbol{a}$构成的一维空间V_1和矢量$\boldsymbol{b}$、$\boldsymbol{c}$构成的二维空间V_2的直和$V_1\oplus V_2$。如果矢量$\boldsymbol{a}$与矢量$\boldsymbol{b}$和$\boldsymbol{c}$都正交，则矢量$\boldsymbol{a}$与V_2正交。例如，在通常的直角坐标系中，Z轴正交（垂直）于XOY平面。

用$V_1^{\perp}$表示欧氏空间V^n中所有与V_1正交的矢量的集合。若$x\in V_1^{\perp}, y\in V_1^{\perp}$，$z\in V_1$，则有

$<x+y, z>=<x, z>+<y, z>=0+0=0$，所以$x+y\in V_1^{\perp}$。

$<kx, z>=k<x, z>=k0=0$，所以$kx\in V_1^{\perp}$。

因此，$V_1^{\perp}$为V^n的一个子空间，称子空间$V_1^{\perp}$为V_1的正交补空间或V_1的正交补。由于$V_1\cap V_1^{\perp}=L(0)$，因此，如果$V^n=V_1+V_1^{\perp}$，则由定理4.4可得$V^n=V_1\oplus V_1^{\perp}$。显然，$V_1+V_1^{\perp}\subseteq V^n$。为了证明$V^n=V_1+V_1^{\perp}$，只需证明$V^n\subseteq V_1+V_1^{\perp}$，即对任意$x\in V^n$，都存在$y\in V_1$和$z\in V_1^{\perp}$满足$x=y+z$。例如，对于三维空间，假设空间$V_1$为$XOY$平面，则与$V_1$正交的空间$V_1^{\perp}$为$Z$轴（一维空间）。对于任意三维空间的矢量$\boldsymbol{x}$，设其坐标为$(x, y, z)$，$x$沿着$Z$方向在$V_1$空间的投影为$y=(x, y, 0)$，则$z=x-y=(0, 0, z)\in V_1^{\perp}$。对于一般情况，取$y$为$x$沿着$V_1^{\perp}$空间在空间$V_1$上的投影，容易证明$z=x-y$与空间$V_1$正交，即$z\in V_1^{\perp}$。可得到定理4.5。

定理 4.5　任意欧氏空间 V^n 都为其子空间 V_1 及 V_1 的正交补空间 $V_1^\perp$ 的直和，即 $V^n=V_1\oplus V_1^\perp$。

证明：若 V^n，则 $V_1^\perp=V^n$，从而 $V^n=V_1\oplus V_1^\perp$ 成立。

若 $V_1\neq\{0\}$，设 $\dim V_1=m(1\leqslant m\leqslant n)$，且 V_1 的一个标准正交基为 $x_1,x_2,\cdots,x_m$。

对任意 $x\in V^n$，令 $a_i=<x_i,x>(i=1,2,\cdots,m)$，那么 $y=\sum_{i=1}^{n}a_ix_i\in V_1$。再令 $z=x-y$，由于$<z,x_i>=<x-y,x_i>=<x_i,x_i>-<y,x_i>=0$，所以 $z\in V_1^\perp$。而 $x=y+z$，因此 $x\in V_1+V_1^\perp$，从而 $V^n\subseteq V_1+V_1^\perp$，得 $V^n=V_1+V_1^\perp$。由于 $V_1\cap V_1^\perp=L(0)$，因此 $V^n=V_1\oplus V_1^\perp$。

推论 3　设 V_1是任意欧氏空间 V^n的子空间，且 V_1的维数为 m，则 $V_1^\perp$ 的维数为 $n-m$，即有 $n=\dim V=\dim V_1+\dim V_1^\perp$。

任意 n 阶齐次线性方程组 $\boldsymbol{A}x=0$ 的解空间也是 R^n的子空间，称其为 $\boldsymbol{A}$ 的核空间或零空间，记为 $N(\boldsymbol{A}),N(\boldsymbol{A})=\{x\mid \boldsymbol{A}x=0\}$。$\boldsymbol{A}$ 的核空间的维数称为 $\boldsymbol{A}$ 的零度，记为 $n(\boldsymbol{A})$。

设 $m\times n$ 阶系数矩阵 $\boldsymbol{A}=(a_{ij})_{m\times n}$的秩为 r，$x(x_1,x_2,\cdots,x_n)$，$\boldsymbol{A}$ 的第 i 个行矢量记为$\boldsymbol{\beta}_i=(a_{i1},a_{i2},\cdots,a_{in})$。则方程组 $\boldsymbol{A}x=0$ 可改写为

$$<\boldsymbol{\beta}_1,x>=0,<\boldsymbol{\beta}_2,x>=0,\cdots,<\boldsymbol{\beta}_m,x>=0 \tag{4-7}$$

由此可见，求齐次线性方程组的解矢量，就是求所有与矢量组$\boldsymbol{\beta}_1,\boldsymbol{\beta}_m,\cdots,\boldsymbol{\beta}_m$正交的矢量。设$\boldsymbol{\beta}_1,\boldsymbol{\beta}_m,\cdots,\boldsymbol{\beta}_m$生成的子空间为 $V_1=L(\boldsymbol{\beta}_1^{\mathrm{T}},\boldsymbol{\beta}_2^{\mathrm{T}},\cdots,\boldsymbol{\beta}_m^{\mathrm{T}})$，所有与 V_1正交的矢量的集合也形成一个子空间，称其为齐次线性方程组的解空间。根据定义，齐次线性方程组$\boldsymbol{A}x=0$ 的解空间 $N(\boldsymbol{A})$就是矩阵$\boldsymbol{A}$ 的行矢量构成的空间 V_1的正交补空间 $V_1^\perp$，V_1的维数就是矩阵$\boldsymbol{A}$ 的秩 r，解空间的维数是 $V_1^\perp$ 的维数 $n-r$，即 $n(\boldsymbol{A})=n-r$。同样，可以得到 $n(\boldsymbol{A}^{\mathrm{T}})=m-\mathrm{rank}\boldsymbol{A}^{\mathrm{T}}=m-\mathrm{rank}\boldsymbol{A}$。

因而，对 $m\times n$ 的矩阵$\boldsymbol{A}$，有 $\mathrm{rank}\boldsymbol{A}+n(\boldsymbol{A})=n$，$\mathrm{rank}\boldsymbol{A}+n(\boldsymbol{A}^{\mathrm{T}})=m$，$n(\boldsymbol{A})-n(\boldsymbol{A}^{\mathrm{T}})=n-m$。

根据定义，$R(\boldsymbol{A})$表示$\boldsymbol{A}$ 的列矢量构成的空间，则$\boldsymbol{A}$ 的行矢量构成的空间 V_1可表示为 $R(\boldsymbol{A}^{\mathrm{T}})$。因此，$N(\boldsymbol{A})=R^\perp(\boldsymbol{A}^{\mathrm{T}})$，$R(\boldsymbol{A}^{\mathrm{T}})\oplus N(\boldsymbol{A})=R^n$。

定理 4.6　对于任意矩阵 $\boldsymbol{A}=(a_{ij})_{m\times n}\in R^{m\times n}$，都有

$$N(\boldsymbol{A})=R^\perp(\boldsymbol{A}^{\mathrm{T}}),\quad R(\boldsymbol{A}^{\mathrm{T}})\oplus N(\boldsymbol{A})=R^n$$

$$N(\boldsymbol{A}^{\mathrm{T}})=R^\perp(\boldsymbol{A}),\quad R(\boldsymbol{A})\oplus N(\boldsymbol{A}^{\mathrm{T}})=R^m$$

证明：设$\boldsymbol{A}$ 的第 i 个行矢量记为$\boldsymbol{\beta}_i$，并记 $V_1=R(\boldsymbol{A}^{\mathrm{T}})=L(\boldsymbol{\beta}_1^{\mathrm{T}},\boldsymbol{\beta}_2^{\mathrm{T}},\cdots,\boldsymbol{\beta}_m^{\mathrm{T}})\subseteq R^n$。于是有

$$V_1^{\perp}=R^{\perp}(\boldsymbol{A}^{\mathrm{T}})=\{y\,|\,y\perp\boldsymbol{\beta}_i^{\mathrm{T}},i=1,2,\cdots,m)=\{y\,|\,\boldsymbol{\beta}_i y=0\}=\{y\,|\,\boldsymbol{A}y=0\} \\ =N(\boldsymbol{A}) \tag{4-8}$$

因此，$R^n=V_1\oplus V_1^{\perp}=R(\boldsymbol{A}^{\mathrm{T}})\oplus N(\boldsymbol{A})$。

由$(\boldsymbol{A}^{\mathrm{T}})^{\mathrm{T}}=\boldsymbol{A}$，可得$N(\boldsymbol{A}^{\mathrm{T}})=R^{\perp}(\boldsymbol{A}),R(\boldsymbol{A})\oplus N(\boldsymbol{A}^{\mathrm{T}})=R^m$。

对于 m 维空间 R^m中的任意 n 维子空间 $\boldsymbol{V}_1$，定理4.6给出了求其正交补空间 $\boldsymbol{V}_1^{\mathrm{T}}$的方法。设 $\boldsymbol{V}_1$的基为 $a_1,a_2,\cdots,a_n$，即 $V_1=L(a_1,a_2,\cdots,a_n)$。令 $\boldsymbol{A}=\{a_1,a_2,\cdots,a_n\}$，则 $V_1=R(\boldsymbol{A}),V_1^{\perp}=N(\boldsymbol{A}^{\mathrm{T}})$。

3）投影变换与投影矩阵

在三维直角坐标系中，称矢量$(x,y,0)$为矢量(x,y,z)沿着 Z 轴在 XOY 平面上的投影。同样，$(0,0,z)$为矢量(x,y,z)沿着 XOY 平面在 Z 轴上的投影，矢量$(x,y,z)=(z,y,0)+(0,0,z)$。

设 L 和 M 都是 R^n的子空间，并且 $L\oplus M=R^n$。由直和的定义可知，任意 $x\in R^n$都存在唯一的 $y\in L$ 和 $z\in M$，$x=y+z$，称 y 是 x 沿着 M 到 L 的投影，z 是 x 沿着 L 到 M 的投影。

定义 4.4　将任意 $x\in R^n$变为沿着 M 到 L 的投影的变换称为沿着 M 到 L 的投影算子，记为 $\boldsymbol{P}_{L,M}$，即 $\boldsymbol{P}_{L,M}\boldsymbol{x}=\boldsymbol{y}(\boldsymbol{y}\in L)$。

由定义4.4将任意 $x\in R^n$变为沿着 M 到 L 的投影的变换称为沿着 M 到 L 的投影算子，记为 $\boldsymbol{P}_{L,M}$，即 $\boldsymbol{P}_{L,M}\boldsymbol{x}=\boldsymbol{y}(\boldsymbol{y}\in L)$。知，投影算子 $\boldsymbol{P}_{L,M}$将整个空间 R^n变到子空间 L。特别地，若 $x\in L$，则 $\boldsymbol{P}_{L,M}\boldsymbol{x}=x$；若 $x\in M$，则 $\boldsymbol{P}_{L,M}\boldsymbol{x}=0$。因此，$\boldsymbol{P}_{L,M}$的值域为 $R(\boldsymbol{P}_{L,M})=L$，零空间为 M。对于任意 $x\in R^n$，$x\in M$，当且仅当 $\boldsymbol{P}_{L,M}\boldsymbol{x}=0$。

容易验证，投影算子 $\boldsymbol{P}_{L,M}$是一个线性算子，对任意矢量 $\boldsymbol{X}_1$、$\boldsymbol{X}_2\in R^n$和任意实数 λ、$\mu\in R$，都有

$$\boldsymbol{P}_{L,M}(\lambda\boldsymbol{X}_1+\mu\boldsymbol{X}_2)=\lambda\boldsymbol{P}_{L,M}\boldsymbol{X}_1+\mu\boldsymbol{P}_{L,M}\boldsymbol{X}_2 \tag{4-9}$$

根据线性代数的知识，当选定 R^n的一组基后，投影算子 $\boldsymbol{P}_{L,M}$可由 n 阶矩阵表示，称其为投影矩阵。为方便起见，投影矩阵记为 $\boldsymbol{P}_{L,M}$。

在三维欧式空间中，任意矢量 $\boldsymbol{\alpha}=(x,y,z)^{\mathrm{T}}$沿着 Z 轴在 XOY 平面的投影都为 $\boldsymbol{\alpha}'=(x,y,0)^{\mathrm{T}}$，沿着 XOY 平面在 Z 轴上的投影都为 $\boldsymbol{\alpha}''=(0,0,z)^{\mathrm{T}}$。

对于一般情况，若 $L\oplus M=R^n$，并且 $\dim L=r$，则 $\dim M=n-r$。在子空间 L 和 M 中分别取基底 $\alpha_1,\alpha_2,\cdots,\alpha_r$和 $\beta_1,\beta_2,\cdots,\beta_{n-r}$，则 $\alpha_1,\alpha_2,\cdots,\alpha_r,\beta_1,\beta_2,\cdots,\beta_{n-r}$，构成 R^n的基底。由投影矩阵的性质得 $\boldsymbol{P}_{L,M}a_i=a_i,\boldsymbol{P}_{L,M}\beta_i=0$。设矩阵 $\boldsymbol{X}=(\alpha_1,\alpha_2,\cdots,\alpha_r),\boldsymbol{Y}=(\beta_1,\beta_2,\cdots,\beta_{n-r})$，则 $\boldsymbol{P}_{L,M}[\boldsymbol{X}\vdots\boldsymbol{Y}]=[\boldsymbol{X}\vdots\boldsymbol{0}]$。由于$[\boldsymbol{X}\vdots\boldsymbol{Y}]$为满秩矩阵，因此投影矩阵 $\boldsymbol{P}_{L,M}[\boldsymbol{X}\vdots\boldsymbol{0}][\boldsymbol{X}\vdots\boldsymbol{Y}]^{-1}$。

显然，R^n空间中的投影矩阵是一个 $n\times n$ 的方阵，并且还是一个幂等矩阵，即 $\boldsymbol{P}_{L,M}=\boldsymbol{P}_{L,M}=\boldsymbol{P}_{L,M}$。

对于任意 $n\times n$ 的方阵 $\boldsymbol{A}$ 和 $\alpha\in R^n$，都有 $\boldsymbol{A}\alpha\in R(\boldsymbol{A})$。也就是说，任何矩阵 $\boldsymbol{A}$ 都将 R^n空间中的所有矢量变换到 $R(\boldsymbol{A})$子空间。那么，是否任意矩阵都是投影矩阵呢？答案显然是否定的，投影不是简单地将 R^n空间中的所有矢量都变换到某个子空间，而是要沿着某个子空间向另一个子空间投影，具有方向性。

由投影矩阵的性质知道，若矩阵 $\boldsymbol{A}$ 是投影矩阵，则对任意 $\alpha\in R(\boldsymbol{A})$都有 $\boldsymbol{A}\alpha=\alpha$。$R^n$空间中的投影矩阵一定是一个 $n\times n$ 的方阵，并且还是一个幂等矩阵。实际上，如果 $R(\boldsymbol{A})\neq R^n$，即 $R(\boldsymbol{A})$是 R^n的真子集，则矩阵 $\boldsymbol{A}$ 的秩小于 n。如果 $\boldsymbol{A}$ 为满秩矩阵，则 $\boldsymbol{A}$ 为 R^n到 R^n的投影矩阵。由于对任意 $\alpha\in R(\boldsymbol{A})$都有 $\boldsymbol{A}\alpha=\alpha$，则$(\boldsymbol{A}-\boldsymbol{I})\alpha=0$，得 $\boldsymbol{A}=\boldsymbol{I}$。因此，如果投影矩阵 $\boldsymbol{A}$ 为满秩矩阵，则 $\boldsymbol{A}$ 为单位矩阵，即 $\boldsymbol{A}=\boldsymbol{I}$。

不难证明，若矩阵 $\boldsymbol{A}$ 为幂等矩阵，则 $N(\boldsymbol{A})=R(\boldsymbol{I}-\boldsymbol{A})$，$\boldsymbol{A}$ 为沿着 $N(\boldsymbol{A})$到 $R(\boldsymbol{A})$的投影矩阵。

容易证明 $R(\boldsymbol{I}-\boldsymbol{A})\subseteq N(\boldsymbol{A})$。要证明 $R(\boldsymbol{I}-\boldsymbol{A})=N(\boldsymbol{A})$，关键需要证明 $\dim R(\boldsymbol{I}-\boldsymbol{A})=\dim N(\boldsymbol{A})$。

对任意 $x\in R(\boldsymbol{I}-\boldsymbol{A})$，都存在 $\gamma\in R^n, x=(\boldsymbol{I}-\boldsymbol{A})\gamma$。若 $\boldsymbol{A}$ 为幂等矩阵，则 $\boldsymbol{A}x=\boldsymbol{A}\gamma-\boldsymbol{A}\boldsymbol{A}\gamma=0$，得 $x\in N(\boldsymbol{A})$，因此，$R(\boldsymbol{I}-\boldsymbol{A})\subseteq N(\boldsymbol{A})$，$\dim R(\boldsymbol{A}-\boldsymbol{I})\leqslant\dim N(\boldsymbol{A})=n-\dim R(\boldsymbol{A})$，即 $\mathrm{rank}(\boldsymbol{I}-\boldsymbol{A})\leqslant n-\mathrm{rank}\boldsymbol{A}$。另外，由 $\boldsymbol{I}=\boldsymbol{A}+(\boldsymbol{I}-\boldsymbol{A})$可知 $n\leqslant\dim \boldsymbol{I}\leqslant\mathrm{rank}\boldsymbol{A}+\mathrm{rank}(\boldsymbol{I}-\boldsymbol{A})$，由此得 $\mathrm{rank}(\boldsymbol{I}-\boldsymbol{A})\geqslant n-\mathrm{rank}\boldsymbol{A}$，因此，$\mathrm{rank}(\boldsymbol{I}-\boldsymbol{A})=n-\mathrm{rank}\boldsymbol{A}$，$\dim R(\boldsymbol{I}-\boldsymbol{A})=n-\dim R(\boldsymbol{A})=\dim N(\boldsymbol{A})$。所以，$R(\boldsymbol{I}-\boldsymbol{A})=N(\boldsymbol{A})$。

为了证明 $\boldsymbol{A}$ 为沿着 $N(\boldsymbol{A})$到 $R(\boldsymbol{A})$的投影矩阵，还需要证明 $R^n=R(\boldsymbol{A})\oplus N(\boldsymbol{A})$。

首先，对任意 $x\in R^n$，都有 $x=\boldsymbol{A}x+(\boldsymbol{I}-\boldsymbol{A})x$，即 $R^n=R(\boldsymbol{A})+N(\boldsymbol{A})$。同时，对任意 $z\in R(\boldsymbol{A})\cap N(\boldsymbol{A})$，都存在 $u\in R^n, v\in R^n, z=\boldsymbol{A}u=(\boldsymbol{I}-\boldsymbol{A})v=0$，则 $z=\boldsymbol{A}u=\boldsymbol{A}^2u=\boldsymbol{A}(\boldsymbol{I}-\boldsymbol{A})v=0$，所以 $R(\boldsymbol{A})\cap N(\boldsymbol{A})=\{0\}$。因此，若 $\boldsymbol{A}$ 为幂等矩阵，则 $R(\boldsymbol{A})+N(\boldsymbol{A})$为直和，$R^n=R(\boldsymbol{A})\oplus N(\boldsymbol{A})$。

因此，矩阵 $\boldsymbol{A}$ 是投影矩阵的充要条件是 $\boldsymbol{A}$ 为幂等矩阵 $\boldsymbol{A}^2=\boldsymbol{A}$，正交投影 $\boldsymbol{P}_{L,M}, L^{\perp}=M$。

由定理 4.6 对于任意矩阵 $\boldsymbol{A}=(a_{ij})_{m\times n}\in R^{m\times n}$，都有知，若矩阵 $\boldsymbol{A}$ 是一个 $n\times n$的方阵，则 $R(\boldsymbol{A})\oplus N(\boldsymbol{A}^{\mathrm{T}})=R^n$，并且 $R^{\perp}(\boldsymbol{A})=N(\boldsymbol{A}^{\mathrm{T}})$。因此，如果 $\boldsymbol{A}$ 是正交投影矩阵，$\boldsymbol{A}$ 一定是沿着 $N(\boldsymbol{A}^{\mathrm{T}})$到 $R(\boldsymbol{A})$的投影矩阵，可以简单记

为 $\boldsymbol{P}_{R(A)}$。

如果 $\boldsymbol{A}$ 是正交投影矩阵，则 $\boldsymbol{A}$ 是幂等矩阵。对任意 $\alpha \in R^n$，都存在 $\beta \in R(\boldsymbol{A})$，$\gamma \in R^{\perp}(\boldsymbol{A})$，$\alpha=\beta+\gamma, \beta=\boldsymbol{A}\alpha, \boldsymbol{A}^{\mathrm{T}}\gamma=0$。由 β 与 γ 正交得 $(\boldsymbol{A}\alpha)^{\mathrm{T}}(\alpha-\boldsymbol{A}\alpha)=\alpha^{\mathrm{T}}\boldsymbol{A}^{\mathrm{T}}(\boldsymbol{I}-\boldsymbol{A})\alpha=0$。由于对任意 $\alpha \in R^n$ 都有 $\boldsymbol{\alpha}^{\mathrm{T}}\boldsymbol{A}^{\mathrm{T}}(\boldsymbol{I}-\boldsymbol{A})\alpha=0$，所以 $\boldsymbol{A}^{\mathrm{T}}(\boldsymbol{I}-\boldsymbol{A})=0$。$\boldsymbol{A}^{\mathrm{T}}=\boldsymbol{A}^{\mathrm{T}}\boldsymbol{A}$，由此得

$$\boldsymbol{A}^{\mathrm{T}}=\boldsymbol{A}^{\mathrm{T}}\boldsymbol{A}=(\boldsymbol{A}^{\mathrm{T}}\boldsymbol{A})^{\mathrm{T}}=(\boldsymbol{A}^{\mathrm{T}})^{\mathrm{T}}=\boldsymbol{A} \tag{4-10}$$

即 $\boldsymbol{A}$ 是一个对称矩阵。因此，若 $\boldsymbol{A}$ 是正交投影矩阵，则 $\boldsymbol{A}$ 一定是幂等对称矩阵。

反之，如果 $\boldsymbol{A}$ 是幂等对称矩阵，则由 $R(\boldsymbol{A})$ 的定义知，对任意 $\beta \in R(\boldsymbol{A})$，都存在 $\alpha \in R^n$，$\beta=\boldsymbol{A}\alpha$。所以，对任意 $\beta \in R(\boldsymbol{A})$，都有 $\boldsymbol{A}\beta=\boldsymbol{A}\boldsymbol{A}\alpha=\boldsymbol{A}\alpha=\beta$。

由 $\gamma \in N(\boldsymbol{A}^{\mathrm{T}})$ 得 $\boldsymbol{A}^{\mathrm{T}}\gamma=0$。若 $\boldsymbol{A}$ 是对称矩阵，则 $\boldsymbol{A}\gamma=0$。因此，若 $\boldsymbol{A}$ 是一个幂等对称矩阵，则 $\boldsymbol{A}$ 是沿着 $N(\boldsymbol{A}^{\mathrm{T}})$ 到 $R(\boldsymbol{A})$ 的投影矩阵。因此有定理 4.7。

定理 4.7　矩阵 $\boldsymbol{A}$ 是正交投影矩阵的充要条件是 $\boldsymbol{A}$ 为幂等对称矩阵，$\boldsymbol{A}^2=\boldsymbol{A}, \boldsymbol{A}^{\mathrm{T}}=\boldsymbol{A}$。若已知空间 L 和 M 的基为 X 和 Y，沿着 M 到 L 的投影矩阵可表示为 $\boldsymbol{P}_{L,M}=[\boldsymbol{X} \vdots \boldsymbol{0}][\boldsymbol{X} \vdots \boldsymbol{Y}]^{-1}$。对于给定的矩阵 $\boldsymbol{A}$，若 $\boldsymbol{A}$ 为列满秩矩阵，则其列矢量就是 $R(\boldsymbol{A})$ 的基。但是，为了求 $\boldsymbol{P}_{R(\boldsymbol{A})}$，还需要求 $N(\boldsymbol{A}^{\mathrm{T}})$ 的基。下面根据投影矩阵的性质，给出一种更为简洁的表达式。

给定列满秩矩阵 $\boldsymbol{A}$，到 $R(\boldsymbol{A})$ 的投影矩阵 $\boldsymbol{P}_{R(A)}$ 一定可以表示成 $\boldsymbol{AB}$ 的形式，即存在矩阵 $\boldsymbol{B}$，$\boldsymbol{P}_{R(\boldsymbol{A})}=\boldsymbol{AB}$。由 $\boldsymbol{P}_{R(\boldsymbol{A})}=\boldsymbol{A}=\boldsymbol{A}$ 可得 $\boldsymbol{ABA}=\boldsymbol{A}$。由于正交投影矩阵一定是对称矩阵 $(\boldsymbol{AB})^{\mathrm{T}}=\boldsymbol{AB}$，因此，$\boldsymbol{B}^{\mathrm{T}}\boldsymbol{A}^{\mathrm{T}}\boldsymbol{A}=\boldsymbol{A}$。如果 $\boldsymbol{A}^{\mathrm{T}}\boldsymbol{A}$ 为满秩矩阵，则 $\boldsymbol{B}^{\mathrm{T}}=\boldsymbol{A}(\boldsymbol{A}^{\mathrm{T}}\boldsymbol{A})^{-1}$，$\boldsymbol{B}=(\boldsymbol{A}^{\mathrm{T}}\boldsymbol{A})^{-1}\boldsymbol{A}^{\mathrm{T}}$，$\boldsymbol{P}_{R(\boldsymbol{A})}=\boldsymbol{A}(\boldsymbol{A}^{\mathrm{T}}\boldsymbol{A})^{-1}\boldsymbol{A}$。

实际上，若 $\boldsymbol{A}$ 为列满秩矩阵，则 $\boldsymbol{A}^{\mathrm{T}}\boldsymbol{A}$ 一定是满秩方阵。对于一般情况，有引理 4.1。

引理 4.1　对于任意矩阵 $\boldsymbol{A}$，$\mathrm{rank}(\boldsymbol{A}^{\mathrm{T}}\boldsymbol{A})=\mathrm{rank}(\boldsymbol{A})=\mathrm{rank}(\boldsymbol{A}\boldsymbol{A}^{\mathrm{T}})$。

证明：

由 $\boldsymbol{AX}=0$ 可得 $\boldsymbol{A}^{\mathrm{T}}\boldsymbol{AX}=0$；

反之，由 $\boldsymbol{A}^{\mathrm{T}}\boldsymbol{AX}=0$ 得 $\boldsymbol{X}^{\mathrm{T}}\boldsymbol{A}^{\mathrm{T}}\boldsymbol{AX}=0$，即 $(\boldsymbol{AX})^{\mathrm{T}}\boldsymbol{AX}=0$，从而 $\boldsymbol{AX}=0$。

这表明 $\boldsymbol{A}$ 和 $\boldsymbol{A}^{\mathrm{T}}\boldsymbol{A}$ 有相同的零度。又因为 $\boldsymbol{A}$ 和 $\boldsymbol{A}^{\mathrm{T}}\boldsymbol{A}$ 的列数相同，故

$$\mathrm{rank}(\boldsymbol{A}^{\mathrm{T}}\boldsymbol{A})=\mathrm{rank}(\boldsymbol{A}) \tag{4-11}$$

交换 $\boldsymbol{A}$ 和 $\boldsymbol{A}^{\mathrm{T}}$ 的位置得 $\mathrm{rank}(\boldsymbol{A}\boldsymbol{A}^{\mathrm{T}})=\mathrm{rank}(\boldsymbol{A}^{\mathrm{T}})=\mathrm{rank}(\boldsymbol{A})$

引理 4.1 对于任意矩阵 $\boldsymbol{A}$，$\mathrm{rank}(\boldsymbol{A}^{\mathrm{T}}\boldsymbol{A})=\mathrm{rank}(\boldsymbol{A})=\mathrm{rank}(\boldsymbol{A}\boldsymbol{A}^{\mathrm{T}})$。保证，若 $\boldsymbol{A}$ 是列满秩矩阵，则 $\boldsymbol{A}^{\mathrm{T}}\boldsymbol{A}$ 一定是满秩方阵；若 $\boldsymbol{A}$ 是行满秩矩阵，则 $\boldsymbol{A}\boldsymbol{A}^{\mathrm{T}}$ 一定是满秩方阵。因此有定理 4.8。

定理 4.8　对于列满秩矩阵 $\boldsymbol{A}$，$\boldsymbol{P}_{R(\boldsymbol{A})}=\boldsymbol{A}(\boldsymbol{A}^{\mathrm{T}}\boldsymbol{A})^{-1}\boldsymbol{A}$。

证明： 对于列满秩矩阵 $\boldsymbol{A}$，$\boldsymbol{A}^{\mathrm{T}}\boldsymbol{A}$ 为满秩方阵，其逆矩阵 $[\boldsymbol{A}^{\mathrm{T}}\boldsymbol{A}]^{-1}$ 存在。

显然，对任意矢量 α，$\boldsymbol{A}[\boldsymbol{A}^{\mathrm{T}}\boldsymbol{A}]^{-1}\boldsymbol{A}^{\mathrm{T}}\alpha\in R(\boldsymbol{A})$。

$(\boldsymbol{A}[\boldsymbol{A}^{\mathrm{T}}\boldsymbol{A}]^{-1}\boldsymbol{A}^{\mathrm{T}})^2=(\boldsymbol{A}[\boldsymbol{A}^{\mathrm{T}}\boldsymbol{A}]^{-1}\boldsymbol{A}^{\mathrm{T}})(\boldsymbol{A}[\boldsymbol{A}^{\mathrm{T}}\boldsymbol{A}]^{-1}\boldsymbol{A}^{\mathrm{T}})=\boldsymbol{A}[\boldsymbol{A}^{\mathrm{T}}\boldsymbol{A}]^{-1}\boldsymbol{A}^{\mathrm{T}}$，满足幂等性。

$(\boldsymbol{A}[\boldsymbol{A}^{\mathrm{T}}\boldsymbol{A}]^{-1}\boldsymbol{A}^{\mathrm{T}})^{\mathrm{T}}=\boldsymbol{A}[\boldsymbol{A}^{\mathrm{T}}\boldsymbol{A}]^{-1}\boldsymbol{A}^{\mathrm{T}}$，满足对称性。

因此，$\boldsymbol{A}[\boldsymbol{A}^{\mathrm{T}}\boldsymbol{A}]^{-1}\boldsymbol{A}^{\mathrm{T}}$为一个幂等对称矩阵，$\boldsymbol{P}_{R(\boldsymbol{A})}=\boldsymbol{A}[\boldsymbol{A}^{\mathrm{T}}\boldsymbol{A}]^{-1}\boldsymbol{A}^{\mathrm{T}}$。

定理 4.8 给出了计算投影矩阵的一种方法，给定一个列满秩矩阵 $\boldsymbol{A}$，可以得到投影矩阵 $\boldsymbol{P}_{R(\boldsymbol{A})}$。$R(\boldsymbol{A})$ 表示一个空间，可以有多种不同的基。对于相同的空间选择不同的基，其正交投影矩阵是否唯一？

假设矩阵 $\boldsymbol{B}$ 和 $\boldsymbol{C}$ 都是空间 $R(\boldsymbol{A})$ 的正交投影矩阵，则 $R(\boldsymbol{B})=R(\boldsymbol{C})=R(\boldsymbol{A})$，并且 $\boldsymbol{B}$ 和 $\boldsymbol{C}$ 都是幂等对称矩阵，满足 $\boldsymbol{BC}=\boldsymbol{C}$，$\boldsymbol{CB}=\boldsymbol{B}$。因此有 $\boldsymbol{B}=\boldsymbol{B}^{\mathrm{T}}=(\boldsymbol{CB})^{\mathrm{T}}=\boldsymbol{B}^{\mathrm{T}}\boldsymbol{C}^{\mathrm{T}}=\boldsymbol{BC}=\boldsymbol{C}$，即对于一个子空间，其正交投影矩阵是唯一的。有定理 4.9。

定理 4.9　对于任意矩阵 $\boldsymbol{A}$，投影矩阵 $\boldsymbol{P}_{R(\boldsymbol{A})}$，是唯一的。

若矩阵 $\boldsymbol{A}$ 的秩为 r，取 $\boldsymbol{A}$ 中线性无关的 r 个矢量，构成列满秩矩阵 $\boldsymbol{A}'$，显然 $R(\boldsymbol{A})=R(\boldsymbol{A}')$，由投影矩阵的唯一性，有 $\boldsymbol{P}_{R(\boldsymbol{A})}=\boldsymbol{P}_{R(\boldsymbol{A}')}$，所以 $\boldsymbol{P}_{R(\boldsymbol{A})}=\boldsymbol{A}'[\boldsymbol{A}'^{\mathrm{T}}\boldsymbol{A}']^{-1}\boldsymbol{A}'^{\mathrm{T}}$。

对于行满秩矩阵 $\boldsymbol{A}$，其转置矩阵 $\boldsymbol{A}^{\mathrm{T}}$为列满秩矩阵，因此有推论 4。

推论 4　对于行满秩矩阵 $\boldsymbol{A}$，$\boldsymbol{P}_{R(\boldsymbol{A}^{\mathrm{T}})}=\boldsymbol{A}[\boldsymbol{A}^{\mathrm{T}}\boldsymbol{A}]^{-1}\boldsymbol{A}$。

3. 正交性原理

首先，矛盾方程组 $y=\boldsymbol{Ax}$ 怎么去求解。其中，$\boldsymbol{A}=(a_1,a_2,\cdots,a_n)$ 为 $m\times n$ 的矩阵，$\boldsymbol{x}=(\xi_1,\xi_2,\cdots,\xi_n)^{\mathrm{T}}$。

若 $\boldsymbol{y}\in R(\boldsymbol{A})$，则方程有解，表示存在 $\boldsymbol{x}=(\xi_1,\xi_2,\cdots,\xi_n)^{\mathrm{T}}$下，满足 $\boldsymbol{y}=\sum_{i=1}^{n}\xi_i\alpha_i$，或者说，$\boldsymbol{y}$ 是 $a_1,a_2,\cdots,a_n$的线性组合或 $\boldsymbol{y}$ 属于 $a_1,a_2,\cdots,a_n$构成的空间 $R(\boldsymbol{A})$，$\min\limits_{\boldsymbol{x}}\|(\boldsymbol{y}-\boldsymbol{Ax})\|=0$。

若方程无解，则说明不存在 $\boldsymbol{x}=(\xi_1,\xi_2,\cdots,\xi_n)^{\mathrm{T}}$，满足 $\boldsymbol{y}=\sum_{i=1}^{n}\xi_i\alpha_i$，或者说，$\boldsymbol{y}$ 不是 $a_1,a_2,\cdots,a_n$的线性组合（$\boldsymbol{y}$ 不属于 $a_1,a_2,\cdots,a_n$构成的空间）。对于矛盾方程组，目标是求使$\|(\boldsymbol{y}-\boldsymbol{Ax})\|=(\boldsymbol{y}-\boldsymbol{Ax})^{\mathrm{T}}(\boldsymbol{y}-\boldsymbol{Ax})$最小的解，即方程的最小二乘解。

对于空间 R^m 中的任意矢量 $\boldsymbol{z}$，$\boldsymbol{z}\in R(\boldsymbol{A})$，当且仅当存在 $\boldsymbol{x}=(\xi_1,\xi_2,\cdots,\xi_n)^{\mathrm{T}}$ 下，满足 $\boldsymbol{z}=\sum_{i=1}^{n}\xi_i\alpha_i$，因此 $\|(\boldsymbol{y}-\boldsymbol{Ax})\|$ 表示了矢量 $\boldsymbol{y}$ 到 $R(\boldsymbol{A})$ 中各矢量的距离。直观上看，$\boldsymbol{y}$ 到一空间的最小距离就是 $\boldsymbol{y}$ 到其在空间上正交投影点的距离，即 $\min\limits_{\boldsymbol{x}}\|(\boldsymbol{y}-\boldsymbol{Ax})\|=\|(\boldsymbol{y}-\boldsymbol{P}_{R(\boldsymbol{A})}\boldsymbol{y})\|$。事实上，由 $\boldsymbol{P}_{R(\boldsymbol{A})}(\boldsymbol{y}-\boldsymbol{P}_{R(\boldsymbol{A})}\boldsymbol{y})=0$ 可知 $(\boldsymbol{y}-\boldsymbol{P}_{R(\boldsymbol{A})}\boldsymbol{y})\in R^{\perp}(\boldsymbol{A})$。因此，有定理 4.10 和定理 4.11。

定理 4.10 设 $\boldsymbol{A}\in R^{m\times n}$，对任意 $\boldsymbol{y}\in R^m$，$\boldsymbol{y}-\boldsymbol{P}_{R(\boldsymbol{A})}\boldsymbol{y}$ 与 $R(\boldsymbol{A})$ 都正交，即对任意 $\boldsymbol{x}\in R(\boldsymbol{A}),(\boldsymbol{y}-\boldsymbol{P}_{R(\boldsymbol{A})}\boldsymbol{y})^{\mathrm{T}}\boldsymbol{x}=0$。

定理 4.11 设 $\boldsymbol{A}\in R^{m\times n}$，对任意 $\boldsymbol{y}\in R^m$，$\min\limits_{\boldsymbol{x}}\|(\boldsymbol{y}-\boldsymbol{Ax})\|=\|(\boldsymbol{y}-\boldsymbol{P}_{R(\boldsymbol{A})}\boldsymbol{y})\|$。

证明：

因为 $\boldsymbol{y}-\boldsymbol{Ax}=(\boldsymbol{P}_{R(\boldsymbol{A})}\boldsymbol{y}-\boldsymbol{Ax})+(\boldsymbol{y}-\boldsymbol{P}_{R(\boldsymbol{A})}\boldsymbol{y})$，而 $\boldsymbol{P}_{R(\boldsymbol{A})}\boldsymbol{y}-\boldsymbol{Ax}\in R(\boldsymbol{A}),\boldsymbol{y}-\boldsymbol{P}_{R(\boldsymbol{A})}\boldsymbol{y}\in R^{\perp}(\boldsymbol{A})$。

所以 $\|\boldsymbol{y}-\boldsymbol{Ax}\|^2=\|\boldsymbol{P}_{R(\boldsymbol{A})}\boldsymbol{y}-\boldsymbol{Ax}\|^2+\|\boldsymbol{y}-\boldsymbol{P}_{R(\boldsymbol{A})}\boldsymbol{y}\|^2$。

$\|\boldsymbol{y}-\boldsymbol{Ax}\|^2$ 取最小值的充要条件为 $\boldsymbol{Ax}=\boldsymbol{P}_{R(\boldsymbol{A})}\boldsymbol{y}$。

方程 $\boldsymbol{Ax}=\boldsymbol{P}_{R(\boldsymbol{A})}\boldsymbol{y}$ 有解，记 x_0 为其解 $\boldsymbol{A}x_0=\boldsymbol{P}_{R(\boldsymbol{A})}\boldsymbol{y}$。

$\min\limits_{\boldsymbol{x}}\|(\boldsymbol{y}-\boldsymbol{Ax})\|=\|(\boldsymbol{y}-\boldsymbol{A}x_0)\|=\|(\boldsymbol{y}-\boldsymbol{P}_{R(\boldsymbol{A})}\boldsymbol{y})\|$

由定理 4.10 可知，对任意 $\boldsymbol{y}\in R^m$，$\boldsymbol{y}-\boldsymbol{P}_{R(\boldsymbol{A})}\boldsymbol{y}$ 与 $R(\boldsymbol{A})$ 都正交，即 $\boldsymbol{y}-\boldsymbol{P}_{R(\boldsymbol{A})}\boldsymbol{y}\in R^{\perp}(\boldsymbol{A})$。而由定理 4.11 可知，对任意 $\boldsymbol{y}\in R^m$，若 $x_0\in R^n$ 满足 $\|(\boldsymbol{y}-\boldsymbol{A}x_0)\|=\min\limits_{\boldsymbol{x}}\|(\boldsymbol{y}-\boldsymbol{Ax})\|$，则 $\boldsymbol{A}x_0=\boldsymbol{P}_{R(\boldsymbol{A})}\boldsymbol{y}$。因此，得到定理 4.12。

定理 4.12（正交性原理） 设 $\boldsymbol{A}\in R^{m\times n}$，对任意 $\boldsymbol{y}\in R^m$，$x_0\in R^n$ 都满足 $\|(\boldsymbol{y}-\boldsymbol{A}x_0)\|=\min\limits_{\boldsymbol{x}}\|(\boldsymbol{y}-\boldsymbol{Ax})\|$ 的充要条件为 $\boldsymbol{y}-\boldsymbol{A}x_0\in R^{\perp}(\boldsymbol{A})$。

设 $\boldsymbol{A}=(\alpha_1,\alpha_2,\cdots,\alpha_n)$，由定理 4.12（正交性原理）可知，满足 $\|(\boldsymbol{y}-\boldsymbol{A}x_0)\|=\min\limits_{\boldsymbol{x}}\|(\boldsymbol{y}-\boldsymbol{Ax})\|$ 的充要条件为对所有 $1\leqslant i\leqslant n,(\boldsymbol{y}-\boldsymbol{A}x_0)^{\mathrm{T}}\alpha_i=0$。利用该性质，若已知 $\boldsymbol{y}\in R^m$ 和矩阵 $\boldsymbol{A}$，即可求得 x_0，得到子空间 $R(\boldsymbol{A})$ 中与 $\boldsymbol{y}$ "距离" 最近的矢量 $\boldsymbol{A}x_0$，即 $\boldsymbol{y}$ 在子空间 $R(\boldsymbol{A})$ 中的投影 $\boldsymbol{P}_{R(\boldsymbol{A})}\boldsymbol{y}$。$\|(\boldsymbol{y}-\boldsymbol{A}x_0)\|$ 即 $\boldsymbol{y}$ 到 $R(\boldsymbol{A})$ 的 "最短" 距离。

若 $\boldsymbol{y}\notin R(\boldsymbol{A})$，则方程 $\boldsymbol{y}=\boldsymbol{Ax}$ 无解，为矛盾方程组。要求误差最小的解 x_0，就是求满足 $\|(\boldsymbol{y}-\boldsymbol{A}x_0)\|=\min\limits_{\boldsymbol{x}}\|(\boldsymbol{y}-\boldsymbol{Ax})\|$ 的解 x_0。所谓正交性原理，就是最小误差解的误差矢量 $\boldsymbol{y}-\boldsymbol{A}x_0$ 一定与子空间 $R(\boldsymbol{A})$ 正交。

4.1.2 最小二乘估计

该方法主要是通过线性拟合的方法来追踪噪声和干扰下量测的真实值。

1. 线性方程求解

1）相容线性方程组的通解及最小范数解

设 $\boldsymbol{A}\in R^{m\times n}, b\in R^{m}$，若 $b\in R(\boldsymbol{A})$，则称方程组 $\boldsymbol{A}x=b$ 为相容线性方程，即方程组有解。

对于相容方程，若 $m=n$，并且 $\boldsymbol{A}$ 为满秩矩阵，则有唯一解 $x=\boldsymbol{A}^{-1}b$。若 $\operatorname{rank}(\boldsymbol{A})<n$，则有无穷多个解。例如，在三维空间中，若 $\boldsymbol{A}$ 的秩为 3，则解为一个点；若 $\boldsymbol{A}$ 的秩为 2，则解的集合为一直线，是两个平面的交集；若 $\boldsymbol{A}$ 的秩为 1，则解的集合为一平面。在所有解中，范数最小的解就是到原点最近的解，最小范数就是直线（平面）到原点的距离。相容线性方程组的通解就是满足 $\boldsymbol{A}x=b$ 条件的解的一般表达式，最小范数解就是 $\|x\|$ 最小的解 x。

实际上，若 x_0 满足 $\boldsymbol{A}x_0=b$，y_0 满足 $\boldsymbol{A}y_0=0$，则 $\boldsymbol{A}(x_0+y_0)=b$，因此有引理 4.2。

引理 4.2　设 x_0 是 $\boldsymbol{A}x=b$ 的一个解，则对所有 $y\in N(\boldsymbol{A})$，$z=x_0+y$ 都是方程的解。

方程的解为一个特定的解加上零空间 $N(\boldsymbol{A})$ 中的任意矢量。实际上，若 $\boldsymbol{A}$ 的秩为 $r<m$，取 $\boldsymbol{A}=\{\alpha_1,\alpha_2,\cdots,\alpha_n\}$ 中 r 个线性无关的列矢量。不失一般性，设 $\alpha_1,\alpha_2,\cdots,\alpha_r$，线性无关，令 $x_{r+1}=x_{r+2}=\cdots x_n=0$。解方程 $[\alpha_1,\alpha_2,\cdots,\alpha_r][x_1,x_2,\cdots x_r]^{\mathrm{T}}=b$，求得唯一的解 $[x_1,x_2,\cdots x_r]^{\mathrm{T}}$。矢量 $[x_1,x_2,\cdots x_r,0,\cdots,0]^{\mathrm{T}}$ 与 $N(\boldsymbol{A})$ 中的任意矢量之和都是方程 $\boldsymbol{A}x=b$ 的解。

$N(\boldsymbol{A})$ 与 $R(\boldsymbol{A}^{\mathrm{T}})$ 正交，即 $N(\boldsymbol{A})=R^{\perp}(\boldsymbol{A}^{\mathrm{T}})$，并且 $R(\boldsymbol{A}^{\mathrm{T}})\oplus N(\boldsymbol{A})=R^{n}$。$R^{n}$ 中任意矢量 z 都可表示成 $R(\boldsymbol{A}^{\mathrm{T}})$ 中矢量 z_1 与 $N(\boldsymbol{A})$ 中矢量 z_2 之和，即 $z=z_1+z_2$。由 $\boldsymbol{A}z_2=0$ 可知，若 $\boldsymbol{A}z=b$，则一定有 $\boldsymbol{A}z_1=b$，并且 $\|z\|^2=\|z_1\|^2+\|z_2\|^2\geqslant\|z_1\|^2$。

引理 4.3　相容方程组 $\boldsymbol{A}x=b$ 的最小范数解唯一，并且这个唯一解在 $R(\boldsymbol{A}^{\mathrm{T}})$ 中。

证明： 设 $\boldsymbol{A}x=b$ 的最小范数解为 x_0。若 $x_0\notin R(\boldsymbol{A}^{\mathrm{T}})$，则存在 $y_0\in R(\boldsymbol{A}^{\mathrm{T}})$，$y_1\in N(\boldsymbol{A})$，$y_1\neq 0$，并且 $x_0=y_0+y_1$。$\|x_0\|^2=\|y_0\|^2+\|y_1\|^2>\|y_0\|^2$，$\boldsymbol{A}y_0=b$，这与 x_0 是 $\boldsymbol{A}x=b$ 的最小范数解矛盾，因此 $x_0\in R(\boldsymbol{A}^{\mathrm{T}})$。

唯一性。若存在其他 $y_0\in R(\boldsymbol{A}^{\mathrm{T}})$，$\boldsymbol{A}y_0=b$，则 $\boldsymbol{A}(x_0-y_0)=0$，即 $(x_0-y_0)\in N(\boldsymbol{A})$。而由 $y_0\in R(\boldsymbol{A}^{\mathrm{T}})$，$x_0\in R(\boldsymbol{A}^{\mathrm{T}})$ 知 $(x_0-y_0)\in R(\boldsymbol{A}^{\mathrm{T}})$，因此 $(x_0-y_0)\in R(\boldsymbol{A}^{\mathrm{T}})\cap N(\boldsymbol{A})=\{0\}$，则 $x_0=y_0$。

假设 $\boldsymbol{A}$ 为行满秩矩阵，则 $\boldsymbol{A}\boldsymbol{A}^{\mathrm{T}}$ 为满秩方阵，$\boldsymbol{P}_{R(\boldsymbol{A}^{\mathrm{T}})}=\boldsymbol{A}^{\mathrm{T}}(\boldsymbol{A}\boldsymbol{A}^{\mathrm{T}})^{-1}\boldsymbol{A}$。由 $x_0\in R(\boldsymbol{A}^{\mathrm{T}})$，得 $x_0=\boldsymbol{P}_{R(\boldsymbol{A}^{\mathrm{T}})}x_0$。若 $\boldsymbol{A}x_0=b$，则 $x_0=\boldsymbol{P}_{R(\boldsymbol{A}^{\mathrm{T}})}x_0=\boldsymbol{A}^{\mathrm{T}}(\boldsymbol{A}\boldsymbol{A}^{\mathrm{T}})^{-1}\boldsymbol{A}x_0=\boldsymbol{A}^{\mathrm{T}}(\boldsymbol{A}\boldsymbol{A}^{\mathrm{T}})^{-1}b$。这里，$x_0$ 就是要求的最小范数解。

定理 4.13　$x=\boldsymbol{B}b$ 是相容线性方 $\boldsymbol{A}x=b$ 最小范数解的充要条件为 $\boldsymbol{BA}=\boldsymbol{P}_{R(\boldsymbol{A}^{\mathrm{T}})}$。

证明：假设 $\boldsymbol{A}$ 为行满秩矩阵。

充分性：若 $\boldsymbol{BA}=\boldsymbol{P}_{R(\boldsymbol{A}^{\mathrm{T}})}$，则 $\boldsymbol{BA}=\boldsymbol{A}^{\mathrm{T}}(\boldsymbol{AA}^{\mathrm{T}})^{-1}\boldsymbol{A}$。因为方程 $\boldsymbol{A}x=b$ 为相容方程，故 $b\in R(\boldsymbol{A})$，即存在 u，满足 $b=\boldsymbol{A}u$。$x=\boldsymbol{B}b$，则 $\boldsymbol{A}x=\boldsymbol{AB}b=\boldsymbol{ABA}u=\boldsymbol{AP}_{R(\boldsymbol{A}^{\mathrm{T}})}=\boldsymbol{AA}^{\mathrm{T}}(\boldsymbol{AA}^{\mathrm{T}})^{-1}\boldsymbol{A}u=\boldsymbol{A}u=b$。所以，$x=\boldsymbol{B}b$ 为方程 $\boldsymbol{A}x=b$ 的解。

由 $\boldsymbol{BA}=\boldsymbol{P}_{R(\boldsymbol{A}^{\mathrm{T}})}$，得$(\boldsymbol{BA})^{\mathrm{T}}=\boldsymbol{BA},\boldsymbol{B}b=\boldsymbol{BA}u=(\boldsymbol{BA})^{\mathrm{T}}u=\boldsymbol{A}^{\mathrm{T}}\boldsymbol{B}^{\mathrm{T}}u\in R(\boldsymbol{A}^{\mathrm{T}})$。由最小范数解的唯一性，得 $x=\boldsymbol{B}b$ 是最小范数解。

必要性：若 $b\in R(\boldsymbol{A})$，$x=\boldsymbol{B}b$ 是相容线性方程 $\boldsymbol{A}x=b$ 的最小范数解，则由最小范数解的唯一性得 $x=\boldsymbol{A}^{\mathrm{T}}(\boldsymbol{AA}^{\mathrm{T}})^{-1}b$。因此，对所有 $b\in R(\boldsymbol{A})$，$\boldsymbol{B}b=\boldsymbol{A}^{\mathrm{T}}(\boldsymbol{AA}^{\mathrm{T}})^{-1}b$。

设 $\boldsymbol{A}=[\alpha_1,\alpha_2,\cdots,\alpha_n]$，则有 $\boldsymbol{B}\alpha_i=\boldsymbol{A}^{\mathrm{T}}(\boldsymbol{AA}^{\mathrm{T}})^{-1}\alpha_i$。因此，$\boldsymbol{BA}=\boldsymbol{A}^{\mathrm{T}}(\boldsymbol{AA}^{\mathrm{T}})^{-1}\boldsymbol{A}=\boldsymbol{P}_{R(\boldsymbol{A}^{\mathrm{T}})}$。

由正交投影矩阵的唯一性可知，若 $\boldsymbol{BA}=\boldsymbol{P}_{R(\boldsymbol{A}^{\mathrm{T}})}$，则 $\boldsymbol{BA}=\boldsymbol{A}^{\mathrm{T}}(\boldsymbol{AA}^{\mathrm{T}})^{-1}\boldsymbol{A}$。因此，$(\boldsymbol{BA})^{\mathrm{T}}=\boldsymbol{BA}$，并且 $\boldsymbol{ABA}=\boldsymbol{AA}^{\mathrm{T}}(\boldsymbol{AA}^{\mathrm{T}})^{-1}\boldsymbol{A}=\boldsymbol{A}$。反之，若$(\boldsymbol{BA})^{\mathrm{T}}=\boldsymbol{BA}$，并且 $\boldsymbol{ABA}=\boldsymbol{A}$，则 $\boldsymbol{BABA}=\boldsymbol{BA}$，矩阵 $\boldsymbol{BA}$ 为幂等对称矩阵，$\boldsymbol{BA}=\boldsymbol{P}_{R(\boldsymbol{BA})}$。由 $\boldsymbol{BA}=(\boldsymbol{BA})^{\mathrm{T}}=\boldsymbol{A}^{\mathrm{T}}\boldsymbol{B}^{\mathrm{T}}$可知，$R(\boldsymbol{BA})=R(\boldsymbol{A}^{\mathrm{T}}\boldsymbol{B}^{\mathrm{T}})$，而

$$R(\boldsymbol{A}^{\mathrm{T}})\supseteq R(\boldsymbol{A}^{\mathrm{T}}\boldsymbol{B}^{\mathrm{T}})\supseteq R(\boldsymbol{A}^{\mathrm{T}}\boldsymbol{B}^{\mathrm{T}}\boldsymbol{A}^{\mathrm{T}})=R(\boldsymbol{A}^{\mathrm{T}}) \tag{4-12}$$

因此，$R(\boldsymbol{BA})=R(\boldsymbol{A}^{\mathrm{T}}\boldsymbol{B}^{\mathrm{T}})=R(\boldsymbol{A}^{\mathrm{T}})$，$\boldsymbol{BA}=\boldsymbol{P}_{R(\boldsymbol{A}^{\mathrm{T}})}$，当且仅当$(\boldsymbol{BA})^{\mathrm{T}}=\boldsymbol{BA}$，并且 $\boldsymbol{ABA}=\boldsymbol{A}$。

同理可证，$\boldsymbol{AB}=\boldsymbol{P}_{R(\boldsymbol{A})}$的充要条件为 $\boldsymbol{ABA}=\boldsymbol{A}$，并且$(\boldsymbol{AB})^{\mathrm{T}}=\boldsymbol{AB}$。因此有引理 4.4 $\boldsymbol{BA}=\boldsymbol{P}_{R(\boldsymbol{A}^{\mathrm{T}})}$的充要条件为 $\boldsymbol{ABA}=\boldsymbol{A}$，并且$(\boldsymbol{BA})^{\mathrm{T}}=\boldsymbol{BA}$；$\boldsymbol{AB}=\boldsymbol{P}_{R(\boldsymbol{A})}$的充要条件为 $\boldsymbol{ABA}=\boldsymbol{A}$，并且$(\boldsymbol{AB})^{\mathrm{T}}=\boldsymbol{AB}$。

引理 4.4　$\boldsymbol{BA}=\boldsymbol{P}_{R(\boldsymbol{A}^{\mathrm{T}})}$的充要条件为 $\boldsymbol{ABA}=\boldsymbol{A}$，并且$(\boldsymbol{BA})^{\mathrm{T}}=\boldsymbol{BA}$；$\boldsymbol{AB}=\boldsymbol{P}_{R(\boldsymbol{A})}$的充要条件为 $\boldsymbol{ABA}=\boldsymbol{A}$，并且$(\boldsymbol{AB})^{\mathrm{T}}=\boldsymbol{AB}$。

根据定理 4.13 和引理 4.4 有如下推论。

推论 5　$\boldsymbol{x}=\boldsymbol{B}b$ 是相容线性方程 $\boldsymbol{Ax}=b$ 最小范数解的充要条件为 $\boldsymbol{ABA}=\boldsymbol{A}$，并且$(\boldsymbol{BA})^{\mathrm{T}}=\boldsymbol{BA}$。

$\boldsymbol{A}x=b$ 的最小范数解为 $x_0=\boldsymbol{A}^{\mathrm{T}}(\boldsymbol{AA}^{\mathrm{T}})^{-1}b$，则对所有 $\boldsymbol{y}\in N(\boldsymbol{A})$，$z=x_0+\boldsymbol{y}$ 都是方程的解。利用投影矩阵 $\boldsymbol{P}_{N(\boldsymbol{A})}$，相容线性方程 $\boldsymbol{Ax}=b$ 的通解可

以写成 $x=\boldsymbol{A}^{\mathrm{T}}(\boldsymbol{AA}^{\mathrm{T}})^{-1}b+\boldsymbol{P}_{N(\boldsymbol{A})}\boldsymbol{z}$，其中 $\boldsymbol{z}$ 为任意矢量。

为了计算 $\boldsymbol{P}_{N(\boldsymbol{A})}$，有定理 4.14$\boldsymbol{P}_{N(\boldsymbol{A})}=\boldsymbol{I}-\boldsymbol{P}_{R(\boldsymbol{A}^{\mathrm{T}})}$。

定理 4.14　$\boldsymbol{P}_{N(\boldsymbol{A})}=\boldsymbol{I}-\boldsymbol{P}_{R(\boldsymbol{A}^{\mathrm{T}})}$

证明：假设 $\boldsymbol{A}$ 为行满秩矩阵，则 $\boldsymbol{P}_{R(\boldsymbol{A}^{\mathrm{T}})}=\boldsymbol{A}^{\mathrm{T}}(\boldsymbol{A}\boldsymbol{A}^{\mathrm{T}})^{-1}\boldsymbol{A}$。

$$(\boldsymbol{I}-\boldsymbol{P}_{R(\boldsymbol{A}^{\mathrm{T}})})(\boldsymbol{I}-\boldsymbol{P}_{R(\boldsymbol{A}^{\mathrm{T}})})=\boldsymbol{I}-\boldsymbol{P}_{R(\boldsymbol{A}^{\mathrm{T}})}-\boldsymbol{P}_{R(\boldsymbol{A}^{\mathrm{T}})}+\boldsymbol{P}_{R(\boldsymbol{A}^{\mathrm{T}})}\boldsymbol{P}_{R(\boldsymbol{A}^{\mathrm{T}})}=\boldsymbol{I}-\boldsymbol{P}_{R(\boldsymbol{A}^{\mathrm{T}})}$$

$$(\boldsymbol{I}-\boldsymbol{P}_{R(\boldsymbol{A}^{\mathrm{T}})})^{\mathrm{T}}=\boldsymbol{I}-\boldsymbol{P}_{R(\boldsymbol{A}^{\mathrm{T}})}$$

因此，$\boldsymbol{I}-\boldsymbol{P}_{R(\boldsymbol{A}^{\mathrm{T}})}$ 为正交投影矩阵。

下面需要证明 $R(\boldsymbol{I}-\boldsymbol{P}_{R(\boldsymbol{A}^{\mathrm{T}})})=N(\boldsymbol{A})$。

对任意 $\boldsymbol{x}\in N(\boldsymbol{A})$，取 $R(\boldsymbol{A}^{\mathrm{T}})$ 中任意矢量 $\boldsymbol{y}\in R(\boldsymbol{A}^{\mathrm{T}})$，并令 $\boldsymbol{z}=\boldsymbol{x}+\boldsymbol{y}$。由 $N^{\perp}(\boldsymbol{A})=R(\boldsymbol{A}^{\mathrm{T}})$ 可知，$y=\boldsymbol{P}_{R(\boldsymbol{A}^{\mathrm{T}})}\boldsymbol{z}$。因此 $\boldsymbol{x}=\boldsymbol{z}-\boldsymbol{y}=(\boldsymbol{I}-\boldsymbol{P}_{R(\boldsymbol{A}^{\mathrm{T}})})z$ 得 $\boldsymbol{x}\in R(\boldsymbol{I}-\boldsymbol{P}_{R(\boldsymbol{A}^{\mathrm{T}})})$。

反之，对任意 $\boldsymbol{x}\in R(\boldsymbol{I}-\boldsymbol{P}_{R(\boldsymbol{A}^{\mathrm{T}})})$，都存在矢量 z 满足 $\boldsymbol{x}=(\boldsymbol{I}-\boldsymbol{P}_{R(\boldsymbol{A}^{\mathrm{T}})})\boldsymbol{z}$。因此，$\boldsymbol{A}\boldsymbol{x}=\boldsymbol{A}\boldsymbol{z}-\boldsymbol{A}\boldsymbol{P}_{R(\boldsymbol{A}^{\mathrm{T}})}\boldsymbol{z}=\boldsymbol{A}\boldsymbol{z}-\boldsymbol{A}\boldsymbol{z}=0$，得 $\boldsymbol{x}\in N(\boldsymbol{A})$。

因此，$R(\boldsymbol{I}-\boldsymbol{P}_{R(\boldsymbol{A}^{\mathrm{T}})})=N(\boldsymbol{A})$。

实际上，对于一般情况，不难验证 $\boldsymbol{P}_{M,L}=\boldsymbol{I}-\boldsymbol{P}_{L,M}$。

得到相容线性方程 $\boldsymbol{A}x=b$ 的通解 $x=\boldsymbol{A}^{\mathrm{T}}(\boldsymbol{A}\boldsymbol{A}^{\mathrm{T}})^{-1}b+\boldsymbol{P}_{N(\boldsymbol{A})}\boldsymbol{z}$，当 $z=0$ 时，即为其最小范数解。

对于方程的任何一个解 $\boldsymbol{x}=\boldsymbol{B}b$，都有定理 4.15。

定理 4.15 $x=\boldsymbol{B}b$ 为相容线性方程 $\boldsymbol{A}x=b$ 的解的充要条件为 $\boldsymbol{ABA}=\boldsymbol{A}$。

证明：设 $\boldsymbol{A}=[a_1,a_2,\cdots,a_n]$。

必要性：若 $x=\boldsymbol{B}b$ 为相容线性方程 $\boldsymbol{A}x=b$ 的解，则对任意 a_i 都有 $\boldsymbol{AB}a_i=a_i$，因此有

$$\boldsymbol{ABA}=\boldsymbol{A}$$

充分性：若矩阵 $\boldsymbol{B}$ 满足 $\boldsymbol{ABA}=\boldsymbol{A}$ 对任意 $b\in R(\boldsymbol{A})$，则存在矢量 $\boldsymbol{u}$ 满足 $b=\boldsymbol{A}\boldsymbol{u}$。因此，$\boldsymbol{AB}b=\boldsymbol{ABA}\boldsymbol{u}=\boldsymbol{A}\boldsymbol{u}=b$，即 $x=\boldsymbol{B}b$ 为相容线性方程 $\boldsymbol{A}x=b$ 的解。

综上所述，$\boldsymbol{x}=\boldsymbol{B}b$ 为相容线性方程 $\boldsymbol{A}\boldsymbol{x}=b$ 的解的充要条件为 $\boldsymbol{ABA}=\boldsymbol{A}$。

综合定理 4.15 和引理 4.4 的推论 5 可知，$\boldsymbol{x}=\boldsymbol{B}b$ 为相容线性方程 $\boldsymbol{A}x=b$ 的解的充要条件为 $\boldsymbol{ABA}=\boldsymbol{A}$，其为最小范数解的充要条件为 $\boldsymbol{ABA}=\boldsymbol{A}$，并且 $(\boldsymbol{BA})^{\mathrm{T}}=\boldsymbol{BA}$。

由 $\boldsymbol{ABA}=\boldsymbol{A}$ 得 $(\boldsymbol{AB})(\boldsymbol{AB})=\boldsymbol{AB}$，$(\boldsymbol{BA})(\boldsymbol{BA})=\boldsymbol{BA}$，即矩阵 $\boldsymbol{AB}$ 和 $\boldsymbol{BA}$ 都是幂等矩阵，因此矩阵 $\boldsymbol{AB}$ 和 $\boldsymbol{BA}$ 都是投影矩阵，但不一定是正交投影（不一定是对称矩阵）。由引理 4.4 可知，若满足 $(\boldsymbol{AB})^{\mathrm{T}}=\boldsymbol{AB}$，则 $\boldsymbol{AB}=\boldsymbol{P}_{R(\boldsymbol{A})}$。同样，若满足 $(\boldsymbol{BA})^{\mathrm{T}}=\boldsymbol{BA}$，则 $\boldsymbol{BA}=\boldsymbol{P}_{R(\boldsymbol{A}^{\mathrm{T}})}$。

2）*矛盾方程组的最小二乘解*

前面讨论了相容线性方程解的问题。设 $\boldsymbol{A}\in R^{m\times n}$，$b\in R^m$，若 $b\in R(\boldsymbol{A})$，则方程组 $\boldsymbol{A}x=b$ 有解，此时称方程为相容线性方程。若 $b\notin R(\boldsymbol{A})$，则方程无

解，此时需要求最小误差解，即求 x，使误差 $\|(b-\boldsymbol{Ax})\|$ 最小，称为最小二乘解。

由定理 4.11 可知，$\min\|(b-\boldsymbol{Ax})\|=\|(b-\boldsymbol{P}_{R(\boldsymbol{A})}b)\|$，若 $b\in R(\boldsymbol{A})$，则 $\min\limits_{x}\|(b-\boldsymbol{Ax})\|=0$。若 $b\notin R(\boldsymbol{A})$，则方程的最小二乘解 $\boldsymbol{x}$ 满足 $\boldsymbol{Ax}=\boldsymbol{P}_{R(\boldsymbol{A})}b$。

设 $c=\boldsymbol{P}_{R(\boldsymbol{A})}b$ 方程 $\boldsymbol{Ax}=c$ 为相容线性方程，由定理 4.15 可知 $\boldsymbol{x}=\boldsymbol{B}c=\boldsymbol{B}P_{R(\boldsymbol{A})}b$ 为相容线性方程 $\boldsymbol{Ax}=\boldsymbol{P}_{R(\boldsymbol{A})}b$ 的解的充要条件为 $\boldsymbol{ABA}=\boldsymbol{A}$，矩阵 $\boldsymbol{AB}$ 为到 $R(\boldsymbol{A})$ 的投影矩阵（不一定是正交投影）。因此，$\boldsymbol{ABP}_{R(\boldsymbol{A})}=\boldsymbol{P}_{R(\boldsymbol{A})}$。设方程 $\boldsymbol{Ax}=b$ 的最小二乘解为 $\boldsymbol{x}=\boldsymbol{G}b$，则 $\boldsymbol{G}=\boldsymbol{BP}_{R(\boldsymbol{A})}$，满足 $\boldsymbol{AG}=\boldsymbol{P}_{R(\boldsymbol{A})}$。

定理 4.16 设 $\boldsymbol{A}\in R^{m\times n}$，$b\in R^{m}$，$x=\boldsymbol{G}b$ 为矛盾方程组 $\boldsymbol{A}x=b$ 的最小二乘解的充要条件为 $\boldsymbol{AG}=\boldsymbol{P}_{R(\boldsymbol{A})}$。

证明： 由定理 4.11 可知，$\|\boldsymbol{A}x-b\|^2$ 取最小值的充要条件为 $\boldsymbol{A}x=\boldsymbol{P}_{R(\boldsymbol{A})}b$。

若 $x=\boldsymbol{G}b$，$\boldsymbol{AG}=\boldsymbol{P}_{R(\boldsymbol{A})}$，则 $\boldsymbol{A}x=\boldsymbol{P}_{R(\boldsymbol{A})}b$。

反之若存在矩阵 $\boldsymbol{X}\in R^{m\times n}$，对任意 b，$x=\boldsymbol{X}b$ 都满足 $\boldsymbol{A}x=\boldsymbol{P}_{R(\boldsymbol{A})}b$，则 $\boldsymbol{AX}b=\boldsymbol{P}_{R(\boldsymbol{A})}b$，$\boldsymbol{A}x=\boldsymbol{P}_{R(\boldsymbol{A})}$。

根据引理 4.4 $\boldsymbol{AG}=\boldsymbol{P}_{R(\boldsymbol{A})}$ 当且仅当 $\boldsymbol{AGA}=\boldsymbol{A}$，$(\boldsymbol{AG})^{\mathrm{T}}=\boldsymbol{AG}$。

对于矛盾方程 $\boldsymbol{A}x=b$，其最小二乘解为相容方程 $\boldsymbol{A}x=\boldsymbol{P}_{R(\boldsymbol{A})}b$ 的解。若 $\boldsymbol{A}$ 为列满秩矩阵，则解唯一，否则有多个解。这些解构成了多维空间中的一个超平面，并且该超平面上所有点的误差相同，都使 $\|\boldsymbol{A}x-b\|^2$ 达到最小。与相容方程类似，其最小范数解唯一，满足 $x=\boldsymbol{BP}_{R(\boldsymbol{A})}\in R(\boldsymbol{A}^{\mathrm{T}})$。

设 $x=\boldsymbol{G}b$ 为矛盾方程组的最小范数最小二乘解，$\boldsymbol{G}=\boldsymbol{BP}_{R(\boldsymbol{A})}$，则其满足 $\boldsymbol{AGA}=\boldsymbol{A}$，$(\boldsymbol{AG})^{\mathrm{T}}=\boldsymbol{AG}$，并且矩阵 $\boldsymbol{B}$ 满足 $\boldsymbol{ABA}=\boldsymbol{A}$，$(\boldsymbol{AB})^{\mathrm{T}}=\boldsymbol{AB}$。由于又是最小范数解，则必有 $x_0\in R(\boldsymbol{A}^{\mathrm{T}})$，$(\boldsymbol{BA})^{\mathrm{T}}=\boldsymbol{BA}$。因此，$\boldsymbol{GA}=\boldsymbol{BP}_{R(\boldsymbol{A})}\boldsymbol{A}=\boldsymbol{BA}$，$(\boldsymbol{GA})^{\mathrm{T}}=(\boldsymbol{BA})^{\mathrm{T}}=\boldsymbol{BA}=\boldsymbol{BP}_{R(\boldsymbol{A})}\boldsymbol{A}=\boldsymbol{GA}$，由此可得 $\boldsymbol{GAG}=\boldsymbol{BAG}=\boldsymbol{BP}_{R(\boldsymbol{A})}=\boldsymbol{G}$。根据引理 4.4 $\boldsymbol{BA}=\boldsymbol{P}_{R(\boldsymbol{A}^{\mathrm{T}})}$ 的充要条件为 $\boldsymbol{ABA}=\boldsymbol{A}$，并且 $(\boldsymbol{BA})^{\mathrm{T}}=\boldsymbol{BA}$；$\boldsymbol{AB}=\boldsymbol{P}_{R(\boldsymbol{A})}$ 的充要条件为 $\boldsymbol{ABA}=\boldsymbol{A}$，并且 $(\boldsymbol{AB})^{\mathrm{T}}=\boldsymbol{AB}$。可知，$\boldsymbol{GA}=\boldsymbol{P}_{R(G)}$ 的充要条件为 $\boldsymbol{GAG}=\boldsymbol{G}$，并且 $(\boldsymbol{GA})^{\mathrm{T}}=\boldsymbol{GA}$。

定理 4.17 设 $\boldsymbol{A}\in R^{m\times n}$，$b\in R^{m}$，$x=\boldsymbol{G}b$ 为矛盾方程组 $\boldsymbol{A}x=b$ 的最小范数最小二乘解的充要条件为 $\boldsymbol{AG}=\boldsymbol{P}_{R(\boldsymbol{A})}$，并且 $\boldsymbol{GA}=\boldsymbol{P}_{R(\boldsymbol{A})}$。

证明： 充分性：若 $\boldsymbol{AG}=\boldsymbol{P}_{R(\boldsymbol{A})}$，并且 $\boldsymbol{GA}=P_{R(\boldsymbol{G})}$，则 $x=\boldsymbol{G}b$ 为矛盾方程组 $\boldsymbol{A}x=b$ 的最小范数最小二乘解。

若 $\boldsymbol{AG}=\boldsymbol{P}_{R(\boldsymbol{A})}$，则由定理 4.16 可知，$x=\boldsymbol{G}b$ 为矛盾方程组 $\boldsymbol{A}x=b$ 的最小二乘解，并且满足 $\boldsymbol{AGA}=\boldsymbol{A}$，$(\boldsymbol{AG})^{\mathrm{T}}=\boldsymbol{AG}$。

由引理 4.3 相容方程组 $\boldsymbol{A}x=b$ 的最小范数解唯一，并且这个唯一解在

$R(\boldsymbol{A}^{\mathrm{T}})$中，可知，$x=\boldsymbol{G}b$ 为最小范数解的充要条件为 $x\in R(\boldsymbol{A}^{\mathrm{T}})$。

由 $\boldsymbol{GA}=\boldsymbol{P}_{R(G)}$ 可知，$\boldsymbol{GAG}=\boldsymbol{G}$，并且$(\boldsymbol{AG})^{\mathrm{T}}=\boldsymbol{AG}$。因此，

$$R(\boldsymbol{G})=R(\boldsymbol{GAG})=R(\boldsymbol{A}^{\mathrm{T}}\boldsymbol{G}^{\mathrm{T}}\boldsymbol{G})\subseteq R(\boldsymbol{A}^{\mathrm{T}}) \tag{4-13}$$

$$R(\boldsymbol{A}^{\mathrm{T}})=R((\boldsymbol{AGA})^{\mathrm{T}})=R((\boldsymbol{GA})^{\mathrm{T}}\boldsymbol{A}^{\mathrm{T}})=R(\boldsymbol{GGA}^{\mathrm{T}})\subseteq R(\boldsymbol{G}) \tag{4-14}$$

由此得 $R(\boldsymbol{G})=R(\boldsymbol{A}^{\mathrm{T}})$，$x=\boldsymbol{G}b\in R(\boldsymbol{G})=R(\boldsymbol{A}^{\mathrm{T}})$。

因此，$x=\boldsymbol{G}b$ 为矛盾方程组 $\boldsymbol{A}x=b$ 的最小范数最小二乘解。

必要性：若 $x=\boldsymbol{G}b$ 为矛盾方程组 $\boldsymbol{A}x=b$ 的最小范数最小二乘解，则 $\boldsymbol{AG}=\boldsymbol{P}_{R(\boldsymbol{A})}$，并且 $\boldsymbol{GA}=\boldsymbol{P}_{R(\boldsymbol{G})}$。

由定理 4.16 可知，若 $x=\boldsymbol{G}b$ 为矛盾方程组 $\boldsymbol{A}x=b$ 的最小二乘解，则 $\boldsymbol{AG}=\boldsymbol{P}_{R(\boldsymbol{A})}$，并由此得 $\boldsymbol{AGA}=\boldsymbol{A}$，$(\boldsymbol{AG})^{\mathrm{T}}=\boldsymbol{AG}$。

对任意 $x\in R(\boldsymbol{G})$，都存在矢量 $\boldsymbol{b}$ 满足 $x=\boldsymbol{G}\boldsymbol{b}$。因为对任意 b，$x=\boldsymbol{G}b$ 都是矛盾方程组 $\boldsymbol{A}x=b$ 的最小范数最小二乘解，因此 $x\in R(\boldsymbol{A}^{\mathrm{T}})$。所以，$R(\boldsymbol{G})\subseteq R(\boldsymbol{A}^{\mathrm{T}})$。

另外，$R(\boldsymbol{A}^{\mathrm{T}})=R(\boldsymbol{GA})\subseteq R(\boldsymbol{G})$。

因此，$R(\boldsymbol{G})=R(\boldsymbol{A}^{\mathrm{T}})$。

所以，若 $x=\boldsymbol{G}b$ 为矛盾方程组 $\boldsymbol{A}x=b$ 的最小范数最小二乘解，则必有 $\boldsymbol{GA}=\boldsymbol{P}_{R(\boldsymbol{A}^{\mathrm{T}})}=\boldsymbol{P}_{R(\boldsymbol{G})}$。

若 $\boldsymbol{A}$ 为满秩矩阵，则方程 $\boldsymbol{A}x=b$ 有唯一解，$x=\boldsymbol{A}^{-1}b$，并且满足 $\boldsymbol{AA}^{-1}=\boldsymbol{AA}=\boldsymbol{I}$。对于满秩矩阵 $\boldsymbol{A}$，其投影矩阵 $\boldsymbol{P}_{R(\boldsymbol{A})}=\boldsymbol{P}_{R(\boldsymbol{A}^{\mathrm{T}})}=\boldsymbol{I}$，为单位阵 $\boldsymbol{I}$。因此，满足条件 $\boldsymbol{AG}=\boldsymbol{P}_{R(\boldsymbol{A})}$，$\boldsymbol{GA}=\boldsymbol{P}_{R(\boldsymbol{G})}$ 的矩阵 $\boldsymbol{G}$ 可以看成逆矩阵的推广，称为广义逆矩阵，可适用于更一般情况下的线性方程组求解。

2. 广义逆矩阵与线性方程组

定义 4.5　设矩阵 $\boldsymbol{A}\in R^{m\times n}$，若矩阵 $\boldsymbol{B}\in R^{m\times n}$ 满足 $\boldsymbol{AB}=\boldsymbol{P}_{R(\boldsymbol{A})}$，$\boldsymbol{BA}=\boldsymbol{P}_{R(\boldsymbol{B})}$，则称 $\boldsymbol{B}$ 为 Moore 广义逆矩阵，记为 $\boldsymbol{A}^{+}$。

若 $\boldsymbol{B}=\boldsymbol{A}^{+}$，则$(\boldsymbol{BA})^{\mathrm{T}}=\boldsymbol{BA}$，并且 $\boldsymbol{ABA}=\boldsymbol{P}_{R(\boldsymbol{A})}\boldsymbol{A}=\boldsymbol{A}$，由引理 4.4 可知，$\boldsymbol{AB}=\boldsymbol{P}_{R(\boldsymbol{A})}$。

引理 4.5　若 $\boldsymbol{B}=\boldsymbol{A}^{+}$，则 $R(\boldsymbol{B})=R(\boldsymbol{A}^{\mathrm{T}})$，$\boldsymbol{BA}=\boldsymbol{P}_{R(\boldsymbol{A}^{\mathrm{T}})}$。

不难验证，$\boldsymbol{AB}=\boldsymbol{P}_{R(\boldsymbol{A})}$ 当且仅当 $\boldsymbol{ABA}=\boldsymbol{A}$，$(\boldsymbol{AB})^{\mathrm{T}}=\boldsymbol{AB}$；$\boldsymbol{BA}=\boldsymbol{P}_{R(\boldsymbol{B})}$ 当且仅当 $\boldsymbol{BAB}=\boldsymbol{B}$，$(\boldsymbol{BA})^{\mathrm{T}}=\boldsymbol{BA}$。

定理 4.18　矩阵 $\boldsymbol{B}=\boldsymbol{A}^{+}$ 当且仅当满足如下 4 个彭罗斯方程

$$\boldsymbol{ABA}=\boldsymbol{A}\,(\mathrm{i})$$

$$\boldsymbol{BAB}=\boldsymbol{B}\,(\mathrm{ii})$$

$$(\boldsymbol{AB})^{\mathrm{T}}=\boldsymbol{AB}\,(\mathrm{iii})$$

$$(BA)^{\mathrm{T}}=BA \text{(iv)}$$

证明：充分性：若矩阵 B 满足 4 个彭罗斯方程，则 $B=A^{+}$。

若矩阵 B 满足 4 个彭罗斯方程，由性质（i）和（iii）可得，$(AB)^2=ABAB=AB$，$(AB)^{\mathrm{T}}=AB$，所以矩阵 AB 为正交投影矩阵 $P_{R(AB)}$。

因为，$R(A)\supseteq R(AB)\supseteq R(ABA)=R(A)$，所以 $R(AB)=R(A)$。因此，$AB=P_{R(A)}$。

同理，由性质（ii）和（iv）可得 $BA=P_{R(B)}$。

必要性：若矩阵 $B=A^{+}$，则 B 满足 4 个彭罗斯方程。

由 $AB=P_{R(A)}$，$BA=P_{R(B)}$ 可得，矩阵 AB 和 BA 为幂等对称矩阵 $(AB)^{\mathrm{T}}=AB$，$(BA)^{\mathrm{T}}=BA$，并且

$$ABA=P_{R(A)}A=A \tag{4-15}$$

$$BAB=P_{R(B)}B=B \tag{4-16}$$

因此，B 满足彭罗斯方程（i）~（iv）。

满足 4 个彭罗斯方程的广义逆矩阵又称 A 的 Moor 彭罗斯逆，两个定义等价。若 A 是满秩方阵，则 A^{-1} 满足条件 i ~ iv，广义逆矩阵可以看成逆矩阵的推广。

若矩阵 B 满足彭罗斯方程中的部分条件，如条件 $i,j,\cdots,l(1\leqslant i,j,\cdots,l\leqslant 4)$，则称 B 为矩阵 A 的 $\{i,j,\cdots,l\}$-逆，记为 $A^{(i,j,\cdots,l)}$。A^{+}满足所有 4 个条件，因此 $A^{+}=A^{(1,2,3,4)}$，

若矩阵 B 和 C 都是矩阵 A 的 Moore 广义逆矩阵，满足 $AB=P_{R(A)}$，$BA=P_{R(B)}$，并且 $AC=P_{R(A)}$，$CA=P_{R(C)}$。由引理 4.4 可知 $P_{R(B)}=P_{R(C)}=P_{R(A^{\mathrm{T}})}$，因此

$$B=P_{R(B)}B=P_{R(C)}B=CBA=CP_{R(A)}=CBC=P_{R(C)}C=C \tag{4-17}$$

因此，对于矩阵 A 的广义逆矩阵，$A^{+}=A^{(1,2,3,4)}$ 是唯一的。但定，其他各种广义逆矩阵 $A^{(i,j,\cdots,l)}$ 并不唯一，$A^{(i,j,\cdots,l)}$ 的全体记为 $A\{i,j,\cdots,l\}$。

结论总结如下：

（1）$x=Bb$ 为相容线性方程 $Ax=b$ 的解的充要条件为 $ABA=A$，即 $B\in A\{1\}$；

（2）$x=Bb$ 是相容线性方程 $Ax=b$ 最小范数解的充要条件为 $ABA=A$，并且 $(BA)^{\mathrm{T}}=BA$，即 $B\in A\{1,4\}$，$BA=P_{R(A^{\mathrm{T}})}$；

（3）$x=Bb$ 为矛盾方程组 $Ax=b$ 的最小二乘解的充要条件为 $ABA=A$，$(AB)^{\mathrm{T}}=AB$，即 $B\in A\{1,3\}$，$AB=P_{R(A)}$；

（4）$x=Bb$ 为矛盾方程组 $Ax=b$ 的最小范数最小二乘解的充要条件为 $B=A^{+}$，$BA=P_{R(A^{\mathrm{T}})}$。

若矩阵的秩等于列数（行数），称矩阵为列（行）满秩矩阵。显然，列（行）满秩矩阵的行数（列数）不小于列数（行数）。作为总结，定理 4.19 给出了广义逆矩阵 $\boldsymbol{A}^{+}$的表达式。

定理 4.19　对于列满秩矩阵 $\boldsymbol{A}$，$\boldsymbol{A}^{+}=[\boldsymbol{A}^{\mathrm{T}}-\boldsymbol{A}]^{-1}\boldsymbol{A}^{\mathrm{T}}$，对于行满秩矩阵 $\boldsymbol{A}$，$\boldsymbol{A}^{+}=\boldsymbol{A}^{\mathrm{T}}[\boldsymbol{A}\boldsymbol{A}^{\mathrm{T}}]^{-1}$。

证明：对于列满秩矩阵 $\boldsymbol{A}$，$\boldsymbol{A}^{\mathrm{T}}\boldsymbol{A}$ 为满秩方阵，$[\boldsymbol{A}^{\mathrm{T}}\boldsymbol{A}]^{-1}$存在，并且满足

$$\boldsymbol{A}([\boldsymbol{A}^{\mathrm{T}}\boldsymbol{A}]^{-1}\boldsymbol{A}^{\mathrm{T}})\boldsymbol{A}=\boldsymbol{A}(\mathrm{i})$$

$$([\boldsymbol{A}^{\mathrm{T}}-\boldsymbol{A}]^{-1}\boldsymbol{A}^{\mathrm{T}})\boldsymbol{A}([\boldsymbol{A}^{\mathrm{T}}\boldsymbol{A}]^{-1}\boldsymbol{A}^{\mathrm{T}})=[\boldsymbol{A}^{\mathrm{T}}\boldsymbol{A}]^{-1}\boldsymbol{A}^{\mathrm{T}}(\mathrm{ii})$$

$$[\boldsymbol{A}([\boldsymbol{A}^{\mathrm{T}}\boldsymbol{A}]^{-1}\boldsymbol{A}^{\mathrm{T}})]^{\mathrm{T}}=\boldsymbol{A}([\boldsymbol{A}^{\mathrm{T}}\boldsymbol{A}]^{-1}\boldsymbol{A}^{\mathrm{T}})(\mathrm{iii})$$

$$[([\boldsymbol{A}^{\mathrm{T}}\boldsymbol{A}]^{-1}\boldsymbol{A}^{\mathrm{T}})\boldsymbol{A}]^{\mathrm{T}}=([\boldsymbol{A}^{\mathrm{T}}\boldsymbol{A}]^{-1}\boldsymbol{A}^{\mathrm{T}})\boldsymbol{A}(\mathrm{iv})$$

因此，$\boldsymbol{A}^{+}=[\boldsymbol{A}^{\mathrm{T}}\boldsymbol{A}]^{-1}\boldsymbol{A}^{\mathrm{T}}$；

同理可证，对于行满秩矩阵 $\boldsymbol{A}$，$\boldsymbol{A}^{+}=\boldsymbol{A}^{\mathrm{T}}[\boldsymbol{A}\boldsymbol{A}^{\mathrm{T}}]^{-1}$。

对于列满秩矩阵 $\boldsymbol{A}$，若 $b\in R(\boldsymbol{A})$，则相容方程 $\boldsymbol{A}x=b$ 有唯一解 $x=[\boldsymbol{A}^{\mathrm{T}}\boldsymbol{A}]^{-1}\boldsymbol{A}^{\mathrm{T}}b$；若 $b\notin R(\boldsymbol{A})$，则 $x=[\boldsymbol{A}^{\mathrm{T}}\boldsymbol{A}]^{-1}\boldsymbol{A}^{\mathrm{T}}b$ 为矛盾方程 $\boldsymbol{A}x=b$ 的唯一最小二乘解。

对于行满秩矩阵 $\boldsymbol{A}$，若 $b\in R(\boldsymbol{A})$，则相容方程 $\boldsymbol{A}x=b$ 有多个解，$x=[\boldsymbol{A}^{\mathrm{T}}\boldsymbol{A}]^{-1}\boldsymbol{A}^{\mathrm{T}}b$为其最小范数解；若 $b\notin R(\boldsymbol{A})$，矛盾方程 $\boldsymbol{A}x=b$ 有多个最小二乘解，$x=[\boldsymbol{A}^{\mathrm{T}}\boldsymbol{A}]^{-1}\boldsymbol{A}^{\mathrm{T}}b$ 为最小范数最小二乘解。

3. 加权最小二乘估计

最小二乘（least squares，LS）估计由德国数学家高斯首先提出[4]，目前被广泛应用于科学和工程技术领域。假设系统的测量方程为

$$z=\boldsymbol{H}\boldsymbol{x}+v \tag{4-18}$$

式中：z 为 $m\times1$ 的维矩阵；$\boldsymbol{H}$ 为 $m\times n$ 维矩阵；v 为白噪声，且 $E(v)=0$，$E(vv^{\mathrm{T}})=\boldsymbol{R}$。加权最小二乘（weighted least squares，WLS）估计的指标是：使测量值 z 与估计$\hat{\boldsymbol{x}}$确定的量测量估计$\hat{z}=\boldsymbol{H}\hat{\boldsymbol{x}}$之差的平方和最小，即

$$\boldsymbol{J}(\hat{\boldsymbol{x}})=(z-\boldsymbol{H}\hat{\boldsymbol{x}})^{\mathrm{T}}\boldsymbol{W}(z-\boldsymbol{H}\hat{\boldsymbol{x}})=\min \tag{4-19}$$

式中：$\boldsymbol{W}$ 为正定的权值矩阵。不难看出，当 $\boldsymbol{W}=\boldsymbol{I}$ 时，式（4- 19）就是一般的最小二乘估计。要使式（4- 19）成立，则必须满足

$$\frac{\partial J(\hat{\boldsymbol{x}})}{\partial\hat{\boldsymbol{x}}}=-\boldsymbol{H}^{\mathrm{T}}(\boldsymbol{W}+\boldsymbol{W}^{\mathrm{T}})(z-\boldsymbol{H}\hat{\boldsymbol{x}})$$

由此可以解得加权最小二乘估计为

$$\hat{\boldsymbol{x}}_{\mathrm{WLS}}=[\boldsymbol{H}^{\mathrm{T}}(\boldsymbol{W}+\boldsymbol{W}^{\mathrm{T}})\boldsymbol{H}]^{-1}\boldsymbol{H}^{\mathrm{T}}(\boldsymbol{W}+\boldsymbol{W}^{\mathrm{T}})z$$

由于正定加权矩阵 $\boldsymbol{W}$ 也是对称矩阵，即 $\boldsymbol{W}=\boldsymbol{W}^{\mathrm{T}}$，所以加权最小二乘估

计为

$$\hat{\boldsymbol{x}}_{\mathrm{WLS}}=[\boldsymbol{H}^{\mathrm{T}}\boldsymbol{W}\boldsymbol{H}]^{-1}\boldsymbol{H}^{\mathrm{T}}\boldsymbol{W}\boldsymbol{z} \tag{4-20}$$

加权最小二乘误差为

$$\begin{aligned}\tilde{\boldsymbol{x}}=\hat{\boldsymbol{x}}_{\mathrm{WLS}}-\boldsymbol{x}&=(\boldsymbol{H}^{\mathrm{T}}\boldsymbol{W}\boldsymbol{H})^{-1}\boldsymbol{H}^{\mathrm{T}}\boldsymbol{W}\boldsymbol{H}\boldsymbol{x}-(\boldsymbol{H}^{\mathrm{T}}\boldsymbol{W}\boldsymbol{H})^{-1}\boldsymbol{H}^{\mathrm{T}}\boldsymbol{W}\boldsymbol{z}\\&=(\boldsymbol{H}^{\mathrm{T}}\boldsymbol{W}\boldsymbol{H})^{-1}\boldsymbol{H}^{\mathrm{T}}\boldsymbol{W}(\boldsymbol{H}\boldsymbol{x}-\boldsymbol{z})\\&=-(\boldsymbol{H}^{\mathrm{T}}\boldsymbol{W}\boldsymbol{H})^{-1}\boldsymbol{H}^{\mathrm{T}}\boldsymbol{W}\boldsymbol{v}\end{aligned}$$

若 $E(\boldsymbol{v})=0$，$\mathrm{cov}(\boldsymbol{v})=\boldsymbol{R}$ 则

$$E(\tilde{\boldsymbol{x}}\tilde{\boldsymbol{x}}^{\mathrm{T}})=(\boldsymbol{H}^{\mathrm{T}}\boldsymbol{W}\boldsymbol{H})^{-1}\boldsymbol{H}^{\mathrm{T}}\boldsymbol{W}\boldsymbol{R}\boldsymbol{W}^{\mathrm{T}}\boldsymbol{H}(\boldsymbol{H}^{\mathrm{T}}\boldsymbol{W}\boldsymbol{H})^{-1} \tag{4-21}$$

式（4-21）表明加权最小二乘估计是无偏估计，且可得到估计误差方差为

$$E(\tilde{\boldsymbol{x}}\tilde{\boldsymbol{x}}^{\mathrm{T}})=(\boldsymbol{H}^{\mathrm{T}}\boldsymbol{W}\boldsymbol{H})^{-1}\boldsymbol{H}^{\mathrm{T}}\boldsymbol{W}\boldsymbol{R}\boldsymbol{W}^{\mathrm{T}}\boldsymbol{H}(\boldsymbol{H}^{\mathrm{T}}\boldsymbol{W}\boldsymbol{H})^{-1}$$

如果满足 $\boldsymbol{W}=\boldsymbol{R}^{-1}$，则加权最小二乘估计变为

$$\begin{cases}\hat{\boldsymbol{x}}_{\mathrm{WLS}}=(\boldsymbol{H}^{\mathrm{T}}\boldsymbol{R}^{-1}\boldsymbol{H})^{-1}\boldsymbol{H}^{\mathrm{T}}\boldsymbol{R}^{-1}\boldsymbol{z}\\E(\tilde{\boldsymbol{x}}\tilde{\boldsymbol{x}}^{\mathrm{T}})=(\boldsymbol{H}^{\mathrm{T}}\boldsymbol{R}^{-1}\boldsymbol{H})^{-1}\end{cases} \tag{4-22}$$

只有当 $\boldsymbol{W}=\boldsymbol{R}^{-1}$时，加权最小二乘估计的均方差误差才能达到最小值。

综上所述可以看出，当 $\boldsymbol{W}=\boldsymbol{I}$ 时，最小二乘估计为使总体的偏差达到最小，兼顾了所有的量测误差，但其缺点在于其不分优劣地使用了各量测值。如果可以知道不同量测值之间的质量，那么可以采用加权的思想区别对待各量测值，也就是说，质量比较高的量测值所取权重较大，而质量较差的量测值权重取值较小，这就是加权最小二乘估计。

4. 最佳线性无偏最小方差估计

设 $\boldsymbol{a}\in\boldsymbol{R}^{n}$，$\boldsymbol{B}\in\boldsymbol{R}^{n\times(Nm)}$，对参数 $\boldsymbol{x}$ 的估计表示为量测信息 z 的线性函数

$$\hat{\boldsymbol{x}}=\boldsymbol{a}+\boldsymbol{B}\boldsymbol{z} \tag{4-23}$$

则称之为线性估计；进而如果估计误差的均方值达到最小，则称之为线性最小方差估计；如果估计还是无偏的，则称为线性无偏最小方差估计。

这种线性无偏最小方差估计在多源数据融合领域一般称为最佳线性无偏估计（best linear unbiased estimation，BLUE）。

设参数 $\boldsymbol{x}$ 和测量信息 z 是任意分布，z 的协方差阵 $\boldsymbol{R}_{zx}$ 非奇异，则利用测量信息 z 对参数 $\boldsymbol{x}$ 的 BLUE 唯一地表示为

$$\hat{\boldsymbol{x}}_{\mathrm{BLUE}}=E^{*}(\boldsymbol{x}\mid z)=\bar{\boldsymbol{x}}+\boldsymbol{R}_{xz}\boldsymbol{R}_{zz}^{-1}\boldsymbol{R}_{zx}(z-\bar{z}) \tag{4-24}$$

此处 $E^{*}(\cdot\mid\cdot)$ 只是一个记号，不表示条件期望；而估计误差的协方差阵为

$$\boldsymbol{P}=\mathrm{cov}(\tilde{\boldsymbol{x}})=\boldsymbol{R}_{xx}-\boldsymbol{R}_{xz}\boldsymbol{R}_{zz}^{-1}\boldsymbol{R}_{zx} \tag{4-25}$$

证明： 分两个步骤证明。

（1）因为线性估计是无偏的，所以有 $\bar{\boldsymbol{x}}=E(\boldsymbol{x})=E(\hat{\boldsymbol{x}})=\boldsymbol{a}+\boldsymbol{B}E(z)=\boldsymbol{a}+\boldsymbol{B}\bar{z}$，

从而有 $\boldsymbol{a}=\bar{\boldsymbol{x}}-\boldsymbol{B}\bar{z}$；于是，线性无偏估计可以表示为：$\hat{\boldsymbol{x}}_{\mathrm{BLUE}}=\bar{\boldsymbol{x}}+\boldsymbol{B}(z-\bar{z})$。

（2）因为 $E(\widetilde{\boldsymbol{x}})=E(\boldsymbol{x}-\hat{\boldsymbol{x}}_{\mathrm{BLUE}})=\boldsymbol{B}(\bar{z}-\bar{z})=0$，则估计误差的协方差阵为

$$\begin{aligned}\mathrm{cov}(\widetilde{\boldsymbol{x}})&=E(\hat{\boldsymbol{x}}\hat{\boldsymbol{x}}^{\mathrm{T}})=E\{[(\boldsymbol{x}-\bar{\boldsymbol{x}})-\boldsymbol{B}(z-\bar{z})][(\boldsymbol{x}-\bar{\boldsymbol{x}})-\boldsymbol{B}(z-\bar{z})]^{\mathrm{T}}\}\\&=\boldsymbol{R}_{xx}-\boldsymbol{B}\boldsymbol{R}_{zx}-\boldsymbol{R}_{xz}\boldsymbol{B}^{\mathrm{T}}+\boldsymbol{B}\boldsymbol{R}_{zz}\boldsymbol{B}^{\mathrm{T}}\\&=(\boldsymbol{B}-\boldsymbol{R}_{xz}\boldsymbol{R}_{zz}^{-1})\boldsymbol{R}_{zz}(\boldsymbol{B}-\boldsymbol{R}_{xz}\boldsymbol{R}_{zz}^{-1})^{\mathrm{T}}+\boldsymbol{R}_{xx}-\boldsymbol{R}_{xz}\boldsymbol{R}_{zz}^{-1}\boldsymbol{R}_{zx}\end{aligned}$$

为使方差最小，当且仅当上式第一项为零，即 $\boldsymbol{B}=\boldsymbol{R}_{xz}\boldsymbol{R}_{zz}^{-1}$，从而使式（4-24）和式（4-25）得证。

4.2　滤波器理论

4.2.1　卡尔曼滤波

为了精准跟踪目标状态变化，卡尔曼滤波可利用传感器量测模型和目标运动模型，在已知当前目标状态的基础上，实现最小误差的目标跟踪。

1. 离散时间线性系统模型

在讨论系统的估计问题时，可以用下式来描述一个离散时间线性系统的状态转换

$$\boldsymbol{X}_{k+1}=\boldsymbol{F}_k\boldsymbol{X}_k+\boldsymbol{\Phi}_k\boldsymbol{U}_k+\boldsymbol{\Gamma}_k\boldsymbol{W}_k \tag{4-26}$$

式中：$\boldsymbol{X}_k\in\boldsymbol{R}^n$ 为 k 时刻系统的状态矢量；$\boldsymbol{F}_k\in\boldsymbol{R}^{n\times n}$ 为系统从 k 时刻到 $k+1$ 时刻的状态转移矩阵；$\boldsymbol{U}_k\in\boldsymbol{R}^n(\boldsymbol{U}\in\boldsymbol{R})$ 为 k 时刻的输入控制信号；$\boldsymbol{\Phi}_k\in\boldsymbol{R}^{n\times n}$ 为与之对应的加权矩阵，在没有输入控制信号时，这一项为 0；$\boldsymbol{W}_k\in\boldsymbol{R}^m$ 为 k 时刻的过程演化噪声，它是一个 m 维零均值的白色高斯噪声序列；$\boldsymbol{\Gamma}_k\in\boldsymbol{R}^{n\times m}$ 为与之对应的分布矩阵，且该噪声序列是一个独立过程，其协方差阵为 $\boldsymbol{Q}_k\in\boldsymbol{R}^{n\times n}$，即 $E[\boldsymbol{W}_k\boldsymbol{W}_k^{\mathrm{T}}]=\boldsymbol{Q}_k\delta_{i.j}$，其中 $\delta_{i.j}$ 为克罗内克函数。

系统的量测方程可以用式（4-27）表示

$$\boldsymbol{Z}_k=\boldsymbol{H}_k\boldsymbol{X}_k+\boldsymbol{V}_k \tag{4-27}$$

式中：$\boldsymbol{Z}_k\in\boldsymbol{R}^n$ 为 k 时刻系统的量测矢量；$\boldsymbol{H}_k\in\boldsymbol{R}^{n\times n}$ 为系统 k 时刻的量测矩阵；$\boldsymbol{V}_k\in\boldsymbol{R}^n$ 为 k 时刻的量测噪声，是一个零均值的白色高斯噪声序列，同样，也是一个独立过程，其协方差阵为 $\boldsymbol{R}_k\in\boldsymbol{R}^{n\times m}$，即 $E[\boldsymbol{V}_k(\boldsymbol{V}_k)^{\mathrm{T}}]=R_k\delta_{i.j}$。

假设用 $\boldsymbol{Z}^k$ 代表到 k 时刻为止，所有量测结果构成的集合，即

$$\boldsymbol{Z}^k=\{\boldsymbol{Z}_1,\boldsymbol{Z}_2,\cdots,\boldsymbol{Z}_k\}$$

假设，将基于量测集 $\boldsymbol{Z}^j$ 对 k 时刻的系统状态 $\boldsymbol{X}_k$ 做出的某种估计记作 $\hat{\boldsymbol{X}}_{k|j}$。

当 $k=j$ 时，对 $\boldsymbol{X}_k$ 的估计问题称为状态滤波问题，$\hat{X}_{k|j}$ 是 k 时刻 $\boldsymbol{X}_k$ 的滤波值；

当 $k>j$ 时，对 $\boldsymbol{X}_k$ 的估计问题称为状态预测问题，$\hat{\boldsymbol{X}}_{k|j}$ 是 k 时刻 $\boldsymbol{X}_k$ 的预测值；

当 $k<j$ 时，对 $\boldsymbol{X}_k$ 的估计问题称为状态平滑问题，$\hat{\boldsymbol{X}}_{k|j}$ 是 k 时刻 $\boldsymbol{X}_k$ 的平滑值。

2. 基本卡尔曼滤波器

卡尔曼滤波器（KF）最早是 1960 年由匈牙利数学家 Rudolf Emil Kalman 在他的论文 A New Approach to Linear Filtering and Prediction Problems（线性滤波与预测问题的新方法）中提出的，它是一种最优化自回归的数据处理算法，可以用来解决线性系统中的估计问题[5]。

在这里，只考虑没有输入控制信号时的情况，此时系统的状态方程可以简化为

$$\boldsymbol{X}_{k+1}=\boldsymbol{F}_k\boldsymbol{X}_k+\boldsymbol{\Gamma}_k\boldsymbol{W}_k$$

定义 $\hat{\boldsymbol{X}}_{k|k}$ 为 k 时刻系统状态的最优估计，即

$$\hat{\boldsymbol{X}}_{k|k}=E[\boldsymbol{X}_k|\boldsymbol{Z}^k]$$

与之相伴的协方差阵

$$\boldsymbol{P}_{k|k}=E[\widetilde{\boldsymbol{X}}_{k|k}(\widetilde{\boldsymbol{X}}_{k|k})^{\mathrm{T}}|\boldsymbol{Z}^k]$$

式中：

$$\widetilde{\boldsymbol{X}}_{k|k}=\boldsymbol{X}_k-\hat{\boldsymbol{X}}_{k|k}$$

这里的 $\hat{\boldsymbol{X}}_{k|k}$ 和 $\boldsymbol{P}_{k|k}$ 就是 KF 在 k 时刻得到的滤波结果，并作为 KF 下一次迭代中用到的条件。其本质就是根据前一次的滤波结果和当前时刻的测量值得到当前时刻的滤波结果。

首先，要对线性系统进行初始化，初始化条件为

$$\hat{\boldsymbol{X}}_{0|0}=E[\boldsymbol{X}_0]$$

$$\boldsymbol{P}_{0|0}=E[\widetilde{\boldsymbol{X}}_{0|0}(\widetilde{\boldsymbol{X}}_{0|0})^{\mathrm{T}}]$$

随机变量 $\boldsymbol{X}_0$ 满足某一特定的概率分布。

接着进一步提前预测，定义一步提前预测值 $\hat{\boldsymbol{X}}_{k+1|k}$ 为

$$\begin{aligned}\hat{\boldsymbol{X}}_{k+1|k}&=E[\boldsymbol{X}_k|\boldsymbol{Z}^{k-1}]=E[\boldsymbol{F}_k\boldsymbol{X}_k+\boldsymbol{\Gamma}_k\boldsymbol{W}_k|\boldsymbol{Z}^k]\\&=E[\boldsymbol{F}_k\boldsymbol{X}_k|\boldsymbol{Z}^k]+E[\boldsymbol{\Gamma}_k\boldsymbol{W}_k|\boldsymbol{Z}^k]=\boldsymbol{F}_k\hat{\boldsymbol{X}}_{k|k}\end{aligned}$$

与之相伴的一步提前预测协方差为

$$\begin{aligned}
\boldsymbol{P}_{k+1\mid k}&=E[\widetilde{\boldsymbol{X}}_{k+1\mid k}(\widetilde{\boldsymbol{X}}_{k+1\mid k})^{\mathrm{T}}\mid \boldsymbol{Z}^{k}]\\
&=E\{[\boldsymbol{X}_{k+1}-\hat{\boldsymbol{X}}_{k+1\mid k}][\boldsymbol{X}_{k+1}-\hat{\boldsymbol{X}}_{k+1\mid k}]^{\mathrm{T}}\mid \boldsymbol{Z}^{k}\}\\
&=E\{[\boldsymbol{F}_{k}\widetilde{\boldsymbol{X}}_{k\mid k}+\boldsymbol{\Gamma}_{k}\boldsymbol{W}_{k}]\cdot[\boldsymbol{F}_{k}\widetilde{\boldsymbol{X}}_{k\mid k}+\boldsymbol{\Gamma}_{k}\boldsymbol{W}_{k}]^{\mathrm{T}}\mid \boldsymbol{Z}^{k}\}\\
&=E[\boldsymbol{F}_{k}\widetilde{\boldsymbol{X}}_{k\mid k}(\widetilde{\boldsymbol{X}}_{k\mid k})^{\mathrm{T}}(\boldsymbol{F}_{k})^{\mathrm{T}}\mid \boldsymbol{Z}^{k}]+E[\boldsymbol{\Gamma}_{k}\boldsymbol{W}_{k}(\boldsymbol{W}_{k})^{\mathrm{T}}(\boldsymbol{\Gamma}_{k})^{\mathrm{T}}\mid \boldsymbol{Z}^{k}]\\
&=\boldsymbol{F}_{k}\boldsymbol{P}_{k\mid k}(\boldsymbol{F}_{k})^{\mathrm{T}}+\boldsymbol{\Gamma}_{k}\boldsymbol{Q}_{k}(\boldsymbol{\Gamma}_{k})^{\mathrm{T}}
\end{aligned}\tag{4-28}$$

式中：

$$\widetilde{\boldsymbol{X}}_{k+1\mid k}=\boldsymbol{X}_{k+1}-\hat{\boldsymbol{X}}_{k+1\mid k}$$

称为一步预测误差。

相应地，量测的一步提前预测值$\hat{\boldsymbol{Z}}_{k+1\mid k}$为

$$\begin{aligned}
\hat{\boldsymbol{Z}}_{k+1\mid k}&=E[\boldsymbol{Z}_{k+1}\mid \boldsymbol{Z}^{k}]=E[\boldsymbol{H}_{k-1}\boldsymbol{X}_{k+1}+\boldsymbol{V}_{k+1}\mid \boldsymbol{Z}^{k}]\\
&=E[\boldsymbol{H}_{k+1}\boldsymbol{X}_{k+1}\mid \boldsymbol{Z}^{k}]+E[\boldsymbol{V}_{\boldsymbol{H}+1}\mid \boldsymbol{Z}^{k}]=\boldsymbol{H}_{k+1}\hat{\boldsymbol{X}}_{k+1\mid k}
\end{aligned}$$

与之相伴的量测预测协方差为

$$\begin{aligned}
\boldsymbol{R}_{\widetilde{Z}_{k+1\mid k}\widetilde{Z}_{k+1\mid k}}&=E[\widetilde{\boldsymbol{Z}}_{k+1\mid k}(\widetilde{\boldsymbol{Z}}_{k+1\mid k})^{\mathrm{T}}\mid Z^{k}]\\
&=E\{[\boldsymbol{Z}_{k+1}-\hat{\boldsymbol{Z}}_{k+1\mid k)}][\boldsymbol{Z}_{k+1}-\hat{\boldsymbol{Z}}_{k+1\mid k}]^{\mathrm{T}}\mid \boldsymbol{Z}^{k}\}\\
&=E\{[\boldsymbol{H}_{k+1}\widetilde{\boldsymbol{X}}_{k+1\mid k}+\boldsymbol{V}_{k+1}]\cdot[\boldsymbol{H}_{k+1}\widetilde{\boldsymbol{X}}_{k+1\mid k}+\boldsymbol{V}_{k+1}]^{\mathrm{T}}\mid Z^{k}\}\\
&=E[\boldsymbol{H}_{k+1}\widetilde{\boldsymbol{X}}_{k+1\mid k}(\widetilde{\boldsymbol{X}}_{k+1\mid k})^{\mathrm{T}}(\boldsymbol{H}_{k+1})^{\mathrm{T}}\mid \boldsymbol{Z}^{k}]+E[\boldsymbol{V}_{k+1}(\boldsymbol{V}_{k+1})^{\mathrm{T}}\mid \boldsymbol{Z}^{k}]\\
&=\boldsymbol{H}_{k+1}\boldsymbol{P}_{k+1\mid k}(\boldsymbol{H}_{k+1})^{\mathrm{T}}+\boldsymbol{R}_{k+1}
\end{aligned}$$

式中：

$$\widetilde{\boldsymbol{Z}}_{k+1\mid k}=\boldsymbol{Z}_{k+1}-\hat{\boldsymbol{Z}}_{k+1\mid k}$$

称为新息，并且可以证明新息序列是一个零均值的独立过程。

另外，可以得到状态预测和量测预测之间的协方差为

$$\begin{aligned}
\boldsymbol{R}_{\widetilde{X}_{k+1\mid k}\widetilde{Z}_{k+1\mid k}}&=E[\widetilde{\boldsymbol{X}}_{k+1\mid k}(\widetilde{\boldsymbol{Z}}_{k+1\mid k})^{\mathrm{T}}\mid Z^{k}]\\
&=E\{\widetilde{\boldsymbol{X}}_{k+1\mid k}[\boldsymbol{Z}_{k+1}-\hat{\boldsymbol{Z}}_{k+1\mid k}]^{\mathrm{T}}\mid \boldsymbol{Z}^{k}\}\\
&=E\{\widetilde{\boldsymbol{X}}_{k+1\mid k}[\boldsymbol{H}_{k+1}\widetilde{\boldsymbol{X}}_{k+1\mid k}+\boldsymbol{V}_{k+1}]^{\mathrm{T}}\mid \boldsymbol{Z}^{k}\}\\
&=E[\widetilde{\boldsymbol{X}}_{k+1\mid k}(\widetilde{\boldsymbol{X}}_{k+1\mid k})^{\mathrm{T}}(\boldsymbol{H}_{k+1})^{\mathrm{T}}\mid \boldsymbol{Z}^{k}]+E[\widetilde{\boldsymbol{X}}_{k+1\mid k}(\boldsymbol{V}_{k+1})^{\mathrm{T}}\mid \boldsymbol{Z}^{k}]\\
&=\boldsymbol{P}_{k+1\mid k}(\boldsymbol{H}_{k+1})^{\mathrm{T}}
\end{aligned}$$

然后，当获得 $k+1$ 时刻的量测值时，要对一步预测结果进行更新，根据定义可以推得 $k+1$ 时刻的最优状态估计为

$$
\begin{aligned}
\hat{\boldsymbol{X}}_{k+1|k+1} &= E[\boldsymbol{X}_{k+1} | \boldsymbol{Z}^{k+1}] = E[\boldsymbol{X}_{k+1} | \hat{\boldsymbol{Z}}^{k}, \hat{\boldsymbol{Z}}_{k+1}] \\
&= E[\boldsymbol{X}_{k+1} | \hat{\boldsymbol{Z}}^{k}] + E[\boldsymbol{X}_{k+1} | \hat{\boldsymbol{Z}}_{k+1}] - E[\boldsymbol{X}_{k+1}] \\
&= \hat{\boldsymbol{X}}_{k+1|k} + R_{\tilde{X}_{k+1|k}\tilde{Z}_{k+1|k}} (R_{\tilde{Z}_{k+1|k}\tilde{Z}_{k+1|k}})^{-1} \hat{\boldsymbol{Z}}_{k+1} \\
&= \hat{\boldsymbol{X}}_{k+1|k} + \boldsymbol{K}_{k+1} \hat{\boldsymbol{Z}}_{k+1}
\end{aligned}
$$

式中：

$$
\begin{aligned}
\boldsymbol{K}_{k+1} &= \boldsymbol{R}_{\tilde{X}_{k+1|k}\tilde{Z}_{k+1|k}} (\boldsymbol{R}_{\tilde{Z}_{k+1|k}\tilde{Z}_{k+1|k}})^{-1} \\
&= \boldsymbol{P}_{k+1|k} (\boldsymbol{H}_{k+1})^{\mathrm{T}} [\boldsymbol{H}_{k+1} \boldsymbol{P}_{k+1|k} (\boldsymbol{H}_{k+1})^{\mathrm{T}}] + \boldsymbol{R}_{k+1}
\end{aligned}
$$

$\boldsymbol{K}(k+1)$ 叫作 $k+1$ 时刻的卡尔曼增益。同时，更新 $k+1$ 时刻的协方差

$$
\begin{aligned}
&\boldsymbol{P}_{k+1|k+1} = E[\hat{\boldsymbol{X}}_{k+1|k+1} (\tilde{\boldsymbol{X}}_{k+1|k+1})^{\mathrm{T}} | \boldsymbol{Z}^{k}] \\
&= E\{[\hat{\boldsymbol{X}}_{k+1|k} - \boldsymbol{K}_{k+1} \hat{\boldsymbol{Z}}_{k+1|k}] \cdot [\tilde{\boldsymbol{X}}_{k+1|k} - \boldsymbol{K}_{k+1} \tilde{\boldsymbol{Z}}_{k+1|k}]^{\mathrm{T}} | \boldsymbol{Z}^{k}\} \\
&= \boldsymbol{P}_{k+1|k} - \boldsymbol{K}_{k+1} \boldsymbol{R}_{\tilde{Z}_{k+1|k}\tilde{X}_{k+1k}} - \boldsymbol{R}_{\tilde{Z}_{k+1|k}\tilde{X}_{k+1k}} (K_{k+1})^{\mathrm{T}} + \boldsymbol{K}_{k+1} \boldsymbol{R}_{\tilde{Z}_{k+1|k}\tilde{X}_{k+1k}} (\boldsymbol{K}_{k+1})^{\mathrm{T}} \\
&= \boldsymbol{P}_{k+1|k} - \boldsymbol{K}_{k+1} \boldsymbol{R}_{\tilde{Z}_{k+1|k}\tilde{X}_{k+1|k}} - \boldsymbol{R}_{\tilde{Z}_{k+1|k}\tilde{X}_{k+1|k}} (\boldsymbol{K}_{k+1})^{\mathrm{T}} + \boldsymbol{R}_{\tilde{Z}_{k+1|k}\tilde{X}_{k+1|k}} (\boldsymbol{K}_{k+1})^{\mathrm{T}} \\
&= \boldsymbol{P}_{k+1|k} - \boldsymbol{K}_{k+1} \boldsymbol{R}_{\tilde{Z}_{k+1|k}\tilde{X}_{k+1k}} \\
&= \boldsymbol{P}_{k+1|k} - \boldsymbol{P}_{k+1} (\boldsymbol{H}_{k+1})^{\mathrm{T}} \cdot [\boldsymbol{H}_{k+1} \boldsymbol{P}_{k+1|k} (\boldsymbol{H}_{k+1})^{\mathrm{T}} + \boldsymbol{R}_{k+1}]^{-1} \boldsymbol{H}_{k+1} \boldsymbol{P}_{k+1|k} \qquad (4\text{-}29)
\end{aligned}
$$

KF 的迭代关系如图 4-2 所示。

3. 扩展卡尔曼滤波器

KF 是一种递推滤波算法，一般适用于线性系统的状态估计。然而，许多实际的系统往往是非线性的，要对这些系统的状态进行估计，靠标准的 KF 是做不到的，为此，人们提出了大量次优的近似估计方法。其中一种就是函数近似法，也就是对非线性状态方程或量测方程做线性化处理，最典型的算法就是 EKF。EKF 用泰勒级数展开的方法对非线性方程做线性化近似，根据泰勒级数展开阶数的不同一般有一阶 EKF 算法和二阶 EKF 算法。

考虑下面的离散时间非线性系统的模型

$$
\boldsymbol{X}_{k+1} = \boldsymbol{F}_k(\boldsymbol{X}_k, \boldsymbol{W}_k)
$$

$$
\boldsymbol{Z}_k = \boldsymbol{H}_k(\boldsymbol{X}_k, \boldsymbol{V}_k)
$$

其中，系统的状态转移函数 $\boldsymbol{F}_k(\cdot)$ 和量测函数 $\boldsymbol{H}_k(\cdot)$ 可表示为下面的矢量形式

$$
\boldsymbol{F}_k(\cdot) = [\boldsymbol{F}_k^1(\cdot), \boldsymbol{F}_k^2(\cdot), \cdots, \boldsymbol{F}_k^n(\cdot)]
$$

$$
\boldsymbol{H}_k(\cdot) = [\boldsymbol{H}_k^1(\cdot), \boldsymbol{H}_k^2(\cdot), \cdots, \boldsymbol{H}_k^m(\cdot)]
$$

一阶 EKF 算法的递推步骤如下。

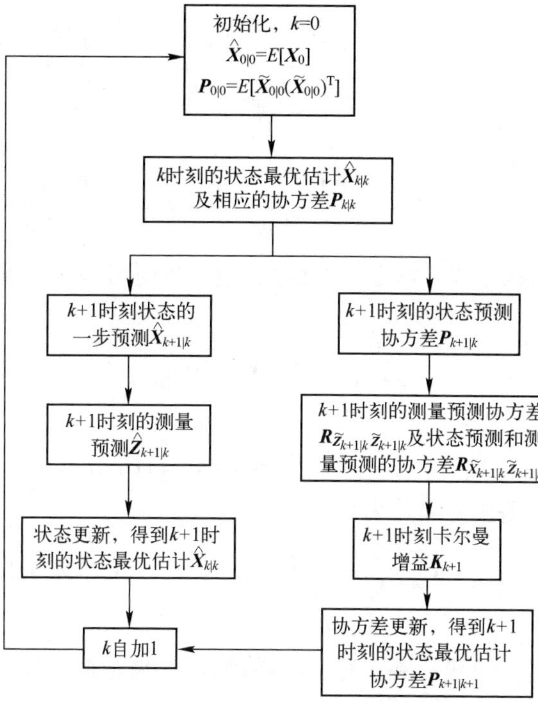

图 4-2　卡尔曼滤波器流程

假设 k 时刻滤波得到的系统状态估计和相应的误差协方差为$\hat{\boldsymbol{X}}_{k|k}$和 $\boldsymbol{P}_{k|k}$。

假设系统状态转移函数和量测函数是连续可微的，则此时可以通过一阶泰勒展开对它做近似线性化处理

$$\boldsymbol{X}_{k+1}=\boldsymbol{F}_k(\boldsymbol{X}_k,\boldsymbol{W}_k)\approx\boldsymbol{F}_k(\hat{\boldsymbol{X}}_{k|k},0)+\boldsymbol{F}_k^{X}\tilde{\boldsymbol{X}}_{k|k}+\boldsymbol{F}_k^{W}\boldsymbol{W}_k$$

式中：

$$\tilde{\boldsymbol{X}}_{k|k}=\boldsymbol{X}_k-\hat{\boldsymbol{X}}_{k|k}$$

$\boldsymbol{F}_k^X$和 $\boldsymbol{F}_k^W$表示状态转移函数的雅克比矩阵，即

$$\boldsymbol{F}_k^X=\left.\frac{\partial\boldsymbol{F}_k(\boldsymbol{X}_k,0)}{\partial\boldsymbol{X}_k}\right|_{\boldsymbol{X}_k=\hat{\boldsymbol{X}}_{k|k}}=\begin{bmatrix}\dfrac{\partial\boldsymbol{F}_k^1(\boldsymbol{X}_k,0)}{\partial x_1} & \cdots & \dfrac{\partial\boldsymbol{F}_k^1(\boldsymbol{X}_k,0)}{\partial x_n}\\ \vdots & \ddots & \vdots\\ \dfrac{\partial\boldsymbol{F}_k^n(\boldsymbol{X}_k,0)}{\partial x_1} & \cdots & \dfrac{\partial\boldsymbol{F}_k^n(\boldsymbol{X}_k,0)}{\partial x_n}\end{bmatrix}_{\boldsymbol{X}_k=\hat{\boldsymbol{X}}_{k|k}}$$

$$\boldsymbol{F}_k^{W}=\frac{\partial \boldsymbol{F}_k(\hat{\boldsymbol{X}}_{k\mid k},\boldsymbol{W}_k)}{\partial \boldsymbol{X}_k}\bigg|_{\boldsymbol{W}_k=0}=\begin{bmatrix}\dfrac{\partial \boldsymbol{F}_k^1(\hat{\boldsymbol{X}}_{k\mid k},0)}{\partial w_1} & \cdots & \dfrac{\partial \boldsymbol{F}_k^1(\hat{\boldsymbol{X}}_{k\mid k},0)}{\partial w_n}\\ \vdots & \ddots & \vdots\\ \dfrac{\partial \boldsymbol{F}_k^n(\hat{\boldsymbol{X}}_{k\mid k},0)}{\partial w_1} & \cdots & \dfrac{\partial \boldsymbol{F}_k^n(\hat{\boldsymbol{X}}_{k\mid k},0)}{\partial w_n}\end{bmatrix}_{\boldsymbol{W}_k=0}$$

将 k 时刻滤波状态代入状态转换函数 $\boldsymbol{F}_k(\cdot)$ 中求得对 $k+1$ 时刻的一步状态预测

$$\hat{\boldsymbol{X}}_{k+1\mid k}=\boldsymbol{F}_k(\hat{\boldsymbol{X}}_{k\mid k},0)$$

相应的预测误差为

$$\widetilde{\boldsymbol{X}}_{k+1\mid k}=\boldsymbol{X}_{k+1}-\hat{\boldsymbol{X}}_{k+1\mid k}\approx \boldsymbol{F}_k^X\boldsymbol{X}_{k\mid k}+\boldsymbol{F}_k^W\boldsymbol{W}_k$$

相应的预测误差协方差阵为

$$\begin{aligned}\boldsymbol{P}_{k+1\mid k}&=E(\hat{\boldsymbol{X}}_{k+1\mid k}\hat{\boldsymbol{X}}_{k+1\mid k}^{\mathrm{T}})\approx \boldsymbol{F}_k^X\hat{\boldsymbol{X}}_{k\mid k}\hat{\boldsymbol{X}}_{k\mid k}^{\mathrm{T}}(\boldsymbol{F}_k^X)^{\mathrm{T}}+\boldsymbol{F}_k^W\boldsymbol{W}_k\boldsymbol{W}_k^{\mathrm{T}}(\boldsymbol{F}_k^W)^{\mathrm{T}}\\&=\boldsymbol{F}_k^X\boldsymbol{P}_{k\mid k}(\boldsymbol{F}_k^X)^{\mathrm{T}}+\boldsymbol{F}_k^W\boldsymbol{Q}_k(\boldsymbol{F}_k^W)^{\mathrm{T}}\end{aligned}$$

同样地，通过一阶线性展开对量测函数 $H(\cdot)$ 做近似线性化处理可得

$$\boldsymbol{Z}_{k+1}=\boldsymbol{H}_{k+1}(\boldsymbol{X}_{k+1},\boldsymbol{V}_{k+1})\approx \boldsymbol{H}_{k+1}(\hat{\boldsymbol{X}}_{k+1\mid k},0)+\boldsymbol{H}_{k+1}^X\widetilde{X}_{k+1/k}+\boldsymbol{H}_{k+1}^Y\boldsymbol{V}_{k+1}$$

式中：

$$\boldsymbol{H}_{k-1}^{X}=\frac{\partial \boldsymbol{H}_{k+1}(\boldsymbol{X}_{k-1},0)}{\partial \boldsymbol{X}_{k+1}}\bigg|_{X_k-\hat{X}_{k+1\mid k}}=\begin{bmatrix}\dfrac{\partial \boldsymbol{H}_{k+1}^1(\boldsymbol{X}_{k+1},0)}{\partial x_1} & \cdots & \dfrac{\partial \boldsymbol{H}_{k+1}^1(\boldsymbol{X}_{k+1},0)}{\partial x_n}\\ \vdots & \ddots & \vdots\\ \dfrac{\partial \boldsymbol{H}_{k+1}^m(\boldsymbol{X}_{k+1},0)}{\partial x_1} & \cdots & \dfrac{\partial \boldsymbol{H}_{k+1}^m(\boldsymbol{X}_{k+1},0)}{\partial x_n}\end{bmatrix}_{X_{k+1}-\hat{X}_{k+1\mid k}}$$

$$\boldsymbol{H}_{k+1}^{V}=\frac{\partial \boldsymbol{H}_{k+1}(\hat{\boldsymbol{X}}_{k+1\mid k},\boldsymbol{V}_{k+1})}{\partial \boldsymbol{V}_{k+1}}\bigg|_{V_{k+1}=0}=\begin{bmatrix}\dfrac{\partial \boldsymbol{H}_{k+1}^1(\hat{\boldsymbol{X}}_{k+1\mid k},\boldsymbol{V}_{k+1})}{\partial w_1} & \cdots & \dfrac{\partial \boldsymbol{H}_{k+1}^1(\hat{\boldsymbol{X}}_{k+1\mid k},\boldsymbol{V}_{k+1})}{\partial w_n}\\ \vdots & \ddots & \vdots\\ \dfrac{\partial \boldsymbol{H}_{k+1}^m(\hat{\boldsymbol{X}}_{k+1\mid k},\boldsymbol{V}_{k+1})}{\partial w_1} & \cdots & \dfrac{\partial \boldsymbol{H}_{k+1}^m(\hat{\boldsymbol{X}}_{k+1\mid k},\boldsymbol{V}_{k+1})}{\partial w_n}\end{bmatrix}_{V_{k+1}=0}$$

将 k 时刻的滤波状态代入量测函数 $H(\cdot)$ 中可求得 $k+1$ 时刻量测值的一步预测

$$\hat{\boldsymbol{Z}}_{k+1\mid k}=\boldsymbol{H}_{k+1}(\hat{\boldsymbol{X}}_{k+1},0)$$

相应的预测误差为

$$\widetilde{\boldsymbol{Z}}_{k+1|k}=\boldsymbol{Z}_{k+1}-\hat{\boldsymbol{Z}}_{k+1|k}\approx\boldsymbol{H}_{k+1}^{X}\widetilde{\boldsymbol{X}}_{k+1|k}+\boldsymbol{H}_{k+1}^{V}\boldsymbol{V}_{k+1}$$

则相应的量测预测误差的协方差阵及状态预测误差和量测预测误差的互协方差阵为

$$\begin{aligned}\boldsymbol{R}_{\widetilde{Z}_{k+1|k}\widetilde{Z}_{k+1|k}}&=E(\widetilde{\boldsymbol{Z}}_{k+1|k}\widetilde{\boldsymbol{Z}}_{k+1|k}^{\mathrm{T}})\approx\boldsymbol{H}_{k+1}^{X}\widetilde{\boldsymbol{X}}_{k+1|k}(\widetilde{\boldsymbol{X}}_{k+1|k})^{\mathrm{T}}(\boldsymbol{H}_{k+1}^{X})^{\mathrm{T}}+\boldsymbol{H}_{k+1}^{V}\boldsymbol{V}_{k+1}(\boldsymbol{V}_{k+1})^{\mathrm{T}}(\boldsymbol{H}_{k+1}^{V})^{\mathrm{T}}\\&=\boldsymbol{H}_{k+1}^{X}\boldsymbol{P}_{k+1|k}(\boldsymbol{H}_{k+1}^{X})^{\mathrm{T}}+\boldsymbol{H}_{k+1}^{V}\boldsymbol{R}_{k+1}(\boldsymbol{H}_{k+1}^{V})^{\mathrm{T}}\end{aligned}$$

$$\boldsymbol{R}_{\widetilde{Z}_{k+1|k}\widetilde{Z}_{k+1|k}}=E(\widetilde{\boldsymbol{X}}_{k+1|k}\widetilde{\boldsymbol{Z}}_{k+1|k}^{\mathrm{T}})\approx\widetilde{\boldsymbol{X}}_{k+1|k}(\hat{\boldsymbol{X}}_{k+1|k})^{\mathrm{T}}(\boldsymbol{H}_{k+1}^{X})^{\mathrm{T}}=\boldsymbol{P}_{k+1|k}(\boldsymbol{H}_{k+1}^{X})^{\mathrm{T}}$$

据此可以计算得到 $k+1$ 时刻的卡尔曼增益阵为

$$\begin{aligned}\boldsymbol{K}_{k+1}&=\boldsymbol{R}_{\hat{X}_{k+1|k}\widetilde{Z}_{k+1|k}}(\boldsymbol{R}_{\widetilde{Z}_{k+1|k}\widetilde{Z}_{k+1|k}})^{-1}\\&\approx\boldsymbol{P}_{k+1|k}(\boldsymbol{H}_{k+1}^{X})^{\mathrm{T}}[\boldsymbol{H}_{k+1}^{X}\boldsymbol{P}_{k+1|k}(\boldsymbol{H}_{k+1}^{X})^{\mathrm{T}}+\boldsymbol{H}_{k+1}^{V}\boldsymbol{R}_{k+1}(\boldsymbol{H}_{k+1}^{V})^{\mathrm{T}}]^{-1}\end{aligned}$$

若在 k 时刻得到更新的量测值 $\boldsymbol{Z}_{k+1}$，则此时可以得到滤波的更新结果为

$$\hat{\boldsymbol{X}}_{k+1|k+1}=\hat{\boldsymbol{X}}_{k+1|k}+\boldsymbol{K}_{k+1}(\boldsymbol{Z}_{k+1}-\boldsymbol{H}_{k+1}^{X}\hat{\boldsymbol{X}}_{k+1|k})$$

$$\boldsymbol{P}_{k+1|k+1}=\boldsymbol{P}_{k+1|k}-\boldsymbol{K}_{k+1}\boldsymbol{H}_{k+1}^{X}\boldsymbol{P}_{k+1|k}$$

二阶 EKF 算法的精度要高于一阶 EKF 算法，它舍弃的是泰勒展开式中高于二阶的项，二阶 EKF 算法的递推步骤如下。

同一阶 EKF 算法相似，假设 k 时刻的滤波得到的系统状态估计和相应的误差协方差为$\hat{\boldsymbol{X}}_{k|k}$和 $\boldsymbol{P}_{k|k}$。

假设系统状态转移函数和量测函数是二阶连续可微的，则此时可以通过二阶泰勒展开对它做近似线性化处理

$$\boldsymbol{X}_{k+1}=\boldsymbol{F}_k(\boldsymbol{X}_k,\boldsymbol{W}_k)\approx\boldsymbol{F}_k(\hat{\boldsymbol{X}}_{k|k},0)+\boldsymbol{F}_k^{X}\widetilde{\boldsymbol{X}}_{k|k}+\frac{1}{2}\sum_{i=1}^{n}\boldsymbol{e}_i(\widetilde{\boldsymbol{X}}_{k|k})^{\mathrm{T}}\boldsymbol{F}_{i,k}^{XX}\hat{\boldsymbol{X}}_{k|k}+\boldsymbol{F}_k^{W}\boldsymbol{W}_k$$

式中：$\boldsymbol{e}_i\in\boldsymbol{R}^n$为第 i 个标准基向量；$\boldsymbol{F}_k^{X}$和 $\boldsymbol{F}_k^{X}$的定义与一阶的相同；$\boldsymbol{F}_{i,k}^{XX}$为状态转移函数 $\boldsymbol{F}_k(\cdot)$的第 i 个分量 $\boldsymbol{F}_k^{i}(\cdot)$的海塞矩阵，即

$$\boldsymbol{F}_{i,k}^{XX}=\frac{\partial}{\partial\boldsymbol{X}_k}\left[\frac{\partial\boldsymbol{F}_k^{i}(\boldsymbol{X}_k,0)}{\partial\boldsymbol{X}_k}\right]\Bigg|_{X_k=\hat{X}_{k|k}}=\begin{bmatrix}\dfrac{\partial\boldsymbol{F}_k^{i}(\boldsymbol{X}_k,0)}{\partial x_1\partial x_1}&\cdots&\dfrac{\partial\boldsymbol{F}_k^{i}(\boldsymbol{X}_k,0)}{\partial x_1\partial x_n}\\\vdots&\ddots&\vdots\\\dfrac{\partial\boldsymbol{F}_k^{i}(\boldsymbol{X}_k,0)}{\partial x_n\partial x_1}&\cdots&\dfrac{\partial\boldsymbol{F}_k^{i}(\boldsymbol{X}_k,0)}{\partial x_n\partial x_n}\end{bmatrix}_{X_k=\hat{X}_{k|k}}$$

式中：$i=1,2,\cdots,n$。

对 $k+1$ 时刻的一步状态预测为

$$\hat{X}_{k+1|k} \approx F_k(\hat{X}_{k|k},0) + \frac{1}{2}\sum_{i=1}^{n} e_i \mathrm{tr}(F_{i,k}^{XX} P_{k|k})$$

相应地，可以获得状态预测误差为

$$\widetilde{X}_{k+1|k} = X_{k+1} - \hat{X}_{k+1|k} \approx F_k^X \widetilde{X}_{k|k} + F_k^W W_k$$

相应的状态预测误差协方差为

$$\begin{aligned} P_{k+1|k} &= E(\hat{X}_{k+1|k}\widetilde{X}_{k+1|k}^{\mathrm{T}}) \approx F_k^X \widetilde{X}_{k|k}\widetilde{X}_{k|k}^{\mathrm{T}}(F_k^X)^{\mathrm{T}} + F_k^W W_k W_k^{\mathrm{T}}(F_k^W)^{\mathrm{T}} \\ &= F_k^X P_{k|k}(F_k^X)^{\mathrm{T}} + F_k^W Q_k (F_k^W)^{\mathrm{T}} \end{aligned}$$

同样地，通过二阶线性展开对量测函数 $H(\cdot)$ 做近似线性化处理可得

$$\begin{aligned} Z_{k+1} &= H_{k+1}(X_{k+1}, V_{k+1}) \\ &\approx H_{k+1}(\widetilde{X}_{k+1|k},0) + H_{k+1}^X \hat{X}_{k+1/k} + \frac{1}{2}\sum_{i=1}^{m} e_i (\widetilde{X}_{k+1|k})^{\mathrm{T}} H_{i,k+1}^{XX} \widetilde{X}_{k+1|k} + H_{k+1}^V V_{k+1} \end{aligned}$$

式中：$e_i \in R^m$ 为第 i 个标准基向量；H_{k+1}^X 和 H_{k+1}^V 的定义与一阶的相同；$H_{i,k}^{XX}$ 为量测函数 $H_k(\cdot)$ 的第 i 个分量 $H_k^i(\cdot)$ 的海塞矩阵，即

$$\begin{aligned} H_{i,k+1}^{XX} &= \frac{\partial}{\partial X_{k+1}}\left[\frac{\partial H_{k+1}^i(X_{k+1},0)}{\partial X_{k+1}}\right]\Bigg|_{X_{k+1}-\hat{X}_{k+1|k}} \\ &= \begin{bmatrix} \dfrac{\partial H_{k+1}^i(X_{k+1},0)}{\partial x_1 \partial x_1} & \cdots & \dfrac{\partial H_{k+1}^i(X_{k+1},0)}{\partial x_1 \partial x_n} \\ \vdots & \ddots & \vdots \\ \dfrac{\partial H_{k+1}^i(X_{k+1},0)}{\partial x_n \partial x_1} & \cdots & \dfrac{\partial H_{k+1}^i(X_{k+1},0)}{\partial x_n \partial x_n} \end{bmatrix}_{X_{k+1}=\hat{X}_{k+1/k}} \end{aligned}$$

式中：$i=1,2,\cdots,m$。

对 $k+1$ 时刻量测值的一步预测

$$\hat{Z}_{k+1|k} \approx H_k(\hat{X}_{k+1|k},0) + \frac{1}{2}\sum_{i=1}^{m} e_i \mathrm{tr}(H_{i,k}^{XX} P_{k+1|k})$$

相应地，可以获得量测预测误差为

$$\widetilde{Z}_{k+1|k} = Z_{k+1} - \hat{Z}_{k+1|k} \approx H_{k+1}^X \widetilde{X}_{k+1|k} + H_{k+1}^V V_{k+1}$$

则相应的量测预测误差的协方差阵及状态预测误差和量测预测误差的互协方差阵为

$$\begin{aligned} R_{\tilde{z}_{k+1|k}\tilde{z}_{k+1|k}} &= E(\widetilde{Z}_{k+1|k}\widetilde{Z}_{k+1|k}^{\mathrm{T}}) \approx H_{k+1}^X \widetilde{X}_{k+1|k}(\widetilde{X}_{k+1|k})^{\mathrm{T}}(H_{k+1}^X)^{\mathrm{T}} + H_{k+1}^V V_{k+1}(V_{k+1})^{\mathrm{T}}(H_{k+1}^V)^{\mathrm{T}} \\ &= H_{k+1}^X P_{k+1|k}(H_{k+1}^X)^{\mathrm{T}} + H_{k+1}^V R_{k+1}(H_{k+1}^V)^{\mathrm{T}} \end{aligned}$$

$$R_{\tilde{z}_{k+1|k}\tilde{z}_{k+1|k}} = E(\widetilde{X}_{k+1|k}\widetilde{Z}_{k+1|k}^{\mathrm{T}}) \approx \widetilde{X}_{k+1|k}(\widetilde{X}_{k+1|k})^{\mathrm{T}}(H_{k+1}^X)^{\mathrm{T}} = P_{k+1|k}(H_{k+1}^X)^{\mathrm{T}}$$

据此可以计算得到 $k+1$ 时刻的卡尔曼增益阵为

$$\begin{aligned}\boldsymbol{K}_{k+1} &= \boldsymbol{R}_{\tilde{\boldsymbol{X}}_{k+1|k}\tilde{z}_{k+1|k}}\left(\boldsymbol{R}_{\tilde{z}_{k+1|k}\tilde{z}_{k+1|k}}\right)^{-1} \\ &\approx \boldsymbol{P}_{k+1|k}(\boldsymbol{H}_{k+1}^{X})^{\mathrm{T}}\left[\boldsymbol{H}_{k+1}^{X}\boldsymbol{P}_{k+1|k}(\boldsymbol{H}_{k+1}^{X})^{\mathrm{T}}+\boldsymbol{H}_{k+1}^{V}\boldsymbol{R}_{k+1}(\boldsymbol{H}_{k+1}^{V})^{\mathrm{T}}\right]^{-1}\end{aligned}$$

若在 k 时刻得到更新的量测值 $\boldsymbol{Z}_{k+1}$，则此时可以得到滤波的更新结果为

$$\hat{\boldsymbol{X}}_{k+1|k+1} = \hat{\boldsymbol{X}}_{k+1|k} + \boldsymbol{K}_{k+1}(\boldsymbol{Z}_{k+1} - \boldsymbol{H}_{k+1}^{X}\hat{\boldsymbol{X}}_{k+1|k})$$

$$\boldsymbol{P}_{k+1|k+1} = \boldsymbol{P}_{k+1|k} - \boldsymbol{K}_{k+1}\boldsymbol{H}_{k+1}^{X}\boldsymbol{P}_{k+1|k}$$

同样地，如果把泰勒级数展开式保留到 3 阶或 4 阶项，则可以获得 3 阶或 4 阶 EKF。但一般来说，EKF 不是最优的，实际上可以把它看作一种限制复杂性的滤波器。只是用线性逼近的方法把它限定成与线性滤波器具有类似结构的形式，所以，它可能会发散，在实际使用中尤其要注意这个问题。

4.2.2　粒子滤波器

1. 粒子滤波方法

粒子滤波是从 20 世纪 90 年代中后期发展起来的一种滤波方法，粒子滤波主要源于蒙特卡洛思想，也就是用某件事出现的频率来指代该事件发生的概率。它的基本思路是用随机样本来描述概率密度，以样本均值代替积分运算，根据这些样本通过非线性系统后的位置及各个样本的权值来估计随机变量通过该系统的统计特性。这里的样本就是所谓的粒子。

贝叶斯估计理论是粒子滤波的理论基础，它是一种将客观信息和主观先验信息相结合的估计方法，贝叶斯递推滤波就是基于贝叶斯估计的一种滤波方法。

$$p(\boldsymbol{X}_{k+1}|\boldsymbol{Z}_{1:k+1}) = \frac{p(\boldsymbol{Z}_{k+1}|\boldsymbol{X}_{k+1})p(\boldsymbol{X}_{k+1}|\boldsymbol{Z}_{1:k})}{p(\boldsymbol{Z}_{k+1}|\boldsymbol{Z}_{1:k})}$$

$$p(\boldsymbol{X}_{k+1}|\boldsymbol{Z}_{1:k}) = \int p(\boldsymbol{X}_{k+1}|\boldsymbol{X}_{k})p(\boldsymbol{X}_{k}|\boldsymbol{Z}_{1:k})\,\mathrm{d}\boldsymbol{X}_{k}$$

$$p(\boldsymbol{Z}_{k+1}|\boldsymbol{Z}_{1:k}) = \int p(\boldsymbol{Z}_{k+1}|\boldsymbol{X}_{k})p(\boldsymbol{X}_{k}|\boldsymbol{Z}_{1:k})\,\mathrm{d}\boldsymbol{X}_{k}$$

式中：$p(\boldsymbol{X}_{k}|\boldsymbol{Z}_{k})$ 为 k 时刻的滤波值；$p(\boldsymbol{X}_{k+1}|\boldsymbol{Z}_{k+1})$ 为 $k+1$ 时刻的滤波值。滤波的目的是实现 $p(\boldsymbol{X}_{k}|\boldsymbol{Z}_{k})$ 的递推估计，实际上，这一点很难做到，一般情况下，上述递推过程可能无法获得解析解。因此，用若干的随机样本对待求的概率密度进行近似，即

$$p(\boldsymbol{X}_{k}|\boldsymbol{Z}_{1:k}) \approx \hat{p}(\boldsymbol{X}_{k}|\boldsymbol{Z}_{1:k}) = \sum_{i=1}^{N}\boldsymbol{W}_{k}^{(i)}\delta(\boldsymbol{X}_{k} - \boldsymbol{X}_{k}^{(i)})$$

式中：$\hat{p}(\boldsymbol{X}_k|\boldsymbol{Z}_{1:k})$为对概率密度$p(\boldsymbol{X}_k|\boldsymbol{Z}_{1:k})$的估计结果；$\boldsymbol{X}_k^{(i)}$为$k$时刻滤波后的第$i$个粒子；$\boldsymbol{W}_k^{(i)}$为该粒子对应的权值；$\delta(\cdot)$为狄拉克函数；$N$为粒子总数。

因此，在粒子滤波方法中，确定合适的采样策略至关重要，下面介绍几种常见的采样策略。

1）完备采样

对概率密度函数$p(\boldsymbol{X})$来说，假设$\{\boldsymbol{X}^{(i)},i=1,2,\cdots,N\}$是根据概率密度$p(\boldsymbol{X})$采样得到的独立同分布粒子，那么

$$p(\boldsymbol{X}) \approx \frac{1}{N}\sum_{i=1}^{N}\delta(\boldsymbol{X}-\boldsymbol{X}^{(i)})$$

用样本均值代替积分运算可以得到对随机变量的均值和协方差的估计

$$E(\boldsymbol{X})=\int \boldsymbol{X}p(\boldsymbol{X})\,\mathrm{d}\boldsymbol{X} \approx \frac{1}{N}\sum_{i=1}^{N}\boldsymbol{X}^{(i)}$$

$$\boldsymbol{P}_{XX}=\int[\boldsymbol{X}-E(\boldsymbol{X})][\boldsymbol{X}-E(\boldsymbol{X})]^{\mathrm{T}}p(\boldsymbol{X})\,\mathrm{d}\boldsymbol{X} \approx \frac{1}{N}\sum_{i=1}^{N}[\boldsymbol{X}^{(i)}-E(\boldsymbol{X})][\boldsymbol{X}^{(i)}-E(\boldsymbol{X})]^{\mathrm{T}}$$

完备采样是一种基本的采样方法，但是对于非线性系统来说，一般不可能直接对后验概率密度函数$p(\boldsymbol{X}_{0:k}|\boldsymbol{Z}_{1:k})$进行采样。为此，引入了重要性采样方法。

2）重要性采样

从上面的讨论中已经知道，尤其是对于非线性滤波而言，几乎不可能直接从$p(\boldsymbol{X}_{0:k}|\boldsymbol{Z}_{1:k})$中直接获得采样值，所以，要引入一个更加易于采样的概率密度函数$q(\boldsymbol{X}_{0:k}|\boldsymbol{Z}_{1:k})$，称为重要性函数或建议分布函数。随机变量集合$\boldsymbol{X}_{0:k}$通过任意的系统$\boldsymbol{F}(\cdot)$后获得的随机变量集为$\boldsymbol{F}(\boldsymbol{X}_{0:k})$，对$\boldsymbol{F}(\boldsymbol{X}_{0:k})$做最优估计：

$$\begin{aligned}E[\boldsymbol{F}(\boldsymbol{X}_{0:k})]&=\int F(\boldsymbol{X}_{0:k})p(\boldsymbol{X}_{0:k}|\boldsymbol{Z}_{1:k})\,\mathrm{d}\boldsymbol{X}_{0:k}\\&=\int \boldsymbol{F}(\boldsymbol{X}_{0:k})\frac{p(\boldsymbol{X}_{0:k}|\boldsymbol{Z}_{1:k})}{q(\boldsymbol{X}_{0:k}|\boldsymbol{Z}_{1:k})}q(\boldsymbol{X}_{0:k}|\boldsymbol{Z}_{1:k})\,\mathrm{d}\boldsymbol{X}_{0:k}\end{aligned} \tag{4-30}$$

其中，$p(\boldsymbol{X}_{0:k}|\boldsymbol{Z}_{1:k})$可以进一步表示为

$$\begin{aligned}p(\boldsymbol{X}_{0:k}|\boldsymbol{Z}_{1:k})&=\frac{p(\boldsymbol{X}_{0:k},\boldsymbol{Z}_{1:k})}{p(\boldsymbol{Z}_{1:k})}=\frac{p(\boldsymbol{X}_{0:k},\boldsymbol{Z}_{1:k})}{\int p(\boldsymbol{X}_{0:k},\boldsymbol{Z}_{1:k})\,\mathrm{d}\boldsymbol{X}_{0:k}}\\&=\frac{p(\boldsymbol{X}_{0:k},\boldsymbol{Z}_{1:k})}{\int \frac{p(\boldsymbol{X}_{0:k},\boldsymbol{Z}_{1:k})}{q(\boldsymbol{X}_{0:k}|\boldsymbol{Z}_{1:k})}q(\boldsymbol{X}_{0:k}|\boldsymbol{Z}_{1:k})\,\mathrm{d}\boldsymbol{X}_{0:k}}\end{aligned}$$

若记

$$\boldsymbol{W}_k=\frac{p(\boldsymbol{X}_{0:k},\boldsymbol{Z}_{1:k})}{q(\boldsymbol{X}_{0:k}\mid\boldsymbol{Z}_{1:k})} \tag{4-31}$$

则式（4-30）可以进一步化为

$$E[\boldsymbol{F}(\boldsymbol{X}_{0:k})]=\frac{\int\boldsymbol{F}(\boldsymbol{X}_{0:k})\boldsymbol{W}_k q(\boldsymbol{X}_{0:k}\mid\boldsymbol{Z}_{1:k})\mathrm{d}\boldsymbol{X}_{0:k}}{\int\boldsymbol{W}_k q(\boldsymbol{X}_{0:k}\mid\boldsymbol{Z}_{1:k})\mathrm{d}\boldsymbol{X}_{0:k}}$$

假设$\{\boldsymbol{X}_{0:k}^{(i)},i=1,2,\cdots,N\}$是根据重要性函数$q(\boldsymbol{X}_{0:k}\mid\boldsymbol{Z}_{1:k})$采样得到的$N$个独立同分布粒子，则

$$q(\boldsymbol{X}_{0:k}\mid\boldsymbol{Z}_{1:k})\approx\frac{1}{N}\sum_{i=1}^{N}\delta(\boldsymbol{X}_{0:k}-\boldsymbol{X}_{0:k}^{(i)})$$

令

$$\widetilde{\boldsymbol{W}}_k^{(i)}=\frac{p(\boldsymbol{X}_{0:k}^{(i)},\boldsymbol{Z}_{1:k})}{q(\boldsymbol{X}_{0:k}^{(i)}\mid\boldsymbol{Z}_{1:k})}\quad(i=1,2,\cdots,N)$$

式中：$\widetilde{\boldsymbol{W}}_k^{(i)}$为粒子$\boldsymbol{X}_{0:k}^{(i)}$的未归一化权值。

以样本均值代替积分运算可得

$$\begin{aligned}E[\boldsymbol{F}(\boldsymbol{X}_{0:k})]&=\frac{\int\boldsymbol{F}(\boldsymbol{X}_{0:k})\boldsymbol{W}_k q(\boldsymbol{X}_{0:k}\mid\boldsymbol{Z}_{1:k})\mathrm{d}\boldsymbol{X}_{0:k}}{\int\boldsymbol{W}_k q(\boldsymbol{X}_{0:k}\mid\boldsymbol{Z}_{1:k})\mathrm{d}\boldsymbol{X}_{0:k}}\\&\approx\frac{\frac{1}{N}\sum_{i=1}^{N}\widetilde{\boldsymbol{W}}_k^{(i)}\boldsymbol{F}(\boldsymbol{X}_{0:k}^{(i)})}{\frac{1}{N}\sum_{i=1}^{N}\widetilde{\boldsymbol{W}}_k^{(i)}}=\sum_{i=1}^{N}\overline{\boldsymbol{W}}_k^{(i)}\boldsymbol{F}(\boldsymbol{X}_{0:k}^{(i)})\end{aligned}$$

式中：$\overline{\boldsymbol{W}}_k^{(i)}$为粒子$\boldsymbol{X}_{0:k}^{(i)}$的归一化权值

$$\overline{\boldsymbol{W}}_k^{(i)}=\frac{\widetilde{\boldsymbol{W}}_k^{(i)}}{\sum_{i=1}^{N}\widetilde{\boldsymbol{W}}_k^{(i)}}\quad(i=1,2,\cdots,N)$$

从上面的结果可以看出，重要性采样等效于对后验概率密度$p(\boldsymbol{X}_{0:k}\mid\boldsymbol{Z}_{1:k})$作如下近似处理：

$$p(\boldsymbol{X}_{0:k}\mid\boldsymbol{Z}_{1:k})\approx\sum_{i=1}^{N}\overline{\boldsymbol{W}}_k^{(i)}\delta(\boldsymbol{X}_{0:k}-\boldsymbol{X}_{0:k}^{(i)})$$

另发现，使用重要性采样进行滤波时，每当获得新的量测矢量时，都要重新计算归一化权值$\overline{\boldsymbol{W}}_k^{(i)}$，而不是通过递推计算获得。因此，还要对重要性

采样做相关改进。

3）序贯重要性采样

序贯重要性采样滤波（sequential importance sampling，SIS）是重要性采样的扩展，它能够实现权值的递推。

由于重要性函数本身也是一个概率密度函数，所以根据贝叶斯定理可以得出以下的递推关系：

$$\begin{aligned} q(\boldsymbol{X}_{0:k+1} \mid \boldsymbol{Z}_{1:k+1}) &= q(\boldsymbol{X}_{k+1} \mid \boldsymbol{X}_{0:k}, \boldsymbol{Z}_{1:k+1}) q(\boldsymbol{X}_{0:k} \mid \boldsymbol{Z}_{1:k+1}) \\ &= q(\boldsymbol{X}_{k+1} \mid \boldsymbol{X}_{0:k}, \boldsymbol{Z}_{1:k+1}) q(\boldsymbol{X}_{0:k} \mid \boldsymbol{Z}_{1:k}) \end{aligned}$$

且

$$\begin{aligned} p(\boldsymbol{X}_{0:k+1}, \boldsymbol{Z}_{1:k+1}) &= p(\boldsymbol{X}_{k+1}, \boldsymbol{Z}_{k+1}, \boldsymbol{X}_{0:k}, \boldsymbol{Z}_{1:k}) \\ &= p(\boldsymbol{Z}_{k+1} \mid \boldsymbol{X}_{k+1}, \boldsymbol{X}_{0:k}, \boldsymbol{Z}_{1:k}) p(\boldsymbol{X}_{k+1} \mid \boldsymbol{X}_{0:k}, \boldsymbol{Z}_{1:k}) p(\boldsymbol{X}_{0:k}, \boldsymbol{Z}_{1:k}) \\ &= p(\boldsymbol{Z}_{k+1} \mid \boldsymbol{X}_{k+1}) p(\boldsymbol{X}_{k+1} \mid \boldsymbol{X}_k) p(\boldsymbol{X}_{0:k}, \boldsymbol{Z}_{1:k}) \end{aligned}$$

代入式（4-30）中可得

$$\begin{aligned} \boldsymbol{W}_{k+1} &= \frac{p(\boldsymbol{X}_{0:k+1}, \boldsymbol{Z}_{1:k+1})}{q(\boldsymbol{X}_{0:k+1} \mid \boldsymbol{Z}_{1:k+1})} = \frac{p(\boldsymbol{Z}_{k+1} \mid \boldsymbol{X}_{k+1}) p(\boldsymbol{X}_{k+1} \mid \boldsymbol{X}_k) p(\boldsymbol{X}_{0:k}, \boldsymbol{Z}_{1:k})}{q(\boldsymbol{X}_{k+1} \mid \boldsymbol{X}_{0:k}, \boldsymbol{Z}_{1:k+1}) q(\boldsymbol{X}_{0:k} \mid \boldsymbol{Z}_{1:k})} \\ &= \frac{p(\boldsymbol{Z}_{k+1} \mid \boldsymbol{X}_{k+1}) p(\boldsymbol{X}_{k+1} \mid \boldsymbol{X}_k)}{q(\boldsymbol{X}_{k+1} \mid \boldsymbol{X}_{0:k}, \boldsymbol{Z}_{1:k+1})} \boldsymbol{W}_k \end{aligned}$$

一般来说，为了能够方便地使用回归贝叶斯滤波算法，希望重要性概率密度的值只与当前时刻的量测和前一时刻状态有关，即

$$q(\boldsymbol{X}_{k+1} \mid \boldsymbol{X}_{0:k}, \boldsymbol{Z}_{1:k+1}) = q(\boldsymbol{X}_{k+1} \mid \boldsymbol{X}_k, \boldsymbol{Z}_{k+1})$$

那么，相应粒子更新也可以由上式的概率密度给出，即

$$\boldsymbol{X}_{k+1}^{(i)} \sim q(\boldsymbol{X}_{k+1} \mid \boldsymbol{X}_k^{(i)}, \boldsymbol{Z}_{k+1}) \quad (i = 1, 2, \cdots, N)$$

此时，

$$\boldsymbol{W}_{k+1} = \frac{p(\boldsymbol{Z}_{k+1} \mid \boldsymbol{X}_{k+1}) p(\boldsymbol{X}_{k+1} \mid \boldsymbol{X}_k)}{q(\boldsymbol{X}_{k+1} \mid \boldsymbol{X}_k, \boldsymbol{Z}_{k+1})} \boldsymbol{W}_k$$

相应地，也就得到了对应的重要性权值的更新公式

$$\widetilde{\boldsymbol{W}}_{k+1}^{(i)} = \frac{p(\boldsymbol{Z}_{k+1} \mid \boldsymbol{X}_{k+1}^{(i)}) p(\boldsymbol{X}_{k+1}^{(i)} \mid \boldsymbol{X}_k^{(i)})}{q(\boldsymbol{X}_{k+1}^{(i)} \mid \boldsymbol{X}_k^{(i)}, \boldsymbol{Z}_{k+1})} \widetilde{\boldsymbol{W}}_k^{(i)} \quad (i = 1, 2, \cdots, N)$$

然后获得相应的归一化重要性权值 $\overline{\boldsymbol{W}}_k^{(i)}$，从而得到后验概率密度估计的更新值

$$p(\boldsymbol{X}_{0:k+1} \mid \boldsymbol{Z}_{1:k+1}) \approx \sum_{i=1}^{N} \overline{\boldsymbol{W}}_{k+1}^{(i)} \delta(\boldsymbol{X}_{0:k+1} - \boldsymbol{X}_{0:k+1}^{(i)})$$

虽然 SIS 给出了一种递推方法，但是它存在所谓的粒子退化问题。也就是

说，经过若干次迭代之后，很大一部分粒子的重要性权值会趋于零。这种现象是无法避免的，这是因为粒子权值的协方差会随着迭代次数的增加而增加。这样，在确定重要性函数的时候就要有所选择。所以，一种减弱粒子退化影响的方法是选择合适的重要性函数。可以证明，这里的最优重要性函数为

$$q(\boldsymbol{X}_{k+1}^{(i)} \mid \boldsymbol{X}_k^{(i)}, \boldsymbol{Z}_{k+1}) = p(\boldsymbol{X}_{k+1}^{(i)} \mid \boldsymbol{X}_k^{(i)}, \boldsymbol{Z}_{k+1}) \tag{4-32}$$

其中，最优准则是使粒子重要性权值的协方差最小。另一种解决粒子退化问题的方法是下面提到的重采样算法。

4）重采样

为克服 SIS 算法中的粒子退化问题，其中一种解决方法就是采用重采样技术。重采样算法的基本思想是对前一次滤波得到的概率密度的离散近似表示再进行一次采样，复制权值较大的样本，淘汰权值较小的样本，形成一个新的样本集合，以克服样本权值退化的问题。

假设获得了 k 时刻的后验概率密度的离散近似表示

$$p(\boldsymbol{X}_k \mid \boldsymbol{Z}_{1:k}) \approx \sum_{i=1}^{N} \overline{\boldsymbol{W}}_k^{(i)} \delta(\boldsymbol{X}_k - \boldsymbol{X}_k^{(i)})$$

那么重采样就是以 $\{\overline{\boldsymbol{W}}_k^{(i)} \mid i=1,2,\cdots,N\}$ 为离散随机变量的分布率重新产生 N 个粒子 $\{\hat{\boldsymbol{X}}_k^{(i)} \mid i=1,2,\cdots,N\}$，即

$$p(\hat{\boldsymbol{X}}_k^{(i)} = \boldsymbol{X}_k^{(j)}) = \overline{\boldsymbol{W}}_k^{(j)} \quad (i,j=1,2,\cdots,N)$$

要获得这样的 N 个新粒子，最早提出的是多项式重采样算法，它的实现过程如下。

每次在区间［0,1］上的均匀分布中随机抽取一个样本 $u \sim U[0,1]$，若

$$\sum_{j=1}^{m-1} \overline{\boldsymbol{W}}_k^{(j)} < u \leqslant \sum_{j=1}^{m} \overline{\boldsymbol{W}}_k^{(j)}$$

则复制第 m 个粒子 $\boldsymbol{X}_k^{(m)}$ 到新的粒子集合中。重复该过程 N 次，最终得到新的粒子集合 $\{\hat{\boldsymbol{X}}_k^{(i)} \mid i=1,2,\cdots,N\}$，每个粒子的权值都为 $1/N$。

另外，常见的采样算法还有残差重采样算法、分层重采样算法和系统重采样算法。如果从滤波精度和计算量上综合考虑，其中系统采样的效果是最好的。其实现过程如下。

首先，生成一组随机数

$$u_i = \frac{(i-1)+\mu}{N} \quad (\mu \sim U[0,1],\quad i=1,2,\cdots,N)$$

如果第 i 个随机数 u_i 满足

$$\sum_{j=1}^{m-1} \overline{\boldsymbol{W}}_k^{(j)} < u_i \leqslant \sum_{j=1}^{m} \overline{\boldsymbol{W}}_k^{(j)} \quad (i=1,2,\cdots,N)$$

则复制第 m 个粒子 $\boldsymbol{X}_k^{(m)}$，即 $\hat{\boldsymbol{X}}_k^{(i)}=\boldsymbol{X}_k^{(m)}$，且权值变为 $1/N$，最终得到新的粒子集合 $\{\hat{\boldsymbol{X}}_k^{(i)} \mid i=1,2,\cdots,N\}$。

显然，在重采样算法中，权值越高的粒子被复制的概率也就越大，且重采样后得到的新粒子的权值都为 $1/N$。那么 k 时刻的后验密度函数可近似表示为

$$p(\boldsymbol{X}_k \mid \boldsymbol{Z}_{1:k}) \approx \frac{1}{N}\sum_{i=1}^{N}\delta(\boldsymbol{X}_k - \hat{\boldsymbol{X}}_k^{(i)})$$

如图 4-3 所示，在重采样过程中，权值越大的粒子被复制的次数越多，权值较小的复制次数相对较少，有些权值过小的粒子则很可能被淘汰，而重采样后的 N 个粒子有相同的权值，都为 $1/N$。

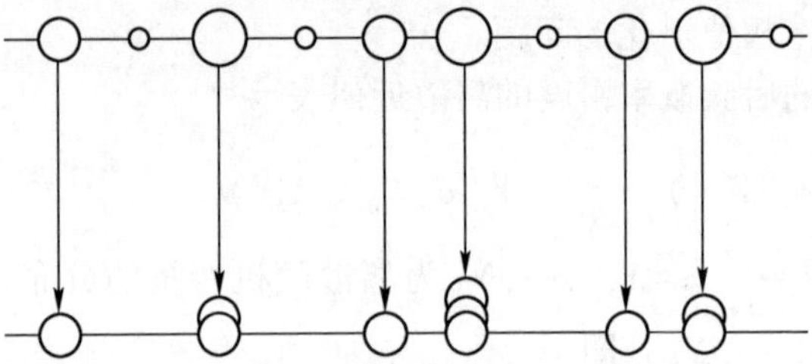

图 4-3 重采样过程图示

虽然重采样粒子滤波算法改善了 SIS 粒子滤波算法的粒子退化问题，但同时也降低了粒子的多样性，于是它带来了新的问题，即粒子贫化。为了改善粒子贫化的现象，要引入对粒子退化程度的度量，以避免每次滤波都进行重采样。因此，定义有效粒子数 $\hat{N}_{\text{eff}}=\dfrac{1}{\sum_{i=1}^{N}(\overline{\boldsymbol{W}}_k^{(i)})^2}$ 来衡量粒子退化程度，有效粒子数越少说明粒子退化越严重，所以为它设立一个阈值（通常为$\frac{2}{3}N$），只有当粒子数小于该阈值时才进行重采样。

2. 基本粒子滤波算法

基本粒子滤波算法也称 SIR，是 Gordon 等于 1993 年提出的。为了克服 SIS 算法中的粒子退化问题，他们首次将重采样技术引入 SIS 算法中。

从前面的论述中知道，选择合适的重要性函数可以改善 SIS 算法中的粒子退化问题，且这里的最优重要性函数已经通过式（4-31）给出。但是，在通常情况下，要从概率密度函数 $p(\boldsymbol{X}_{k+1}^{(i)} \mid \boldsymbol{X}_k^{(i)}, \boldsymbol{Z}_{k+1})$ 中直接获得抽样是不可能的。

所以一般情况下，可以选择系统状态转移概率密度 $p(\boldsymbol{X}_{k+1}^{(i)} | \boldsymbol{X}_k^{(i)})$ 作为重要性函数，该函数可以通过先验信息得到。虽然这种方法没有利用更新的量测信息 $\boldsymbol{Z}_{k+1}$，而且通过这种方法得到的权值方差也较大，但是由于其形式简单，易于实现，目前仍然被广泛采用。

基本粒子滤波算法包括时间预测、观测更新和重采样三个步骤。其具体的实现过程如下。

首先，进行初始化，得到初始时刻的粒子集合。即，以已知的概率密度 $p(\boldsymbol{X}_0)$ 生成 N 个初始粒子，且这 N 个粒子是等权重的

$$\{\boldsymbol{X}_0^{(i)}, 1/N; i=1,2,\cdots,N\}$$

选取重要性函数

$$q(\boldsymbol{X}_{k+1} | \boldsymbol{X}_{0:k}, \boldsymbol{Z}_{1:k+1}) = p(\boldsymbol{X}_{k+1} | \boldsymbol{X}_k)$$

那么，从重要性函数中采样得到预测的新粒子

$$\boldsymbol{X}_{k+1}^{(i)} \sim p(\boldsymbol{X}_{k+1}^{(i)} | \hat{\boldsymbol{X}}_k^{(i)}) \quad (i=1,2,\cdots,N)$$

根据获得的新量测值 $\boldsymbol{Z}_{k+1}$ 可以实现权值的更新：

$$\widetilde{\boldsymbol{W}}_k^{(i)} = p(\boldsymbol{Z}_k | \boldsymbol{X}_{k+1}^{(i)}) \widetilde{\boldsymbol{W}}_{k+1}^{(i)} \quad (i=1,2,\cdots,N)$$

然后，对权值作归一化处理：

$$\overline{\boldsymbol{W}}_{k+1}^{(i)} = \frac{\widetilde{\boldsymbol{W}}_{k+1}^{(i)}}{\sum_{j=1}^{N} \widetilde{\boldsymbol{W}}_{k+1}^{(i)}} \quad (i=1,2,\cdots,N)$$

输出的状态估计和协方差分别为

$$\hat{\boldsymbol{X}}_{k+1} = \sum_{i=1}^{N} \overline{\boldsymbol{W}}_{k+1}^{(i)} \boldsymbol{X}_{k+1}^{(i)}$$

$$\boldsymbol{P}_{XX} = \sum_{i=1}^{N} \boldsymbol{W}_{k+1}^{(i)} (\boldsymbol{X}_{k+1}^{(i)} - \hat{\boldsymbol{X}}_{k+1})(\boldsymbol{X}_{k+1}^{(i)} - \hat{\boldsymbol{X}}_{k+1})^{\mathrm{T}}$$

根据下式进行重采样

$$p(\hat{\boldsymbol{X}}_{k+1}^{(i)} = \boldsymbol{X}_{k+1}^{(j)}) = \overline{\boldsymbol{W}}_{k+1}^{(j)} \quad (i,j=1,2,\cdots,N)$$

得到 N 个等权值的新粒子

$$\{\hat{\boldsymbol{X}}_{k+1}^{(i)}, 1/N; i=1,2,\cdots,N\}$$

重采样得到的粒子集可以在下一次的滤波迭代中继续使用。

图 4-4 展示了基本粒子滤波算法中粒子更新和重采样的过程。首先，在 k 时刻从重要性函数中得到 N 个等权值的粒子 $\{\boldsymbol{X}_k^{(i)}, 1/N\}_{i=1}^{N}$。当量测值 $\boldsymbol{Z}_k$ 到来时更新这些粒子的权值并归一化，得到 $\{\boldsymbol{X}_k^{(i)}, \overline{\boldsymbol{W}}_k^{(i)}\}_{i=1}^{N}$。其次，对这些粒子进行重采样，复制大权值的粒子，淘汰小权值的粒子，得到新的等权值粒子集

合$\{\hat{\boldsymbol{X}}_k^{(i)},1/N\}_{i=1}^N$。再次，继续在下一时刻通过设定的重要性函数得到更新的等权值粒子集合$\{\boldsymbol{X}_{k+1}^{(i)},1/N\}_{i=1}^N$。最后，在 $k+1$ 时刻的量测值 $\boldsymbol{Z}_{k+1}$ 到来时更新粒子的权值并归一化，得到$\{\boldsymbol{X}_{k+1}^{(i)},\overline{\boldsymbol{W}}_{k+1}^{(i)}\}_{i=1}^N$。依次循环，就实现了递推的粒子滤波算法。

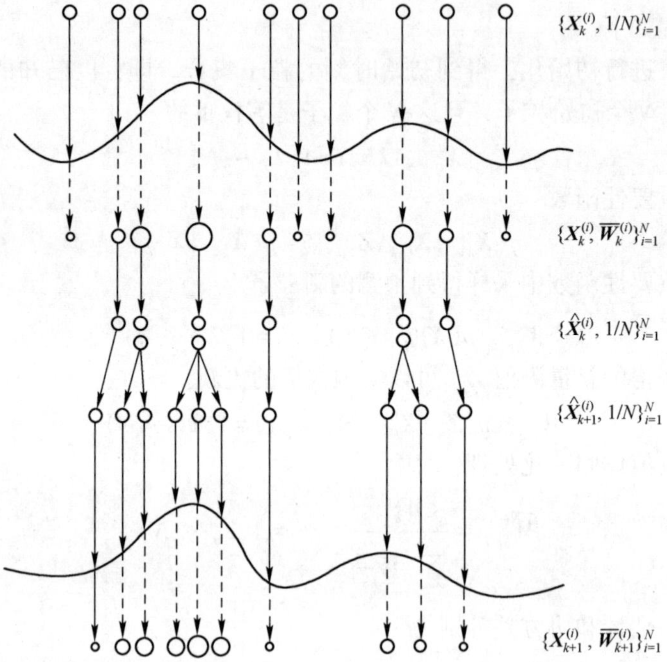

图 4-4　粒子更新和重采样过程

3. 辅助粒子滤波

SIR 算法虽然简单易求，抽样容易，但它仅是从粒子运动规律和以前的一些状态中盲目抽样，而没有考虑系统状态的最新量测，所以它可能会使大量的低权值粒子丢失，导致误差增大，滤波性能下降。

辅助粒子滤波（auxiliary particle filter，APF）算法是由 Pitty 和 Shephard 于 1999 年提出的，该算法以 SIS 为基础，通过引入一个辅助变量 $\boldsymbol{U}$ 对下一时刻量测似然值高的粒子进行标识。并且，在它的重要性函数中也引入了对最新量测值 $\boldsymbol{Z}_{k+1}$ 的考虑。其重要性函数的定义如下：

$$q(\boldsymbol{X}_{k+1},j|\boldsymbol{X}_{0:k},Z_{1:k+1})\propto\overline{\boldsymbol{W}}_k^{(j)}p(\boldsymbol{Z}_{k+1}|\boldsymbol{U}_{k+1}^{(j)})p(\boldsymbol{X}_{k+1}|\boldsymbol{X}_k^{(i)})$$

式中：j 为 k 时刻粒子的标号。通过上式采样得到的粒子集合$\{\boldsymbol{X}_{k+1}^{(i)},j_i\}_{i=1}^N$中 j 代表与 $k+1$ 时刻的第 i 个相对的 k 时刻粒子的标号。也就是说，$k+1$ 时刻的第

i 个粒子 $\boldsymbol{X}_{k+1}^{(i)}$ 是由 k 时刻的第 j_i 个粒子 $\boldsymbol{X}_k^{(j_i)}$ 通过系统的状态转移概率函数预测得到的。辅助变量 $\boldsymbol{U}_{k+1}^{(j)}$ 代表在给定 $\boldsymbol{X}_k=\boldsymbol{X}_k^{(j)}$ 的情况下 $\boldsymbol{X}_{k+1}$ 的某些特征，通常是 $\boldsymbol{X}_{k+1}$ 的均值

$$\boldsymbol{U}_{k+1}^{(j)}=E(\boldsymbol{X}_{k+1}\mid\boldsymbol{X}_k^{(j)})$$

也可以是从状态转移函数 $p(\boldsymbol{X}_{k+1}\mid\boldsymbol{X}_k^{(j)})$ 中获得的一个抽样，即

$$\boldsymbol{U}_{k+1}^{(j)}\sim p(\boldsymbol{X}_{k+1}\mid\boldsymbol{X}_k^{(j)})$$

引入中间变量的作用在于，选出下一时刻量测似然值相对较高的粒子进行预测，似然值越高的粒子被选中的可能性越高。

辅助粒子滤波算法实现步骤如下。

首先，进行初始化，得到初始时刻的粒子集合 $\{\boldsymbol{X}_0^{(i)},1/N\}_{i=1}^N$。

假设 k 时刻滤波得到的粒子集合为 $\{\boldsymbol{X}_k^{(i)},\overline{\boldsymbol{W}}_k^{(i)}\}_{i=1}^N$，然后，计算该粒子集合中所有粒子的辅助变量：

$$\boldsymbol{U}_{k+1}^{(i)}=E(\boldsymbol{X}_{k+1}\mid\boldsymbol{X}_k^{(i)})\quad(i=1,2,\cdots,N)$$

计算每个辅助变量的未归一化权值：

$$\widetilde{\boldsymbol{V}}_{k+1}^{(i)}=\overline{\boldsymbol{W}}_k^{(i)}p(\boldsymbol{Z}_k\mid\boldsymbol{U}_k^{(i)})$$

归一化权值：

$$\overline{\boldsymbol{V}}_{k+1}^{(i)}=\frac{\widetilde{\boldsymbol{V}}_{k+1}^{(i)}}{\sum_{i=1}^{N}\widetilde{\boldsymbol{V}}_{k+1}^{(i)}}\quad(i=1,2,\cdots,N)$$

根据辅助变量的归一化权值对 k 时刻的粒子集合 $\{\boldsymbol{X}_k^{(i)},\overline{\boldsymbol{W}}_k^{(i)}\}_{i=1}^N$ 重采样，得到新的粒子集合 $\{\boldsymbol{X}_k^{(j_i)},1/N\}_{i=1}^N$。

利用系统状态转移概率度对粒子集合 $\{\boldsymbol{X}_{k+1}^{(j_i)},1/N\}_{i=1}^N$，进行预测，得到新的粒子集合 $\{\boldsymbol{X}_{k+1}^{(i)},1/N\}_{i=1}^N$

$$\boldsymbol{X}_{k+1}^{(i)}\sim p(\boldsymbol{X}_{k+1}\mid\boldsymbol{X}_k^{(j_i)})\quad(i=1,2,\cdots,N)$$

计算 $k+1$ 时刻新粒子的权值：

$$\boldsymbol{W}_{k+1}^{(i)}=\frac{p(\boldsymbol{Z}_{k+1}\mid\boldsymbol{X}_{k+1}^{(i)})}{p(\boldsymbol{Z}_{k+1}\mid\boldsymbol{U}_{k+1}^{(j_i)})}\quad(i=1,2,\cdots,N)$$

归一化权值：

$$\overline{\boldsymbol{W}}_{k+1}^{(i)}=\frac{\widetilde{\boldsymbol{W}}_{k+1}^{(i)}}{\sum_{i=1}^{N}\widetilde{\boldsymbol{W}}_{k+1}^{(i)}}\quad(i=1,2,\cdots,N)$$

$k+1$ 时刻的状态估计和协方差分别为

$$\hat{\boldsymbol{X}}_{k+1}=\sum_{i=1}^{N}\overline{\boldsymbol{W}}_{k+1}^{(i)}\boldsymbol{X}_{k+1}^{(i)}$$

$$P_{XX}=\sum_{i=1}^{N}W_{k+1}^{(i)}(X_{k+1}^{(i)}-\hat{X}_{k+1})(X_{k+1}^{(i)}-\hat{X}_{k+1})^{\mathrm{T}}$$

在辅助粒子滤波算法中，引入辅助变量 $\boldsymbol{U}$ 对系统做预测，不仅根据粒子的预测似然值对其重采样，筛选出似然值较大的粒子，而且其重要性采样过程利用了最新的量测值 $\boldsymbol{Z}_{k+1}$ 使获得的粒子更接近真实情况。尤其在过程噪声较小的情况下，APF 算法要优于 SIR 算法。

4. 正则粒子滤波

虽然 SIR 算法在一定程度上改善了 SIS 算法中出现的粒子退化问题，但它也带来了粒子贫化的问题，也就是粒子多样性的消失。这是因为在 SIR 算法的重采样过程中，重采样粒子是从离散的概率分布中获得的。这样，权值较低的粒子被淘汰，而权值较高的粒子被多次复制，因此粒子集合就失去了多样性。所以，解决这个问题的一个思路就是，通过后验概率密度的离散分布来重建它的连续分布。正是基于这种思想，Musso 等提出了正则粒子滤波（regularized particle filter，RPF）算法。

RPF 算法与 SIR 算法的不同之处在于：在重采样过程中，SIR 从离散近似的概率分布中采样，而 RPF 则是从连续近似的概率分布中采样。其连续近似概率分布可表达为

$$p(\boldsymbol{X}_k|\boldsymbol{Z}_{1:k})\approx\hat{p}(\boldsymbol{X}_k|\boldsymbol{Z}_{1:k})=\sum_{i=1}^{N}\overline{\boldsymbol{W}}_k^i\boldsymbol{K}_h(\boldsymbol{X}_k-\boldsymbol{X}_k^i)$$

其中：

$$\boldsymbol{K}_h(\boldsymbol{X})=\frac{1}{h^n}\boldsymbol{K}\left(\frac{\boldsymbol{X}}{h}\right)$$

式中：$\boldsymbol{K}_h(\cdot)$ 为对核密度函数 $\boldsymbol{K}(\cdot)$ 重新标度后的结果；n 为状态矢量 $\boldsymbol{X}$ 的维数；h 为核带宽。核密度函数 $\boldsymbol{K}(\cdot)$ 满足如下条件：

$$\int\boldsymbol{X}\boldsymbol{K}(\boldsymbol{X})\mathrm{d}\boldsymbol{X}=0$$

$$\int\|\boldsymbol{X}\|^2\boldsymbol{K}(\boldsymbol{X})\mathrm{d}\boldsymbol{X}<\infty$$

选择核带宽 h 的准则是，使真实的后验概率密度和相应的正则化近似密度之间的平均积分方差 MISE(p) 最小

$$\mathrm{MISE}(p)=E\left[\int[\hat{p}(\boldsymbol{X}_k|\boldsymbol{Z}_{1:k})-p(\boldsymbol{X}_k|\boldsymbol{Z}_{1:k})]^2\mathrm{d}\boldsymbol{X}_k\right]$$

在所有权值都相等（$\overline{\boldsymbol{W}}_k^i=1/N,i=1,2,\cdots,N$）的情况下，最优核密度是 Epnechnikov 核密度

$$\boldsymbol{K}_{\mathrm{opt}}=\begin{cases}\dfrac{n+2}{2C_n}(1-\|\boldsymbol{X}\|^2) & (\|\boldsymbol{X}\|<1)\\ 0 & (\text{其他})\end{cases}$$

式中：C_n为 n 维空间上单位超球体的体积。如果实际的后验概率密度是具有单位协方差阵的高斯分布。那么核带宽 h 的最优选择是

$$h_{\mathrm{opt}}=AN^{\frac{1}{n+1}}$$

其中：

$$A=[8C_n^{-1}(n+4)(2\sqrt{\pi}^{\,n})]^{1/(n+4)}$$

当后验概率的协方差阵不是单位阵时，如果要用上式获得最优的核带宽，就需要通过线性变换进行白化。假设样本的经验方差矩阵是 $\boldsymbol{S}$，令 $\boldsymbol{S}=\boldsymbol{D}\boldsymbol{D}^{\mathrm{T}}$，则有

$$\boldsymbol{D}\boldsymbol{Y}^{(i)}=\boldsymbol{X}^{(i)}$$

式中：$\boldsymbol{X}^{(i)}$为原粒子；$\boldsymbol{Y}^{(i)}$为与之对应的白化粒子。假设核函数 $\boldsymbol{K}_h(\boldsymbol{X}-\overline{\boldsymbol{X}})$ 的均值为$\overline{\boldsymbol{X}}$，方差为 $\boldsymbol{S}$，最优核带宽为 h，则它的样本 $\boldsymbol{X}^{(i)}$ 为

$$\boldsymbol{X}^{(i)}=\overline{\boldsymbol{X}}+h\boldsymbol{D}\boldsymbol{Y}^{(i)}$$

虽然以上结果只是在高斯情况下达到最优，但在其他情况下依然可以使用，以获得次优滤波。

正则粒子滤波的实现过程与 SIR 算法的区别仅在重采样部分。

假设已经获得 $k+1$ 时刻的预测粒子$\{\boldsymbol{X}_{k+1}^{(i)}\}_{i=1}^N$及其归一化权值$\{\overline{\boldsymbol{W}}_{k+1}^{(i)}\}_{i=1}^N$。首先计算粒子的经验方差阵 $\boldsymbol{S}_k$，令 $\boldsymbol{S}_k=\boldsymbol{D}_k\boldsymbol{D}_k^{\mathrm{T}}$，求出相应的 $\boldsymbol{D}_k$。

对粒子集合$\{\boldsymbol{X}_{k+1}^{(i)},\overline{\boldsymbol{W}}_{k+1}^{(i)}\}_{i=1}^N$进行重采样得到新粒子集合$\{\hat{\boldsymbol{X}}_{k+1}^{(i)},1/N\}_{i=1}^N$。

若从 Epanechnikov 核密度中抽取的第 i 个样本为 $\boldsymbol{Y}_{k+1}^{(i)}$，那么，相应的从正则化近似密度上抽取的样本为

$$\boldsymbol{X}_{k+1}^{*(i)}=\hat{\boldsymbol{X}}_{k+1}^{(i)}+h_{\mathrm{opt}}\boldsymbol{D}_k\boldsymbol{Y}_k^{(i)}$$

最终得到粒子集合为$\{\boldsymbol{X}_{k+1}^{*(i)},1/N\}_{i=1}^N$。

RPF 算法可以改善重采样过程中造成的粒子匮乏问题，尤其在系统过程噪声较小的情况下，使用 SIR 算法可能会有较严重的粒子匮乏问题，这时使用 RPF 算法的滤波效果就要明显优于 SIR 算法。

4.3 航迹管理

航迹有其自然生命期，跟踪系统通过对多个扫描周期的观测得到初始化

航迹称为航迹形成；将现有的航迹与当前的观测关联并更新航迹，称为航迹维持；当多个扫描周期内没有观测和航迹相关目标或者消失或者脱离了传感器的探测区域，此时航迹被删除，称为航迹销毁期。本节讨论多传感器的航迹相关过程及多传感器的航迹信息融合过程，经航迹融合后，就可以输出全局唯一的目标航迹信息[6]。

4.3.1　多传感器航迹相关

在分布式多传感器环境中，一个首要的关键问题是航迹与航迹相关问题，即解决传感器空间覆盖区域中的重复跟踪问题。目前用于航迹相关的主要算法可以分为两类：一类是基于统计的方法，另一类是基于模糊数学的方法。其中，加权法、修正法、最近领域法是三种基本方法，在实践中也用得最多。但这些算法的讨论主要是针对两个局部节点的情况进行的。当系统规模较大时，多传感器多目标的航迹关联问题可能转换为多维匹配问题，传感器数目 $s\geqslant 3$时，其求解是 NP 的。此时传统的一些启发式搜索算法（如全邻法、整数规划法、高斯和法、轨迹分裂法等）均表现的无能为力。目前比较有效的方法是由 S. Deb 等提出的松弛算法。

1. 航迹相关准则

离散化的传感器 i 的通用测量方程

$$\boldsymbol{Z}^i(k)=\boldsymbol{H}^i(k)X(k)+\boldsymbol{W}^i(k)\quad (i=1,2,\cdots,M) \tag{4-33}$$

式中：$\boldsymbol{Z}^i(k)\in\boldsymbol{R}^m$为第 i 个传感器在 k 时刻观测向量；$\boldsymbol{W}^i(k)\in\boldsymbol{R}^m$为具有零均值和正定协方差矩阵 $\boldsymbol{R}(k)$的高斯分布测量噪声向量；$\boldsymbol{H}^i(k)\in\boldsymbol{R}^{m,n}$为传感器 i 的测量矩阵$(i=1,2,\cdots,M)$；M 为传感器数或局部节点个数，现假定测量噪声向量在不同时刻是独立的，于是有

$$E[\boldsymbol{W}^i(k)]=0,\quad E[\boldsymbol{W}^i(k)\boldsymbol{W}^i(l)^{\mathrm{T}}]=\boldsymbol{R}^i(k)\delta_{kl}\quad (i=1,2,\cdots,M) \tag{4-34}$$

记 $U_s=\{1,2,\cdots,n_s),s=1,2,\cdots,M$ 为局部节点 s 的航迹号集合，当 $M=2$ 时，局部节点 1、2 的航迹号集合分别为 $U_1=\{1,2,\cdots,n_1\},U_2=\{1,2,\cdots,n_2\}$。

将 $t_{ij}(l)=\hat{X}_i^1(l|l)-\hat{X}_j^2(l|l)$记为 $t_{ij}^*(l)=X_i^1(l|l)-X_j^2(l|l)$的估计。式中：$X_i^1$和 X_j^2分别为节点 1 第 i 个和节点 2 第 j 个目标的真实状态；$\hat{X}_i^1$和$\hat{X}_j^2$分别为节点 1 对目标 i 和节点 2 对目标 j 的状态估计值。

设 H_0和 H_1分别是下列事件，$i\in U_1,j\in U_2$。

$H_0:\hat{X}_i^1(l|l)$和$\hat{X}_j^2(l|l)$是同一目标的航迹估计。

$H_1:\hat{X}_i^1(l|l)$和$\hat{X}_j^2(l|l)$不是同一目标的航迹估计。

2. 序贯航迹关联

1）两节点时独立序贯航迹关联

两局部节点估计误差独立是指，当 $X_i^1(l)=X_j^2(l)$ 时，估计误差为 $\widetilde{X}_i^1(l)=X_i^1(l)-\hat{X}_i^1(l|l)$ 与 $\widetilde{X}_j^2(l)=X_j^2(l)-\hat{X}_j^2(l|l)$ 是统计独立的随机向量，即在假设 H_0 下 $t_{ij}(l)$ 的协方差为

$$\begin{aligned}C_{ij}(l)&=E[t_{ij}(l)t_{ij}(l)^{\mathrm{T}}]=E\{[\widetilde{X}_i^1(l)-\widetilde{X}_j^2(l)][\widetilde{X}_i^1(l)-\widetilde{X}_j^2(l)]^{\mathrm{T}}\}\\&=P_i(l|l)+P_j^2(l|l)\end{aligned}\tag{4-35}$$

式中：$E[\widetilde{X}_i^1(l)]=E[\widetilde{X}_j^2(l)]=0$ 为显然的假设；$P_i^1(l|l)$ 为 $\widetilde{X}_j^1(l)$ 的协方差，即节点 1 在 l 时刻对目标 i 的估计误差协方差；$P_i^2(l|l)$ 为 $\widetilde{X}_j^2(l)$ 的协方差。

设两个局部节点直到 k 时刻对目标 i 和 j 状态估计之差的经历为 $t_{ij}^k=\{t_{ij}(l)\}(l=1,2,\cdots,k;i\in U_1,j\in U_2)$；其联合概率密度函数在 H_0 假设下可写成

$$f_0(t_{ij}^k|H_0)=\left[\prod_{l=1}^{k}|(2\pi)C_{ij}(l|l)|^{-1/2}\right]\exp\left[-\frac{1}{2}\sum_{l=1}^{k}t_{ij}(l)^{\mathrm{T}}C_{ij}^{-1}(l|l)t_{ij}(l)\right]\tag{4-36}$$

式（4-36）被称作假设 H_0 的似然函数。在假设 H_1 下，其联合概率密度函数被定义为 $f_1(t_{ij}^k|H_1)$，同时假设 $f_1(t_{ij}^k|H_1)$ 在某些区域是均匀分布的。最强有力的检验是似然比检验，对应的对数似然比为

$$\mathrm{In}L(t_{ij}^k)=-\frac{1}{2}\sum_{l=1}^{k}t_{ij}(l)^{\mathrm{T}}C_{ij}^{-1}(l|l)t_{ij}(l)+\mathrm{Const}\tag{4-37}$$

现在定义一个修正的对数似然函数

$$\lambda_{ij}(k)=\sum_{ij}^{k}t_{ij}(l)^{\mathrm{T}}C_{ij}^{-1}(l|l)t_{ij}(l)=\lambda_{ij}(k-1)+t_{ij}(k)^{\mathrm{T}}C_{ij}^{-1}(k|k)t_{ij}(k)\tag{4-38}$$

显然，如果 $\lambda_{ij}(k)\leqslant\delta(k)(i\in U_1,j\in U_2)$，则接受 H_0，否则接受 H_1。其中阈值满足 $P\{\lambda_{ij}(k)>\delta(k)|H_0\}=\alpha$，$\alpha$ 为检验的显著性水平。

2）多节点时独立序贯航迹关联

当 $M\geqslant 3$ 时，即对多个局部节点的情况，仍假设各局部节点估计误差是独立的，根据上述讨论的独立序贯法，可考虑构造充分统计量。

$$\lambda_{i_{s-1}i_s}(k)=\lambda_{i_{s-1}i_s}(k-1)+[\hat{X}_{i_{s-1}}(k|k)-\hat{X}_{i_s}(k|k)]^{\mathrm{T}}C_{i_{s-1}-i_s}^{-1}(k|k)[\hat{X}_{i_{s-1}}(k|k)-\hat{X}_{i_s}(k|k)]\tag{4-39}$$

式中：$s=1,2,\cdots,M$ 为局部节点编号；$i_s=1,2,\cdots,n_s$ 为局部节点 s 的航迹编号，并且

$$C_{i_{s-1}i_s}(k|k)=P_{i_{s-1}}(k|k)+P_{i_s}(k|k)$$

现在构造全局统计量

$$b_{i_1i_2\cdots i_M}(k)=\sum_{s=2}^{M}\lambda_{i_{s-1}i_s}(k)$$

定义一个二进制变量，令

$$\tau_{i_1i_2\cdots i_M}(k)=\begin{cases}1 & (H_0\text{成立})\\ 0 & (H_1\text{成立})\end{cases}$$

式中：$i_s=1,2,\cdots,n_s$；$s=1,2,\cdots,M$；H_0为原假设，表示航迹 $i_1,i_2,\cdots,i_M$ 对应同一个目标；H_1为对立假设，表示航迹 $i_1,i_2,\cdots,i_M$ 对应不同的目标。

于是，多局部情况下的独立序贯航迹关联算法便被描述成如下的多维分配问题，即

$$J=\min_{\tau_{i_1i_2\cdots i_M}}\sum_{i_1=1}^{n_1}\sum_{i_2=1}^{n_2}\cdots\sum_{i_M=1}^{n_M}\tau_{i_1i_2\cdots i_M}b_{i_1i_2\cdots i_M}(k) \tag{4-40}$$

其约束条件为

$$\begin{cases}\sum\limits_{i_2=1}^{n_2}\sum\limits_{i_3=1}^{n_3}\cdots\sum\limits_{i_M=1}^{n_M}\tau_{i_1i_2\cdots i_M}=1; & \forall i_1=1,2,\cdots,n_1\\ \sum\limits_{i_1=1}^{n_1}\sum\limits_{i_3=1}^{n_3}\cdots\sum\limits_{i_M=1}^{n_M}\tau_{i_1i_2\cdots i_M}=1; & \forall i_2=1,2,\cdots,n_2\\ \vdots & \\ \sum\limits_{i_1=1}^{n_1}\sum\limits_{i_2=1}^{n_2}\cdots\sum\limits_{i_{M-1}=1}^{n_{M-1}}\tau_{i_1i_2\cdots i_M}=1; & \forall i_M=1,2,\cdots,n_M\end{cases}$$

显然，当 $M=2$ 时，上述问题退化为二维整数规划问题，这时可用于局部节点间的两两关联检验。当 $M\geqslant3$ 时，为多维匹配问题，其求解是 NP 的。

3. 拓扑航迹关联

人们通过长期的研究，已经总结出统计相关法和模糊判别法两大类算法，通过对航迹历史数据的分析得到目标关联与否的判决、受航迹精度、雷达系统误差、目标机动等因素的影响，统计相关法和模糊判别法的成功关联概率不高，为此石玥[7]等提出了拓扑法。

拓扑法利用目标与其邻居的相对位置构造拓扑矩阵，然后通过模糊法判决拓扑矩阵的相似程度实现航迹的关联。拓扑法虽然在仿真时的关联性能有很大提高，但实际使用的效果并非那样理想。分析其原因，主要存在以下缺点：首先，拓扑矩阵每个单元对应的空间是在径向和方位角上均匀划分而成，

划分粒度大小是一个经验数据，划分粒度对密集航迹的场景不合适，而过小的划分粒度影响拓扑矩阵的模糊匹配；其次，极坐标划分方式使每个拓扑矩阵单元格对应的面积不同，目标在单元格中出现的概率也相差很大，使拓扑矩阵的解析精度下降，而其他划分方式又不利于抵消雷达系统误差的影响；再次，为了一定程度适应雷达的随机探测误差，对拓扑矩阵进行了模糊化，但是模糊化的量值没有选择依据，一律强制定义成 0.1；最后，在判决阶段，虽然模糊法有一定的健壮性，但是模糊判决阈值的选择没有理论依据，这限制了模糊法在工程中的应用。

雷达提供的目标测量值是以雷达为坐标原点的局部坐标系中的极坐标值，表示为

$$S_{k,j,A}=(r_{k,j,A},\theta_{k,j,A},\varphi_{k,j,A}) \tag{4-41}$$

式中：r 为径向距离；θ 为相对于正北的方位角；φ 为相对于过雷达站址的地球切平面的高低角；k 为采样的时刻；j 为目标的编批号；A 为雷达的编号。由于随机误差的存在，$S_{k,j,A}$ 的每个观测量都是以真实值为均值的独立高斯随机变量，其方差是由雷达工作特性决定的一个相对固定值，分别表示为$(\sigma_r^2, \sigma_\theta^2,\sigma_\varphi^2)$。为了描述方便，可以把这些随机变量看作 0 均值的高斯变量与真实值常数的和，方差不变。为了目标跟踪的需要，把极坐标的测量值转换成以雷达为坐标原点的本地直角坐标系中的测量值向量 $\boldsymbol{X}_{k,j,A}=(x_{k,j,A},y_{k,j,A},z_{k,j,A})'$，其转换公式如下：

$$\begin{cases}x_{k,j,A}=r_{k,j,A}\cos\varphi_{k,j,A}\sin\theta_{k,j,A}\\ y_{k,j,A}=r_{k,j,A}\cos\varphi_{k,j,A}\cos\theta_{k,j,A}\\ z_{k,j,A}=r_{k,j,A}\sin\varphi_{k,j,A}\end{cases} \tag{4-42}$$

由于真实测量值远大于随机误差，将泰勒级数展开应用于本地直角坐标系中的三维坐标，忽略高阶项的影响，则直角坐标值也是一个高斯随机变量。它的均值是真实坐标值，方差通过计算微分，可以表示为

$$\begin{cases}\sigma_{x,k,j,A}^2=\cos^2\varphi_{k,j,A}\sin^2\theta_{k,j,A}\sigma_r^2+r_{k,j,A}^2\sin^2\varphi_{k,j,A}\sin^2\theta_{k,j,A}\sigma_\varphi^2+r^2{}_{k,j,A}\cos^2\varphi_{k,j,A}\cos^2\theta_{k,j,A}\sigma_\theta^2\\ \sigma_{x,k,j,A}^2=\cos^2\varphi_{k,j,A}\cos^2\theta_{k,j,A}\sigma_r^2+r_{k,j,A}^2\sin^2\varphi_{k,j,A}\cos^2\theta_{k,j,A}\sigma_\varphi^2+r^2{}_{k,j,A}\cos^2\varphi_{k,j,A}\sin^2\theta_{k,j,A}\sigma_\theta^2\\ \sigma_{x,k,j,A}^2=\sin^2\varphi_{k,j,A}\sigma_r^2+r_{k,j,A}^2\cos^2\varphi_{k,j,A}\sigma_\varphi^2\end{cases}$$

因为坐标转换是一个非线性变换，所以直角坐标值的协方差矩阵不再是对角阵。但是，通过微分计算得到的互协方差非常小，在计算协方差时可以忽略，从而减少计算量，因此只列举了对角元素的计算方法。

ECEF 直角坐标系是以地球球心为原点的坐标系，x 轴过本初子午线，z 轴指向正北。只有把雷达的局部直角坐标系中的测量值转换到公共的 ECEF

坐标系中，才能判断两部雷达跟踪的航迹是否属于同一个目标，从而实现航迹关联和融合。这个转换可以通过坐标系旋转和平移完成，其转换公式为

$$\boldsymbol{R}_{k,j,A}=\begin{bmatrix}x_{c,k,j,A}\\y_{c,k,j,A}\\z_{c,k,j,A}\end{bmatrix}=\boldsymbol{L}+\boldsymbol{T}_A\times\begin{bmatrix}x_{k,j,A}\\y_{k,j,A}\\z_{k,j,A}\end{bmatrix}\tag{4-43}$$

$$\boldsymbol{T}_A=\begin{bmatrix}-\sin\lambda & -\sin\Psi\cos\lambda & \cos\Psi\cos\lambda\\\cos\lambda & -\sin\Psi\sin\lambda & \cos\Psi\sin\lambda\\0 & \cos\Psi & \sin\Psi\end{bmatrix}$$

式中：$\boldsymbol{R}$ 为目标的 ECEF 坐标矢量；下标带 c 的变量为目标的 ECEF 坐标值；$\boldsymbol{T}$ 为旋转矩阵；λ、Ψ 分别为雷达站的经度和纬度；矢量 $\boldsymbol{L}$ 为雷达站在 ECEF 坐标系中的坐标，它可以用雷达站的经度、纬度和高度计算得到，是一个常数。

当目标坐标都转换到 ECEF 坐标系内后，依据每个雷达在 k 时刻探测到的目标，以任意目标为参考点，其他目标到参考点的距离差矢量为成员，可以计算出每个目标的拓扑。这个拓扑表示为一个矢量序列，其中每个成员是邻居到该目标参考点的 ECEF 距离差矢量，而且按方位角递增顺序排列。

图 4-5 是在雷达观测结果基础上形成的目标拓扑序列，每个目标都需要形成自己的拓扑序列。因为拓扑序列中的时刻相同，所以在后续的公式中不再包括时间变量 k。假设目标参考点 t 及其 n 个邻居的 ECEF 坐标矢量序列是 $\{X_t,X_1,X_2,\cdots,X_n\}$，则拓扑序列 $\{P_{i,j},1\leqslant j\leqslant n\}=\{X_1-X_t,X_2-X_t,\cdots,X_n-X_t\}$。每个矢量成员可表示为

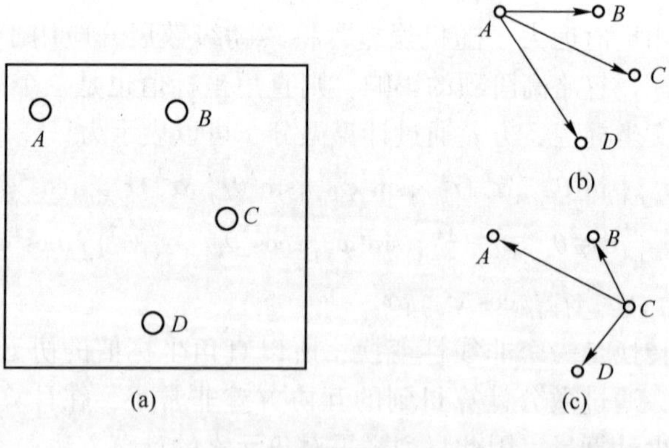

图 4-5　拓扑序列示例

（a）雷达观察的目标位置；（b）A 的拓扑序列：AD，AC，AB；（c）C 的拓扑序列：CB，CA，CD。

$$P_{t,j,A}=\boldsymbol{T}_A\times\left(\begin{bmatrix}x_{k,j,A}\\y_{k,j,A}\\z_{k,j,A}\end{bmatrix}-\begin{bmatrix}x_{k,t,A}\\y_{k,t,A}\\z_{k,t,A}\end{bmatrix}\right)\tag{4-44}$$

显然，$P_{t,j,A}$与雷达的位置矢量 $\boldsymbol{L}$ 无关，而且每个分量都是独立高斯变量的线性组合，协方差可以表示为

$$\boldsymbol{\Sigma}_{j,A}^2=\boldsymbol{T}_A\begin{pmatrix}\sigma_{x,j,A}^2+\sigma_{x,0,A}^2 & 0 & 0\\0 & \sigma_{y,j,A}^2+\sigma_{y,0,A}^2 & 0\\0 & 0 & \sigma_{y,j,A}^2+\sigma_{y,0,A}^2\end{pmatrix}\boldsymbol{T}_A'\tag{4-45}$$

式中：j 为 A 雷达发现的参考目标点的第 j 个邻居。经拓扑计算，每个目标都形成了与其对应的拓扑序列。

不同雷达形成的目标航迹利用拓扑序列进行关联。关联规则是：首先，目标的 ECEF 距离差小于规定的距离判决阈值，即两个目标应该在空间上足够接近，受雷达观测系统误差和随机误差的影响，这个阈值设置成一个变量，选择在 10km 比较合适；其次，对距离差小于阈值的目标进行拓扑序列的匹配。假设雷达 A 和 B 分别形成拓扑序列$\{P_{t_1,j,A},1\leqslant j\leqslant n\}$和$\{P_{t_2,j,B},1\leqslant j\leqslant n\}$，$t_1$和 t_2表示在不同雷达中的航迹编号，并且假设两个拓扑序列的成员个数相同。定义统计量

$$F_j=(P_{t_1,j,A}-P_{t_2,j,B})'(\Sigma_{j,A}^2+\Sigma_{j,B}^2)^{-1}(P_{t_1,j,A}-P_{t_2,j,B})\tag{4-46}$$

式中：F_j为归一化的拓扑距离。当 t_1和 t_2属于同一个目标时，该统计量服从自由度为 3 的χ^2分布。通过归一化，使不同距离的邻居对最终判决结果的贡献相同，避免了基本拓扑法中单位格划分不均匀的缺点。按照雷达的工作过程，由于雷达对拓扑邻居的检测是在多次扫描中完成，而每次扫描的随机误差彼此独立，所以根据χ^2分布的可加性，当拓扑序列完全匹配时，统计量

$$F=\sum_{j=1}^{n}F_j\tag{4-47}$$

是服从自由度为 $3n$ 的χ^2分布的随机变量。所以，在匹配拓扑序列时，首先计算 F 统计量，然后根据置信度（如 95%），确定拓扑距离差的阈值，如果 F 小于该阈值，就认为拓扑匹配。拓扑序列匹配的目标被判断为关联航迹。

当保持雷达参数不变，降低目标间距，从而增加空间目标密度时，用基本拓扑法和拓扑序列法分别做航迹关联。在 100km^{2}的空间中随机产生目标，

控制目标最小间距从 500m 逐步增至 10km，保持邻居数量为 10 个不变，保持基本拓扑法的参数设置不变。分别测试每种间距时航迹关联成功概率，其仿真结果如图 4-6 所示，拓扑序列法能保持很高的关联成功率。另外，误关联概率也是一个重要的指标，所以在不同目标最小间距情况下，对误关联概率也进行了仿真，其结果如图 4-7 所示。

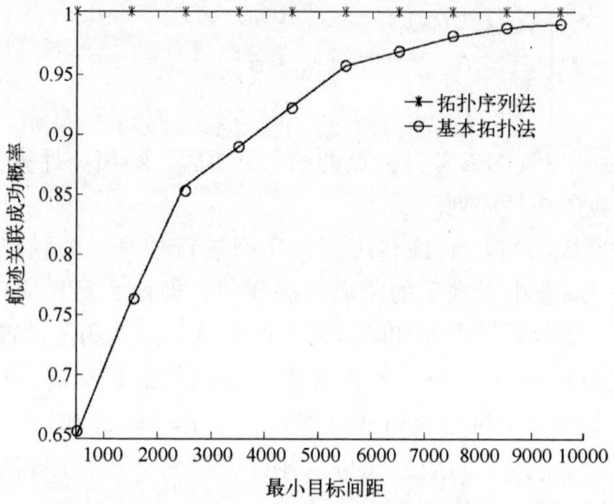

图 4-6　关联成功概率与目标间距的关系

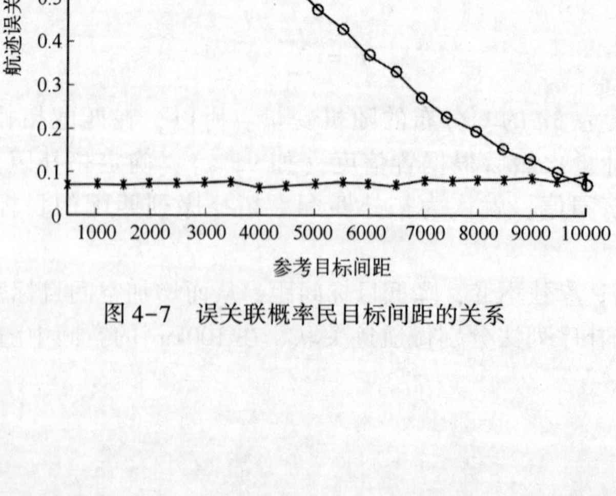

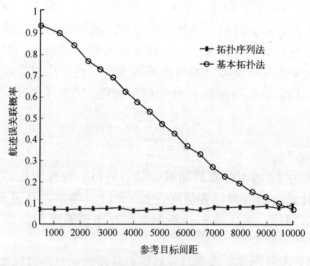

图 4-7　误关联概率民目标间距的关系

从图 4-6 和图 4-7 可以发现，拓扑序列法的关联成功概率和误关联概率对目标的间距不敏感，当目标间距变化时，这些性能指标保持稳定，特别是关联成功概率保持在 99.5%以上；而误关联概率在 8%左右，这主要受雷达随机误差的影响，对高性能的雷达，随着随机误差的减小，误关联率将大幅降低。但是，基本拓扑法的性能对目标间距非常敏感，在目标稀疏时性能很好，而在目标密集时性能很差，其中误关联概率在目标间距较小时非常大，使目标关联关系的正确搜索存在很大困难。所以，在密集航迹场景下，拓扑序列法的性能要远好于基本拓扑法。为了更深入地讨论拓扑序列法的性能，对正确关联率与拓扑成员数量的关系进行仿真，结果如图 4-8 所示。

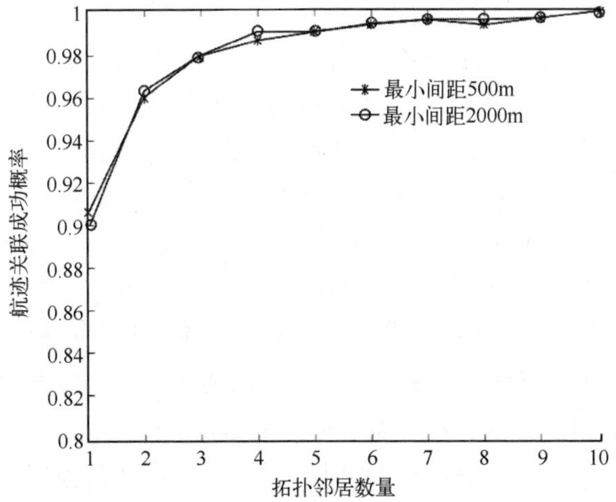

图 4-8　关联成功概率与邻居数量的关系

当邻居数只有 1 个时，关联成功概率在 90%左右；当邻居数量增加时，关联成功概率快速趋近于 100%；当邻居数为 7 个时，关联成功概率接近饱和。所以，如果拓扑序列的成员数量太多，除了增加不必要的计算量，则对关联成功概率并没有贡献。因此，在拓扑序列法的修正措施中，限制邻居范围是非常有必要的，在每个目标的相邻范围内能有 5~6 个目标就足够了。当目标处于雷达的覆盖边缘时，通过修正雷达探测范围，少量增加拓扑序列中的公共成员数量，就能获得很高的关联成功概率。

4.3.2　多传感器航迹融合

多传感器航迹融合，也称分布式融合，即针对目标状态估计的信息融合，是信息融合中位置级融合的三种实现方式之一。与集中式量测融合相比，航迹融合的性能在某些场合下可能会略低一些，但对融合中心的处理能力及通信带宽要求较低，系统的可靠性和可扩展能力较好。多传感器航迹融合技术无论在军事还是民用领域都有着非常广泛的应用。近年来国内外有关该项技术的研究极为活跃，是信息融合领域发展最快的研究方向之一。

依据系统信息传播的路径，多传感器航迹融合又可分为多级分层式和完全分布式两种结构。此外，根据是否利用全局状态估计，融合也可划分为传感器—传感器航迹融合和传感器—系统航迹融合两大类。

航迹融合中的误差相关性是指参与融合的各估计量的估计误差之间存在着某种程度的关联关系。航迹融合中的误差相关性可以分为两类：一类是各局部状态估计之间由于共同的过程噪声、相关的量测噪声以及共同的先验估计而产生的误差相关性；另一类是当融合中心具备记忆能力并存在多条传感器至融合中心的信息传播途径，局部状态（先验）估计与全局状态（先验）估计之间也存在有相关性。一个好的融合算法必须对这两类相关性加以考虑，这是进行状态融合的基础和前提，否则就会产生过度估计问题。在过去相当长的时间内，对误差相关性不同处理方式一直是航迹融合算法发展的主轴。

在下文中，将分别讨论几种主流的航迹融合算法，其中设 n 为目标状态维数，N 为传感器数目，$\bar{x}_{k|k}^{(i)}$，$\bar{\boldsymbol{P}}_{k|k}^{(i)}$ 分别是传感器 i 对 k 时刻目标状态的预测值及其预测误差互协方差阵；$\hat{\boldsymbol{x}}_{k|k}^{(i)}$，$\boldsymbol{P}_{k|k}^{(i)}$ 分别为传感器 i 对 k 时刻目标状态的估计值及其误差协方差阵；$\boldsymbol{P}_{k|k}^{(ij)}$ 为 k 时刻传感器 i 与传感器 j 的估计误差的互协方差矩阵；$\bar{x}_{k|k}$，$\bar{\boldsymbol{P}}_{k|k}$ 为融合中心对目标状态预测及其预测误差互协方差矩阵，$\hat{\boldsymbol{x}}_{k|k}$，$\boldsymbol{P}_{k|k}$ 为融合后的目标状态估计值及其误差协方差阵。

1. 简单协方差凸组合算法

简单协方差凸组合算法（covariance convex，CC）是最早提出的航迹融合算法，假设目标的状态估计误差独立，通过卡尔曼滤波即可得到全局状态估计，融合算法公式如下

$$\begin{cases} P_{k|k}^{-1}x_{k|k} = \sum_{i=1}^{n} (P^{(i)})_{k|k}^{-1}X_{k|k}^{(i)} \\ P_{k|k}^{-1} = \sum_{i=1}^{n} (P^{(i)})_{k|k}^{-1} \end{cases} \tag{4-48}$$

该算法比较简单，也是使用较为广泛的一种算法，但因事先假设了状态估计误差相互独立，所以互协方差矩阵 $\boldsymbol{P}_{k|k}^{(ij)}$ 为零时算法才是最优的。若互协方差矩阵 $\boldsymbol{P}_{k|k}^{(ij)}$ 不为零，则简单协方差凸组合只是一种近似最优算法。此时两

传感器融合的实际融合估计误差协方差为：

$$E[(\boldsymbol{x}_k-\hat{\boldsymbol{x}}_{k|k})(\boldsymbol{x}_k-\hat{\boldsymbol{x}}_{k|k})^{\mathrm{T}}]=\boldsymbol{P}_{k|k}(\boldsymbol{P}_{k|k}^{(1)^{-1}}\boldsymbol{P}_{k|k}^{(12)}\boldsymbol{P}_{k|k}^{(2)^{-1}}+\boldsymbol{P}_{k|k}^{(2)^{-1}}\boldsymbol{P}_{k|k}^{(21)}\boldsymbol{P}_{k|k}^{(1)^{-1}})\boldsymbol{P}_{k|k}+\boldsymbol{P}_{k|k} \tag{4-49}$$

由于共同的模型过程噪声或将全局状态估计反馈至局部节点后所导致的共同先验估计，同一目标的各局部航迹状态估计误差存在着相关性，并在此基础上提出了互协方差组合航迹融合（bar-shalom campo，BC）算法[8]。由于缺乏先验信息，BC 算法也仅是极大似然估计而非最小均方误差估计。定义

$$\hat{\boldsymbol{X}}_{k|k}^{(loc)}=[\hat{\boldsymbol{x}}_{k|k}^{(1)}\quad \hat{\boldsymbol{x}}_{k|k}^{(2)}\quad \hat{\boldsymbol{x}}_{k|k}^{(N)}]^{\mathrm{T}},\quad \boldsymbol{I}=[I\quad \cdots\quad I]^{\mathrm{T}}$$

式中：为 $N_n\times n$ 的矩阵；$\boldsymbol{I}$ 为 $n\times n$ 的单位阵；$\boldsymbol{P}$ 为对角线元素为局部估计误差方差阵 $\boldsymbol{P}_{k|k}^{(i)}$、其他元素为互协方差阵 $\boldsymbol{P}_{k|k}^{(ij)}$ 的 $N\times n$ 阶方阵，则 N 传感器 BC 融合算法如下：

$$\hat{\boldsymbol{X}}_{k|k}=(\boldsymbol{I}\boldsymbol{P}^{-1}\boldsymbol{I})^{-1}\boldsymbol{I}\boldsymbol{P}^{-1}\hat{\boldsymbol{X}}_{k|k}^{(loc)} \tag{4-50}$$

$$\boldsymbol{P}_{k|k}=(\boldsymbol{I}\boldsymbol{P}^{-1}\boldsymbol{I})^{-1} \tag{4-51}$$

由于算法中融合中心不具备状态外推（记忆）能力，CC 算法、BC 算法以及后面介绍的协方差交叉算法均属于无记忆融合类别。

2. 信息矩阵融合算法

信息矩阵（information matrix，IM）融合算法，也称分层融合算法，该算法以信息矩阵作为信息测度，通过在融合算法中去除先验信息，以避免先验信息对融合估计造成双重影响。N 传感器的 IM 算法如下

$$\boldsymbol{P}_{k|k}^{-1}\boldsymbol{x}_{k|k}=\overline{\boldsymbol{P}}_{k|k}^{-1}\hat{\boldsymbol{x}}_{k|k}+\sum_{i=1}^{N}\{\boldsymbol{P}_{k|k}^{(i)^{-1}}\hat{\boldsymbol{x}}_{k|k}^{(i)}-\overline{\boldsymbol{P}}_{k|k}^{(i)^{-1}}\overline{x}_{k|k}^{(i)}\} \tag{4-52}$$

$$\boldsymbol{P}_{k|k}^{-1}=\overline{\boldsymbol{P}}_{k|k}^{-1}+\sum_{i=1}^{N}\{\boldsymbol{P}_{k|k}^{(i)^{-1}}-\overline{\boldsymbol{P}}_{k|k}^{(i)^{-1}}\} \tag{4-53}$$

当先验估计信息未知或不存在时，该算法也就演变为 CC 算法。IM 算法有效利用先验信息的同时，考虑到了由先验信息所引起的局部估计和全局估计的误差相关性，但却忽略了局部估计间由过程噪声引起的误差相关性，这就造成仅当局部节点与融合中心实时通信或目标服从确定性状态转移模型时，算法的融合性能是最优的。当跟踪机动目标或为了降低数据通信量而导致局部节点与融合中心间非实时通信时，算法所得仅为近似解，特别是融合误差协方差矩阵 $\boldsymbol{P}_{k|k}$ 并不真实准确[9]。

3. 协方差交叉算法

对于分布式融合系统，若系统结构属于复杂的完全分布式，则极易造成信息的冗余传播，对冗余信息的双（多）重利用会严重降低融合性能，换个

角度讲，此类融合结构下的互相关性非常复杂，识别（去相关）冗余信息也几乎是不可能的，利用传统的贝叶斯估计方法也无法解决这一问题。这种情况下提出了一种可应用于任意复杂分布式系统的协方差交叉融合算法（covariance intersec-tion，CI），当局部状态估计满足一致性估计的条件时，算法所得融合估计也满足估计的一致性。CI 算法的基本思想是：若局部状态估计间的互协方差矩阵 $\boldsymbol{P}_{k|k}^{(ij)}$ 已知，则融合估计的协方差椭圆必位于局部估计的协方差椭圆的交叉区域，若 $\boldsymbol{P}_{k|k}^{(ij)}$ 未知，由于包含上述交叉区域的 $\boldsymbol{P}_{k|k}$ 是目标状态的一致性估计，且这个椭圆包围的越紧密，则融合性能就越好。图 4-9（a）中的虚线椭圆代表多个满足一致性估计条件的融合估计的误差协方差阵。CI 算法就是要从所有的一致性估计选择最好的作为融合估计，如图 4-9（b）中的虚线椭圆。

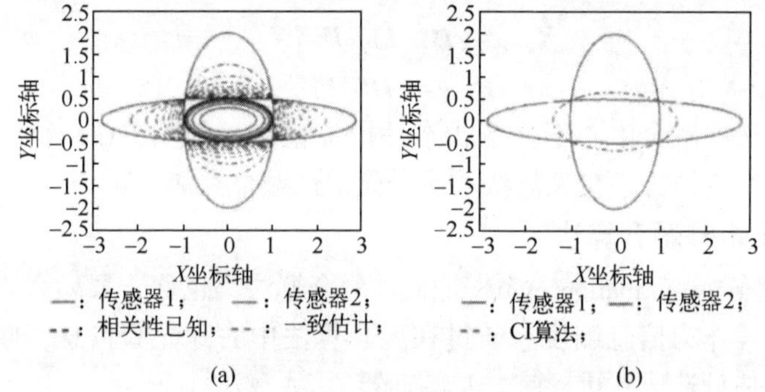

图 4-9　融合估计

（a）CI 算法示意图：一致性估计；（b）CI 算法示意图，最好的一致性估计。

假设目标状态服从高斯分布，两个传感器分布式系统的 CI 算法如下：

$$\boldsymbol{P}_{k|k}^{-1}\boldsymbol{x}_{k|k}=\omega\boldsymbol{P}_{k|k}^{(1)^{-1}}\hat{\boldsymbol{x}}_{k|k}^{(1)}+(1-\omega)\boldsymbol{P}_{k|k}^{(2)^{-1}}\hat{\boldsymbol{x}}_{k|k}^{(2)} \tag{4-54}$$

$$\boldsymbol{P}_{k|k}^{-1}=\omega\boldsymbol{P}_{k|k}^{(1)^{-1}}+(1-\omega)\boldsymbol{P}_{k|k}^{(2)^{-1}} \tag{4-55}$$

式中：ω 为局部估计的权重，可通过最小化 $\boldsymbol{P}_{k|k}$ 的行列式或迹求得，可以证明对于任意 $\omega\in[0,1]$ 和 $\overline{\boldsymbol{P}}_{k|k}^{(12)}$，所得融合估计均为一致性估计。CI 算法与 CC 算法形式上很类似，一般认为 CC 算法对于融合性能过于乐观，鉴于 $0\leqslant\omega\leqslant1$，CI 算法的融合估计协方差相对 CC 算法较为保守一些，如 $\omega=0.5$ 时，有 $\hat{\boldsymbol{x}}^{CI}=\hat{\boldsymbol{x}}^{CC}$，而 $\boldsymbol{P}^{CI}=2\boldsymbol{P}^{CC}$；当 $\boldsymbol{P}^{(1)}=\boldsymbol{P}^{(2)}$ 时，有 $\boldsymbol{P}^{CI}=\boldsymbol{P}^{(1)}=\boldsymbol{P}^{(2)}$，即 CI 算法并未减小融合估计的不确定性。CI 算法的多传感器形式为：

$$\boldsymbol{P}_{k|k}^{-1}\boldsymbol{x}_{k|k}=\omega_1\boldsymbol{P}_{k|k}^{(1)^{-1}}\hat{\boldsymbol{x}}_{k|k}^{(1)}+\omega_2\boldsymbol{P}_{k|k}^{(2)^{-1}}\hat{\boldsymbol{x}}_{k|k}^{(2)}+\cdots+\omega_n\boldsymbol{P}_{k|k}^{(n)^{-1}}\hat{\boldsymbol{x}}_{k|k}^{(n)} \tag{4-56}$$

$$\boldsymbol{P}_{k|k}^{-1}=\omega_1\boldsymbol{P}_{k|k}^{(1)^{-1}}+\omega_2\boldsymbol{P}_{k|k}^{(2)^{-1}}+\cdots+\omega_n\boldsymbol{P}_{k|k}^{(n)^{-1}} \tag{4-57}$$

式中，$\sum \omega_i = 1$，权值 ω_i 取使得融合协方差矩阵 $\boldsymbol{P}_{k|k}$ 的行列式或迹最小的值。

4. 最优线性无偏估计（融合）算法

由于 BC 算法及 IM 算法的局限性，提出了针对非确定性运动目标的航迹关联与融合最大后验意义下（MAP）的融合算法。多传感器航迹融合仍然缺乏系统有效的途径，已有的各种算法均是在不同假设条件下通过对局部状态估计进行特定的数学操作以求其融合性能尽可能接近集中式融合，算法的适用范围均有不同程度的局限，为此提出涵括集中式与分布式融合的统一线性数据模型，并此基础上提出了分别基于最优线性无偏估计（best linear unbiased estimation，BLUE）和（广义）加权最小二乘（WLS）估计的统一融合算法。分布式的 BLUE 融合算法就是融合中心有反馈的 MAP 融合算法。两传感器的 BLUE 的分布式融合算法如下：

$$\hat{\boldsymbol{x}}_{k|k} = \bar{x}_{k|k} + \boldsymbol{K}_k^1(\hat{\boldsymbol{x}}_{k|k}^{(1)} - \bar{x}_{k|k}) + \boldsymbol{K}_k^2(\hat{\boldsymbol{x}}_{k|k}^{(2)} - \bar{x}_{k|k}) \tag{4-58}$$

$$\boldsymbol{P}_{k|k} = \bar{\boldsymbol{P}}_{k|k} - \boldsymbol{P}_{x\hat{z}}\boldsymbol{P}_{\hat{z}\hat{z}}^{-1}\boldsymbol{P}_{x\hat{z}}^{\mathrm{T}} \tag{4-59}$$

其中

$$\boldsymbol{K}_k = [\boldsymbol{K}_k^1 \quad \boldsymbol{K}_k^2] = \boldsymbol{P}_{x\hat{z}}\boldsymbol{P}_{\hat{z}\hat{z}}^{-1} \tag{4-60}$$

而

$$\boldsymbol{P}_{x\hat{z}} = [\bar{\boldsymbol{P}}_{k|k} - \boldsymbol{P}_{k|k}^{(1)} \quad \bar{\boldsymbol{P}}_{k|k} - \boldsymbol{P}_{k|k}^{(2)}] \tag{4-61}$$

$$\boldsymbol{P}_{\hat{z}\hat{z}} = \begin{bmatrix} \bar{\boldsymbol{P}}_{k|k} - \boldsymbol{P}_{k|k}^{(1)} & \bar{\boldsymbol{P}}_{k|k} - \boldsymbol{P}_{k|k}^{(1)} - \boldsymbol{P}_{k|k}^{(2)} + \boldsymbol{P}_{k|k}^{(12)} \\ \bar{\boldsymbol{P}}_{k|k} - \boldsymbol{P}_{k|k}^{(1)} - \boldsymbol{P}_{k|k}^{(2)} + \boldsymbol{P}_{k|k}^{(12)} & \bar{\boldsymbol{P}}_{k|k} - \boldsymbol{P}_{k|k}^{(2)} \end{bmatrix} - \boldsymbol{P}_{x\hat{z}}\boldsymbol{P}_{\hat{z}\hat{z}}^{-1}\boldsymbol{P}_{x\hat{z}}^{\mathrm{T}} \tag{4-62}$$

当先验信息未知或不存在时，BULE 分布式融合算法的性能与 WLS 分布式融合算法相同，而在线性高斯条件下最小二乘估计与极大似然估计相同，因而前述 BC 算法实际上就是先验信息未知的 BLUE 融合算法。当各传感器的量测误差统计独立且传感器与融合中心保持实时通信时，基于 BLUE 的分布式融合算法的性能与集中式量测融合（centralized fusion，CF）算法相同[9]。

回顾航迹融合理论的发展过程，可以分析得出对局部航迹间估计误差相关性的处理是其中的主轴。最早 CC 算法根本不考虑误差相关性，BC 算法考虑了局部估计间的误差相关性，IM 算法有效利用先验信息的同时也考虑到局部估计和全局估计的误差相关性但却忽略了局部估计间的误差相关性，BLUE 算法则同时兼顾了局部估计之间以及局部估计和全局估计间的两类误差相关性。

4.3.3　多传感器航迹融合实例

1. 探测系统误差的估计

雷达的探测系统误差是相对固定的值，其产生的原因多种多样。估计雷达的系统误差，并且在测量值中对它进行补偿，对提高多雷达数据融合的性能有重要作用。目前，对系统误差估计的算法已经比较多，但这些估计算法都是基于地面固定雷达进行的，它们假设每部雷达都存在系统误差，而且要求对公共目标进行较长时间的观测。在无任何先验知识的前提下，受单部雷达目标跟踪精确性、航迹相关算法的影响，在对系统误差进行补偿前，做出正确的航迹相关是不容易的。不能准确判定航迹相关，也就无法确定多部雷达的公共观测目标。所以，在实际应用中，雷达的配准还在采用试飞校准的方法，费时费力，测试过程烦琐。基于数据链网络，本节描述一种协同配准算法，在保证雷达配准的效率和精确性的同时，大大加强了算法的实际可操作性。

1）协同配准算法

数据链是一种基于无线信道的专用数据通信网。它定义了信道接入方法和标准的报文格式，保证网络内的成员能相互通信，共同完成战斗任务。随着数据链技术的发展，改进现有的雷达配准方法成为可能。

协同配准算法可以描述为下列步骤：①需要进行配准的雷达选择合适位置并具有较高导航精度的飞机，通过数据链消息通知它从规定的时间开始，以固定周期记录飞机上导航设备提供的大地坐标；②从规定时间开始，雷达的波束对飞机进行跟踪探测，记录雷达的测量坐标；③通过分析飞机与雷达测量坐标的差异，估计出雷达的系统误差。正是由于雷达与飞机在配准过程中可以相互通信协同，所以称这种算法为协同配准。

（1）虚拟雷达。

当使用飞机做协同配准时，飞机使用组合导航获得自身的坐标位置，一般以大地坐标的形式表示。如果以启动协同配准时刻飞机的大地坐标为极坐标原点，其坐标轴指向与普通雷达的本地坐标系相同，可以构成一个虚拟雷达系统。后续的飞机大地坐标都可以转换到虚拟雷达坐标系中，形成极坐标形式的虚拟量测。

（2）基于卡尔曼滤波的算法。

假设雷达提供的测量值是以雷达为坐标原点的极坐标值，表示为

$$S_{k,j}=[r_{k,i},\theta_{k,i},\varphi_{k,i}]$$

式中：r 是距离；θ 是相对于正北的方位角；φ 是俯仰角；k 是采样的时刻；i 是雷达的编号。可以把极坐标的测量值转换成以雷达为坐标原点的直角坐标系中的测量值。设雷达 1 是虚拟雷达，在采用了组合导航算法后，飞机记录的自身坐标较精确，可以认为是没有系统误差，而只有随机误差，随机误差包括导航定位误差和坐标转换误差，其量值很小。雷达 2 是待校准雷达，其测量值包含了系统误差和随机误差。随机误差包括测量误差和坐标转换误差。以单个的随机变量表示随机误差，则它们的量测形式如下：

$$r_{k,1}=r_{t,1}(k)+\Delta r_{r,1}(k)$$
$$\theta_{k,1}=\theta_{t,1}(k)+\Delta\theta_{r,1}(k)$$
$$\varphi_{k,1}=\varphi_{t,1}(k)+\Delta\varphi_{r,1}(k)$$
$$r_{k,2}=r_{t,2}(k)+\Delta r_{r,2}(k)+r_{s,2}(k)$$
$$\theta_{k,2}=\theta_{t,2}(k)+\Delta\theta_{r,2}(k)+\theta_{s,2}(k)$$
$$\varphi_{k,2}=\varphi_{t,2}(k)+\Delta\varphi_{r,2}(k)+\varphi_{s,2}(k)$$

式中：下标 t、s、r 分别为真实（true）值、系统误差（system error）值、随机误差（random error）值。把雷达的局部直角坐标系中的测量值转换到 ECEF 直角坐标系中，要通过坐标系旋转和平移完成，其转换公式为

$$\boldsymbol{T}=\begin{bmatrix}-\sin\lambda & -\sin\Psi\cos\lambda & \cos\Psi\cos\lambda\\ \cos\lambda & -\sin\Psi\sin\lambda & \cos\Psi\sin\lambda\\ 0 & \cos\Psi & \sin\Psi\end{bmatrix}$$

$$\begin{bmatrix}x_{\text{ecef}}^{t}\\ y_{\text{ecef}}^{t}\\ z_{\text{ecef}}^{t}\end{bmatrix}=\begin{bmatrix}x_{\text{ecef}}^{R}\\ y_{\text{ecef}}^{R}\\ z_{\text{ecef}}^{R}\end{bmatrix}+\boldsymbol{T}\begin{bmatrix}x_{k,i}^{t}\\ y_{k,i}^{t}\\ z_{k,i}^{t}\end{bmatrix}$$

式中：$\boldsymbol{T}$ 为坐标旋转矩阵，λ、Ψ 分别为雷达站的经度和纬度；上标为 R 的分量为雷达站在 ECEF 坐标系中的坐标值，它可以用雷达站的经度、纬度和高度计算得到；上标 t、下标 ecef 的分量为目标在 ECEF 坐标系中的坐标值。虚拟雷达的经纬度是协同配准启动时刻飞机的坐标位置，而待配准雷达的经纬度由其自身给出。经过移项和旋转，可以把目标的 ECEF 坐标值转换到指定雷达 R 的局部直角坐标系中，其转换公式的通用形式可以写成

$$\begin{bmatrix}x_{R}^{t}\\ y_{R}^{t}\\ z_{R}^{t}\end{bmatrix}=-\boldsymbol{T}_{R}^{\mathrm{T}}\begin{bmatrix}x_{\text{ecef}}^{R}\\ y_{\text{ecef}}^{R}\\ z_{\text{ecef}}^{R}\end{bmatrix}+\boldsymbol{T}_{R}^{\mathrm{T}}\begin{bmatrix}x_{\text{ecef}}^{t}\\ y_{\text{ecef}}^{t}\\ z_{\text{ecef}}^{t}\end{bmatrix}$$

式中：下标 R 的分量为目标在指定雷达 R 的局部坐标系中的坐标；上标 t、下标 ecef 的分量为目标在 ECEF 直角坐标系中的坐标；上标 R 的分量为雷达 R

在 ECEF 直角坐标系中的坐标；$\boldsymbol{T}_R$为由指定雷达 R 的经纬度决定的旋转矩阵。先把目标在雷达 2 中的局部直角坐标转换为 ECEF 坐标，再把 ECEF 坐标转换为雷达 1 的局部直角坐标，则雷达 2 的测量值在虚拟雷达 1 的局部坐标系中可表示为

$$\begin{bmatrix} x_{k,12}^t \\ y_{k,12}^t \\ z_{k,12}^t \end{bmatrix} = \boldsymbol{T}_{R_1}^{\mathrm{T}} \boldsymbol{T}_{R_2} \begin{bmatrix} x_{k,2}^t \\ y_{k,2}^t \\ z_{k,2}^t \end{bmatrix} + \boldsymbol{T}_{R_1}^{\mathrm{T}} \begin{bmatrix} x_{\mathrm{ecef}}^{R_2} \\ y_{\mathrm{ecef}}^{R_2} \\ z_{\mathrm{ecef}}^{R_2} \end{bmatrix} - \boldsymbol{T}_{R_1}^{\mathrm{T}} \begin{bmatrix} x_{\mathrm{ecef}}^{R_1} \\ y_{\mathrm{ecef}}^{R_1} \\ z_{\mathrm{ecef}}^{R_1} \end{bmatrix} \tag{4-63}$$

设

$$\boldsymbol{M} = \boldsymbol{T}_{R_1}^{\mathrm{T}} \boldsymbol{T}_{R_2}, \quad \boldsymbol{P} = \boldsymbol{T}_{R_1}^{\mathrm{T}} \begin{bmatrix} x_{\mathrm{ecef}}^{R_2} \\ y_{\mathrm{ecef}}^{R_2} \\ z_{\mathrm{ecef}}^{R_2} \end{bmatrix} - \boldsymbol{T}_{R_1}^{\mathrm{T}} \begin{bmatrix} x_{\mathrm{ecef}}^{R_1} \\ y_{\mathrm{ecef}}^{R_1} \\ z_{\mathrm{ecef}}^{R_1} \end{bmatrix}$$

则转换方程表示为

$$\boldsymbol{X}_{k,12} = \boldsymbol{M}\boldsymbol{X}_{k,2} + \boldsymbol{P} \tag{4-64}$$

在协作配准系统中，飞机与雷达通过通信设备已经完成了时间精确同步，飞机与雷达在指定的时刻分别记录飞机的坐标位置，可以认为雷达 1 和雷达 2 同时探测到目标。当雷达 2 的坐标值转换到雷达 1 的坐标后，与虚拟雷达 1 探测值的差为

$$\begin{aligned} \Delta \boldsymbol{X}(k) &= \boldsymbol{X}_{k,1} - \boldsymbol{X}_{k,12} = \boldsymbol{X}_{k,1} - \boldsymbol{M}\boldsymbol{X}_{k,2} - \boldsymbol{P} \\ &= \boldsymbol{\Phi}_1(r_{k,1}, \theta_{k,1}, \varphi_{k,1}) - \boldsymbol{M}\boldsymbol{\Phi}_2(r_{k,2}, \theta_{k,2}, \varphi_{k,2}) - \boldsymbol{P} \end{aligned} \tag{4-65}$$

在真实值处对雷达 1 检测到目标的局部直角坐标值进行一阶泰勒展开，忽略高阶项的影响，并假设随机误差与目标坐标相差较大，则系统误差与测量误差的量测方程可表示为

$$z_k = \boldsymbol{C}_{k,s} \boldsymbol{X}_{k,s} + \boldsymbol{H}_{k,s} \boldsymbol{X}_{k,r} \tag{4-66}$$

式中：

$$\boldsymbol{C}_{k,s} = -\boldsymbol{M}\boldsymbol{J}_{k,2} \qquad \boldsymbol{X}_{k,s} = \Delta \boldsymbol{\eta}_{k,2}$$

$$\boldsymbol{X}_{x,r} = [\Delta n_{k,1}, \Delta n_{k,2}]^{\mathrm{T}} \qquad \boldsymbol{H}_{k,s} = [\boldsymbol{J}_{k,1} \ -\boldsymbol{M}\boldsymbol{J}_{k,2}]$$

$$z_k = \Delta \boldsymbol{X}(k)$$

雷达的系统误差在一定时间范围内可以看作常量，所以状态方程表示为

$$\boldsymbol{X}_{k+1,s} = \boldsymbol{X}_{k,s} + \omega_{k,s} \tag{4-67}$$

式中：$\omega_{k,s}$为零均值的高斯随机变量，代表模型的估计误差，其协方差 $Q_{k,s}$ 可以在线估计。根据系统方程和量测方程，可以使用标准的卡尔曼迭代计算 $\Delta\eta_{k,2}$。

2）性能测试

为了测试协同仿真算法的性能，先假设时间同步和数据链协同过程已经完成，飞机和被校准雷达的测量值保持时间同步。假设飞机上的导航设备采用组合导航方式，其获得的坐标值具有随机误差，采用极坐标表示为（10m，0.001°，0.001°）。假设雷达通过数据链选择的飞机距离足够远，在雷达本地坐标系中，能保证系统误差和随机误差比飞机真实坐标值小得多，实际应用时选择20km外的飞机做配准目标。假设雷达极坐标形式的系统误差是（200m，0.1°，0.2°），同时雷达的坐标测量值随机误差的根均方为：径向100m，方位角0.1°，仰角0.2°，飞机在空中做300m/s的匀速运动，采样周期为1s。卡尔曼滤波器初始化时，系统误差$X_{k,s}$是0，协方差$\boldsymbol{P}(k|k)$是零矩阵，则典型的系统误差预测曲线如图4-10和图4-11所示。图4-10显示了系统径向误差与迭代步数的关系，经15次迭代后到达收敛区域。图4-11同时显示了采样周期为1s和10s时的系统角度误差的收敛曲线。从收敛结果来看，角度估计能收敛到系统误差，但是方位角具有较大的波动性。

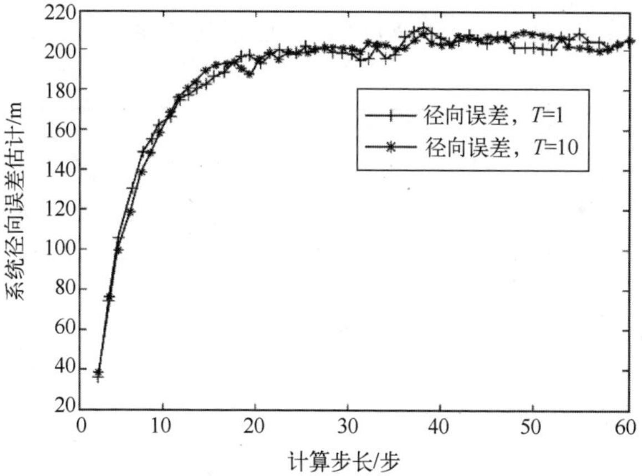

图4-10　径向系统误差的典型收敛曲线

在验证了算法的有效性后，需要对算法的性能做进一步的仿真。以系统误差（200m，0.1°，0.2°）和飞机的随机误差保持不变，调整雷达的随机误差，分析不同雷达噪声情况下对系统误差估计的精度。对相同的雷达噪声参数连续做80次仿真，对这些仿真估计的系统误差计算均方差，以此作为算法精度的度量。其结果如图4-12和图4-13所示。图4-12保持雷达通常的角度随机误差（0.1°，0.1°）不变，获得雷达径向随机误差与径向系统误差估计精度的关系。图 4-13 是保持雷达径向系统误差 200m 不变，假设雷达高低角、仰角噪声相同时，雷达角度系统误差估计精度与角度噪声的关系。分析图 4-13 可以发现，方位角的精度比高低角稍差。

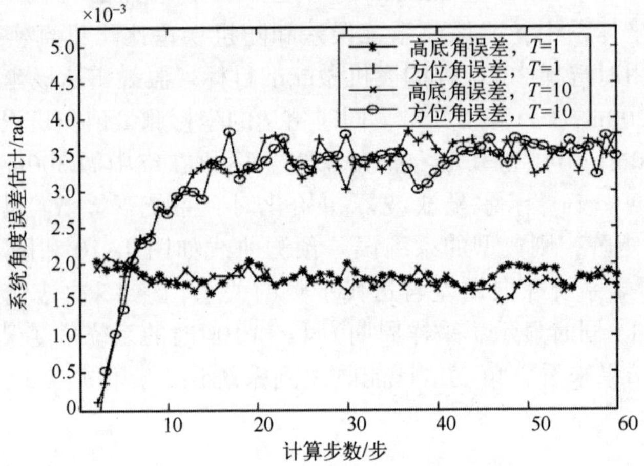

图 4-11　系统角度误差的典型收敛曲线

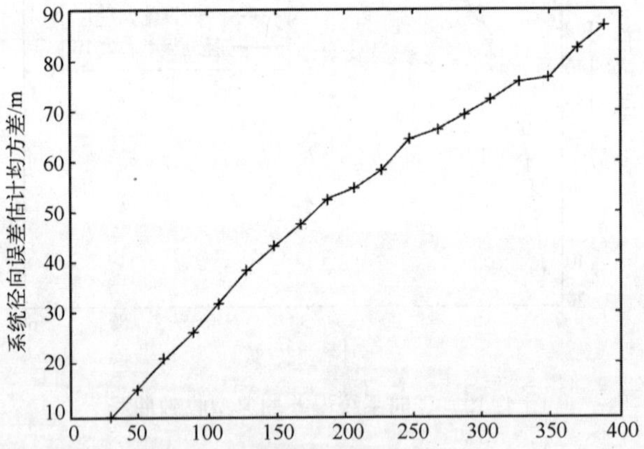

图 4-12　系统径向误差精度与径向随机噪声的关系

2. 误差联合估计

经典的系统误差配准算法都假设多部雷达的时间是同步的，这样雷达可以在相同的时刻完成对公共目标的探测并输出相同的时间戳。系统误差估计算法必须依靠时间戳对目标测量值进行配对并计算距离差。也有文献对异步系统误差估计进行了讨论，它假设多部雷达的探测时刻不同，利用状态外推和协方差估计的方法也可以实现系统误差的估计，但这种方法也要求时间是同步的，不存在雷达间的时差。

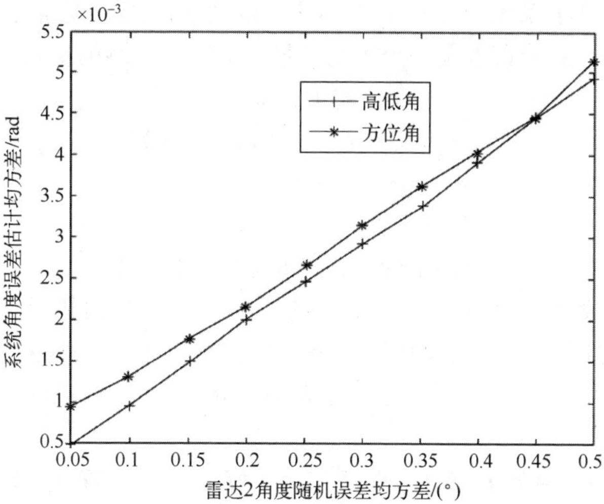

图 4-13　系统角度误差精度与角度随机噪声的关系

在实际应用中，受网络可用性及技术体制的影响，不同雷达间的时钟是完全自由运行的，可能存在比较大的未知偏差。在没有交互应答机制的雷达间，如何实现时偏的估计还没有专门的讨论。本节将通过对雷达间公共目标的运动建模，把公共目标的位置偏差看作时差的函数，使时差的估计成为可能。

1) 系统误差对距离差的影响

假设进行系统误差的校准的是两部雷达，多部雷达的场景下，可以在它们两两间进行估计。雷达 1 和雷达 2 是待校准雷达，它们存在公共的观测目标。雷达提供的目标测量值是以雷达为坐标原点的局部坐标系中的极坐标值：

$$\boldsymbol{S}_{k,i}=[r_{k,i},\theta_{k,i},\varphi_{k,i}]$$

式中：r 为距离；θ 为相对于正北的方位角；φ 为相对于过雷达站址的地球切平面的俯仰角；k 为采样的时刻；i 为雷达的编号。把极坐标的测量值转换成以雷达局部直角坐标系中的测量值，其公式为

$$\boldsymbol{X}_{k,i}=(x_{k,i}\quad y_{k,i}\quad z_{k,i})^{\mathrm{T}}\quad(i=1,2)\tag{4-68}$$

式中：

$$\begin{cases}x_{k,i}=r_{k,i}\cos\varphi_{k,i}\sin\theta_{k,i}\\y_{k,i}=r_{k,i}\cos\varphi_{k,i}\cos\theta_{k,i}\\z_{k,i}=r_{k,i}\sin\theta_{k,i}\end{cases}$$

测量值包含了系统误差和随机误差，以独立的随机变量分别表示距离和角度随机误差，系统误差是一个不变的量，则雷达量测的形式如下：

$$r_{k,i}=r_{t,i}(k)+r_{r,i}(k)+r_{s,i}(k)$$

$$\theta_{k,i}=\theta_{t,i}(k)+\theta_{r,i}(k)+\theta_{s,i}(k)$$

$$\varphi_{k,i}=\varphi_{t,i}(k)+\varphi_{r,i}(k)+\varphi_{s,i}(k)$$

式中：下标 t、s、r 分别为真实值、系统误差值、随机误差值。ECEF 直角坐标系是以地球球心为原点的坐标系，x 轴过本初子午线，z 轴指向正北。

在真实值处对雷达 1 检测到目标的局部直角坐标值进行一阶泰勒展开，忽略高阶项的影响，并假设系统误差、随机误差与目标坐标相差较大。经过一系列推导后，由于系统误差造成的 2 雷达的目标观测差 $\Delta X(k)$ 可表示为

$$\Delta X(k)=\boldsymbol{T}_1\boldsymbol{J}_{k,1}\Delta\boldsymbol{\eta}_{k,1}-\boldsymbol{T}_2\boldsymbol{J}_{k,2}\Delta\boldsymbol{\eta}_{k,2}+\boldsymbol{T}_1\boldsymbol{J}_{k,1}\Delta\boldsymbol{n}_{k,1}-\boldsymbol{T}_2\boldsymbol{J}_{k,2}\Delta\boldsymbol{n}_{k,2} \tag{4-69}$$

式中：

$$\Delta\boldsymbol{n}_{k,1}=[r_{r,1}(k),\theta_{r,1}(k),\varphi_{r,1}(k)]^{\mathrm{T}}$$

$$\Delta\boldsymbol{\eta}_{k,1}=[r_{s,1}(k),\theta_{s,1}(k),\varphi_{s,1}(k)]^{\mathrm{T}}$$

$$\boldsymbol{J}_{k,1}=\begin{bmatrix}\cos\varphi_{k,1}\sin\theta_{k,1} & r_{k,1}\cos\varphi_{k,1}\sin\theta_{k,1} & -r_{k,1}\sin\varphi_{k,1}\cos\theta_{k,1}\\\cos\varphi_{k,1}\sin\theta_{k,1} & -r_{k,1}\cos\varphi_{k,1}\sin\theta_{k,1} & -r_{k,1}\sin\varphi_{k,1}\sin\theta_{k,1}\\\sin\varphi_{k,1} & 0 & r_{k,1}\cos\varphi_{k,1}\end{bmatrix}$$

$$\boldsymbol{T}=\begin{bmatrix}-\sin\lambda & -\sin\Psi\cos\lambda & \cos\Psi\cos\lambda\\\cos\lambda & -\sin\Psi\sin\lambda & \cos\Psi\sin\lambda\\0 & \cos\Psi & \sin\Psi\end{bmatrix}$$

$\boldsymbol{J}_{k,1}$ 为 Jacobi 矩阵，忽略了较小的随机误差和系统误差的影响。雷达 2 的参数向量仿照雷达 1。λ、Ψ 分别为雷达站的经度和纬度。

2）时间偏差对距离差的影响

受技术体制和作战条件下突发情况的影响，假设雷达间的时间不同步，存在相对固定的时间偏差 Δt_0。该偏差受时钟晶振稳定度和漂移的影响会随时间变化，但是与雷达的探测精度相比，可以认为在很长的时间内，这个时间偏差是不变的。估计这个时间偏差并且在多雷达数据融合前把它补偿掉，是提高融合航迹精度的有效手段。假设目标当前的运动方程为

$$\boldsymbol{Y}_{k,i}=F_i(k\times\Delta t,t_{i,0}) \tag{4-70}$$

式中：i 为雷达编号；Δt 为时间采样间隔；$t_{i,0}$为运动起始时间。可以用匀速运动或匀加速运动模型对运动方程建模。用匀速运动模型描述目标的运动方程，设速度为常矢量 $\boldsymbol{v}$，速度跟踪噪声为 $\boldsymbol{v}_n$，它们都是三位列向量，则目标的运动模型可表示为

$$\boldsymbol{Y}_{k,i}=\boldsymbol{v}\times(k\times\Delta t)+\boldsymbol{Y}_{k,i,0}+\sum(\boldsymbol{v}_n\times\Delta t) \tag{4-71}$$

式中：$\boldsymbol{Y}_{k,i,0}$为起始时间 $t_{i,0}$对应的目标位置。显然，两部雷达观测的目标应该服从相同的运动方程，目标的运动速度可以用雷达的局部卡尔曼滤波器跟踪后的速度代替。用高斯白噪声对跟踪噪声进行建模。在两部雷达具有相同时间截的目标样点间，由于存在时间差 Δt_0而导致的位置差可表示为

$$\Delta\boldsymbol{Y}(k)=\boldsymbol{v}\times\Delta t_0+(\boldsymbol{v}_{n,1}+\boldsymbol{v}_{n,2})\times\Delta t_0 \tag{4-72}$$

为了准确起见，速度常量 $\boldsymbol{v}$ 可以由两部雷达跟踪值的方差加权平均代替

$$\boldsymbol{v}=(\boldsymbol{v}_1\times\sigma_{v,2}^2+\boldsymbol{v}_2\times\sigma_{v,1}^2)/(\sigma_{v,1}^2+\sigma_{v,2}^2)$$

$$\boldsymbol{v}_n=\boldsymbol{v}_{n,1}+\boldsymbol{v}_{n,2}$$

方差矩阵和速度矢量值均由雷达的局部卡尔曼滤波器输出。在后续计算中，速度噪声分量可以用较小的经验值代替；即使设置为 0，对仿真结果的影响也非常小。当采用匀加速模型进行建模时，可以得到相似的结果。

3）WLS 联合估计方法

在 k 时刻，两部雷达对同一个目标的观测误差同时受时间差和系统误差的影响，所以观测目标的位置差表示为

$$\begin{aligned}\Delta\boldsymbol{S}(k)&=\Delta\boldsymbol{X}(k)+\Delta\boldsymbol{Y}(k)\\&=[\boldsymbol{T}_1\boldsymbol{J}_{k,1}-\boldsymbol{T}_2\boldsymbol{J}_{k,2},\boldsymbol{v}]\cdot\begin{bmatrix}\Delta\boldsymbol{\eta}_{k,1}\\\Delta\boldsymbol{\eta}_{k,2}\\\Delta t_0\end{bmatrix}+[\boldsymbol{T}_1\boldsymbol{J}_{k,1}-\boldsymbol{T}_2\boldsymbol{J}_{k,2},\boldsymbol{v}_n]\cdot\begin{bmatrix}\Delta\boldsymbol{\eta}_{k,1}\\\Delta\boldsymbol{\eta}_{k,2}\\\Delta t_0\end{bmatrix}\end{aligned} \tag{4-73}$$

令

$$\boldsymbol{z}_k=\Delta\boldsymbol{S}(k)$$

$$\boldsymbol{X}_k=[\Delta\boldsymbol{\eta}_{k,1}^{\mathrm{T}},\Delta\boldsymbol{\eta}_{k,2}^{\mathrm{T}},\Delta t_0]^{\mathrm{T}}$$

$$\boldsymbol{X}_{k,r}=[\Delta\boldsymbol{n}_{k,1}^{\mathrm{T}},\Delta\boldsymbol{n}_{k,2}^{\mathrm{T}},\Delta t_0]^{\mathrm{T}}$$

$$\boldsymbol{H}_k=[\boldsymbol{T}_1\boldsymbol{J}_{k,1},-\boldsymbol{T}_2\boldsymbol{J}_{k,2},\boldsymbol{v}]$$

$$\boldsymbol{M}_k=[\boldsymbol{T}_1\boldsymbol{J}_{k,1},-\boldsymbol{T}_2\boldsymbol{J}_{k,2},\boldsymbol{v}_n]$$

$$\boldsymbol{\xi}=\boldsymbol{M}_k\boldsymbol{X}_{k,r}$$

代入后，则系统误差与 ECEF 坐标差值的线性关系可表示为

$$\boldsymbol{z}_k=\boldsymbol{H}_k\boldsymbol{X}_{k,r}+\boldsymbol{\xi} \tag{4-74}$$

式中：$\boldsymbol{\xi}$ 为高斯随机向量，与雷达的随机误差有关。它的协方差可表示为

$$\boldsymbol{\Sigma}_k=\boldsymbol{M}_kE[\boldsymbol{X}_{k,n}\boldsymbol{X}_{k,n}^{\mathrm{T}}]\boldsymbol{M}_k^{\mathrm{T}}=\boldsymbol{M}_k\boldsymbol{R}_{k,n}\boldsymbol{M}_k^{\mathrm{T}}$$

$$\boldsymbol{R}_{k,r}=\mathrm{diag}(\sigma_{r,1}^2,\sigma_{\theta,1}^2,\sigma_{\varphi,1}^2,\sigma_{r,2}^2,\sigma_{\theta,2}^2,\sigma_{\varphi,2}^2,\sigma_{\Delta t}^2)$$

式中：$\boldsymbol{R}_{k,r}$ 为雷达随机误差的协方差矩阵，可以用雷达的工作参数近似。假设对公共目标连续观察了 N 次，样本间测量值相互无关。用 $\boldsymbol{\Sigma}_k^{-1}$ 作为加权因子，对线性模型进行 WLS 估计，其最小均方解。

$$\boldsymbol{X}=[\Delta\boldsymbol{\eta}_1^{\mathrm{T}},\Delta\boldsymbol{\eta}_2^{\mathrm{T}},\Delta t_0]^{\mathrm{T}} \tag{4-75}$$

和对应的方差 $\boldsymbol{\Sigma}$ 可表示为

$$\boldsymbol{Y}=[z_1^{\mathrm{T}},z_2^{\mathrm{T}},\cdots,z_N^{\mathrm{T}}]^{\mathrm{T}}$$

$$\boldsymbol{H}=[\boldsymbol{H}_1^{\mathrm{T}},\boldsymbol{H}_2^{\mathrm{T}},\cdots,\boldsymbol{H}_N^{\mathrm{T}}]^{\mathrm{T}}$$

$$\Sigma_{\xi}=\mathrm{diag}(\Sigma_1^{-1},\Sigma_2^{-1},\cdots,\Sigma_N^{-1})$$

$$\boldsymbol{X}=(\boldsymbol{H}^{\mathrm{T}}\Sigma_{\varepsilon}\boldsymbol{H})^{-1}\boldsymbol{H}^{\mathrm{T}}\Sigma_{\varepsilon}\boldsymbol{Y}$$

$$\Sigma=(\boldsymbol{H}^{\mathrm{T}}\Sigma_{\xi}\boldsymbol{H})^{-1}$$

4）公共目标的选取

在该算法中，首先要确定两部雷达的公共观测目标。时间差的存在使具有相同时间戳的样点距离较大，可能远远超出通常航迹相关算法设置的经验距离阈值，因此无法选择出公共目标。

现有的航迹相关方法：基于统计的方法或是基于模糊数学的方法，比如加权法、修正法、最近领域法等都无法完成存在时差情况下的公共目标选取任务。这里提供一种启发式方法：在连续观测间隔内，根据不同雷达的两条航迹间的距离差分值进行处理，选取满足自定义差值阈值的对象为公共目标。如果能保持距离差值稳定，或者差值缓慢变化，则对应航迹属于同一个目标。当然在密集目标或编队飞行的情况下，也会出现不同目标的航迹距离差分值保持稳定的情况。针对密集目标和编队，为了增加航迹相关的自动程度，可以增加对目标的绝对距离的过滤条件，或者使用拓扑序列匹配等算法。如果系统设计完善，甚至应该引入人工辅助的方法实现公共航迹的选择。

小　结

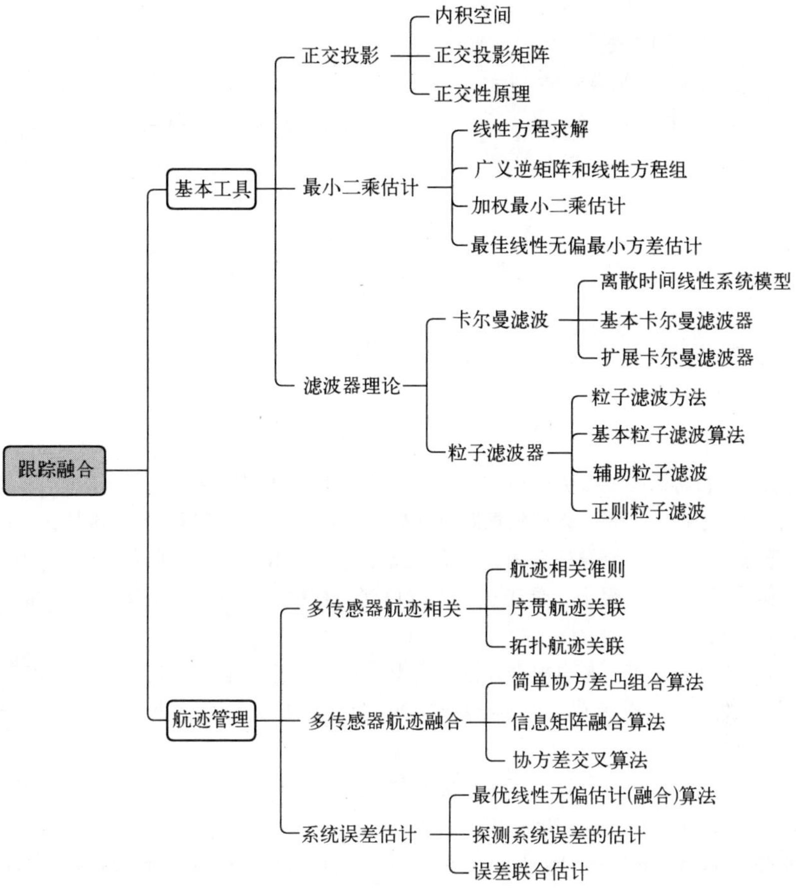

习　题

1. 设系统方程和量测方程分别为

$$\dot{\boldsymbol{X}}(t)=\boldsymbol{F}(t)\boldsymbol{X}(t)$$

$$\boldsymbol{Z}(t)=\boldsymbol{H}(t)\boldsymbol{X}(t)+v(t)$$

式中：

$$E[v(t)v^{\mathrm{T}}(t)]=r(t)\delta(t-\tau)$$

求连续性 KF 估计的均方误差阵 $\boldsymbol{P}(t)$。

2. $\begin{cases}x(t+1)=0.5x(t)+w(t)\\ y(t+1)=x(t)+v(t)\end{cases}$，其中 $w(t)$ 和 $v(t)$ 是 0 均值、方差各为 $Q=1$ 和 $R=1$ 的不相关白噪声。

(1) 写出卡尔曼的滤波公式。

(2) 令 $\hat{x}(0|0)=1$，$\boldsymbol{P}(0|0)=1$，$y(1)=2$，$y(2)=5$。求 $\hat{x}(1|1)$，$\hat{x}(2|1)$，$\hat{x}(2|2)$，$\boldsymbol{P}(1|1)$，$\boldsymbol{P}(2|2)$。

参考文献

[1] 刘瑞腾．目标跟踪滤波方法研究［D］．西安：西安电子科技大学，2018.
[2] 韩崇昭，朱艳洪，等．多源信息融合［M］．2 版．北京：清华大学出版社，2010.
[3] 江源源．多模复合制导信息融合技术研究［D］．哈尔滨：哈尔滨工程大学，2007.
[4] 吴小强，潘丽丽．最小二乘法在纯方位目标跟踪中的应用［J］．雷达与对抗，2016，36（4）：12-14.
[5] 何友，王国宏，等．信息融合理论及应用［M］．北京：电子工业出版社，2011.
[6] 刘熹，赵文栋，徐正芹．战场态势感知与信息融合［M］．北京：清华大学出版社，2019.
[7] 石玥，王钺，王树刚，等．基于目标参照拓扑的模糊航迹关联方法［J］．国防科技大学学报，2006，28（4）：105-109.
[8] Bar-Shalom Y. On hierarchical tracking for the real world［J］. IEEE Trans. on Aerospace and Electronic Systems，2006，42（3）：846-850.
[9] 乔向东，李涛．多传感器航迹融合综述［J］．长沙：国防科技大学，2011.

第5章　特征级融合

第4章介绍的跟踪融合是目标状态信息融合，它首先对多传感数据进行数据处理，以完成数据校准，其次进行数据相关和状态估计。本章介绍的信息融合属于目标特征信息融合，主要用于目标属性判别，实际是模式[1-2]（存在于时间和空间中的任意事物，在信息融合中就是多传感器数据）的分类识别问题，即确定一个样本数据的类别属性，把某一样本数据归属于多个类型中的某个类型，实现对目标特征的信息融合。

客观现象或事物的发生和发展，依据是否具有可预见性可以分为两类：一类是确定性的，此类事物在一定条件下必然发生或不发生；另一类是随机性的，此类事物有很多可能的结果，在实验或实现前不能预知会出现哪种结果，但是其有统计规律，这种统计规律可用概率分布（密度）函数或数字特征来刻画。实际上对于许多必然性事物，当我们对其发生、发展的一些条件不确知时，或影响它们的条件是随机的，其表现也具有随机性。在对它们提取特征产生特征矢量时，前者是确定性矢量，后者是随机矢量，它的分量是随机变量。确定性矢量是随机矢量的一种特别的情况，也可以纳入随机问题来讨论。这里的随机性除量值的随机性之外主要涉及判决模式类别的随机性。

为以后表述简洁，首先明确一些概念和符号的意义。$P(\omega_i)$表示ω_i类出现的先验概率，简称为ω_i类的概率。条件概率$P(\omega_i|x)$表示x出现条件下ω_i类出现的概率，称其为类别ω_i的后验概率，对于模式识别来讲，可理解为x来自ω_i类的概率。$p(x|\omega_i)$表示在ω_i类条件下x的概率分布密度，即ω_i类模式x的概率密度，简称为类概密。同样，为了表述简洁，将随机矢量$\boldsymbol{X}$及其某个取值x都用同一个符号x表示，在以后各节中出现的x是表示随机矢量还是它的一个实现，根据内容是可以清楚知道的，并且ω_i类条件期望为

$$E_i[g(x)] = \int_{\Omega} g(x)p(x|\omega_i)\mathrm{d}x$$

式中：Ω 为特征空间。因不涉及 x 的维数，为简便这里将 $\boldsymbol{X}^n$ 改写为 Ω。

本章首先介绍融合系统结构，而后分别介绍目标特征信息融合的几种主要方法。

5.1　融合系统结构

特征融合算法可以在不同融合结构中实现，融合结构大致分为三类：集中式、分布式和混合式[3-6]。所谓集中式融合，就是所有传感器数据都传送到一个中心处理器进行处理和融合，所以也称中心式融合（centralized fusion）。图 5-1 是一个集中式融合系统的例子。在集中式处理结构中，融合中心可以利用所有传感器的原始量测数据，没有任何信息的损失，因而融合结果是最优的。但这种结构需要频带很宽的数据传输链路来传输原始数据，并且需要有较强处理能力的中心处理器，所以工程上实现起来较为困难。

分布式融合（distributed fusion）也称传感器级融合或自主式融合。在这种结构中，每个传感器都有自己的处理器，进行一些预处理，然后把中间结果送到中心节点，进行融合处理。因为各传感器都具有自己的局部处理器，能够形成局部航迹，所以在融合中心也主要是对局部航迹进行融合，这种融合方法通常也称航迹融合（track fusion）。这种结构对信道要求低、系统生命力强、工程上易于实现。分布式航迹融合系统根据其通信方式的不同又可分为无反馈分层融合结构、有反馈分层融合结构、完全分布式融合结构。

（1）无反馈分层融合结构，如图 5-2 所示。各传感器节点把各自的局部估计全部传送到中心节点以形成全局估计，这是最常见的分布式融合结构。

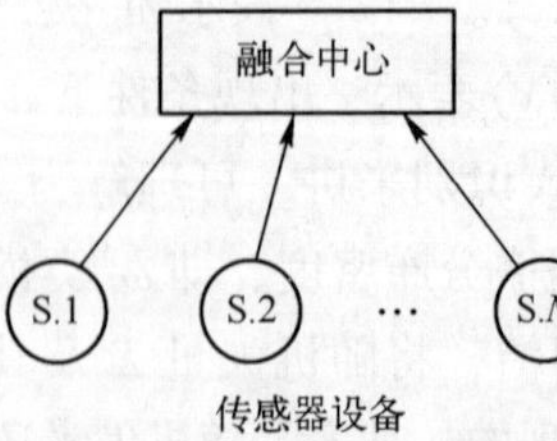

图 5-1　集中式融合结构

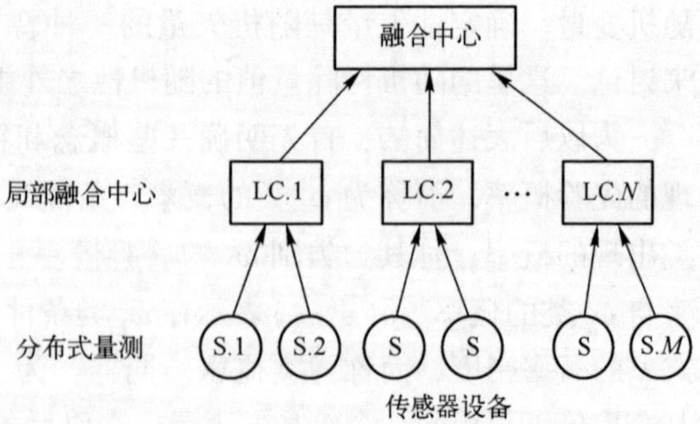

图 5-2　无反馈分层融合结构

（2）有反馈分层融合结构，如图 5-3 所示。在这种结构中，中心节点的全局估计可以反馈到各局部节点，它具有容错的优点。当检测出某个局部节点的估计结构很差时，不必把它排斥于系统之外，而是可以利用全局结果来修改局部节点的状态。这样既改善了局部节点的信息，又可继续利用该节点的信息。文献［5］证明了此种结构并不能改善全局估计精度，但可以提高局部估计的精度。

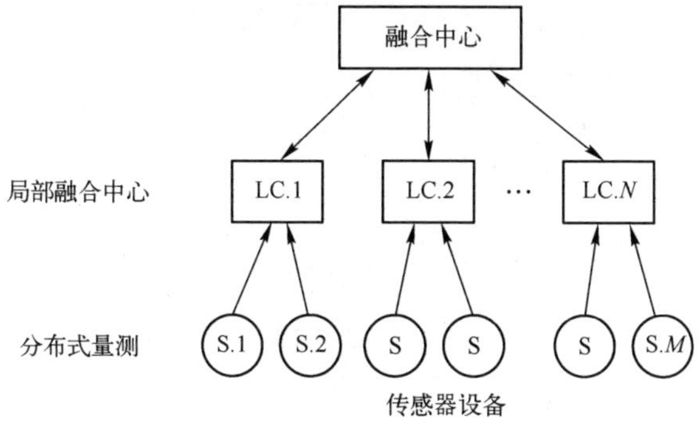

图 5-3　有反馈分层融合结构

（3）图 5-4 给出的是完全分布式融合结构，在这种一般化的系统结构中，各节点由网状或链状等形式的通信方式连接。一个节点可以享有全局信息的一部分，从而能在多点上获得较好的估计。在极端情况（所有传感器节点相

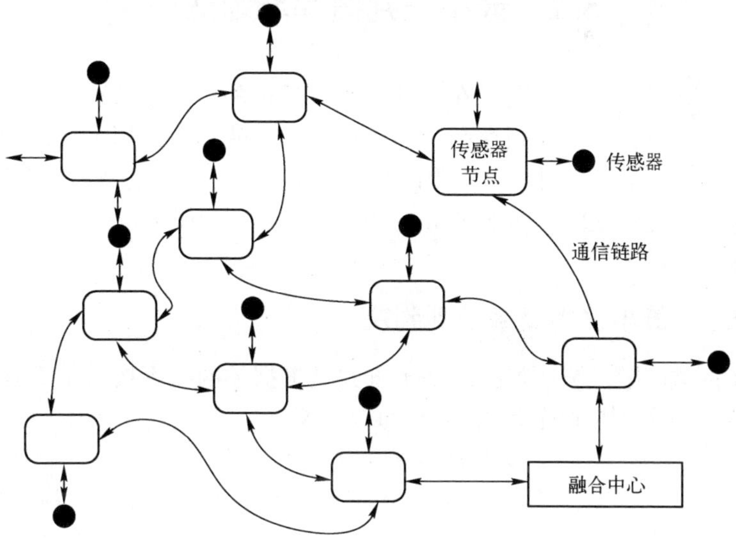

图 5-4　完全分布式融合结构

互连接）下，每个节点都可以作为中心节点获得全局最优解。这是目前网络共识/一致（network consensus）研究的重点。

典型的混合式融合（hybrid fusion）结构，如图 5-5 所示。它是集中式结构和分布式结构的一种综合，融合中心得到的可能是原始量测数据，也可能是局部节点处理过的数据。

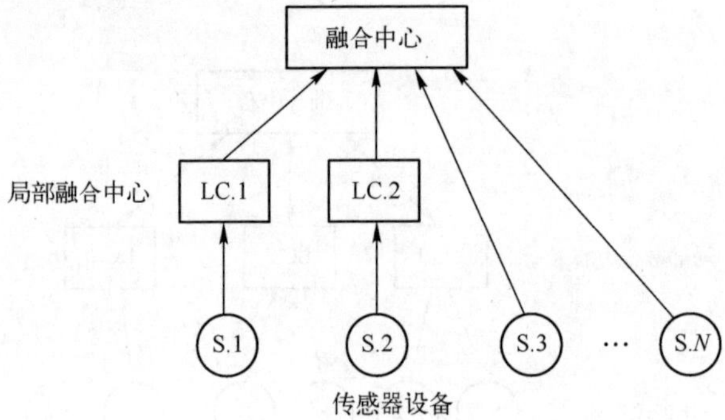

图 5-5　混合式融合结构

上述三种融合结构，对应于不同的数据通信协议。也就是说，数据传输的拓扑连通关系、数据编码压缩、传输的能滞、丢包与乱序等影响着特征融合结果。

5.2　最小误判概率准则估计

本节所研讨的类别判决是在统计意义下进行的。当按某种准则把待识别模式判属某类时，应意识到存在判错的可能，也就是说在用统计规则判决某一具体的模式 x 的类别时，由于用以判决的模式特征矢量的散布性和随机性，判决结果可能是错误的，即把实属 ω_j 类的模式 x 判为属于 ω_i 类，这是本节中考虑问题的基础。

5.2.1　最小误判概率准则判决

对于两类问题，统计判决的基本方式是根据类的概率按某个准则将模式的特征空间 Ω 分划成两个判决域 D_1 和 D_2，即

$$D_1 \cup D_2 = \Omega,\quad D_1 \cap D_2 = \varnothing$$

式中：$\varnothing$为空集。当 $x \in D_1$ 时，判 $x \in \omega_1$ 类；当 $x \in D_2$ 时，判 $x \in \omega_2$ 类。这时可能会发生两种错误，一种是把实属 ω_1 类的模式判属 ω_2 类，发生这种错误的原因是属于 ω_1 类的模式在特征空间中散布到 D_2 中，从而将其判为属

于 ω_2 类，这时的误判概率为

$$\varepsilon_{12}=\int_{D_2}p(x|\omega_1)\mathrm{d}x \tag{5-1}$$

类似地，另一种错误是把实属 ω_2 类的模式判属 ω_1 类，此时的误判概率为

$$\varepsilon_{21}=\int_{D_1}p(x|\omega_2)\mathrm{d}x \tag{5-2}$$

设 ω_1 和 ω_2 类出现的概率分别为 $P(\omega_1)$ 和 $P(\omega_2)$，则总的误判概率 $P(e)$ 是

$$\begin{aligned}P(e)&=P(\omega_1)\varepsilon_{12}+P(\omega_2)\varepsilon_{21}\\&=P(\omega_1)\int_{D_2}p(x|\omega_1)\mathrm{d}x+P(\omega_2)\int_{D_1}p(x|\omega_2)\mathrm{d}x\end{aligned} \tag{5-3}$$

我们希望在总体上、统计上误判最少，因此所取的判决准则是使误判概率最小，这等价于使正确分类识别概率 $P(c)$ 最大（多类情况下，出现错误判决的方式数要比正确判决的方式数多，因而分析计算正确分类的概率相对比较简单），即要求正确概率

$$P(c)=\int_{D_1}P(\omega_1)p(x|\omega_1)\mathrm{d}x+\int_{D_2}P(\omega_2)p(x|\omega_2)\mathrm{d}x\Rightarrow\max \tag{5-4}$$

注意到

$$\int_{D_2}P(\omega_2)p(x|\omega_2)\mathrm{d}x=P(\omega_2)-\int_{D_1}P(\omega_2)p(x|\omega_2)\mathrm{d}x \tag{5-5}$$

将式（5-5）代入式（5-4），可得

$$P(c)=P(\omega_2)+\int_{D_1}[P(\omega_1)p(x|\omega_1)-P(\omega_2)p(x|\omega_2)]\mathrm{d}x \tag{5-6}$$

式中：D_1 为待求的。显然直接求解 D_1 很困难，但可以知道，为使 $P(c)$ 最大，ω_1 的判决域 D_1^* 应是 Ω 中所有满足条件

$$P(\omega_1)p(x|\omega_1)>P(\omega_2)p(x|\omega_2) \tag{5-7}$$

那些点 x 组成的集合。类似地有，D_2^* 应是 Ω 中所有满足条件

$$P(\omega_1)p(x|\omega_1)<P(\omega_2)p(x|\omega_2) \tag{5-8}$$

那些点 x 组成的集合。任何其他分划所对应的 $P(c)$ 都将小于上述分划时的 $P^*(c)$。这是因为，任何其他分划都可使新的 ω_1 判决域表示为 $D_1'=(D_1^*-D_{11})\cup D_{21}$，其中 D_{11} 为 D_1^* 的子域，D_{21} 为 D_2^* 的子域，于是此时的正确分类概率为

$$\begin{aligned}P'(c)&=P(\omega_2)+\int_{(D_1^*-D_{11})\cup D_{21}}[P(\omega_1)p(x|\omega_1)-P(\omega_2)p(x|\omega_2)]\mathrm{d}x\\&=P(\omega_2)+\int_{D_1^*}[P(\omega_1)p(x|\omega_1)-P(\omega_2)p(x|\omega_2)]\mathrm{d}x-\\&\quad\int_{D_{11}}[P(\omega_1)p(x|\omega_1)-P(\omega_2)p(x|\omega_2)]\mathrm{d}x+\end{aligned}$$

$$\int_{D_{21}}[P(\omega_1)p(x|\omega_1) - P(\omega_2)p(x|\omega_2)]\mathrm{d}x \tag{5-9}$$

式（5-9）中，前两项之和为原来的 $P^*(c)$，由 D_{11} 和 D_{21} 的设定可知，第二项积分值为正，第三项积分值为负，所以有

$$P^*(c)>P'(c)$$

图 5-6 给出了一维两类问题的误判概率计算示意图，t^* 是最佳阈值，显然它比另一个阈值 t 的误判概率要小。

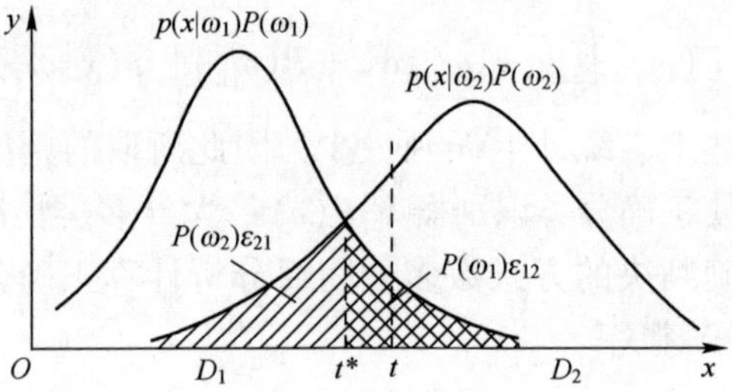

图 5-6　一维两类问题的误判概率计算示意图

事实上，可以更简单地推得上述结果。注意，在判决域 $D_i(i=1,2)$ 中一般存在两类密度函数 $p(x|\omega_1)$ 和 $p(x|\omega_2)$，为使 $p(c)$ 最大，有

$$\max[P(c)] = \max_{D_i}\left[\int_{D_1} P(\omega_1)p(x|\omega_1)\mathrm{d}x + \int_{D_2} P(\omega_2)p(x|\omega_2)\mathrm{d}x\right]$$

$$= \int_{\Omega} \max[P(\omega_1)p(x|\omega_1), P(\omega_2)p(x|\omega_2)]\mathrm{d}x \tag{5-10}$$

$$= \int_{D_1^*} P(\omega_1)p(x|\omega_1)\mathrm{d}x + \int_{D_2^*} P(\omega_2)p(x|\omega_2)\mathrm{d}x \tag{5-11}$$

在上面的最后一个等式（5-11）中，采用了分块积分，显然应该有

$$D_1^* = \{x | P(\omega_1)p(x|\omega_1)>P(\omega_2)p(x|\omega_2)\}$$

$$D_2^* = \{x | P(\omega_1)p(x|\omega_1)<P(\omega_2)p(x|\omega_2)\}$$

综上所述，可以得到最小误判概率准则下的判决规则：

如果　$$P(\omega_1)p(x|\omega_1) \gtrless P(\omega_2)p(x|\omega_2)$$

则判　$$x \in \begin{cases}\omega_1 \\ \omega_2\end{cases} \tag{5-12}$$

或等价地表示成

如果　$$l_{12}(x)=\frac{p(x|\omega_1)}{p(x|\omega_2)} \gtrless \frac{P(\omega_2)}{P(\omega_1)}$$

则判
$$x \in \begin{cases} \omega_1 \\ \omega_2 \end{cases} \tag{5-13}$$

这里 $l_{12}(x)$ 称为似然比（likelihood ratio），$P(\omega_2)/P(\omega_1)$ 称为似然比阈值，通常记为 θ_{12}。

由贝叶斯定理
$$p(x)P(\omega_i \mid x) = P(\omega_i)p(x \mid \omega_i) \tag{5-14}$$
可得判决规则的另一个等价形式是

如果
$$P(\omega_1 \mid x) \gtrless P(\omega_2 \mid x)$$

则判
$$x \in \begin{cases} \omega_1 \\ \omega_2 \end{cases} \tag{5-15}$$

这个结果是很容易理解的，通常称其为最大后验概率准则。可见，最大后验概率准则实际上是最小误判概率准则的一种规则形式。

式（5-3）还可以写成
$$\begin{aligned} P(e) &= \int_{D_2} p(\omega_1, x)\mathrm{d}x + \int_{D_1} p(\omega_2, x)\mathrm{d}x \\ &= \int_{D_2} P(\omega_1 \mid x)p(x)\mathrm{d}x + \int_{D_1} P(\omega_2 \mid x)p(x)\mathrm{d}x \end{aligned}$$

将同样的分析方法运用到多类问题。设 $D_i(i=1,2,\cdots,c)$ 为关于 ω_i 类的判决域，对 ω_i 类正确分类概率 $P(c \mid \omega_i)$ 为
$$P(c \mid \omega_i) = \int_{D_i} p(x \mid \omega_i)\mathrm{d}x$$
总的正确分类概率 $P(c)$ 为
$$P(c) = \sum_{i=1}^{c} P(\omega_i)P(c \mid \omega_i)$$
因 $P(e)=1-P(c)$，故
$$\begin{aligned} &\min P(e) \Rightarrow \max P(c) = \max \sum_{i=1}^{c} P(\omega_i)P(c \mid \omega_i) \\ &\Rightarrow \int_{\Omega} \max[P(\omega_i)p(x \mid \omega_i)]\mathrm{d}x = \sum_{i=1}^{c} \int_{D_i^*} P(\omega_i)p(x \mid \omega_i)\mathrm{d}x \end{aligned}$$
利用上式可得最佳的判决域
$$D_i^* = \{x \mid P(\omega_i)p(x \mid \omega_i) > P(\omega_j)p(x \mid \omega_j), \forall j \neq i\}$$

于是，对于多类问题，最小误判概率准则有如下几种等价的判决规则：

（1）如果　$P(\omega_i \mid x) > P(\omega_j \mid x), \quad \forall j \neq i$

则判 $$x \in \omega_i \tag{5-16}$$

（2）如果 $$P(\omega_i | x) = \max_j [P(\omega_j | x)]$$

则判 $$x \in \omega_i \tag{5-17}$$

（3）如果 $$p(x|\omega_i)P(\omega_i) > p(x|\omega_j)P(\omega_j), \quad \forall j \neq i$$

则判 $$x \in \omega_i \tag{5-18}$$

（4）如果 $$p(x|\omega_i)P(\omega_i) = \max_j [p(x|\omega_j)P(\omega_j)]$$

则判 $$x \in \omega_i \tag{5-19}$$

（5）如果 $$l_{ij}(x) = \frac{p(x|\omega_i)}{p(x|\omega_j)} > \frac{P(\omega_j)}{P(\omega_i)} = \theta_{ij}, \quad \forall j \neq i$$

则判 $$x \in \omega_i \tag{5-20}$$

（6）如果 $\ln p(x|\omega_i) + \ln P(\omega_i) > \ln p(x|\omega_j) + \ln P(\omega_j), \quad \forall j \neq i$

则判 $$x \in \omega_i \tag{5-21}$$

对于两类或多类问题，若运用最小误判概率准则判决，x 条件下的误差概率为

$$p(e|x) = 1 - \max_i [P(\omega_i | x)]$$

最小误判概率准则判决的误判概率为

$$p(e) = \int_{\Omega} \{1 - \max_i [P(\omega_i | x)]\} P(x) \mathrm{d}x$$

易知，对于两类问题，有

$$判\quad x \in \begin{cases} \omega_1 \\ \omega_2 \end{cases} \Rightarrow \quad 条件误判概率 \quad P(e|x) = \begin{cases} P(\omega_2 | x) \\ P(\omega_1 | x) \end{cases}$$

图 5-7 给出了二维三类问题各类的 $P(\omega_i)p(x|\omega_i)$ 示意图，其中图 5-7（a）是图 5-7（b）的二维概率密度函数沿某一个分量方向的“剖切”示意图；图 5-8 给出了二维两类和四类正态分布问题判决边界。

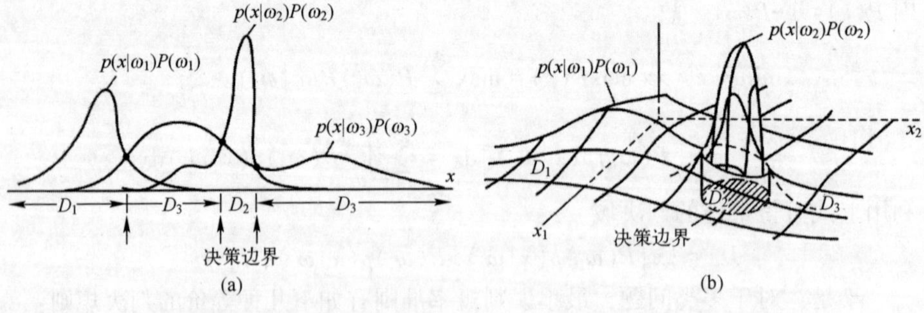

图 5-7　二维三类问题各类 $P(\omega_i)p(x|\omega_i)$ 示意图

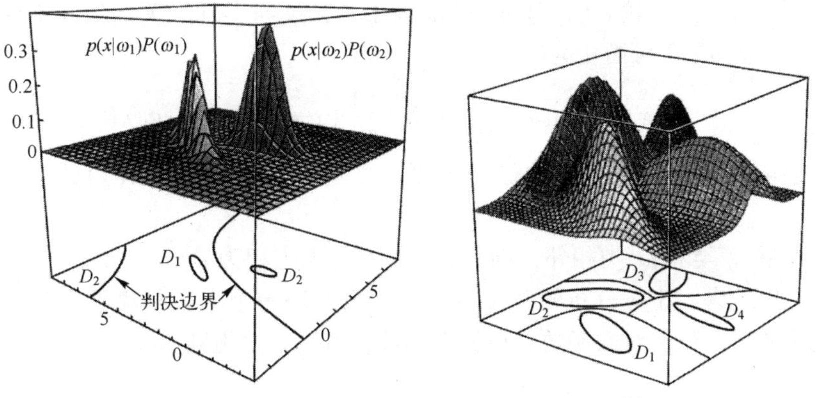

图 5-8　二维两类和四类正态分布问题判决边界示意图

5.2.2　正态模式最小误判概率判决规则

由于正态分布易于分析，而且对许多实际问题是较合理的模型，受到了人们的极大重视，并进行了深入的研究。如果各类概率密度是多变量正态分布，则可以由上节的一般性判决规则导出更具体的判决函数。在 c 类问题中，属于 $\boldsymbol{\omega}_i$ 类的 n 维模式 x 的多变量正态分布密度函数为

$$p(x\mid\boldsymbol{\omega}_i)=\frac{1}{(2\pi)^{n/2}\mid\boldsymbol{\Sigma}_i\mid^{1/2}}\exp\left[-\frac{1}{2}(x-\boldsymbol{\mu}_i)^{\mathrm{T}}\boldsymbol{\Sigma}_i^{-1}(x-\boldsymbol{\mu}_i)\right]\quad(i=1,2,\cdots,c)\tag{5-22}$$

式中：$\boldsymbol{\mu}_i=E_i[x]$为 ω_i 类模式的均值矢量；$\boldsymbol{\Sigma}_i=E_i[(x-\mu_i)(x-\mu_i)^{\mathrm{T}}]$为 ω_i 类模式的协方差矩阵，$|\boldsymbol{\Sigma}_i|$表示 $\boldsymbol{\Sigma}_i$ 的行列式。

由式（5-22）可以看出，多变量正态分布密度函数完全由均值矢量的 n 个元素和协方差矩阵的 $n(n+1)/2$ 个元素所确定（因 $\boldsymbol{\Sigma}_i$ 是对称的）。分布在理论上的正态母体，其中心取决于均值矢量，而其分布形状取决于协方差矩阵，等密度点的轨迹为超椭球面，超椭球的主轴与协方差矩阵的特征矢量平行，主轴的长度与相应的特征值方根呈比例。

由 5.2.1 节知，ω_i 类的判决函数为

$$d_i(x)=p(x\mid\boldsymbol{\omega}_i)P(\boldsymbol{\omega}_i)\quad(i=1,2,\cdots,c)\tag{5-23}$$

由于对数函数是单值单调递增函数，并根据密度函数的结构特点，显然对于正态分布取对数更便于分析，于是 ω_i 类的判决函数可以表示为

$$d_i(x)=\ln P(\boldsymbol{\omega}_i)-\frac{n}{2}\ln(2\pi)-\frac{1}{2}\ln\mid\boldsymbol{\Sigma}_i\mid-\frac{1}{2}(x-\boldsymbol{\mu}_i)^{\mathrm{T}}\boldsymbol{\Sigma}_i^{-1}(x-\boldsymbol{\mu}_i)\quad(i=1,2,\cdots,c)\tag{5-24}$$

由于判决规则是比较 $d_i(x)$ 和 $d_j(x)$ 的大小，去掉与类别无关的项并不影响分类结果，故 $d_i(x)$ 可简化为

$$d_i(x)=\ln P(\omega_i)-\frac{1}{2}\ln|\boldsymbol{\Sigma}_i|-\frac{1}{2}(x-\boldsymbol{\mu}_i)^{\mathrm{T}}\boldsymbol{\Sigma}_i^{-1}(x-\boldsymbol{\mu}_i) \tag{5-25}$$

这就是正态分布模式的贝叶斯判决函数。式（5-25）表明，$d_i(x)$ 是一超二次曲面。

如果 ω_i 类和 ω_j 类相邻，则它们的决策界面方程为 $d_i(x)=d_j(x)$。

一般地讲，正态分布的两个模式类别之间用一个二次判决界面就可以得到最优效果。由于对数函数是单调增函数，所以判决规则不变

$$d_i(x)>d_j(x),\quad \forall j\neq i \quad \Rightarrow \quad x\in\omega_i$$

下面对一些特殊情况进一步具体讨论。

1. $\boldsymbol{\Sigma}_i=\boldsymbol{\Sigma}$

这种情况是各类模式分布的协方差矩阵相同。略去与类别无关的项并注意到 $\boldsymbol{\Sigma}$ 是对称矩阵，ω_i 类的判决函数可以写为

$$\begin{aligned}d_i(x)&=\ln P(\omega_i)-\frac{1}{2}(x-\boldsymbol{\mu}_i)^{\mathrm{T}}\boldsymbol{\Sigma}^{-1}(x-\boldsymbol{\mu}_i)\\&=\ln P(\omega_i)-\frac{1}{2}x^{\mathrm{T}}\boldsymbol{\Sigma}^{-1}x+\boldsymbol{\mu}_i^{\mathrm{T}}\boldsymbol{\Sigma}^{-1}x-\frac{1}{2}\boldsymbol{\mu}_i^{\mathrm{T}}\boldsymbol{\Sigma}^{-1}\boldsymbol{\mu}_i\quad(i=1,2,\cdots,c)\end{aligned} \tag{5-26}$$

因是比较两个判决函数的大小进行分类识别的，$d_i(x)$ 可进一步简化为

$$d_i(x)=\ln P(\omega_i)+\boldsymbol{\mu}_i^{\mathrm{T}}\boldsymbol{\Sigma}^{-1}x-\frac{1}{2}\boldsymbol{\mu}_i^{\mathrm{T}}\boldsymbol{\Sigma}^{-1}\boldsymbol{\mu}_i$$

如果 ω_i 和 ω_j 相邻，那么判决界面方程为

$$\begin{aligned}d_i(x)-d_j(x)=&\ln P(\omega_i)-\ln P(\omega_j)+(\boldsymbol{\mu}_i-\boldsymbol{\mu}_j)^{\mathrm{T}}\boldsymbol{\Sigma}^{-1}x\\&-\frac{1}{2}\boldsymbol{\mu}_i^{\mathrm{T}}\boldsymbol{\Sigma}^{-1}\boldsymbol{\mu}_i+\frac{1}{2}\boldsymbol{\mu}_j^{\mathrm{T}}\boldsymbol{\Sigma}^{-1}\boldsymbol{\mu}_j\;\hat{=}\;\boldsymbol{w}_{ij}^{\mathrm{T}}(x-x_0)=0\end{aligned} \tag{5-27}$$

式中：

$$\boldsymbol{w}_{ij}=\boldsymbol{\Sigma}^{-1}(\boldsymbol{\mu}_i-\boldsymbol{\mu}_j) \tag{5-28}$$

$$x_0=\frac{1}{2}(\boldsymbol{\mu}_i+\boldsymbol{\mu}_j)-\frac{\ln[P(\omega_i)/P(\omega_j)]}{(\boldsymbol{\mu}_i-\boldsymbol{\mu}_j)^{\mathrm{T}}\boldsymbol{\Sigma}^{-1}(\boldsymbol{\mu}_i-\boldsymbol{\mu}_j)}(\boldsymbol{\mu}_i-\boldsymbol{\mu}_j) \tag{5-29}$$

显然，这时界面为一超平面。此决策超平面过 x_0 点，矢量 $\boldsymbol{w}_{ij}$ 是该超平面的法矢量。$\boldsymbol{w}_{ij}=\boldsymbol{\Sigma}^{-1}(\boldsymbol{\mu}_i-\boldsymbol{\mu}_j)$ 通常不与 $(\boldsymbol{\mu}_i-\boldsymbol{\mu}_j)$ 方向相同，所以决策界面不与 $(\boldsymbol{\mu}_i-\boldsymbol{\mu}_j)$ 正交。若两类的概率相等，则有

$$x_0=\frac{1}{2}(\boldsymbol{\mu}_i+\boldsymbol{\mu}_j) \tag{5-30}$$

即 x_0 是 $\boldsymbol{\mu}_i$ 和 $\boldsymbol{\mu}_j$ 连线的中点。此时由式（5-26）可知，各类判决函数可化简为马氏距离平方的相反数，因此 x 的类别由 x 到各类均矢的马氏距离决定，应判 x 属于马氏距离最小的那一类。若 $P(\omega_i) \neq P(\omega_j)$，由式（5-29）可以看出，点 x_0 在 $\boldsymbol{\mu}_i$ 和 $\boldsymbol{\mu}_j$ 的连线上，距类概率较小的那一类的类心较近（见图 5-9）。如果 $\boldsymbol{\Sigma}=\sigma^2\boldsymbol{I}$，其中 $\boldsymbol{I}$ 为单位矩阵，σ^2 为分量的方差，显然有矢量 $\boldsymbol{w}_{ij}$ 和矢量 $(\boldsymbol{\mu}_i-\boldsymbol{\mu}_j)$ 方向相同，此时决策平面垂直于两类中心的连线；若 $P(\omega_i)=P(\omega_j)$，此时决策界面还过 $\boldsymbol{\mu}_i$ 和 $\boldsymbol{\mu}_j$ 连线的中点，在这种情况下，对于待识模式 x，只要计算它与各类均矢 $\boldsymbol{\mu}_i$ 的欧氏距离，把 x 判属距均矢较近的那一类，这就是最小距离分类器。图 5-10 是二维模式各类协方差矩阵相同情况下，类概率相等，$\boldsymbol{\Sigma}_i$ 为一般对称阵和倍乘单位阵时的决策界的示意图。

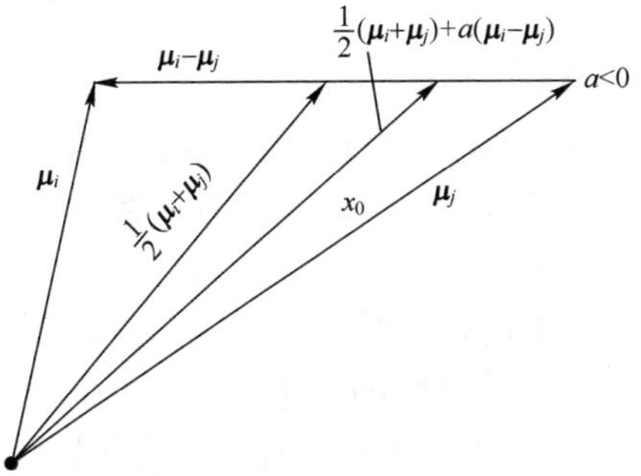

图 5-9　类概率对决策界影响的示意图

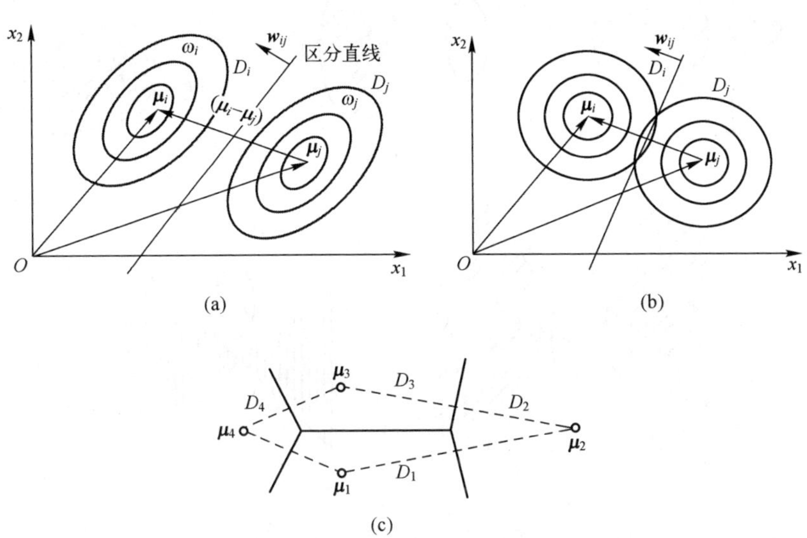

图 5-10　二维模式 $\boldsymbol{\Sigma}_i=\boldsymbol{\Sigma}$ 的几种典型情况示意图

（a）二维模式，$\boldsymbol{\Sigma}_i=\boldsymbol{\Sigma}_j$；（b）二维模式，$\boldsymbol{\Sigma}_i=\boldsymbol{\Sigma}_j=\sigma^2\boldsymbol{I}$；（c）二维多类问题，$\boldsymbol{\Sigma}_i=\boldsymbol{\Sigma}=\sigma^2\boldsymbol{I}$。

2. $\boldsymbol{\Sigma}_i \neq \boldsymbol{\Sigma}_j$

这是一般的情况。ω_i 类模式的判决函数为

$$
\begin{aligned}
d_i(x) &= \ln P(\omega_i) - \frac{1}{2}\ln|\boldsymbol{\Sigma}_i| - \frac{1}{2}(x-\boldsymbol{\mu}_i)^{\mathrm{T}}\boldsymbol{\Sigma}_i^{-1}(x-\boldsymbol{\mu}_i) \\
&= x^{\mathrm{T}}W_i x + w_i^{\mathrm{T}}x + w_{i0} \quad (i=1,2,\cdots,c)
\end{aligned}
\tag{5-31}
$$

式中：

$$W_i = -\frac{1}{2}\boldsymbol{\Sigma}_i^{-1} \tag{5-32}$$

$$w_i = \boldsymbol{\Sigma}_i^{-1}\boldsymbol{\mu}_i \tag{5-33}$$

$$w_{i0} = \ln P(\omega_i) - \frac{1}{2}\ln|\boldsymbol{\Sigma}_i| - \frac{1}{2}\boldsymbol{\mu}_i^{\mathrm{T}}\boldsymbol{\Sigma}_i^{-1}\boldsymbol{\mu}_i \tag{5-34}$$

相邻两类 ω_i 和 ω_j 的决策界面为

$$d_i(x) - d_j(x) = x^{\mathrm{T}}(W_i - W_j)x + (w_i - w_j)^{\mathrm{T}}x + (\omega_{i0} - \omega_{j0}) = 0 \tag{5-35}$$

显然，式（5-35）表示的决策界面是二次曲面，随着 $\boldsymbol{\Sigma}_l$、μ_l 及 $P(\omega_l)(l=i,j)$ 的不同而呈现为不同的二次曲面，它可能是超球面、超椭球面、超双曲面、超抛物面等。当 x 是二维模式时，判决界面即二次曲线。图 5-11（a）~（e）展示出了二维特征空间中两类问题的决策界的各种形式，图中的圆、椭圆等表示等概密点轨迹。图 5-11（a）中由于 ω_2 类的方差小，ω_2 类的模式更集中

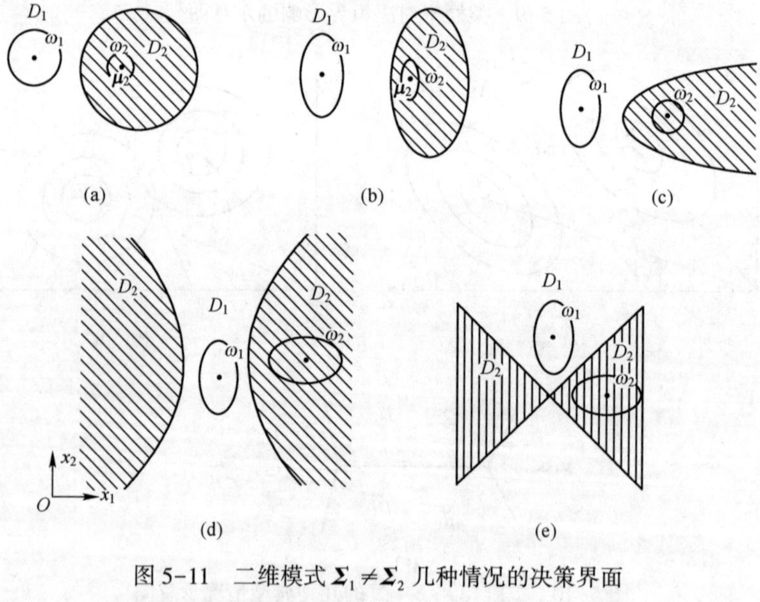

图 5-11　二维模式 $\boldsymbol{\Sigma}_1 \neq \boldsymbol{\Sigma}_2$ 几种情况的决策界面

（a）圆；（b）椭圆；（c）抛物线；（d）双曲线；（e）直线。

于$\boldsymbol{\mu}_2$，决策面是包围$\boldsymbol{\mu}_2$的一个圆；图 5-11（b）中决策面是包围$\boldsymbol{\mu}_2$的一个椭圆；图 5-11（c）中类ω_1和ω_2的分量x_1的方差相同，但类ω_1的分量x_2方差较ω_2的x_2方差大，从而x_2值较大的模式更可能来自ω_1类，所以决策界向右弯，呈抛物线状；图 5-11（d）中由于ω_2类的x_1的方差大于ω_1类的x_1的方差，而两类x_2的方差情况正相反，所以决策界呈现双曲线状；图 5-11（e）中由于两类的分布关于一直线是对称的，所以双曲线退化为相交直线。图 5-11 分别给出了二维模式$\boldsymbol{\Sigma}_1 \neq \boldsymbol{\Sigma}_2$的几种情况决策界的示意图。

5.2.3　正态模式分类的误判概率

考虑两类问题，设两类模式为协方差矩阵相等的多变量正态分布，它们的密度函数分别为

$$p(x|\omega_i) \sim N(\boldsymbol{\mu}_i|\boldsymbol{\Sigma}),\quad p(x|\omega_j) \sim N(\boldsymbol{\mu}_j|\boldsymbol{\Sigma})$$

决策规则的具体形式之一是似然比阈值形式，对数似然比

$$\begin{aligned} L_{ij}(x) &= \ln L_{ij}(x) = \ln p(x|\omega_i) - \ln p(x|\omega_j) \\ &= -\frac{1}{2}(x-\boldsymbol{\mu}_i)^{\mathrm{T}}\boldsymbol{\Sigma}^{-1}(x-\boldsymbol{\mu}_i) + \frac{1}{2}(x-\boldsymbol{\mu}_j)^{\mathrm{T}}\boldsymbol{\Sigma}^{-1}(x-\boldsymbol{\mu}_j) \\ &= x^{\mathrm{T}}\boldsymbol{\Sigma}^{-1}(\boldsymbol{\mu}_i-\boldsymbol{\mu}_j) - \frac{1}{2}(\boldsymbol{\mu}_i+\boldsymbol{\mu}_j)^{\mathrm{T}}\boldsymbol{\Sigma}^{-1}(\boldsymbol{\mu}_i-\boldsymbol{\mu}_j) \end{aligned} \tag{5-36}$$

由式（5-36）可知，$L_{ij}(x)$是x的线性函数，因x的各分量是正态分布的，故$L_{ij}(x)$是正态分布的随机变量。由式（5-36）易得$L_{ij}(x)$在$x \in \omega_i$条件下的数学期望

$$\begin{aligned} E_i[L_{ij}] &= \boldsymbol{\mu}_i^{\mathrm{T}}\boldsymbol{\Sigma}^{-1}(\boldsymbol{\mu}_i-\boldsymbol{\mu}_j) - \frac{1}{2}(\boldsymbol{\mu}_i+\boldsymbol{\mu}_j)^{\mathrm{T}}\boldsymbol{\Sigma}^{-1}(\boldsymbol{\mu}_i-\boldsymbol{\mu}_j) \\ &= \frac{1}{2}(\boldsymbol{\mu}_i-\boldsymbol{\mu}_j)^{\mathrm{T}}\boldsymbol{\Sigma}^{-1}(\boldsymbol{\mu}_i-\boldsymbol{\mu}_j) \end{aligned} \tag{5-37}$$

令

$$r_{ij}^2 = (\boldsymbol{\mu}_i-\boldsymbol{\mu}_j)^{\mathrm{T}}\boldsymbol{\Sigma}^{-1}(\boldsymbol{\mu}_i-\boldsymbol{\mu}_j) \tag{5-38}$$

显然，r_{ij}为这两类中心的马氏距离。于是有

$$E_i[L_{ij}] = \bar{L}_{ij} = \frac{1}{2}r_{ij}^2 \tag{5-39}$$

$L_{ij}(x)$在$x \in \omega_i$条件下的方差

$$\begin{aligned} \mathrm{var}_i[L_{ij}] &= E_i[(L_{ij}-\bar{L}_{ij})^2] \\ &= E_i[((x-\boldsymbol{\mu}_i)^{\mathrm{T}}\boldsymbol{\Sigma}^{-1}(\boldsymbol{\mu}_i-\boldsymbol{\mu}_j))^2] \\ &= E_i[(\boldsymbol{\mu}_i-\boldsymbol{\mu}_j)^{\mathrm{T}}\boldsymbol{\Sigma}^{-1}(x-\boldsymbol{\mu}_i)(x-\boldsymbol{\mu}_i)^{\mathrm{T}}\boldsymbol{\Sigma}^{-1}(\boldsymbol{\mu}_i-\boldsymbol{\mu}_i)] \end{aligned}$$

$$=(\boldsymbol{\mu}_i-\boldsymbol{\mu}_j)^{\mathrm{T}}\boldsymbol{\Sigma}^{-1}(\boldsymbol{\mu}_i-\boldsymbol{\mu}_i)$$
$$=r_{ij}^2 \tag{5-40}$$

因此，对于 $x\in\omega_i$，对数似然比 $L_{ij}(x\mid\omega_i)$ 的分布为 $N(r_{ij}^2/2,r_{ij}^2)$。类似地易得，对于 $x\in\omega_j$，对数似然比 $L_{ij}(x\mid\omega_j)$ 的分布为 $N(-r_{ij}^2/2,r_{ij}^2)$。图 5-12 所示是正态变量的对数似然比 $L_{ij}(x)$ 的概率密度分布示意图。

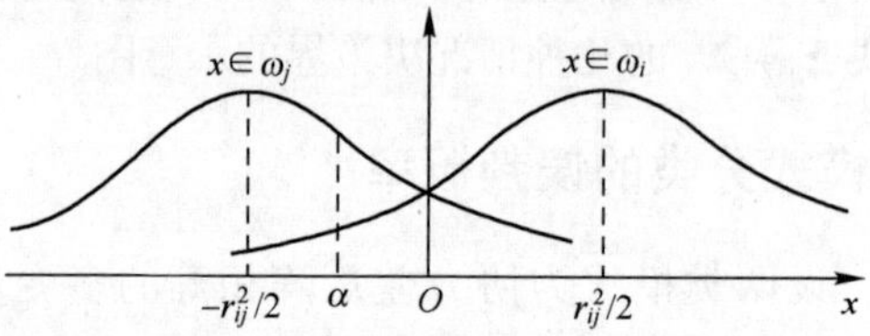

图 5-12　正态变量的对数似然比的概率密度分布

设 $\alpha=\ln\theta_{ij}=\ln(P(\omega_j)/P(\omega_i))$，由决策规则可知，将属于 ω_i 类的模式误判为属于 ω_j 类的错误概率为 $P(L_{ij}<\alpha\mid\omega_i)$，而将属于 ω_j 类的模式误判为属于 ω_i 类的错误概率为 $P(L_{ij}>\alpha\mid\omega_j)$，它们可具体计算如下

$$P(L_{ij}<\alpha\mid\omega_i)=\int_{-\infty}^{\alpha}\frac{1}{\sqrt{2\pi}\,r_{ij}}\exp\left[-\frac{(L_{ij}-r_{ij}^2/2)^2}{2r_{ij}^2}\right]\mathrm{d}L_{ij} \tag{5-41}$$

$$=\Phi\left[\frac{\alpha-r_{ij}^2/2}{r_{ij}}\right] \tag{5-42}$$

$$P(L_{ij}>\alpha\mid\omega_j)=\int_{\alpha}^{\infty}\frac{1}{\sqrt{2\pi}\,r_{ij}}\exp\left[-\frac{(L_{ij}+r_{ij}^2/2)^2}{2r_{ij}^2}\right]\mathrm{d}L_{ij}$$

$$=1-\Phi\left[\frac{\alpha+r_{ij}^2/2}{r_{ij}}\right] \tag{5-43}$$

式中：

$$\Phi(u)=\int_{-\infty}^{u}\frac{1}{\sqrt{2\pi}}\exp\left[-\frac{y^2}{2}\right]\mathrm{d}y \tag{5-44}$$

于是，总的误判概率为

$$P(e)=P(\omega_i)P(L_{ij}<\alpha\mid\omega_i)+P(\omega_j)P(L_{ij}>\alpha\mid\omega_j)$$
$$=P(\omega_i)\Phi\left[\frac{\alpha-r_{ij}^2/2}{r_{ij}}\right]+P(\omega_j)\left\{1-\Phi\left[\frac{\alpha+r_{ij}^2/2}{r_{ij}}\right]\right\} \tag{5-45}$$

为能看出 $P(e)$ 和 r_{ij}^2 关系趋势，特取 $P(\omega_i)=P(\omega_j)=\frac{1}{2}$，此时 $\alpha=0$，则

$$P(e)=\frac{1}{2}\Phi[-r_{ij}/2]+\frac{1}{2}\{1-\Phi[r_{ij}/2]\}$$

$$= \int_{-\infty}^{-r_{ij}/2} \frac{1}{\sqrt{2\pi}} \exp\left[-\frac{y^2}{2}\right] dy$$

$$= \Phi\left[-\frac{r_{ij}}{2}\right] = \int_{r_{ij}/2}^{\infty} \frac{1}{\sqrt{2\pi}} \exp\left[-\frac{y^2}{2}\right] dy \tag{5-46}$$

式（5-46）表明了误判概率与两类的马氏距离的关系（见图 5-13）：$P(e)$随 r_{ij}^2的增大而单调递减，只要两类马氏距离足够大，其误判概率可足够小，例如，当 $r_{ij}^2=11$ 时，$P(e)\approx 5\%$。

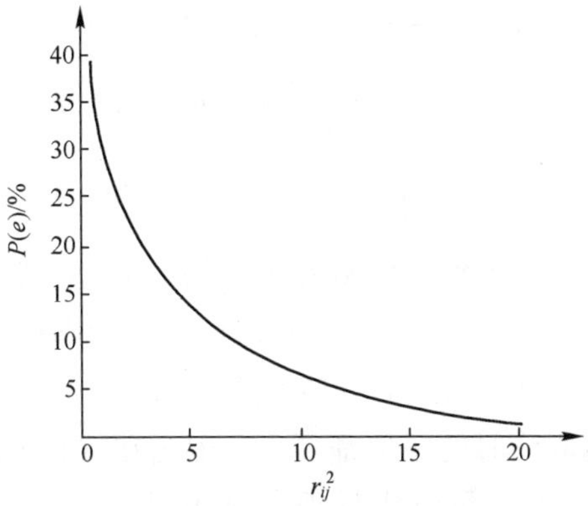

图 5-13　正态模式的误判概率与马氏距离关系

5.3　N-P 判决

在最小误判概率准则判决中，我们的目标是使总的误判概率最小，在那里需要知道各类 $\omega_i(i=1,2,\cdots,c)$的后验概率 $P(\omega_i|x)$或各类的概率密度 $p(x|\omega_i)$与各类的概率 $P(\omega_i)$，但在某些实际问题中，可能存以下几种情况：一是不知道各类的先验概率 $P(\omega_i)$；二是存在某一种错误较另一种错误更为重要，即危害更为严重。针对第一种情况，可以令各类概率相等的办法处理。针对第二种情况，必须考虑更为重要的错判的危害，可采用 N-P（Neyman-Pearson）准则。N-P 准则是严格限制较重要的一类错误概率，在令其等于某常数的约束下使另一类误判概率最小。

对两类问题，设 $p(x|\omega_1)$和 $p(x|\omega_2)$已知，又设有一判决界面将特征空间 Ω 分成两个判决类域 D_1 和 D_2，$D_1\cup D_2=\Omega$，$D_1\cap D_2=\varnothing$。当一模式特征点 $x\in D_1$ 时，指判 $x\in\omega_1$；当 $x\in D_2$ 时，指判 $x\in\omega_2$。于是，将实属 ω_1 类的模式

x 判属 ω_2 类的误判概率为

$$\varepsilon_{12} = \int_{D_2} p(x \mid \omega_1)\mathrm{d}x \tag{5-47}$$

将实属 ω_2 类的模式判属 ω_1 类的误判概率为

$$\varepsilon_{21} = \int_{D_1} p(x \mid \omega_2)\mathrm{d}x \tag{5-48}$$

采用 N-P 准则，不妨设 ε_{21} 为控制量，令 $\varepsilon_{21}=\varepsilon_0=$常数，求使 ε_{12} 最小。运用拉格朗日乘数法求条件极值，作辅助函数：

$$\begin{aligned} y &= \varepsilon_{12} + \lambda(\varepsilon_{21} - \varepsilon_0) \\ &= \int_{D_2} p(x \mid \omega_1)\mathrm{d}x + \lambda\left[\int_{D_1} p(x \mid \omega_2)\mathrm{d}x - \varepsilon_0\right] \\ &= (1 - \lambda\varepsilon_0) - \int_{D_1}(p(x \mid \omega_1) - \lambda p(x \mid \omega_2))\mathrm{d}x \end{aligned} \tag{5-49}$$

求 D_1 使 y 取极小值。一般地，D_1 无法直接用解析的方法求得。注意到 λ 在式子中是确定的，$p(x \mid \omega_1)$、$p(x \mid \omega_2)$ 在 Ω 空间中也是确定的，如果选择满足条件 $p(x \mid \omega_1)-\lambda p(x \mid \omega_2)>0$ 的 x 的全体作为 D_1^*，就能保证这时所求得的 y 值 y^* 比 D_1 的任何其他取法时的 y 值都要小。因为在这种取法下，D_1^* 是使被积函数取正值的最大的域，而对于任何其他取法，ω_1 的新的判决类域 $D_1'=(D_1^*-D_{11})\cup D_{21}$，$D_1^*$ 如前定义，在 $D_{11}\subset D_1^*$ 上有 $p(x \mid \omega_1)-\lambda p(x \mid \omega_2)>0$，在 $D_{21}\subset D_2^*$ 上有 $p(x \mid \omega_1)-\lambda p(x \mid \omega_2)<0$，此时的 y 值为

$$\begin{aligned} y &= (1 - \lambda\varepsilon_0) - \int_{D_1^*-D_{11}}(p(x \mid \omega_1) - \lambda p(x \mid \omega_2))\mathrm{d}x - \int_{D_{21}}(p(x \mid \omega_1) - \lambda p(x \mid \omega_2))\mathrm{d}x \\ &= y^* + \int_{D_{11}}(p(x \mid \omega_1) - \lambda p(x \mid \omega_2))\mathrm{d}x - \int_{D_{21}}(p(x \mid \omega_1) - \lambda p(x \mid \omega_2))\mathrm{d}x \end{aligned} \tag{5-50}$$

y 式中第二项的积分为正值，第三项的积分为负值，显然 $y>y^*$。类似地，

$$y = (\lambda - \lambda\varepsilon_0) + \int_{D_2}(p(x \mid \omega_1) - \lambda p(x \mid \omega_2))\mathrm{d}x \tag{5-51}$$

同理，要求选择满足条件 $p(x \mid \omega_1)-\lambda p(x \mid \omega_2)<0$ 的 x 的全体作为 D_2^*。将上面的两个结果综合起来可得出，所求得的最佳判决域 D_1^* 和 D_2^* 应满足

$$\begin{aligned} &\text{在 } D_1^* \text{ 中}, p(x \mid \omega_1)-\lambda p(x \mid \omega_2)>0 \\ &\text{在 } D_2^* \text{ 中}, p(x \mid \omega_1)-\lambda p(x \mid \omega_2)<0 \end{aligned} \tag{5-52}$$

于是，将其中一类错误概率作为控制量而使另一类错误概率最小的 N-P 判决规则为

如果$\frac{p(x|\omega_1)}{p(x|\omega_2)}>\lambda$，则判 $x\in\omega_1$；如果$\frac{p(x|\omega_1)}{p(x|\omega_2)}<\lambda$，则判 $x\in\omega_2$。

式中：拉格朗日乘子 λ 为判决阈值。从中可以看出，N-P 判决规则的形式和最小误判概率准则及最小损失准则的形式相同，只是似然比阈值不同。λ 的值决定着判决类域 D_1、D_2，这里的 λ 又是由 ε_0 所确定的，这就要求适当地选取 λ 使 $\varepsilon_{21}=\varepsilon_0$。为求 λ，令 $p(l|\omega_2)$ 为似然比 $l(x)$ 在 $x\in\omega_2$ 条件下的概率密度，因当 $l>\lambda$ 时就判 $x\in\omega_1$，所以当 ε_0 给定后，λ 可由

$$\varepsilon_{21}=\int_{\lambda}^{+\infty}p(l|\omega_2)\,\mathrm{d}l=\varepsilon_0 \tag{5-53}$$

确定。实际上，难以由式（5-53）求得 λ 的解析显式，通常采用数值近似的办法。式（5-53）的积分是 λ 的单调减函数，给出一系列 λ 值，由式（5-53）可以相应地算得一系列 ε_{21}值，总存在一个 λ 使 ε_{21}最接近 ε_0，那个 λ 值便是我们所求的 λ 的近似值。当取得足够精细时，λ 近似值的精度就很高。在一些特殊情况下，$p(l|\omega_i)$容易确定。综上所述可知，在具体运用 N-P 准则判决时，首先根据给定的控制量 ε_0 由式（5-53）计算 λ，或直接由式（5-48）算出决策界，然后运用判决规则进行判决分类。图 5-14 给出了 N-P 准则判决原理示意图。

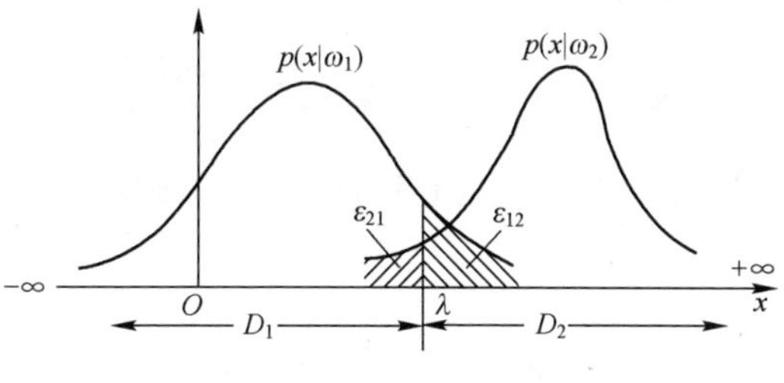

图 5-14 N-P 准则判决原理示意图

在信号检测中，正确识别出目标信号的概率称为检测概率 P_D，将背景或噪声信号当作目标信号的概率称为虚警概率 P_F，将目标信号当作背景或噪声信号的概率称为漏检概率 P_M。

在给定两类概率密度和取定虚警概率情况下，对于单观测模式，这也相当于固定了漏检概率。但在多观测条件下，可以有许多判决边界给出同一个取定的虚警概率，但每个判决边界对应不同的检测概率，因此可以在虚警概率为常数约束下，求使漏检概率最小。可以认为，N-P 准则判决是在某个约束下最小化总的风险。在许多应用中，如雷达信号、SAR 图像的目标检中，常采用恒虚警检测技术，在设定的虚警概率下导出目标信号幅值的检测阈值，

此方法可以认为是 N-P 判决的一个非严格意义上的应用。

通常决策的特性可以用受试工作特性曲线（ROC）表示，二维坐标系的横轴为虚警概率 $P_F=\varepsilon_{21}$，纵轴为检测概率 $P_D=1-\varepsilon_{12}$。对于给定的两类概率分布及取定的阈值 λ，通过大量的实验可以得出 P_D 和 P_F，改变阈值 λ，P_D 和 P_F 也随之改变，从而可得当阈值 λ 变化时，检测概率 P_D，与虚警概率 P_F 的关系曲线——ROC。当改变两类分布，如改变 $d=|\boldsymbol{\mu}_1-\boldsymbol{\mu}_2|/\sigma$ 时（这里 $\boldsymbol{\mu}_1$ 和 $\boldsymbol{\mu}_2$ 分别表示两类的中心，δ 为类的方差），便得到一族曲线，如图 5-15 所示。这些曲线过(0,0)点和(1,1)点，d 越大，曲线越靠近左上角，决策越好。ROC 可以用来评价分类器的性能，比较各种分类方法的优劣，可以帮助确定最好的决策阈值。

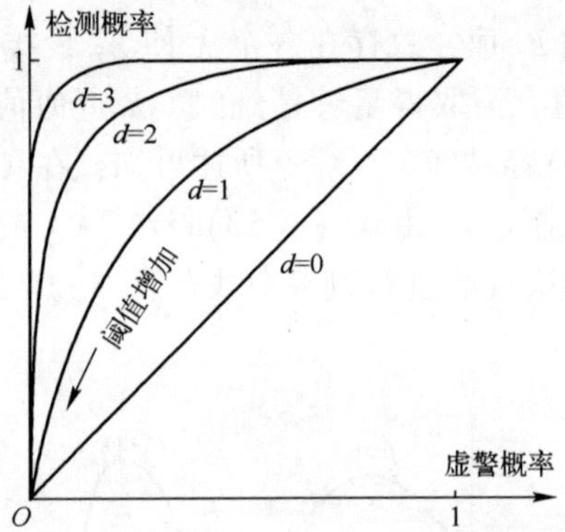

图 5-15　受试工作特性曲线（ROC）

5.4　序贯判决

前面的一些方法中模式的特征个数在分类识别过程中是固定的，是在取得 n 个特征且一并使用在最小误判概率或误判损失准则下进行分类识别。实际上，在特征获取上也要耗费一定的代价，甚至很大的代价，如果在判决时，能用 k 个特征($k<n$)就可作出合理的判决，若再加入其余 $n-k$ 个特征虽然可以使误判概率或损失降低，但其所减少的代价可能不足以补偿获得和运用这 $n-k$ 个特征所耗费的代价。所以这就需要对所使用的特征带来的得与失进行评估。

序贯判决（SPRD）是解决上述问题一种很有用的统计决策方法。它可分为两种：一种方法是先用一部分特征参与判决，以后逐步地每次加入一个新的特征进行判决，在某一步中如能判决出模式的类别则对该模式判决结束；

如不能判定，就增加新的特征继续判决，这样不断地重复下去，直到作出判决为止，显然这种方法能节省人力、物力和机时。前面介绍的拒绝判决就是序贯判决方法的一个决策。这种方法可以被认为是一种修改了的 N-P 准则判决，它可以控制犯两类错误的概率。另一种方法是每步都要衡量加入新特征所耗费的代价与所降低分类损失的大小，以加入新特征所耗费的代价大于所降低的分类损失作为停止条件。在模式识别中，当增加一个特征分量要付出较大代价时，多采用这种方法。

5.4.1　控制误判概率的序贯判决

1. 判决规则

考虑两类问题。在有些情况下，当似然比在似然比阈值附近时，对 x 作出的类别判决将不那么可靠。为了提高判决的可靠性，可设置两个似然比阈值 A、B，且 $0<B<1<A<\infty$，这相当于将特征空间分划成三个子区域，在两个决策类域之外增加了一个“可疑区域”。当特征个数不足时，待识模式 x 类别属性不显著，这时可使 x 落入可疑区域 D_3，然后通过增加特征使该模式进入决策类域 D_1 或 D_2，从而可判决模式类别。

取 n 个特征中的 k 个特征 $x_1,x_2,\cdots,x_k$ 作特征矢量，令 $x^{(k)}=(x_1,x_2,\cdots,x_k)^{\mathrm{T}}$，可以考虑关于这 k 个特征的似然比：

$$l_{12}(x^{(k)})=\frac{p(x_1,x_2,\cdots,x_k\mid\omega_1)}{p(x_1,x_2,\cdots,x_k\mid\omega_2)}\hat{=}\frac{p(x^{(k)}\mid\omega_1)}{p(x^{(k)}\mid\omega_2)} \tag{5-54}$$

称为序贯似然比。

在序贯判决中，第 k 步的先验概率 $P(\omega_i,k)$ 可被看作等于第 $k-1$ 步的后验概率，即

$$\begin{aligned}P(\omega_i,k)&=P(\omega_i\mid x_{k-1})=P(\omega_i,x_{k-1})/p(x_{k-1})\\&=P(\omega_i,k-1)p(x_{k-1}\mid\omega_i)/p(x_{k-1})\\&=\frac{P(\omega_i,k-1)p(x_{k-1}\mid\omega_i)}{P(\omega_1,k-1)p(x_{k-1}\mid\omega_1)+P(\omega_2,k-1)p(x_{k-1}\mid\omega_2)}\quad(i=1,2)\end{aligned} \tag{5-55}$$

由上可得相邻步先验概率之比间的递推关系：

$$\begin{aligned}\theta_{21}(k)&=\frac{P(\omega_1,k)}{P(\omega_2,k)}=\frac{p(x_{k-1}\mid\omega_1)}{p(x_{k-1}\mid\omega_2)}\cdot\frac{P(\omega_1,k-1)}{P(\omega_2,k-1)}\\&=l_{12}(x_{k-1})\frac{P(\omega_1,k-1)}{P(\omega_2,k-1)}\\&=l_{12}(x_{k-1})\theta_{21}(k-1)\end{aligned} \tag{5-56}$$

式（5-56）表明，在每一步，先验概率之比都被乘以前一步似然比 $l_{12}(x_{k-1})$ 而更新，这个似然比仅是前一步统计量的函数：

$$l_{12}(x_{k-1})=\frac{p(x_{k-1}\mid\omega_1)}{p(x_{k-1}\mid\omega_2)}$$

由式（5-56）可以建立特征增加过程中的似然比与阈值的递推关系。可以看出，在序贯地加入新特征进行判决过程中，似然比阈值是变动的，从而平均损失是难以确定的，因此不能运用最小损失准则进行分类，而采用 Wald 提出的序贯判决规则为

（1）$l_{12}(x^{(k)})\geqslant A\Rightarrow x\in\omega_1$；

（2）$l_{12}(x^{(k)})\leqslant B\Rightarrow x\in\omega_2$；

（3）$B<l_{12}(x^{(k)})<A\Rightarrow x\in D_3$，不能判决，对此模式增加一个特征，继续识别。

2. 阈值的确定

令 ε_{12} 表示模式 x 实属 ω_1 但判定 $x\in\omega_2$（否定 $x\in\omega_1$）的概率，ε_{21} 表示 x 实属 ω_2 但判定 $x\in\omega_1$（否定 $x\in\omega_2$）的概率。由于所采用的特征次序不同，所以可以达到作出判决的特征个数可能不同，因此 ω_2 的否定域记为

$$D_{20}^{(m)}=\{x^{(m)}\mid B<l_{12}(x^{(k)})<A,k=1,2,\cdots,m-1\text{ 且 }l_{12}(x^{(m)})\geqslant A\}\qquad[5\text{-}57\text{(a)}]$$

ω_1 的否定域记为

$$D_{10}^{(m)}=\{x^{(m)}\mid B<l_{12}(x^{(k)})<A,k=1,2,\cdots,m-1\text{ 且 }l_{12}(x^{(m)})\leqslant B\}\qquad[5\text{-}57\text{(b)}]$$

由于可以作出判决时的特征个数是随机的，因此两类错误概率按式［5-58（a）］和式［5-58（b）］计算

$$\varepsilon_{21}=\sum_{k=1}^{\infty}\int_{D_{20}^{(k)}}p(x^{(k)}\mid\omega_2)\,\mathrm{d}x^{(k)}\leqslant\sum_{k=1}^{\infty}\int_{D_{20}^{(k)}}A^{-1}p(x^{(k)}\mid\omega_1)\,\mathrm{d}x^{(k)}\qquad[5\text{-}58\text{(a)}]$$

$$\varepsilon_{12}=\sum_{k=1}^{\infty}\int_{D_{10}^{(k)}}p(x^{(k)}\mid\omega_1)\,\mathrm{d}x^{(k)}\leqslant\sum_{k=1}^{\infty}\int_{D_{10}^{(k)}}Bp(x^{(k)}\mid\omega_2)\,\mathrm{d}x^{(k)}\qquad[5\text{-}58\text{(b)}]$$

实际上，因特征个数一旦达到能判决的数目 m 时，就可实施判决，令 D_1 为 ω_1 的判决域，D_2 为 ω_2 的判决域，于是有

$$\varepsilon_{21}=\int_{D_1}p(x^{(m)}\mid\omega_2)\,\mathrm{d}x^{(m)}\leqslant\int_{D_1}A^{-1}p(x^{(m)}\mid\omega_1)\,\mathrm{d}x^{(m)}$$

由上有

$$A\leqslant\frac{\int_{D_1}p(x^{(m)}\mid\omega_1)\,\mathrm{d}x^{(m)}}{\int_{D_1}p(x^{(m)}\mid\omega_2)\,\mathrm{d}x^{(m)}}$$

从而可得

$$A \leqslant \frac{1-\varepsilon_{12}}{\varepsilon_{21}} \tag{5-59 (a)}$$

仿此也可以得出

$$B \geqslant \frac{\varepsilon_{12}}{1-\varepsilon_{21}} \tag{5-59 (b)}$$

由式（5-59）可见，阈值 A、B 与 ε_{12} 和 ε_{21} 有关，受两类的误判概率选取的控制。

为使判决具有所选定的两类误判概率 ε_{12}、ε_{21}，界限 A 和 B 必须满足式（5-59）。在设计分类器时，为稳健，为减小虚警概率和漏报概率，上面两式取等号

$$\begin{cases} A=\dfrac{1-\varepsilon_{12}}{\varepsilon_{21}} \\ B=\dfrac{\varepsilon_{12}}{1-\varepsilon_{21}} \end{cases} \tag{5-60}$$

称其为停止边界。式中的 ε_{12} 和 ε_{21} 取预定的适当小的设计值 e_{12} 和 e_{21}，一些有代表性的值是 0.01，0.05，0.1。取式（5-60）作阈值进行序贯判决时所产生的真实错误概率 ε_{12} 和 ε_{21}，与式（5-59）和式（5-60）显然有关系

$$\begin{cases} \dfrac{1-\varepsilon_{12}}{\varepsilon_{21}} \geqslant \dfrac{1-e_{12}}{e_{21}} \\ \dfrac{\varepsilon_{12}}{1-\varepsilon_{21}} \leqslant \dfrac{e_{12}}{1-e_{21}} \end{cases} \tag{5-61}$$

上面两个不等式蕴含着

$$\begin{cases} \varepsilon_{12} \leqslant \dfrac{e_{12}}{1-e_{21}} \\ \varepsilon_{21} \leqslant \dfrac{e_{21}}{1-e_{12}} \end{cases} \tag{5-62}$$

由于 e_{12}、e_{21} 很小，当 ε_{12} 或 ε_{21} 大于 e_{12} 或 e_{21} 时，不会大许多。将式（5-61）两个不等式整理后相加，可以得到

$$\varepsilon_{12}+\varepsilon_{21} \leqslant e_{12}+e_{21}$$

上式表明，两类错误概率之和 $\varepsilon_{12}+\varepsilon_{21}$ 的上界是设计指标 e_{12} 与 e_{21} 之和 $e_{12}+e_{21}$。上式还表明，不等式 $\varepsilon_{12} \leqslant e_{12}$ 与 $\varepsilon_{21} \leqslant e_{21}$ 至少有一个成立，通常这两个不等式很可能都成立。

3. 特征个数的期望

因为在达到能够判决时所使用的特征的数目是随机的，所以应该考虑所用的特征数目的期望值。在可以作出判决时有如下四种情况和相应的正确或错误概率：

（1）$l_{12}(x^{(k)})\geqslant A\Rightarrow x\in\omega_1$，　$P(l_{12}(x^{(k)})\geqslant A\mid x\in\omega_1)=1-\varepsilon_{12}$

（2）$l_{12}(x^{(k)})\geqslant A\Rightarrow x\in\omega_1$，　$P(l_{12}(x^{(k)})\geqslant A\mid x\in\omega_2)=\varepsilon_{21}$

（3）$l_{12}(x^{(k)})\leqslant B\Rightarrow x\in\omega_2$，　$P(l_{12}(x^{(k)})\leqslant B\mid x\in\omega_1)=\varepsilon_{12}$

（4）$l_{12}(x^{(k)})\leqslant B\Rightarrow x\in\omega_2$，　$P(l_{12}(x^{(k)})\leqslant B\mid x\in\omega_2)=1-\varepsilon_{21}$　　(5-63)

由上可得停止似然比的期望值为

$$E[l_{12}(x^{(k)})]=\begin{cases}A(1-\varepsilon_{12})+B\varepsilon_{12} & (x\in\omega_1)\\ A\varepsilon_{21}+B(1-\varepsilon_{21}) & (x\in\omega_2)\end{cases} \quad [5\text{-}64\ (\text{a})]$$

对似然比取对数，由式（5-63）可知，停止似然比期望值还可表示为

$$E[\ln[l_{12}(x^{(k)})]]=\begin{cases}(1-\varepsilon_{12})\ln A+\varepsilon_{12}\ln B & (x\in\omega_1)\\ \varepsilon_{21}\ln A+(1-\varepsilon_{21})\ln B & (x\in\omega_2)\end{cases} \quad [5\text{-}64\ (\text{b})]$$

为简单，设每类各特征都是独立同分布的，则有

$$\ln[l_{12}(x^{(k)})]=\ln\left[\prod_{j=1}^{k}l_{12}(x_j)\right]=k\ln[l_{12}(x)] \quad (5\text{-}65)$$

对式（5-65）两边取条件期望，有

$$\begin{aligned}E[\ln[l_{12}(x^{(k)})]\mid\omega_i]&=E[k\ln[l_{12}(x)]\mid\omega_i]\\&=E[k\mid\omega_i]E[\ln[l_{12}(x)]\mid\omega_i]\end{aligned} \quad (5\text{-}66)$$

从而有

$$E[k\mid\omega_i]=\frac{E[\ln[l_{12}(x^{(k)})]\mid\omega_i]}{E[\ln[l_{12}(x)]\mid\omega_i]} \quad (5\text{-}67)$$

利用停止对数似然比期望式［5-64（b）］，可得特征个数的期望值：

$$E[k\mid\omega_1]=\frac{(1-\varepsilon_{12})\ln A+\varepsilon_{12}\ln B}{E[\ln l_{12}(x)\mid\omega_1]} \quad [5\text{-}68\ (\text{a})]$$

$$E[k\mid\omega_2]=\frac{\varepsilon_{21}\ln A+(1-\varepsilon_{21})\ln B}{E[\ln l_{12}(x)\mid\omega_2]} \quad [5\text{-}68\ (\text{b})]$$

关于序贯判决所使用的特征数目的期望有如下结论。

若限制两类错误概率，使满足

$$e_{12}\leqslant\alpha,\quad e_{21}\leqslant\beta\quad(0<\alpha,\beta<1)$$

则序贯（概率比）判决 SPRD(A,B) 使特征数目的期望 $E[k\mid\omega_1]$ 和 $E[k\mid\omega_2]$ 与任何其他序贯判决或固定特征个数的判决相比是最小的，其中 A、B 满足实

际的错误概率 $\varepsilon_{12}=\alpha$，$\varepsilon_{21}=\beta$。尽管如此，为加快判决速度，还应首先选取主要特征。

在模式识别中，不能保证 $E[\ln l_{12}(x_j)|\omega_i]$ 与 j 无关，此时可用 $\min\limits_j[E[\ln l_{12}(x_j)|\omega_i]]$ 代替 $E[\ln l_{12}(x)|\omega_i]$ 后运用式（5-68）来求 $E[k|\omega_i]$ 的近似值。

一般情况下，$l_{12}(x)$ 落在 B 和 A 之间的概率总是小于1，即

$$P(B<l_{12}(x)<A)=p<1$$

k 个特征的似然比全部落在 B 和 A 之间的概率：

$$P(B<l_{12}(x^{(k)})<A)=p^k$$

因此，当 k 趋于无穷时，有

$$\lim_{k\to\infty}P(B<l_{12}(x^{(k)})<A)=0$$

这表明，序贯判决是以概率1可停止的。在对具体的实际问题进行分类判决时，往往最多只能用有限个特征 $x_1,x_2,\cdots,x_n$，而序贯判决技术设有两个阈值，n 个特征全部用完后还有可能不能作出判决。为了克服这个缺点，可以将原来是常数的停止边界 A 和 B 取为所用特征个数 k 的函数，使当所有的特征都用上后有 $A=B$，这样就一定可以作出判决。例如，可以取 A 和 B 有下面的关系：

$$\begin{cases}\ln A=\left(1-\dfrac{k}{n}\right)^{r_1}\ln\left(\dfrac{1-e_{12}}{e_{21}}\right)\\ \ln B=\left(1-\dfrac{k}{n}\right)^{r_2}\ln\left(\dfrac{e_{12}}{1-e_{21}}\right)\end{cases}\tag{5-69}$$

式中：r_1 与 r_2 为两个任意的正数，$0<r_1<1$，$0<r_2<1$。显然当 $k=n$ 时，$A=B=1$。

5.4.2 最小损失准则下的序贯判决

在序贯判决中，设已取得并使用 k 个特征 $x_1,x_2,\cdots,x_k$，此时有两种选择：①根据这些特征作出最后的分类判决，②再选择第 $k+1$ 个特征 x_{k+1} 供下一步决策用。这两种选择都要付出代价，显然应该选择代价较小的那个操作。第 k 步的最小代价 $\rho_{\min}$ 定义为

$$\rho_{\min}(x_1,x_2,\cdots,x_k)=\min[\rho_s(x_1,x_2,\cdots,x_k),\rho_c(x_1,x_2,\cdots,x_k)]\tag{5-70}$$

式中：$\rho_c(x_1,x_2,\cdots,x_k)$ 为再取第 $k+1$ 个特征后作出判决或继续取特征所产生的继续损失；$\rho_s(x_1,x_2,\cdots,x_k)$ 为根据已获得的 k 个特征 $x_1,x_2,\cdots,x_k$ 作出判决而产生的所谓停止损失。根据最小损失准则有

$$\rho_s(x_1,x_2,\cdots,x_k)=\min_j\left[\sum_{i=1}^{c}\lambda_{ij}P(\omega_i|x_1,x_2,\cdots,x_k)\right]\tag{5-71}$$

式中：c 为类数；λ_{ij}为模式实属 ω_i 类而判属 ω_j 类的损失函数。要求继续损失就要对 $k+1$ 步的最小损失进行预测。由于 x_{k+1} 在获得前是随机量，若取得 x_{k+1} 继续作序贯判决，第 $k+1$ 步的最小代价的期望值为

$$\int \rho_{\min}(x_1,x_2,\cdots,x_k,x_{k+1})p(x_{k+1}|x_1,x_2,\cdots,x_k)\mathrm{d}x_{k+1} \tag{5-72}$$

设获得第 $k+1$ 个特征所需的代价是 g_{k+1}，则第 k 步继续损失

$$\rho_c(x_1,x_2,\cdots,x_k)=g_{k+1}+\int \rho_{\min}(x_1,x_2,\cdots,x_k,x_{k+1})p(x_{k+1}|x_1,x_2,\cdots,x_k)\mathrm{d}x_{k+1} \tag{5-73}$$

由式（5-73）可知，为了计算 $\rho_{\min}(x_1,x_2,\cdots,x_k)$，必须计算第 $k+1$ 步的最小损失。以此类推，所以应先求

$$\rho_{\min}(x_1,x_2,\cdots,x_k,x_{k+1},\cdots,x_n)=\min_j\left[\sum_{i=1}^{c}\lambda_{ij}P(\omega_i|x_1,x_2,\cdots,x_k,x_{k+1},\cdots,x_n)\right] \tag{5-74}$$

才能得到第 k 步最小损失。在逐步增加特征过程中，当停止损失小于或等于继续损失时就停止增加新的特征而作出判决。

显然，此方法计算量和存储量都很大，一种“次优”的办法是，在第 k 步作决策时只考虑第 k 步之后有限的 r 步，即有限的 r 个特征($k+r<n$)，在第 k 步到第 $k+r$ 步之间有可能出现停止损失小于等于继续损失，从而可以实行判决，否则，进行到第 $k+r$ 步再继续采用上述策略，再取 r 步；或者让决策一定停止在第 k 步和第 $k+r$ 步之间，这样计算工作量会大大减少。为了减少序贯判决的步数，应按对分类识别贡献的大小对每个特征进行排序，首先选择贡献大的特征用于分类。

5.4.3　多类问题的序贯判决

对于 c 类问题，也可以用序贯判决的方法分类，设运用 k 个特征 $x_1,x_2,\cdots,x_k$，引入广义序贯似然比，令

$$l(x^{(k)}|\omega_i)=\frac{p(x_1,x_2,\cdots,x_k|\omega_i)}{\left[\prod_{j=1}^{c}p(x_1,x_2,\cdots,x_k|\omega_j)\right]^{1/c}}\quad(i=1,2,\cdots,c) \tag{5-75}$$

又设 e_{ij}是将实属 ω_i 类的模式判属 ω_j 类的概率，令

$$A(\omega_i)=\frac{1-e_{ii}}{\left[\prod_{j=1}^{c}(1-e_{ji})\right]^{1/c}} \tag{5-76}$$

称其为第 ω_i 类的停止边界。从 $k=1$，$i=1$ 开始，逐次使用式（5-75）和式（5-76）来作似然比判决。如果

$$l(x^{(k)} \mid \omega_i) < A(\omega_i) \tag{5-77}$$

则拒绝判决 $x^{(k)}$ 所表示的模式属于 ω_i，然后对其他的类继续运用式（5-77）。若全部的 $l(x^{(k)} \mid \omega_i)$ 都比相应的 $A(\omega_i)(i=1,2,\cdots,c)$ 小，则再增加一个特征继续讨论，直至有一个似然比不小于相应的 $A(\omega_i)$ 为止，则判该模式属于此类。

5.5 聚类分析

5.5.1 聚类的技术方案

聚类分析算法是将多传感器数据作为一个确定性变量来看待的。

聚类分析有许多具体的算法，有的比较简单，有的相对复杂、完善。从算法的基本策略上来看，可分为如下几种主要典型方法，其他方法基本上是由它们衍生出来的或相近的。

（1）根据相似性阈值和最小距离原则的简单聚类方法。

针对具体问题确定相似性阈值，将模式到各聚类中心间的距离与阈值比较，都大于阈值时该模式就作为另一类的类心，小于阈值时按最小距离原则将其分划到某一类中。在这种算法运行中，模式的类别及类的中心一旦确定后在下面的算法运行中将不会改变。

（2）按最小距离原则不断进行两类合并的方法。

首先视各模式自成一类，其次将距离最小的两类合并成一类，不断地重复这个过程，直至成为两类为止。在这类算法运行中，类心不断地修正，但某些模式一旦归为一类后就不再被分划开。这类方法称为谱系聚类法。

（3）依据准则函数动态聚类法。

设定一些分类的控制参数，定义一个能表征聚类过程或结果优劣的准则函数，聚类过程就是使准则函数取极值的优化过程。在算法运行中，类心不断地修正，模式的类别的指定也不断地更改。这类方法有 C-均值法、ISODATA 法等。

（4）近邻函数法。

近邻函数法利用近邻函数的概念和有关的规则进行分类，它可以处理类的分布结构较复杂的情况。

（5）图论方法。

图论方法利用图论的有关概念和算法，结合聚类的基本知识实现对模式的分类，这种方法可以处理模式分布结构较复杂的情况。

（6）基于局部信息的聚类算法。

基于局部信息的聚类算法是以模式的邻域的某种信息作为对其分划类别的依据。

（7）基于参数估计的聚类算法。

基于参数估计的聚类算法是根据模式与决策界关系信息估计决策界参数，或估计聚类的分布参数，进而实现分类。

（8）可能性方法。

可能性方法是以模式相对各类的可能性信息作为对其分划类别依据的优化过程。

（9）神经网络法。

神经网络方法利用神经网络的理论和技术实现分类，其功能较强，有许多优点。

5.5.2 简单聚类法

1. 根据相似性阈值和最小距离原则的简单聚类方法

1）条件及约定

设待分类的模式特征矢量为$\{x_1, x_2, \cdots, x_N\}$，选定类内距离阈值 T。

2）算法思想

计算特征矢量到各聚类中心的距离并和阈值 T 比较，决定归属哪一类或作为新的一类中心。这种算法通常选择欧氏距离。

3）算法原理步骤

（1）取任意特征矢量作为第一个聚类中心。例如，令 ω_1 类的中心 $z_1=x_1$。

（2）计算下一个特征矢量 $\boldsymbol{x}_2$ 到 z_1 的距离 d_{21}。若 $d_{21}>T$，则建立一个新类 ω_2，其中心 $z_2=\boldsymbol{x}_2$；若 $d_{21}\leqslant T$，则 $\boldsymbol{x}_2\in\omega_1$。

（3）假设已有聚类中心 $z_1, z_2, \cdots, z_k$，计算尚未确定类别的特征矢量 $\boldsymbol{x}_i$ 到各聚类中心 $z_j(j=1,2,\cdots,k)$ 的距离 d_{ij}。如果 $d_{ij}>T(j=1,2,\cdots,k)$，则 $\boldsymbol{x}_i$ 作为新的一类 ω_{k+1} 的中心，$z_{k+1}=\boldsymbol{x}_i$；否则，如果

$$d_{ij}=\min_j[d_{ij}] \tag{5-78}$$

则判 $\boldsymbol{x}_i\in\omega_i$。检查是否所有的模式都分划完类别，如都分划完毕则结束；否则返回步骤（3）。

4）性能

这种方法的突出特点是计算简单。容易看出，使用这种方法，聚类过程中类的中心一经选定，在聚类过程中就不再改变；同样，在聚类过程中，模式一旦被指判类别后也不再改变。因此，在待分类模式集给定的条件下，使用这种方法的聚类结果在很大程度上依赖距离阈值 T 的选取、待分类特征矢量参与分类的次序，即聚类中心的选取。当有特征矢量分布的先验知识来指导阈值 T 及初始中心 z_1 的选取时，可以获得较合理结果。距离阈值及初始类心对聚类的影响如图 5-16 所示。

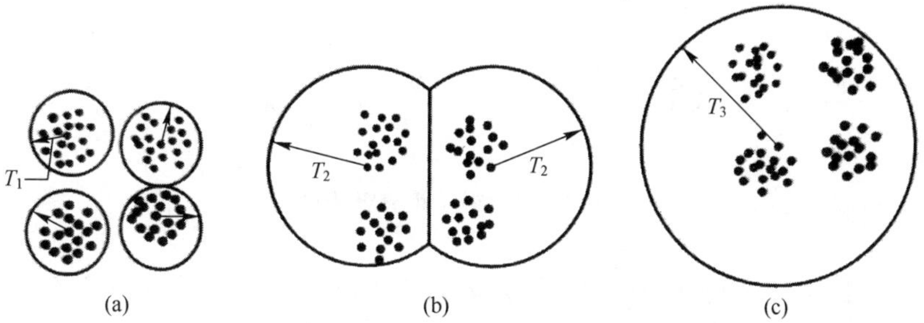

图 5-16　距离阈值及初始类心对聚类的影响

5）改进

通常采用试探法，选用不同的阈值及模式输入次序来试分类，并对聚类结果进行评估。例如，计算每一聚类中心与该类中最远样本点的距离或计算类内及类间方差，用这些结果指导 T 及 z_1 的重选，最后对各种方案的分划结果进行比较，选取最好的一种聚类结果。

2. 最大最小距离算法

1）条件及约定

设待分类的模式特征矢量集为 $\{x_1, x_2, \cdots, x_N\}$，选定比例系数 θ。

2）基本思想

在特征矢量集中以最大距离原则选取新的聚类中心，以最小距离原则进行模式归类。这种方法通常也使用欧氏距离。

图 5-17 给出了最大最小距离算法的一个示例，下面针对此例说明算法步骤。

3）算法原理步骤

（1）选任意特征矢量作为第一个聚类中心 z_1。例如，$z_1 = x_1$。

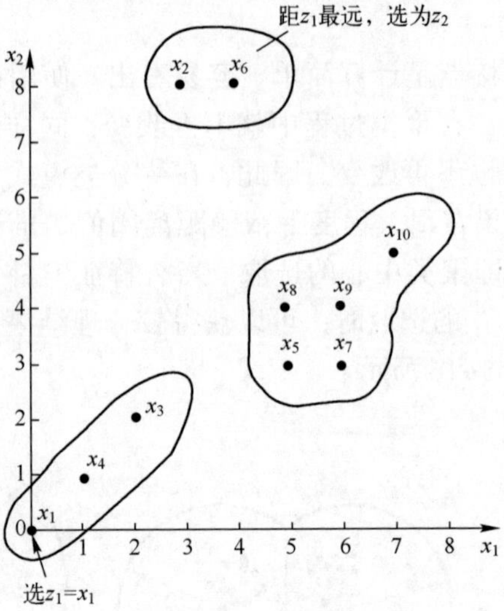

图 5-17　最大最小距离算法例示

（2）从待分类特征矢量集中选距离 z_1 最远的特征矢量作为第二个聚类中心 z_2。例如，图 5-17 中 $\|x_6-x_1\|$ 最大，取 $z_2=x_6$。

（3）计算未被作为聚类中心的各特征矢量 $\{x_i\}$ 与 z_1、z_2 之间的距离，并求出它们之中的最小值，即

$$d_{ij}=\|\boldsymbol{x}_i-z_j\| \quad (j=1,2)$$

$$d_i=\min[d_{i1},d_{i2}] \quad (j=1,2,\cdots,N) \tag{5-79}$$

为表述简洁，虽然某些模式已选做聚类中心，但上面仍将所有模式下标全部列写出来，这并不影响算法的正确性。

（4）若

$$d_l=\max_i[\min(d_{i1},d_{i2})]>\theta\|z_1-z_2\| \tag{5-80}$$

则相应的特征矢量 $\boldsymbol{x}_l$ 作为第三个聚类中心，$z_3=\boldsymbol{x}_l$。此例中 $z_3=x_7$。然后转至步骤（5）；否则，转至步骤（6）。

（5）设存在 k 个聚类中心，计算未被作为聚类中心的各特征矢量到各聚类中心的距离 d_{ij}，并算出

$$d_l=\max_i[\min[d_{i1},d_{i2},\cdots,d_{ik}]] \tag{5-81}$$

如果 $d_l>\theta\|z_1-z_2\|$，则 $z_{k+1}=\boldsymbol{x}_l$，并转至步骤（5）；否则，转至步骤（6）。

（6）当判断出不再有新的聚类中心之后，将特征矢量 $\{x_1,x_2,\cdots,x_N\}$ 按最小距离原则分到各类中去，即计算

$$d_{ij}=\|\boldsymbol{x}_i-z_j\| \quad (j=1,2,\cdots;i=1,2,\cdots,N) \tag{5-82}$$

当 $d_{il}=\min\limits_{j}[d_{ij}]$，则判 $\boldsymbol{x}_i \in \omega_l$。在此例中，$\{x_1,x_2,x_3\} \in \omega_1$，$z_1=x_1$；$\{x_2,x_6\} \in \omega_2$，$z_2=x_6$；$\{x_5,x_7,x_8,x_9,x_{10}\} \in \omega_3$，$z_3=x_7$。

这种算法的聚类结果与参数 θ 及第一个聚类中心的选取有关。如果没有先验知识指导 θ 和 z_1 的选取，则可适当调整 θ 和 z_1，比较多次试探分类结果，选取最合理的一种聚类。

5.5.3　谱系聚类法

谱系聚类法（hierarchical clustering method）又称系统聚类法、层次聚类法，是效果较好、经常使用的方法之一，国内外研究得较为深入，有不少成果。

1）条件及约定

设待分类的模式特征矢量为 $\{x_1,x_2,\cdots,x_N\}$，$G_i^{(k)}$ 表示第 k 次合并时的第 i 类。

2）基本思想

首先将 N 个模式视作各自成为一类，其次计算类与类之间的距离，选择距离最小的一个类对合并成一个新类，计算在新的类别分划下各类之间的距离，再将距离最近的两类合并，直至所有模式聚成两类。

3）算法步骤

（1）初始分类。令 $k=0$，每个模式自成一类，即 $G_i^{(0)}=\{x_i\}(i=1,2,\cdots,N)$。

（2）计算各类间的距离 D_{ij}，由此生成一个对称的距离矩阵 $\boldsymbol{D}^{(k)}=(D_{ij})_{m\times m}$，其中 m 为类的个数（初始时 $m=N$）。

（3）找出矩阵 $\boldsymbol{D}^{(k)}$ 中的最小元素，设它是 $G_i^{(k)}$ 和 $G_j^{(k)}$ 间的距离，将 $G_i^{(k)}$ 和 $G_j^{(k)}$ 两类合并成一类，于是产生新的聚类 $G_1^{(k+1)},G_2^{(k+1)},\cdots,G_m^{(k+1)}$，令 $k=k+1$，$m=m-1$。

（4）检查类的个数。如果类的个数 m 大于 2，转至步骤（2）；否则，停止。

谱系聚类过程可以表示成一个层次树，层次树是由树图表示的嵌套分类图，图 5-18 给出了一个例示。图 5-18（a）给出了样本集聚类的过程，图 5-18（b）表示聚类过程的树图，图 5-18（c）是过程的 Venn 图。

上述合并算法的特点是在聚类过程中类心不断地改变，某些模式一旦归为一类后就不再被分划开。在算法中，实际上是随各个聚类共有特征的逐渐减少而使各个聚类的规模逐步增大。

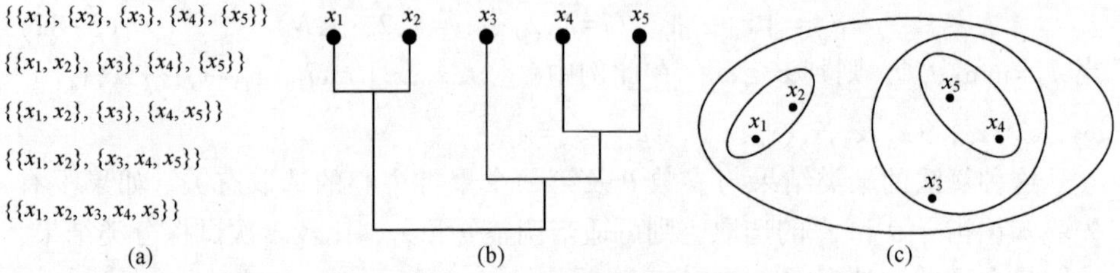

图 5-18　聚类层次及其相应的树图

下面考虑计算复杂度。对于给定的 N 个 n 维模式，要分成 c 类，若采用最近或最远距离，所有模式两两间的距离需要计算 $N\times(N-1)$ 次，每个距离需要 $O(n^2)$ 次运算，第一次合并要找出最近的两点，需要遍历所有可能的组合，有 $O[N(N-1)(n^2+1)]=O(N^2n^2)$ 次运算，在后续的合并中又有 $O[N(N-1)-m]$ 次运算，因而总的计算复杂度为 $O(cN^2n^2)$。

在谱系聚类法中，另一种算法和上述算法过程相反，利用离差平方和度量建立谱系聚类法的准则函数，依据类的离差平方和递推公式按 1 类至 N 类进行谱系分解，这种分裂算法的计算效率较上述的合并算法要低（除大多类特征是二值外），这里不再作介绍。

4）谱系聚类法中停止条件或类数的确定

上述算法给出了从 N 类至 2 类的聚类过程，在实际应用中没有必要产生所有的层次，可根据某些信息停止聚类过程。算法可将类间距离阈值 T 作为停止条件，当 $\boldsymbol{D}^{(k)}$ 中最小阵元大于 T 时，聚类过程停止；算法也可将预定的类别数目作为停止条件，在类别合并过程中，类数等于预定值时，聚类过程停止。如果没有距离阈值或类数 c 的先验知识，则可以采用下面的某个适当的方法确定。

（1）在聚类过程某个层次上，当各类类内较均匀，各类对之间的类间距离都比较相近时，可停止聚类。

（2）在某一层次上，若继续合并使当前层与合并后层的相似性差别非常大，表示已达最佳分划，则不再继续合并。

（3）在树图中，搜索生命周期长的聚类。类的生命周期定义为创建该类时所处的层次与将其并入另一类中的层次之差的绝对值（见图 5-19）。

（4）聚类数 c 的取值应使下式取最大值

$$\frac{\operatorname{tr}[S_B]}{\operatorname{tr}[S_W]}\left(\frac{N-c}{c-1}\right)$$

（5）对于各类 ω_i，定义类内相似性测度，如类内不相似性测度 h 可取

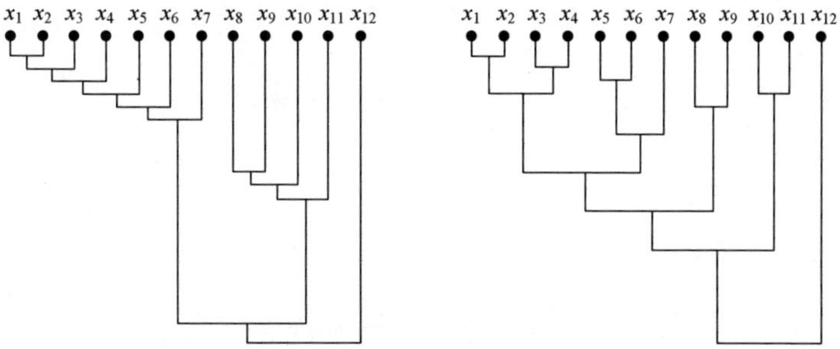

(a)　(b)

图 5-19　根据聚类的生命周期确定最佳类数示意图

（a）一个数据集中有两个主聚类时的树图；（b）一个数据集中有单聚类时的树图。

① $h_1(\omega_i)=\max[d(x,y)\mid x,y\in\omega_i]$

或

② $h_2(\omega_i)=\mathrm{med}[d(x,y)\mid x,y\in\omega_i]$

或

③ $h_3(\omega_i)=\dfrac{1}{2N_i}\sum\limits_{x,y\in\omega_i}d(x,y)$

式中：N_i 为 ω_i 中的元素个数。令 θ 是一个关于 h 的适当的阈值，在合并聚类过程中，如果存在某类 ω_i，使

$$h(\omega_i)>0$$

则算法停止，输出上一步的聚类结果。阈值 θ 可定义为

$$\theta=\mu+\lambda\sigma$$

式中：μ 为模式集中任两个模式间距离的平均；σ 为方差；参数 λ 是用户设定的，λ 的选定通常比直接选定 θ 更容易。

（6）如果每个类对间的不相似值 $D(\cdot)$ 比每类的类内不相似值 $h(\cdot)$ 要大，则停止，即若

$$D_{\min}(\omega_i,\omega_j)>\max[h(\omega_i),h(\omega_j)],\quad \forall\,\omega_i,\omega_j$$

则停止。

（7）类数 c 的改变对数据结构的描述改进已不大，则停止。当采用最优准则监视或指导聚类时，观察准则函数值 J 如何随 c 变化，并作出 J-c 关系曲线。如果准则函数取误差平方和 J_W，则 J_W 是 c 的单调递减函数，若该曲线有一个曲率变化最大的点 c^*，即在 $c\leqslant c^*$ 前，J_W-c 曲线下降较快，在 $c>c^*$ 后，J_W-c 曲线下降平缓（见图 5-20）。此时，算法的类数可以取 c^*（见图 5-22），因在 c 增加的过程中，总会出现比较密集的一些模式点被分划开，虽然 J_W-c

仍下降，但因被分划开的是较密集的点，故 J_W-c 下降变缓。

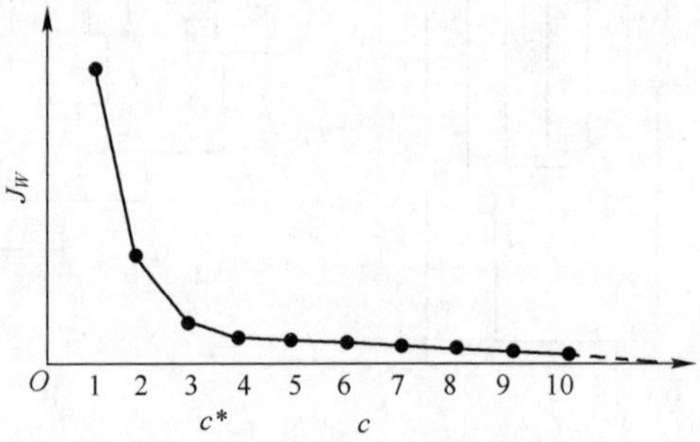

图 5-20　确定类数的一种实验方法示意图

(8) 运用假设检验方法，判断是否继续分裂（或合并）[7]。确定类别数目更正规的方法理论上可以运用 χ^2 统计量或柯-斯统计量检验假设与数据集分类结构的拟合程度，但通常是不便使用的。一个简化的方案是，看 $c+1$ 类的指标是否比 c 类指标有改善。首先有一个零假设 H_0：模式集共有 c 类，其次在 H_0 下计算 $J(c+1)$ 的概率密度，这个概率密度指当模式集确定是 c 类时，把它分成 $c+1$ 类后指标 J 是怎样分布的。对于实际观测到的 $J(c+1)$，如果 $J(c+1)$ 出现在可以接受的概率范围内，表示 $c+1$ 类比 c 类更可取，则可以接受 H_1：模式集是 $c+1$ 类。由于要准确计算 $J(c+1)$ 的概密是很困难的，只能进行一些必要的简化。下面给出一个例子：假设一个模式集 X 含 N 个样本，这里取误差平方和准则 J_W。首先作出零假设 H_0：所给的 N 个模式来自一个态母体 $N(\mu,\sigma^2 I)$，此时误差平方和准则函数：

$$J_W(1) = \sum_{x \in X} \| x - m \|^2$$

式中：m 表示数据集 X 的均矢。由于 $\{x\}$ 是随机的，所以 $J_W(1)$ 是一个随机变量，$J_W(1)$ 近似正态分布，其均值为 $nN\sigma^2$，方差为 $2nN\sigma^4$。假设将数据集 X 分成两类 X_1、X_2，此时

$$J_W(2) = \sum_{i=1}^{2} \sum_{x \in X_i} \| x - m_i \|^2$$

式中：m_i 表示 X_i 的均矢。易知 $J_W(2) < J_W(1)$。在 H_0 的假设下，根据 $J_W(2)$ 的分布，找出 $J_W(2)$ 小到什么程度才能使我们放弃 H_0 的假设。由于不能得到最优分划的解析解，也不能得到分布的解析解。假设有一个过模式集中心的超平面将其一分为二，得一个次优解来近似最优解。当 N 很大时，这样分划所对应的误差平方和 $J_W(2)$ 近似服从均值为 $N(n-2/\pi)\sigma^2$，方差为 $2N(n-8/\pi^2)\sigma^4$ 的正态分布，且 σ^2 的估计

$$\sigma^2 = \frac{1}{Nn}\sum_{x \in X} \| x - m \|^2 = \frac{1}{Nn}J_W(1)$$

H_0 假设按 $p\%$ 的显著性水平被推翻，只要满足

$$\frac{J_W(2)}{J_W(1)}<1-\frac{2}{\pi n}-\alpha\sqrt{\frac{2(1-8/(\pi^2 n))}{Nn}}$$

其中 α 由下式确定：

$$p = 100\int_{\alpha}^{\infty} \frac{1}{\sqrt{2\pi}}\mathrm{e}^{-u^2/2}\mathrm{d}u = 50[1 - \mathrm{erf}(\alpha/\sqrt{2})]$$

式中：erf(·)为标准误差函数。

上述方法提供了判断某类的分裂（或合并）的合理性，对一个 c 聚类问题，也可以对所有各类分别用上述的方法进行处理。

5.5.4　动态聚类法

5.5.2 节和 5.5.3 节中各算法的一个共同特点是，某个模式一旦分划到某一类之后，在后续的算法过程中就不改变了，而 5.5.2 节的算法中，类心一旦选定后，在后续算法过程中也不再改变，这类方法效果一般不会太理想。和上述各算法相对有一种动态聚类法（dynamic clustering algorithm）。动态聚类技术要点：

（1）确定模式和聚类的距离测度；

（2）建立评估聚类质量的准则函数；

（3）确定模式分划及聚类合并或分裂的规则和策略。

动态聚类算法的基本步骤：

（1）选取初始聚类中心及有关参数，进行初始聚类；

（2）计算模式和聚类的距离，调整模式的类别；

（3）计算各聚类的参数，删除、合并或分裂一些聚类；

（4）从初始聚类开始，运用迭代算法动态地改变模式的类别和聚类的中心，使准则函数取得极值或设定的参数达到设计要求时停止。

动态聚类原理框图如图 5-21 所示。

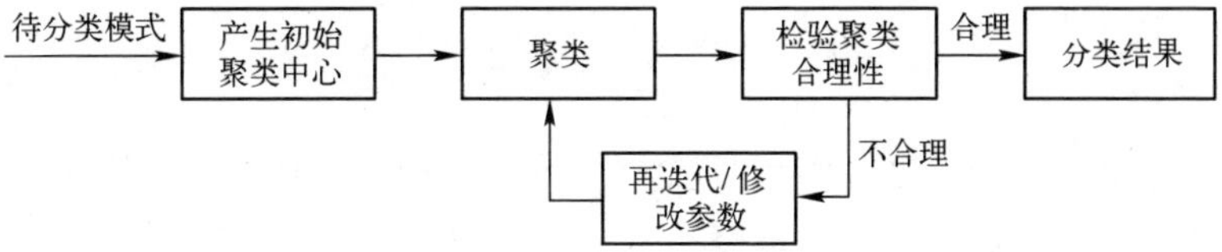

图 5-21　动态聚类原理框图

1. C-均值法（C-Means）

1）条件及约定

设待分类的模式特征矢量集为$\{x_1, x_2, \cdots, x_N\}$，类的数目$c$是事先取定的。

2）基本思想

该方法取定c个类别和选取c个初始聚类中心，按最小距离原则将各模式分配到c类中的某一类，之后不断地计算类心和调整各模式的类别，最终使各模式到其判属类别中心的距离平方之和最小。

3）算法步骤

（1）任选c个模式特征矢量作为初始聚类中心：$z_1^{(0)}, z_2^{(0)}, \cdots, z_c^{(0)}$，令$k=0$。

（2）将待分类的模式特征矢量集$\{x_i\}$中的模式逐个按最小距离原则分划给c类中的某一类，即

$$\begin{aligned}&\text{如果}\quad d_{il}^{(k)}=\min_j[d_{ij}^{(k)}]\quad (i=1,2,\cdots,N)\\&\text{则判}\quad \boldsymbol{x}_i\in\omega_l^{(k+1)}\end{aligned}\tag{5-83}$$

式中：$d_{ij}^{(k)}$为$\boldsymbol{x}_i$和$\omega_j^{(k)}$的中心$z_j^{(k)}$的距离；上标为迭代次数。于是产生新的聚类$\omega_j^{(k+1)}(j=1,2,\cdots,c)$。

（3）计算重新分类后各类的中心：

$$z_j^{(k+1)}=\frac{1}{n_j^{(k+1)}}\sum_{\boldsymbol{x}_i\in\omega_j^{(k+1)}}\boldsymbol{x}_i\quad (j=1,2,\cdots,c)\tag{5-84}$$

式中：$n_j^{(k+1)}$为$\omega_j^{(k+1)}$类中所含模式的个数。

因为这一步采取平均的方法计算调整后各类的中心，且定为c类，故称C-均值法。

（4）如果$z_j^{(k+1)}=z_j^{(k)}(j=1,2,\cdots,c)$，则结束；否则，$k=k+1$，转至步骤（2）。

4）收敛性分析

以欧氏距离为例，简单地分析该算法的收敛性。在上述算法中，虽然没有直接运用准则函数：

$$J^{(k)}=\sum_{j=1}^{c}\sum_{\boldsymbol{x}_i\in\omega_j^{(k)}}\|\boldsymbol{x}_i-z_j^{(k)}\|^2\tag{5-85}$$

进行分类，但在步骤（2）中根据式（5-83）进行模式分划可使$J^{(k)}$趋于变小。设某样本x_i从聚类ω_j移至聚类ω_k中，ω_j移出x_i后的集合记为$\widetilde{\omega}_j$，ω_k移入x_i后的集合记为$\widetilde{\omega}_k$。设ω_j和ω_k所含样本数分别为n_j和n_k，聚类ω_j、$\widetilde{\omega}_j$、

ω_k 和$\widetilde{\omega}_k$ 的均矢分别为 m_j、$\widetilde{m}_j$、m_k 和$\widetilde{m}_k$，显然有

$$\widetilde{m}_j = m_j - \frac{1}{n_j - 1}(x_i - m_j) \tag{5-86}$$

$$\widetilde{m}_k = m_j - \frac{1}{n_k - 1}(x_i - m_k) \tag{5-87}$$

而这两个新的聚类的类内欧氏距离（平方）$\widetilde{J}_j$ 和$\widetilde{J}_k$。与原来的两个聚类的类内欧氏距离（平方）J_j 和 J_k 的关系是

$$\widetilde{J}_j = J_j - \frac{n_j}{n_j - 1} \| x_i - m_j \|^2 \tag{5-88}$$

$$\widetilde{J}_k = J_k - \frac{n_k}{n_k - 1} \| \boldsymbol{x}_i - m_k \|^2 \tag{5-89}$$

当 $\boldsymbol{x}_i$ 距 m_k 比距 m_j 更近时，通常 J_j 的减少量比 J_k 的增加量要大，此时有

$$\frac{n_k}{n_k + 1} \| \boldsymbol{x}_i - m_k \|^2 < \frac{n_j}{n_j - 1} \| \boldsymbol{x}_i - m_j \|^2 \tag{5-90}$$

可使$\widetilde{J}_j + \widetilde{J}_k < J_j + J_k$，即将 $\boldsymbol{x}_i$ 分划给 ω_k 类可使 J 变小。这表明在分类过程中不断地计算新分划的各类的类心，并按最小距离原则归类可使 J 值减至极小值。

也可以式（5-90）作为判决一个样本分划给哪一类而建立逐个样本处理的 C-均值法。

5）性能

C-均值法是以确定的类数及选定的初始聚类中心为前提，使各模式到其所判属类别中心距离（平方）之和最小的最佳聚类。显然，该算法的分类结果受到取定的类别数目及聚类中心初始位置的影响，所以结果只是局部最优的。但其方法简单，结果一般尚令人满意，故应用较多。如模式分布呈现类内团聚状，该算法能得到很好的聚类结果。在实际应用中需试探不同的 c 值和选择不同的聚类中心初始值，以进一步达到更大范围的最优结果。上述算法的特点是所有待分类模式按最小距离原则分划类别之后再计算各类的中心，被称为批修改法；另一种方法是每向算法输入一个模式后就将它进行分类，并计算该模式所进入和离开的类的类心，被称为逐个修改法，这种方法要受模式读入次序的影响。逐个修改和按批修改方式的动态聚类法的收敛性已于 1967 年和 1974 年分别给出了严格证明。

C-均值法的计算复杂度是 $O(\mathrm{Nnc}T)$，其中 T 为迭代次数。

一般来讲，当实际上各类的概率密度函数之间重叠很小时，非监督的 C-均值法得到的结果会与最大似然方法的结果大致一样，因为 C-均值法是一种在对数似然函数空间上的随机爬山法。

6）改进

针对前述影响分类效果的一些因素做如下改进。

（1）类数 c 的调整。

一种方法是利用问题的先验知识分析选取合理的聚类数。

在类数未知的情况下运用 C-均值法时，可让类数 c 从较小的值开始逐步增加，在这个过程中，对于每个选定的 c 值都分别运用该算法。显然准则函数 J 随 c 的增加而单调减小，在 c 增加过程中，总会出现使较密集的一些模式点被分划开的情况，此时 J 虽减小，但减小速度将变缓（见图 5-20），如果作一条 J-c 曲线，其曲率变化最大的点对应的类数是比较接近从模式几何分布上来看最优的类数。然而在许多情况下，曲线并无这样明显的点，此时可采取其他方法，也可以采用类似于谱系聚类法中的假设检验方法及其他方法确定类数。

（2）初始聚类中心的选取。

初始聚类中心可按以下几种方法之一选取。

① 凭经验选择初始类心。

② 将模式随机地分成 c 类，计算每类中心，以其作为初始类心。

③ 求以每个特征点为球心、某一正数 r 为半径的球形域中特征点个数，这个数称为该点的密度。选取密度最大的特征点作为第一个初始类心 $z_1^{(0)}$，然后在与 $z_1^{(0)}$ 大于某个距离 d 的那些特征点中选取具有最大密度的特征点作为第二个初始类心 $z_2^{(0)}$，以此类推，选取 c 个初始聚类中心。

④ 用相距最远的 c 个特征点作为初始类心。具体地讲，是按前述的最大最小距离算法求取 c 个初始聚类中心。

⑤ 当 N 较大时，先随机从 N 个模式中取出一部分模式用谱系聚类法聚成 c 类，以每类的重心作为初始类心。

⑥ 由 $c-1$ 类问题得出 $c-1$ 个类心，再找出一个最远点。

⑦ 根据归一化模值大小进行初始分类。设已标准化的待分类模式集为 $\{x_1, x_2, \cdots, x_N\}$，令模式 $\boldsymbol{x}_i = (x_{1i}, x_{2i}, \cdots, x_{Ni})^{\mathrm{T}}$，将矢量化为标量，为此定义

$$\mathrm{sum}(i) = \sum_{k=1}^{n} x_{ki} \tag{5-91}$$

且令

$$\mathrm{MA} = \max_i [\mathrm{sum}(i)] \tag{5-92}$$

$$\mathrm{MI} = \min_i [\mathrm{sum}(i)] \tag{5-93}$$

计算

$$a_i=\frac{(c-1)[\mathrm{sum}(i)-\mathrm{MI}]}{\mathrm{MA}-\mathrm{MI}}+1\quad(i=1,2,\cdots,N)\tag{5-94}$$

显然 $1\leqslant a_i\leqslant c$，若 a_i 最接近整数 j，则把 $\boldsymbol{x}_i$ 划至 ω_j 中。对所有样本都实行上述处理，即可实现初始分类，从而产生初始聚类中心。

（3）用类核代替类心。

前述算法存在的明显不足是，只用一个聚类中心点作为一类的代表，一个点往往不能充分地反映出该类的模式分布结构，从而损失很多有用的信息。当类的分布是球状或近似球状时，算法尚能有较好的效果，然而对于其他一些模式分布结构，如图 5-22（a）所示的那种各分量方差不等的正态分布而两类的主轴和类心又如图中所示的情况，分类效果就不甚理想，A 点根据概率密度应属于 ω_1 类，但由于其距 ω_2 类的均矢更近，按前述算法则被指判到 ω_2 类。如果已知各类模式分布的某些知识，则可以利用它们指导聚类。为此，用一个类核函数 $K_j=K(\boldsymbol{x},V_j)$ 表示类 ω_j 的模式分布情况，其中 V_j 为关于 ω_j 的一个参数集，$\boldsymbol{x}$ 为 n 维空间中的特征矢量，K_j 为一个函数、一个点集或其他适当的模型。为度量待识模式 x 和 ω_j 类的接近程度，还应规定一个模式特征矢量 $\boldsymbol{x}$ 到类核 K_j 的距离 $d^2(\boldsymbol{x},K_j)$。实际上，马氏距离就是核函数距离的一种简化。

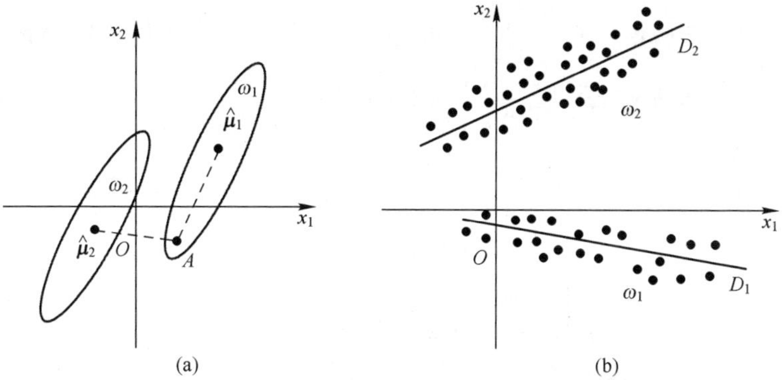

图 5-22　适用于核函数表示的模式分布的示例

（a）各分量方差不等的正态分布；（b）沿主轴分布。

当已知某类的分布近似为正态分布时，可以用以这类样本统计估计值为参数的正态分布函数作为核函数，即

$$K_j(\boldsymbol{x},V_j)=\frac{1}{(2\pi)^{n/2}|\hat{E}_j|^{1/2}}\exp\left[-\frac{1}{2}(\boldsymbol{x}-\hat{\boldsymbol{\mu}}_j)^{\mathrm{T}}\hat{E}_j^{-1}(\boldsymbol{x}-\hat{\boldsymbol{\mu}}_j)\right]\tag{5-95}$$

式中

$$V_j = \{\hat{\boldsymbol{\mu}}_j, \hat{E}_j\}, \quad \hat{\boldsymbol{\mu}}_j = \frac{1}{n_j}\sum_{x_i \in w_j} x_i, \quad \hat{E}_j = \frac{1}{n_j - 1}\sum_{x_i \in w_j}(x_i - \hat{\boldsymbol{\mu}}_j)(x_i - \hat{\boldsymbol{\mu}}_j)^{\mathrm{T}}$$

式中：x_i 和 n_j 分别为参与参数估计的该类样本及其数目。从而模式 $\boldsymbol{x}$ 与该类的距离为

$$d_N^2(\boldsymbol{x}, K_j) = \frac{1}{2}(\boldsymbol{x} - \hat{\boldsymbol{\mu}}_j)^{\mathrm{T}} \hat{E}_j^{-1} (\boldsymbol{x} - \hat{\boldsymbol{\mu}}_j) + \frac{1}{2}\ln|\hat{E}_j| \tag{5-96}$$

实际上，$-d_N^2(\boldsymbol{x}, K_j)$ 是前面讨论的最小误判概率准则下先验概率相同时的判决函数。

当已知各类样本分别在相应的主轴附近分布时［见图 5-22（b）］，可以定义主轴核函数

$$K_j(\boldsymbol{x}, V_j) = \boldsymbol{U}_j^{\mathrm{T}} \boldsymbol{x} \tag{5-97}$$

式中：$\boldsymbol{U}_j = (u_1, u_2, \cdots, u_{m_j})$ 为 ω_j 类的样本协方差矩阵 $\hat{\boldsymbol{E}}_j$ 的 m_j 个最大特征值所对应的已规格化的特征矢量作成的矩阵，即 $\boldsymbol{U}_j$ 是样本协方差矩阵 $\hat{\boldsymbol{E}}_j$ 给出的部分主轴系统。$\boldsymbol{u}_i(i=1,2,\cdots,m_j)$ 给出了样本分布的主轴 $\boldsymbol{u}_i$ 的方向（散布的情况由特征值反映出来），$\boldsymbol{u}_i$ 为 $\boldsymbol{u}_i$ 轴上的单位矢量。设 $\hat{\boldsymbol{\mu}}_j$ 是 ω_j 类样本均值矢量，求点 $\boldsymbol{x}$ 和轴 $\boldsymbol{u}_i$ 的距离如图 5-23 所示。模式 $\boldsymbol{x}$ 和 ω_j 类间的距离平方可用 $\boldsymbol{x}$ 和该类主轴间的欧氏距离平方来度量

$$\begin{aligned} d_L^2(\boldsymbol{x}, K_j) &= [(\boldsymbol{x} - \hat{\boldsymbol{\mu}}_j) - \boldsymbol{U}_j\boldsymbol{U}_j^{\mathrm{T}}(\boldsymbol{x} - \hat{\boldsymbol{\mu}}_j)]^{\mathrm{T}}[(\boldsymbol{x} - \hat{\boldsymbol{\mu}}_j) - \boldsymbol{U}_j\boldsymbol{U}_j^{\mathrm{T}}(\boldsymbol{x} - \hat{\boldsymbol{\mu}}_j)] \\ &= \|\boldsymbol{x} - \hat{\boldsymbol{\mu}}_j\|^2 - \sum_{i=1}^{m_j}[(\boldsymbol{x} - \hat{\boldsymbol{\mu}}_j)^{\mathrm{T}}\boldsymbol{u}_i]^2 \end{aligned} \tag{5-98}$$

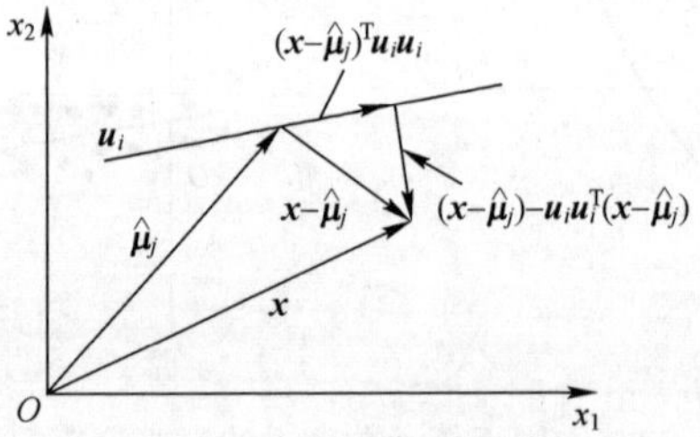

图 5-23 求与主轴距离

2. 改进的 C-均值法

基于核函数技术的一种改进的 C-均值法，其分类性能要好于通常计算模式到类的距离时采用模式到类心欧氏距离或马氏距离的 C-均值法。

由于 C-均值法已作过详细介绍，这种改进的 C-均值法只简单表述如下：

（1）对给定的待分类模式集 $\{x_1, x_2, \cdots, x_N\}$ 进行初始分划产生 c 类；

（2）计算各聚类 ω_j 所含模式数 n_j、均值矢量 $\boldsymbol{\mu}_j$ 和协方差矩阵 $\boldsymbol{\Sigma}_j$；

（3）将各模式 x_j 按最小距离原则分划到某一聚类中。计算模式 $\boldsymbol{x}$ 到 ω_j 的距离

$$d(\boldsymbol{x},\omega_j)=\ln|\Sigma_j|+(\boldsymbol{x}-\boldsymbol{\mu}_j)^{\mathrm{T}}\boldsymbol{\Sigma}_j^{-1}(\boldsymbol{x}-\boldsymbol{\mu}_j)-2\ln\frac{n_j}{N} \tag{5-99}$$

如果　$d(\boldsymbol{x},\omega_k)=\min\limits_j[d(\boldsymbol{x},\omega_j)]$

则判　$\boldsymbol{x}\in\omega_k$

（4）如果没有模式改变其类别，则停止算法；否则转至步骤（2）。

这里采用了最小误判概率准则下正态分布情况的判决规则，$-d(\boldsymbol{x},\omega_j)$ 为贝叶斯判决函数。

3. 迭代自组织数据分析算法

迭代自组织数据分析算法（iterative self-organizing data analysis techniques algorithm，ISODATA）具有启发性推理、分析监督、控制聚类结构及人机交互等特点，是较好的聚类方法之一。

1）条件及约定

设待分类的模式特征矢量为$\{x_1,x_2,\cdots,x_N\}$，算法运行前需设定 7 个初始参数。

2）算法思想

在每轮迭代过程中，样本重新调整类别之后计算类内及类间有关参数，并和设定的阈值比较，确定是两类合并为一类还是一类分裂为两类，不断地“自组织”，以达到在各参数满足设计要求条件下，使各模式到其类心的距离平方和最小。

3）算法原理步骤

（1）预置参数。

① 设定聚类分析控制参数：

c=预期的类数；

N_c=初始聚类中心个数（可以不等于 c）；

θ_n=每类中允许的最少模式数目（若少于此数就不能单独成为一类）；

θ_s=类内各分量分布距离标准差上限（大于此数就分裂）；

θ_D=两类中心间最小距离下限（若小于此数，这两类应合并）；

L=在每次迭代中可以合并的类的最多对数；

I=允许的最多迭代次数。

② 将待分类的模式特征矢量$\{x_1,x_2,\cdots,x_N\}$读入。

③ 选定初始聚类中心，可从待分类的模式特征矢量集$\{x_i\}$中任选 N_c 个模式特征矢量作为初始聚类中心 $z_j(j=1,2,\cdots,N_c)$。

(2) 按最小距离原则将模式特征矢量集$\{x_i\}$中每个模式分到某一类中，即

如果
$$d_{il}=\min_j \| x_i-z_j \| \quad (i=1,2,\cdots,N) \tag{5-100}$$
则判
$$x_i \in \omega_l$$
式中：d_{il}为 x_i 与类 ω_l 的中心 z_l 之间的距离。

(3) 依据 θ_n 判断是否合并。如果类 ω_j 中样本数 $n_j<\theta_n$，则取消该类的中心 z_j，$N_c=N_c-1$，转至步骤（2）。

(4) 计算分类后的参数：各类中心、类内平均距离及总体平均距离。

① 计算各类的中心

$$z_j=\frac{1}{n_j}\sum_{x_i\in\omega_j}x_i \quad (j=1,2,\cdots,N_c) \tag{5-101}$$

② 计算各类模式到类心的平均距离

$$\bar{d}_j=\frac{1}{n_j}\sum_{x_i\in\omega_j}\| x_i-z_j \| \quad (j=1,2,\cdots,N_c) \tag{5-102}$$

③ 计算各个模式到其类内中心的总体平均距离

$$\bar{d}=\frac{1}{N}\sum_{j=1}^{N_c}n_j\bar{d}_j \tag{5-103}$$

(5) 依据迭代次数 I_p、N_c 判断停止、分裂或合并。

① 若迭代次数 $I_p=I$，则置 $\theta_D=0$，转至步骤（9）；否则转下。

② 若 $N_c\leqslant\frac{c}{2}$，则转至步骤（6）（将一些类分裂）；否则转至以下步骤。

③ 若 $N_c\geqslant 2c$，（则跳过分裂处理）转至步骤（9），否则转至以下步骤。

④ 若$\frac{c}{2}<N_c<2c$，当迭代次数 I_p 是奇数时转至步骤（6）（分裂处理）；当迭代次数 I_p 是偶数时转至步骤（9）（合并处理）。

(6) 计算各类类内距离的标准差矢量

$$\boldsymbol{\sigma}_j=(\sigma_{1j},\sigma_{2j},\cdots,\sigma_{nj})^{\mathrm{T}} \quad (j=1,2,\cdots,N_c) \tag{5-104}$$

其各分量

$$\boldsymbol{\sigma}_{kj}=\left[\frac{1}{n_j}\sum_{x_i\in\omega_j}(x_{ki}-z_{kj})^2\right]^{\frac{1}{2}} \quad (k=1,2,\cdots,n;j=1,2,\cdots,N_c) \tag{5-105}$$

式中：k 为分量编号；j 为类的编号；n 为矢量维数；x_{ki} 为 x_i 的第 k 个分量；

z_{kj}为z_j的第k个分量。

（7）求出每一聚类类内距离标准差矢量$\boldsymbol{\sigma}_j$中的最大分量$\sigma_{j\max}$

$$\sigma_{j\max}=\max_k[\sigma_{kj}]\quad(j=1,2,\cdots,N_c)\qquad(5-106)$$

（8）在$\{\sigma_{j\max}\}$中，若有某$\sigma_{j\max}>\theta_s$，同$\sigma_{j\max}>\theta_s$又满足以下两个条件之一：

① $\bar{d}_j>\bar{d}$和$n_j>2(\theta_n+1)$

② $N_c\leqslant\dfrac{c}{2}$

则将该类ω_j分裂为两个聚类，原z_j取消且令$N_c=N_c+1$。这两个新类的中心z_j^+和z_j^-分别是在原z_j中相应于$\sigma_{j\max}$的分量加上和减去$k\sigma_{j\max}$，而其他分量不变，其中$0<k\leqslant1$，k的选取应使z_j^+和z_j^-仍在ω_j的类域中且其他类$\omega_i(i\neq j)$的模式到z_j^+和z_j^-距离较远，而原ω_j类中的模式和它们距离较小。分裂后，$I_p=I_{p+1}$，转至步骤（2），否则转至以下步骤。

（9）计算各类对中心间的距离

$$D_{ij}=\|z_i-z_j\|\quad(i=1,2,\cdots,N_c-1;j=i+1,i+2,\cdots,N_c)\qquad(5-107)$$

（10）依据θ_D判断合并

将D_{ij}与θ_D比较，并将小于θ_D的那些D_{ij}按递增次序排列，取前L个，$D_{i_1j_1}<D_{i_2j_2}<\cdots<D_{i_Lj_L}$。从最小的$D_{ij}$开始，将相应的两类合并。若原来的两个类心为$z_i$和$z_j$，则合并后的聚类中心为

$$z_l=\frac{1}{n_i+n_j}[n_iz_i+n_jz_j]\quad(l=1,2,\cdots,L)\qquad(5-108)$$

N_c等于N_c减去已合并的类数。在一次迭代中，某一类最多只能被合并一次。

（11）如果迭代次数$I_p=I$次或过程收敛，则结束。否则，$I_p=I_{p+1}$，若不改变参数，则转至步骤（2）；若需要调整参数，则转至步骤（1）。

该算法的合并和分裂的条件归纳如下：

① 合并条件。

$$(\text{类内样本数}<\theta_n)\vee(\text{类的数目}\geqslant2c)\wedge(\text{两类间中心距离}<\theta_D)$$

② 分裂条件。

$$\left(\text{类的数目}\leqslant\frac{c}{2}\right)\wedge(\text{类的某分量标准差}>\theta_s)$$
$$\wedge\left\{(\bar{d}_j>\bar{d})\wedge[n_j>2(\theta_n+1)]\vee\left(N_c\leqslant\frac{c}{2}\right)\right\}$$

式中：$\vee$为“或”的关系；$\wedge$为“与”的关系。如果类的数目N_c有$\dfrac{c}{2}<N_c<$

2c，当 I_p 为奇数时考虑分裂，当 I_p 为偶数时考虑合并，以使机会均等。它们应分别与“类数条件”“或”后加入上述合并、分裂条件中。

由上述合并与分裂的判断条件可以看出，算法初设的 7 个参数存在一定的相互制约，选取不当，会存在冲突，此时需要修改参数。

小　结

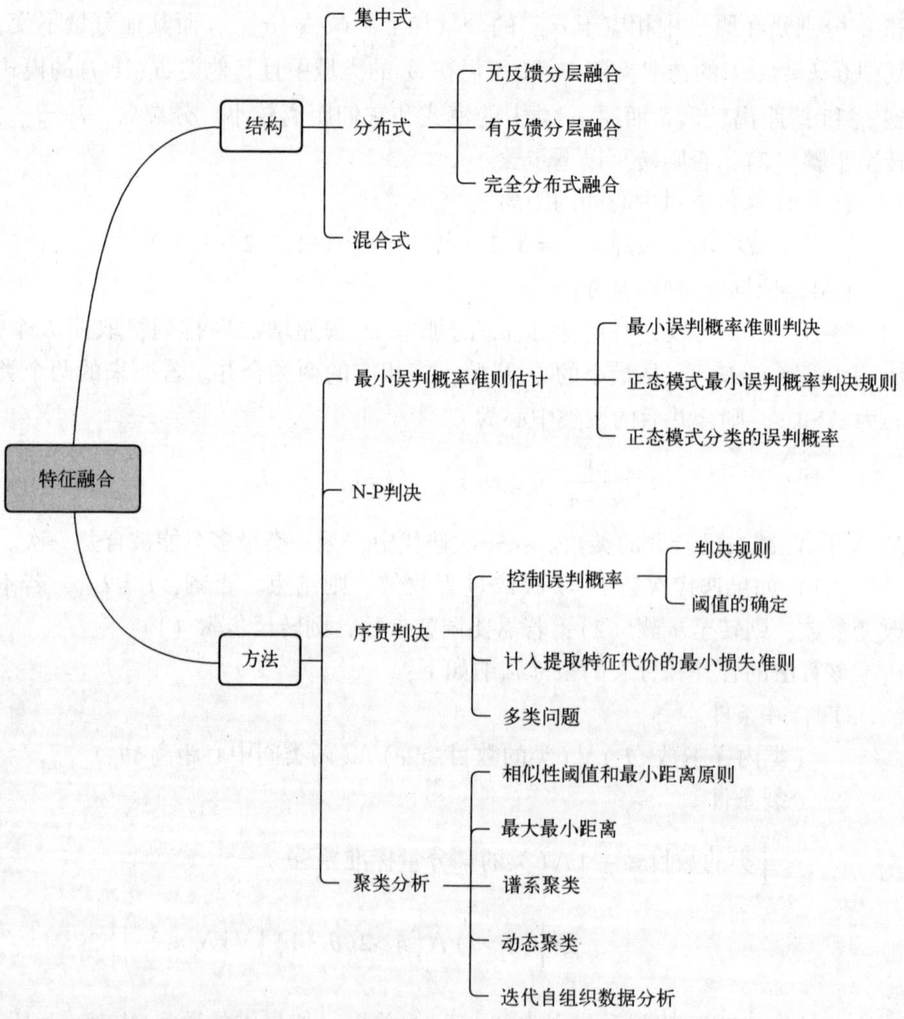

习　题

1. 目前常见的融合算法按融合结构分为哪几种？阐述其优缺点。

2. 对于一个一维两类问题，考虑采用下列判决规则：如果 $x>\theta$，则判其属于 ω_1，否则判其属于 ω_2。

（1）证明此规则下的误判概率为

$$P(e)=P(\omega_1)\int_{-\infty}^{\theta}p(x\mid\omega_1)\mathrm{d}x+P(\omega_2)\int_{\theta}^{\infty}p(x\mid\omega_2)\mathrm{d}x$$

（2）通过微分运算，证明最小化 $P(e)$ 的一个必要条件是 θ 满足

$$p(\theta\mid\omega_1)P(\omega_1)=p(\theta\mid\omega_2)P(\omega_2)$$

（3）此式可以唯一确定 θ 吗？

3. 考虑一维两类问题。设各类正态分布 $p(\boldsymbol{x}\mid\omega_i)\sim N(\boldsymbol{\mu}_i,\sigma_i^2)$，且 $P(\omega_i)=1/2(i=1,2)$，设 $\boldsymbol{\mu}_2>\boldsymbol{\mu}_1$，运用 N-P 准则判决。

（1）假设当一样本数据实属 ω_1，却被认为是 ω_2 时的最大可接受的误判概率为 ε_{12}，试确定判决边界点。

（2）对于此边界点，将实属 ω_2 错分为 ω_1 的误判概率是多少？

（3）总误判概率是多少？

4. 现有样本集 $\boldsymbol{X}=\{(0,0)^{\mathrm{T}},(0,1)^{\mathrm{T}},(4,4)^{\mathrm{T}},(4,5)^{\mathrm{T}},(5,4)^{\mathrm{T}},(5,5)^{\mathrm{T}},(1,0)^{\mathrm{T}}\}$，使用最大最小距离聚类算法进行聚类分析。

5. 对习题 4 中的样本集 $\boldsymbol{X}$，试用 C-均值算法进行聚类分析（$c=2$）。

6. 对习题 4 中的样本集 $\boldsymbol{X}$，试用 ISODATA 算法进行聚类分析。

参考文献

[1] 边肇祺，等．模式识别［M］．北京：清华大学出版社，2000.

[2] 孙即祥．现代模式识别［M］．2 版．北京：高等教育出版社，2008.

[3] Mutambara A G O. Decentralized Estimation and Control for Multisensor Systems [M]. New York：CRC Press，1998.

[4] Hall D L. Mathematical Techniques in Multisensor Data Fusion [M]. Norwood, MA: Artech House, 1992.
[5] 刘同明, 夏祖勋, 解洪成. 数据融合技术及应用 [M]. 北京: 国防工业出版社, 1998.
[6] 何友, 王国宏, 陆大金, 等. 多传感器信息融合及应用 [M]. 北京: 电子工业出版社, 2000.
[7] Duda R O, Hart P E, Stork D G. Pattern Classification [M]. New York: John Wiley & Sons, 2001.

第6章　决策级融合

信息融合在不同的研究领域采用不同的表现形式和实现方法。通常来讲，大多数的融合问题都是针对同一层次上的信息进行研究的。因此，信息融合从分类上可分为信号级融合、特征级和决策级融合。对于图像处理而言，有时也可从图像信息处理的不同阶段来进行划分，对应的三个层次分别为像素级、特征级和决策级融合。对于海空电子目标观测领域，信息融合对应的三个层次则分别称为信号级、点迹级和判定级融合[1]。图 6-1 给出了信息融合三个层次的基本结构。

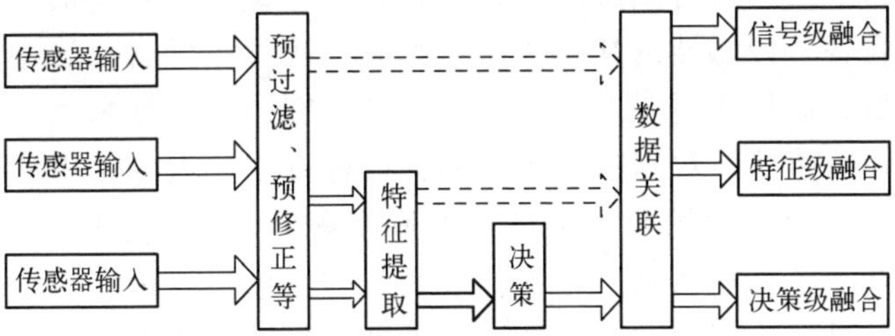

图 6-1　信息融合三个层次的基本结构

信号级融合，就是对数据进行的直接融合，通常该层次上的数据未经过处理或者经过了简单的预处理。信号级融合主要用于解决目标的发现、定位、跟踪和预测等问题，在图像应用上，则主要用于多源图像复合、图像分析与理解等方面，并且对数据传输带宽及数据间的配准精度都有较高的要求。根据从各传感器中获得的初始信息中提取有用的特征信息，并对提取出的特征信息进行解析，这样的融合处理过程称为特征级融合。特征级融合通常可分为目标状态融合和目标属性融合。目标状态融合：跟踪重点是对目标状态的跟踪，如目标的航迹、位置等。我们之所以把它归属在信号级融合，是因为在进行融合时，利用的是传感器的数据。目标属性融合：主要用于目标类别判定，也即分类识别问题。特征级融合最为关键的特点是融合处理算法的输入信息是经过预处理和特征提取后的特征矢量，主要用于解决目标识别问题。对于待识别目标，单个特征所能表达的特征信息较为单一，相比而言，多个特征能够很好地进行互补并提供更多的特征信息。因此，对于多维特征进行融合后的特征矢量在某种程度上的识别性能更优，特征级融合原理如图 6-2 所示。

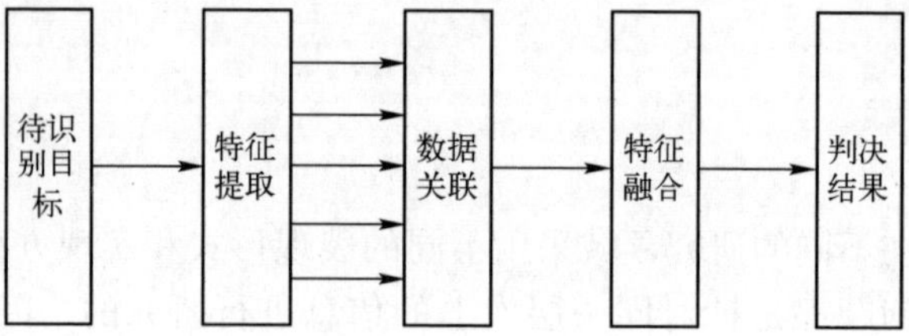

图 6-2　特征级融合原理

决策级融合是高层次的融合，其融合原理如图 6-3 所示。融合处理前，首先对从各个传感器获得的数据分别进行预处理、特征提取、识别或判决，建立对同一目标的初步判决和结论；其次对来自各个传感器的决策进行融合处理从而获得最终的联合判决。决策级融合是直接针对具体的决策目标，充分利用了来自各个传感器的初步决策，因此在决策级融合算法中，对数据预处理要求很低，在某些情况下甚至无须考虑，因为其数据来源已经是局部决策了。由于对传感器的数据进行了浓缩，这种方法产生的结果相对而言最不准确，但它对通信带宽的要求最低。决策级融合涉及的应用场景比较广泛，它不但研究在哪儿、要去哪、是谁，还要研究目标将要做什么、如何反制它等问题，目的是解决目标趋势问题，包括威胁判断、态势评估等，常用于指挥系统。

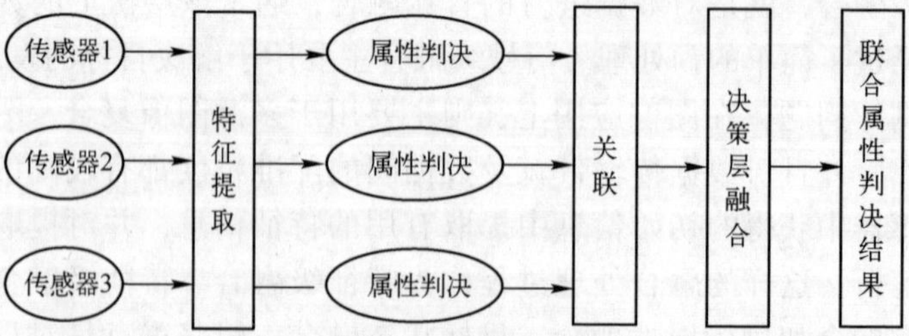

图 6-3　决策级融合原理

从上述各融合处理层次划分及应用场景上来看，无论是信号级、特征级还是决策级融合均会涉及目标决策问题，但目标识别问题更多情况下出现在特征级和决策级融合中。也就是说，从应用场景角度来说，研究决策融合问题，重点是需要通过融合处理算法，建立起对目标属性和目标归属更为稳健的判决。在进行决策融合研究时，会遇到大量的不确定性问题，如不确定的证据变量、不确定的先验知识、不确定的推理规则及最终导致的不确定的判决结果等。因此，本节接下来将先介绍不确定性原理知识，然后分别介绍常用于决策融合应用中的几类典型算法。当然，从信息融合层次上来说，这些算法也是特征级融合和决策级融合中常用的方法。

6.1　不确定性原理

首先，我们给出一个典型的判定树[2]，如图 6-4 所示。

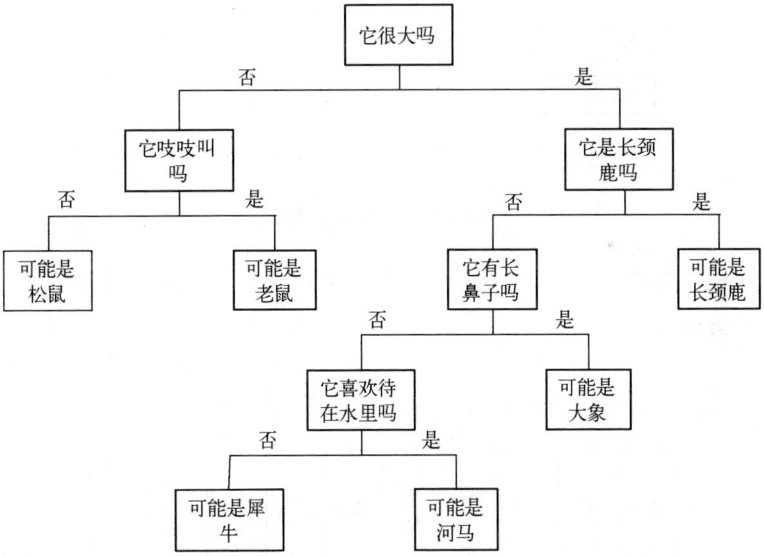

图 6-4　典型的判定树

不确定性是一个非常宽泛的术语，可以理解为缺少足够的信息来作出判断。日常生活中存在着大量的不确定性实例。例如：美国 2050 年的国防预算将是多少？信息不完全导致不确定；苏联 1987 年的国防预算是多少？信息来源不一致导致不确定；“这条河很宽”的确切意思是什么呢？语言表述不准确导致不确定；俄亥俄河的流速是多少？所描述的内容或对象有变化导致不确定；等等。不确定性不是一种好的现象，如果不加以重视和处理，可能会导致严重的后果。在医学上，不确定性使医生不能发现最好的疗法，甚至采用不正确的疗法；在经济上，不确定性可导致经济损失而不是获利；在军事上，小则导致误伤，大则影响整个战局。

从专家系统角度来说，不确定性就意味着有误差。误差来源多种多样，图 6-5 有助于帮助理解各类误差。

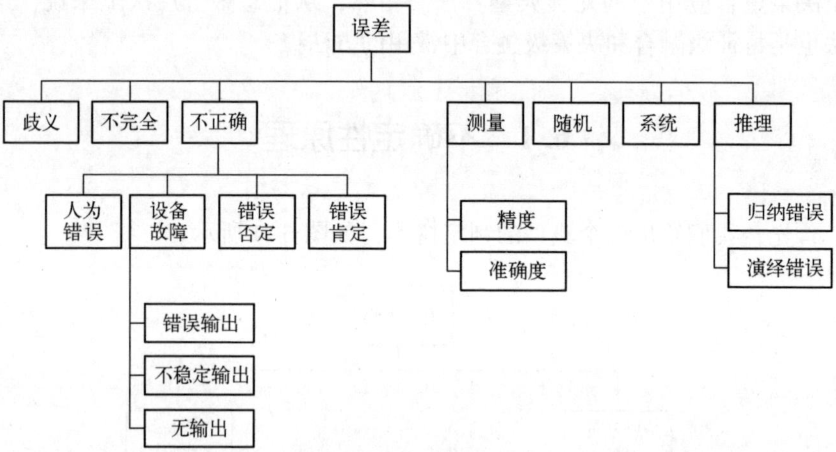

图 6-5　典型误差现象

推理是人类的思维过程，是从已知事实出发，通过运用相关的知识逐步推出某个结论的过程。推理有两个要素：证据和知识。证据又称事实，用以指出推理的出发点及推理时应使用的知识；知识是推理得以向前推进并逐步达成最终目标的依据。推理过程可导出新知识或信息。

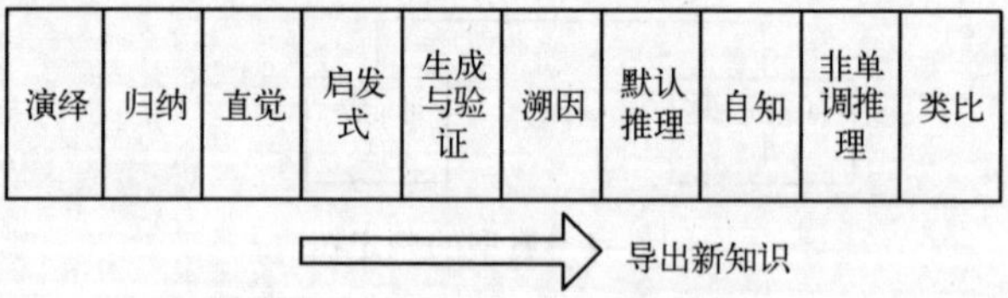

图 6-6　常见的推理方法和过程

不确定推理就是从不确定性初始证据出发，通过运用不确定性知识，最终推出具有一定程度的不确定性却合理或者近乎合理的结论的思维过程。它与精确推理恰好相悖，其面临的现实情况是事实的不精确和知识的不确定性。

不确定性推理反映了知识不确定性的动态积累和传递过程，推理的每步都需要综合证据和规则的不确定性因素。决策级融合中充满不确定性，主要体现在四个方面：不确定的证据变量、不确定的先验知识、不确定的推理规则及不确定的决策结果。

以“空中出现一不明飞行器”为例，分别对这几个概念进行解释。

对于不确定的证据变量，“空中出现一不明飞行器”这一事件就是一条证据，但该证据存在不确定性，因为不明飞行器的出现本身就是一个概率。同一地方，发生武装暴乱前后出现不明飞行器的概率会比较高，而日常局势稳定期间出现不明飞行器的概率则比较低。显然，这是一种不确定性事件，但同时必须承认的是这种事件发生的概率不同，而且随时间和外界环境的变化，发生概率也会变化。证据的来源主要有两个方面：初始证据和前期推导的结论。

对于不确定的先验知识，“空中出现一不明飞行器”是有多种可能的，从平时统计的结果来看，出现民用飞机、地面攻击机、预警机、侦察机的概率有多大？这个值即先验知识，可通过日常的统计积累得到。同样地，先验知识也会随着时间的推移发生变化。比如，在这片空域中，最近两个月总会时不时地发生一些局部军事行动，那么出现预警机或侦察机的概率就会明显提升。

对于不确定的推理规则，它描述的是从证据到原因（先验知识）的推理准则是什么。例如，“空中出现一不明飞行器”，专家是依照什么准则来推断出它到底是民用飞机、攻击机还预警机呢？这个规则具有明显的不确定性，每个专家都有自己的推理判断方法，这种方法是主观的、不确定的。正是由于这种不确定性，才导致专家的判决结果可能不相符，甚至完全相悖，但这种推理规则也会发生变化。

证据变量、先验知识和推理规则的不确定，最终也导致决策结果的不确定。不确定推理反映了知识不确定性的动态积累和传播过程，推理的每一步都需要综合证据和规则的不确定性因素，图 6-7 就给出了各种不确定性的关联。

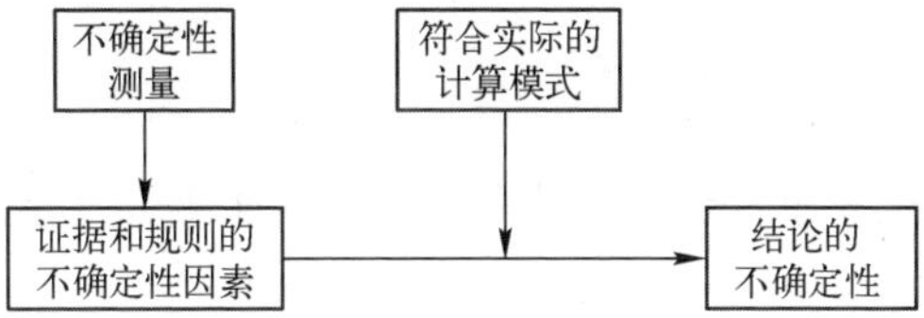

图 6-7　各种不确定性的关联

需要强调的是无论是先验知识、证据，还是推理规则都会随着时间、事件的推移发生变化。特别是推理规则的不确定，也导致传统的概率论知识无法应用。无法确定概率密度函数 f，也就无法求解出后验概率、转移概率等。既然很多不确定性的问题无法用准确的概率方法来描述，那么用不确定性的推理来解决我们的决策级融合问题则显得尤为重要。典型使用的不确定推理方法有很多。按照模型方法将不确定性推理方法分为数值法和非数值法，模型方法是指在推理一级上扩展不确定性推理的方法。它的特点是把不确定性证据和不确定的知识分别与某种度量标准对应起来，并且给出更新结论的不确定性算法。数值法包括概率论的方法、可信度方法、主观贝叶斯法、D-S证据理论、模糊集合的方法；非数值法主要包括古典逻辑方法和非单调推理方法。在利用各种推理方法消除不确定因素的过程中，需要决策领域中引起不确定性的某些特征及相应的控制策略来限制或减少不确定性对系统的影响，没有统一模式，依赖于控制策略。本书接下来陆续介绍主观贝叶斯估计、D-S证据理论和模糊集合方法原理及在决策级融合中的应用。

6.2　主观贝叶斯推理

在许多情况下，同类事件发生的频率并不高，甚至很低，无法做概率统计，这时一般需要根据观测到的数据，凭领域专家给出一些主观上的判断，称为主观概率，一般可解释对证据和规则的主观信任度。概率推理中起关键作用的是贝叶斯公式，它是主观贝叶斯的基础。

主观贝叶斯方法是指 1976 年在概率论的基础上，杜达（R. O. Duda）等通过对贝叶斯公式的修正而形成的一种不确定性推理模型，并成功地应用在他们自己开发的地矿勘探专家系统 PROSPECTOR 中。

6.2.1　概率论基础

1. 条件概率

设 A、B 为两个随机事件，$P(B)>0$，则

$$P(A|B)=\frac{P(AB)}{P(B)} \tag{6-1}$$

式中：$P(A|B)$为在 B 事件已经发生的条件下，A 事件发生的概率。

2. 全概率公式

设 $A_1,A_2,\cdots,A_n$ 事件满足如下条件：

（1）两两互不相容，即当 $i \neq j$ 时，有 $A_i \cap A_j = \varnothing$；

（2）$P(A_i)>0(1 \leqslant i \leqslant n)$；

（3）样本空间 $D=\bigcup_{i=1}^{n} A_i$；

则对任何事件 B，有式（6-2）成立：

$$P(B)=\sum_{i=1}^{n} P(A_i) \times P(B \mid A_i) \tag{6-2}$$

3. 基本贝叶斯公式

设 $A_1, A_2, \cdots, A_n$ 事件满足上述三个同样的式子，则对任何事件 B，有式（6-3）成立：

$$P(A_i \mid B)=\frac{P(A_i) \times P(B \mid A_i)}{P(B)} \quad (i=1,2,\cdots,n) \tag{6-3}$$

把全概率公式代入贝叶斯公式后，得到式（6-4）：

$$P(A_i \mid B)=\frac{P(A_i) \times P(B \mid A_i)}{\sum_{i=1}^{n} P(A_i) \times P(B \mid A_i)} \tag{6-4}$$

式中：$P(A_i)$为事件 A_i 的先验概率；$P(B \mid A_i)$为在事件 A_i 发生条件下事件 B 的条件概率；$P(A_i \mid B)$为在事件 B 发生条件下事件 A_i 的条件概率，又称后验概率。这就是贝叶斯公式的另一种形式。

6.2.2　主观贝叶斯推理

通常，在专家系统中，假设有“If E Then H”其中 E 为前提条件，H 为结论。那么条件概率 $P(H \mid E)$就表示在 E 发生时，H 的概率，可以用它作为证据 E 出现时结论 H 的确定性程度。同样对于复合条件 $E_1, E_2, \cdots, E_m$，也可以用条件概率 $P(H \mid E_1 E_2 \cdots E_m)$作为证据 $E_1, E_2, \cdots, E_m$ 出现时，结论 H 的确定性程度。

因此，对于产生式规则：“If E Then H_i”，用条件概率 $P(H_i \mid E)$作为证据 E 出现时，结论 H_i 的确定性程度。根据式（6-4）的基本贝叶斯公式，可得

$$P(H_i \mid E)=\frac{P(E \mid H_i) \times P(H_i)}{\sum_{i=1}^{n} P(E \mid H_i) \times P(H_i)} \quad (i=1,2,\cdots,n) \tag{6-5}$$

式（6-5）用于求得在条件 E 下，H_i 的后验概率。这就是说，当已知结论 H_i 的先验概率 $P(H_i)$，并且已知结论 $H_i(i=1,2,\cdots,n)$成立时，前提条件 E 所对应的证据出现的条件概率 $P(E \mid H_i)$，即可求出相应证据 E 出现时结论 H_i

的条件概率 $P(H_i \mid E)$。

在有些情况下，有多个证据 $E_1, E_2, \cdots, E_m$ 和多个结论 $H_1, H_2, \cdots, H_n$，并且每个证据都以一定程度支持结论，根据独立事件的概率公式和全概率公式，贝叶斯公式可变为

$$P(H_i \mid E_1E_2\cdots E_m) = \frac{P(E_1 \mid H_i) \times \cdots \times P(E_m \mid H_i) \times P(H_i)}{\sum_{j=1}^{n} P(E_1 \mid H_j) \times \cdots \times P(E_m \mid H_j) \times P(H_j)} \quad (i = 1,2,\cdots,n) \tag{6-6}$$

此时，只要知道 H_i 的先验概率 $P(H_i)$ 及 H_i 成立时证据 $E_1, E_2, \cdots, E_m$ 出现的条件概率：$P(E_1 \mid H_i), P(E_2 \mid H_i) \cdots P(E_m \mid H_i)$，就可得到在 $E_1, E_2, \cdots, E_m$ 出现情况下 H_i 的条件概率：$P(H_i \mid E_1E_2\cdots E_m)$。

例如，如果把 $H_i (i=1,2,\cdots,n)$ 当作一组可能发生的疾病，把 $E_j (j=1,2,\cdots,m)$ 当作相应的症状，$P(H_i)$ 是从大量实践中经统计得到的疾病 H_i 发生的先验概率，$P(E_j \mid H_i)$ 是疾病 H_i 发生时观察到症状 E_j 的条件概率，则当对其病人观察到有症状 $E_1, E_2, \cdots, E_m$ 时，应用上述贝叶斯公式就可计算出 $P(H_i \mid E_1E_2\cdots E_m)$，从而得知病人患疾病 H_i 的可能性。

主观贝叶斯方法的优缺点并存。优点体现在两个方面，一是该方法基于概率理论，具有坚实的理论基础，是目前不确定推理中最成熟的方法之一；二是该方法的计算量适中。不足之处也体现在两个方面：一是要求有大量的概率数据来构造先验知识库 $P(H_i)$ 并满足 $\sum_{i=1}^{n} P(H_i) = 1$，如果又新增加一个假设，对于所有的 $1 \leqslant i \leqslant n+1$，$P(H_i)$ 均需要重新定义；二是贝叶斯公式的应用条件是很严格的，它要求各事件互相独立，如证据间存在依赖关系，就不能直接使用此方法。

在概率论中，一个事件或命题的概率是在大量统计数据的基础上计算出来的，因此尽管有时 $P(E_j \mid H_i)$ 比 $P(H_i \mid E_j)$ 相对容易得到，但总的来说，要想得到这些数据仍然是一件非常困难的工作。由于证据 E 的出现，使 $P(H)$ 变成 $P(H \mid E)$。主观贝叶斯方法，就是研究利用证据 E，将先验概率 $P(H)$ 更新为后验概率 $P(H \mid E)$。

6.2.3　不确定性描述

1. 知识的不确定性表示

1）知识的表示方式

在主观贝叶斯方法中，知识的不确定性是以一个数值对 (L_S, L_N) 来进行描

述的。其具体产生式规则形式表示为

$$\text{IF} \quad E \quad \text{THEN} \quad (L_S,L_N)P(H) \tag{6-7}$$

式中：L_S 为规则成立的充分性量度；L_N 为规则成立的必要性量度；$P(H)$ 为先验概率。

(L_S,L_N) 是为度量产生式规则的不确定性而引入的一组数值，用来表示该知识的强度，L_S 和 L_N 的表示形式如下。

（1）充分性度量 L_S。

充分性度量 L_S 表示 E 对 H 的支持程度，定义为

$$L_S=\frac{P(E\mid H)}{P(E\mid \overline{H})} \tag{6-8}$$

它的取值范围为$[0,+\infty)$，由专家凭经验给出。

（2）必要性度量 L_N。

必要性度量 L_N 表示证据$\overline{E}$对 H 的支持程度，即 E 对 H 为真的必要程度，定义为

$$L_N=\frac{P(\overline{E}\mid H)}{P(\overline{E}\mid \overline{H})}=\frac{1-P(E\mid H)}{1-P(E\mid \overline{H})} \tag{6-9}$$

它取值范围为$[0,+\infty)$，也由专家凭经验给出。

（3）L_S 和 L_N 的含义。

结合贝叶斯公式

$$P(H\mid E)=\frac{P(H)\times P(E\mid H)}{P(E)},\quad P(\overline{H}\mid E)=\frac{P(\overline{H})\times P(E\mid \overline{H})}{P(E)}$$

两个公式相除，可得

$$\frac{P(H\mid E)}{P(\overline{H}\mid E)}=\frac{P(H)\times P(E\mid H)}{P(\overline{H})\times P(E\mid \overline{H})}=\frac{P(E\mid H)}{P(E\mid \overline{H})}\times\frac{P(H)}{P(\overline{H})} \tag{6-10}$$

为了方便讨论，引入几率函数

$$O(X)=\frac{P(X)}{1-P(X)}=\frac{P(X)}{P(\overline{X})} \tag{6-11}$$

根据式（6-11）很容易得出

$$P(X)=\frac{O(X)}{1+O(X)} \tag{6-12}$$

可见，X 的几率等于 X 出现的概率与 X 不出现的概率之比，$P(X)$ 与 $O(X)$ 的变化一致，且有：$P(X)=0$ 时，$O(X)=0$；$P(X)=1$ 时，$O(X)=+\infty$。所以，几率函数就是把 $P(X)$ 放大，即把取值为$[0,1]$的 $P(X)$ 放大为取值为$[0,+\infty)$

的 $O(X)$。

将式（6-10）转化为

$$O(H \mid E)=L_S \times O(H) \tag{6-13}$$

此公式称为贝叶斯公式的几率似然性形式。L_S 称为充分似然性，如果 $L_S \to +\infty$，则证据 E 对于推出 H 为真是逻辑充分的。

同样地，根据 $P(H \mid \overline{E})$ 和 $P(\overline{H} \mid \overline{E})$ 的关系式，可推导出

$$\frac{P(H \mid \overline{E})}{P(\overline{H} \mid \overline{E})}=\frac{P(\overline{E} \mid H)}{P(\overline{E} \mid \overline{H})} \times \frac{P(H)}{P(\overline{H})}$$

即得到关于 L_N 的公式

$$O(H \mid \overline{E})=L_N \times O(H) \tag{6-14}$$

此公式被称为贝叶斯公式的必率似然性形式。L_N 称为必要似然性，若 $L_N \to 0$，则有 $O(H \mid \overline{E})=0$，说明当 $\overline{E}$ 为真时，H 必为假，由此表明 E 对 H 来说是必要的。

至此，可以得到修正的式（6-13）和式（6-14），从这两个公式可以看出：当 E 为真时，可通过 L_S 将 H 的先验几率 $O(H)$ 更新为其后验几率 $O(H \mid E)$；当 E 为假时，可通过 L_N 将 H 的先验几率 $O(H)$ 更新为其后验几率 $O(H \mid \overline{E})$。

2）L_S 和 L_N 的性质

L_S 表示证据 E 的存在，对 H 为真的影响程度，$O(H \mid E)=L_S \times O(H)$。$L_S$ 反映的是 E 的出现对 H 为真的影响程度，因此，L_S 称为知识的充分性度量。

（1）当 $L_S>1$ 时，$P(H \mid E)>P(H)$，即 E 支持 H，E 导致 H 为真的可能性增加，L_S 越大，$O(H \mid E)$ 比 $O(H)$ 大得越多，E 对 H 的支持越充分；

（2）当 $L_S \to +\infty$ 时，表示证据 E 将致使 H 为真，$O(H \mid E) \to \infty$，即 $P(H \mid E) \to 1$，表示由于 E 的存在，将导致 H 为真；

（3）当 $L_S=1$ 时，$O(H \mid E)=O(H)$，表示证据 E 对 H 没有影响；

（4）当 $L_S<1$ 时，$O(H \mid E)<O(H)$，说明 E 不支持 H，E 导致 H 为真的可能性下降；

（5）当 $L_S=0$ 时，$O(H \mid E)=0$，说明 E 的存在使得 H 为假。

L_N 表示证据 E 的不存在，影响结论 H 为真的概率，$O(H \mid \overline{E})=L_N \times O(H)$。$L_N$ 反映的是 E 的不出现对 H 为真的影响程度。因此，L_N 称为知识的必要性度量。

（1）当 $L_N>1$ 时，$O(H \mid \overline{E})>O(H)$，说明 $\overline{E}$ 支持 H，即由于 E 的不出现增加了 H 为真的概率，L_N 越大，$P(H \mid \overline{E})$ 就越大，证据 $\overline{E}$ 对 H 的支持越强；

（2）当 $L_N \to +\infty$ 时，$P(H \mid \overline{E})=1$，表示证据 $\overline{E}$ 的存在将导致 H 为真；

(3) 当 $L_N=1$ 时，$O(H\mid\overline{E})=O(H)$，表示证据$\overline{E}$对 H 没有影响，与 H 无关；

(4) 当 $L_N<1$ 时，$O(H\mid\overline{E})<O(H)$，说明证据$\overline{E}$不支持 H；

(5) 当 $L_N=0$ 时，$O(H\mid\overline{E})=0$，表示证据$\overline{E}$的存在使 H 为假。

由于 E 和$\overline{E}$不会同时支持或者同时排斥 H，因此只有以下三种情况：

① $L_S>1$ 且 $L_N<1$；

② $L_S<1$ 且 $L_N>1$；

③ $L_S=1=L_N$。

证明：

① $L_S>1$，即$\dfrac{P(E\mid H)}{P(E\mid\overline{H})}>1\Rightarrow P(E\mid H)>P(E\mid\overline{H})$，因为概率为 (0,1)，所以不需考虑为 0 或为负的情况。

$$\Rightarrow 1-P(E\mid H)<1-P(E\mid\overline{H})$$
$$\Rightarrow P(\overline{E}\mid H)<P(\overline{E}\mid\overline{H})$$
$$\Rightarrow\frac{P(\overline{E}\mid H)}{P(\overline{E}\mid\overline{H})}<1\Rightarrow L_N<1$$

② $L_S<1$，即$\dfrac{P(E\mid H)}{P(E\mid\overline{H})}<1\Rightarrow P(E\mid H)<P(E\mid\overline{H})$，因为概率为 (0,1)，所以不需考虑为 0 或为负的情况。

$$\Rightarrow 1-P(E\mid H)>1-P(E\mid\overline{H})$$
$$\Rightarrow P(\overline{E}\mid H)>P(\overline{E}\mid\overline{H})$$
$$\Rightarrow\frac{P(\overline{E}\mid H)}{P(\overline{E}\mid\overline{H})}>1\Rightarrow L_N>1$$

③ $L_S=1$，容易推导出，$L_N=1$。

结论：当证据 E 越支持 H 为真，则 L_S 应该越大；当证据 E 对 H 越重要，则相应的 L_N 应该越大。实际上，E 为假时，对 H 有否定作用（杜达指出，这是反直观的）。

2. 证据的不确定性表示

1) 单个证据不确定性的表示方法

证据通常可分为全证据和部分证据。全证据就是所有的证据，即所有可能的证据和假设，它们组成证据 E。部分证据 S 就是 E 的一部分，这部分证据也可称为观察。在主观贝叶斯方法中，证据的不确定性是用概率表示的。全证据的可行度依赖于部分证据，表示为 $P(E\mid S)$，若知道了所有的证据，

则 $P(E \mid S)=P(E)$。

其中，$P(E)$就是证据 E 的先验似然性，$P(E \mid S)$是已知全证据 E 中部分知识 S 后对 E 的信任，为 E 的后验似然性。

2）组合证据不确定性的表示方法

当证据 E 由多个单一证据组合而成，即 $E=E_1 \cap E_2 \cap \cdots \cap E_n$，若已知在当前观察 S 下，每个单一证据 E_i 有概率 $P(E_1 \mid S)$，$P(E_2 \mid S)$，…，$P(E_n \mid S)$，则

$$P(E \mid S)=\min\{P(E_1 \mid S), P(E_2 \mid S), \cdots, P(E_n \mid S)\} \tag{6-15}$$

当证据 E 由多个单一证据析取而成，即 $E=E_1 \cup E_2 \cup \cdots \cup E_n$，如果已知在当前观察 S 下，每个单一证据 E_i 有概率 $P(E_1 \mid S)$，$P(E_2 \mid S)$，…，$P(E_n \mid S)$，则

$$P(E \mid S)=\max\{P(E_1 \mid S), P(E_2 \mid S), \cdots, P(E_n \mid S)\} \tag{6-16}$$

对于非运算，可采用下述公式

$$P(\overline{E} \mid S)=1-P(E \mid S) \tag{6-17}$$

6.2.4　不确定性的更新（传递）

主观贝叶斯方法推理的任务就是根据 E 的概率 $P(E)$ 及 L_S、L_N 的值，把 H 的先验概率（或似然性）$P(H)$或先验几率 $O(H)$更新为后验概率（或似然性）或后验几率。

由于一条规则所对应的证据可能肯定为真，也可能肯定为假，还可能既非真又非假，因此，在把 H 的先验概率或先验几率更新为后验概率或后验几率时，需要根据证据的不同情况计算其后验概率或后验几率。下面就来分别讨论这些不同情况。

1. 证据肯定为真

当证据 E 肯定为真，即全证据一定出现时，此时 $P(E \mid S)=P(E)=1$。将结论 H 的先验几率更新为后验几率，如式（6-13）所示，若把 H 的先验概率更新为其后验概率，则根据几率和概率的对应关系有

$$P(H \mid E)=\frac{L_S \times P(H)}{(L_S-1) \times P(H)+1} \tag{6-18}$$

这就是把 H 的先验概率更新为其后验概率 $P(H \mid E)$的计算公式。

2. 证据肯定为假

当证据 E 肯定为假，即证据不出现时，$P(\overline{E})=1$，此时 $P(E \mid S)=P(E)=1$。将结论 H 的先验几率更新为后验几率如式（6-14）所示，若把 H 的先验

概率更新为其后验概率，则根据几率和概率的对应关系有

$$P(H\mid \bar{E})=\frac{L_N\times P(H)}{(L_N-1)\times P(H)+1} \tag{6-19}$$

式（6-18）和式（6-19）两个公式的推导过程如下：

$$P(H\mid E)=\frac{O(H\mid E)}{1+O(H\mid E)}=\frac{O(H)\cdot L_S}{1+O(H)\cdot L_S}$$

$$=\frac{L_S\times\dfrac{P(H)}{P(\bar{H})}}{1+L_S\times\dfrac{P(H)}{P(\bar{H})}}=\frac{L_S\times P(H)}{P(\bar{H})+L_S\times P(H)}=\frac{L_S\times P(H)}{1+(L_S-1)\times P(H)}$$

$$P(H\mid \bar{E})=\frac{O(H\mid \bar{E})}{1+O(H\mid \bar{E})}=\frac{L_N\times P(H)}{1+(L_N-1)\times P(H)}$$

这就是把 H 的先验概率更新为其后验概率 $P(H\mid E)$ 的计算公式。

例 6.1　已知 R_1：IF　E_1　THEN（10,1）$H_1(0.03)$；R_2：IF　E_2　THEN（20,1）$H_2(0.05)$；R_3：IF　E_3　THEN（1,0.002）$H_3(0.3)$。当证据 E_1、E_2 和 E_3 都存在时，求解 $P(H_1\mid E_1)$。

解：$P(H_1\mid E_1)=\dfrac{L_S\times P(H_1)}{1+(L_S-1)\times P(H_1)}=\dfrac{10\times 0.03}{1+(10-1)\times 0.03}=0.2362$

$P(H_1\mid E_1)$说明了由于证据 E_1 的发生，使 H_1 发生的概率由 0.03 增加了近 8 倍。当然，用类似方法，还可求解出 $P(H_2\mid E_2)=0.5128$，$P(H_3\mid E_3)=0.3$。

在 R_3 中，由于 $L_S=1$，表明 E_3 对 H_3 没有影响，即 $P(H_3\mid E_3)=P(H_3)=0.3$。

若证据 E_1 确定不出现，则利用公式 $P(H\mid \bar{E})=\dfrac{L_N\times P(H)}{(L_N-1)\times P(H)+1}$，可计算出

$$P(H_1\mid \bar{E}_1)=0.03P(H_2\mid \bar{E}_2)=0.05P(H_3\mid \bar{E}_3)=0.000856$$

3. 证据既非真又非假（不确定性证据）

在实际场景中，证据往往是不确定的，即无法肯定它一定存在或者不存在。主要原因有两个方面：一是用户提供的原始证据不精确，比如用户的观察不精确；二是推理出的中间结论不精确。

当证据既非为真又非为假时，$0<P(E\mid S)<1$。这时，因为 H 依赖于证据 E，而 E 基于部分证据 S，则 $P(H\mid S)$是 H 依赖于 S 的似然性。故计算后验概率 $P(H\mid S)$时，不能再用式（6-18）和式（6-19）计算 H 的后验概率，可采用式（6-20）来修正

$$P(H \mid S)=P(H \mid E) \times P(E \mid S)+P(H \mid \bar{E}) \times P(\bar{E} \mid S) \tag{6-20}$$

该公式称为杜达公式，下面分四种情况讨论：

(1) 当 $P(E \mid S)=1$ 时，$P(\bar{E} \mid S)=0$，杜达公式可简化为

$$P(H \mid S)=P(H \mid E)=\frac{L_S \times P(H)}{1+(L_S-1) \times P(H)} \tag{6-21}$$

这实际上就是证据肯定存在的情况。

(2) 当 $P(E \mid S)=0$ 时，$P(\bar{E} \mid S)=1$，杜达公式可简化为

$$P(H \mid S)=P(H \mid \bar{E})=\frac{L_N \times P(H)}{1+(L_N-1) \times P(H)} \tag{6-22}$$

这实际上是证据肯定不存在的情况。

(3) $P(E \mid S)=P(E)$，表示 E 和 S 无关，利用全概率公式，杜达公式可简化为

$$P(H \mid S)=P(H \mid E) \times P(E)+P(H \mid \bar{E}) \times P(\bar{E})=P(H) \tag{6-23}$$

通过上述分析，已经得到了 $P(E \mid S)$ 上的 3 个特殊值 0、$P(E)$ 及 1，$P(H \mid S)$ 分别取得了对应值 $P(H \mid \bar{E})$、$P(H)$ 及 $P(H \mid E)$。这样就构成了 3 个特殊点 $(0, P(H \mid \bar{E}))$、$(P(E), P(H))$、$(1, P(H \mid E))$。

(4) 当 $P(E \mid S)$ 为其他值（非 0、非 1、非 $P(E)$）时，$P(H \mid S)$ 的值可通过上述 3 个特殊点的分段线性插值函数求得

$$P(H \mid S)=\begin{cases} P(H \mid \bar{E})+\dfrac{P(H)-P(H \mid \bar{E})}{P(E)} \times P(E \mid S) & (0 \leqslant P(E \mid S)<P(E)) \\ P(H)+\dfrac{P(H \mid E)-P(H)}{1-P(E)} \times [P(E \mid S)-P(E)] & (P(E) \leqslant P(E \mid S) \leqslant 1) \end{cases} \tag{6-24}$$

图 6-8 是根据式（6-24）分段线性拟合形成的 $(P(H \mid S), P(E \mid S))$ 线性插值函数。

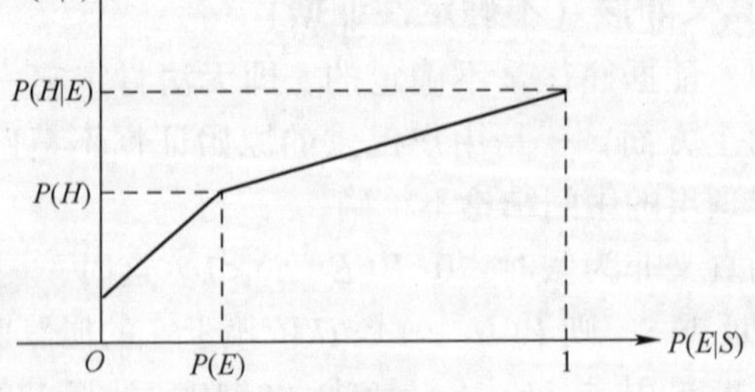

图 6-8 分段线性插值函数

6.2.5　结论不确定性的合成

假设有 n 条规则都支持同一个结论 H，这些规则的前提条件 $E_1,E_2,\cdots,E_n$ 相互独立，每个证据所对应的观察为 $S_1,S_2,\cdots,S_n$。在这些观察下，可以采用下述方法求 H 的后验概率：首先对每条知识分别求出 H 的后验几率是 $O(H\mid S_i)$，其次计算所有观察下 H 的后验几率

$$O(H\mid S_1,S_2,\cdots,S_n)=\frac{O(H\mid S_1)}{O(H)}\cdot\frac{O(H\mid S_2)}{O(H)}\cdot\cdots\cdot\frac{O(H\mid S_n)}{O(H)}\cdot O(H) \tag{6-25}$$

例 6.2　设有规则 R_1：IF　E_1　THEN（200,1）H；R_2：IF　E_2　THEN（30,1）H。已知证据 E_1 和 E_2 必然发生，并且 $P(H)=0.03$，试分别求解 $O(H)$、$O(H\mid E_1)$、$O(H\mid E_2)$，并进而求解 H 的后验概率 $P(H\mid E_1E_2)$。

解：因为 $P(H)=0.03$，则 $O(H)=\dfrac{P(H)}{P(\overline{H})}=\dfrac{0.03}{0.97}=0.0309$。

根据 R_1，有 $O(H\mid E_1)=L_S\times O(H)=200\times 0.0309=6.18$。

根据 R_2，有 $O(H\mid E_2)=L_S\times O(H)=30\times 0.0309=0.927$。

思考一下：$P(H\mid E_1E_2)$如何求解呢？有两种方法可以应用：一是合成法，二是更新法。

1. 合成法

根据式（6-12）有 $P(H\mid E_1E_2)=\dfrac{O(H\mid E_1E_2)}{1+O(H\mid E_1E_2)}$，而根据式（6-25）有

$$O(H\mid E_1E_2)=\frac{O(H\mid E_1)}{O(H)}\times\frac{O(H\mid E_2)}{O(H)}\times O(H)=\frac{O(H\mid E_1)\times O(H\mid E_2)}{O(H)}$$

$$=\frac{O(H)\times L_{S1}\times O(H)\times L_{S2}}{O(H)}=200\times 30\times 0.0309=185.4$$

所以，$P(H\mid E_1E_2)=\dfrac{O(H\mid E_1E_2)}{1+O(H\mid E_1E_2)}=0.9946$。

2. 更新法

根据式（6-18），有

$$P(H\mid E_1)=\frac{L_{S1}\times P(H)}{(L_{S1}-1)\times P(H)+1}=\frac{200\times 0.03}{(200-1)\times 0.03+1}=0.8608$$

$$P(H \mid E_1E_2)=\frac{L_{S2}\times P(H \mid E1)}{(L_{S2}-1)\times P(H \mid E1)+1}=\frac{30\times 0.8608}{(30-1)\times 0.8608+1}=0.9946$$

如果有产生式规则：IF E THEN H_i 规则。用产生式中的前提条件 E 代替贝叶斯公式中的 B，用 H_i 代替公式中的 A_i，可得

$$P(H_i \mid E)=\frac{P(H_i)\times P(E \mid H_i)}{\sum_{i=1}^{n} P(H_i)\times P(E \mid H_i)} \quad (i=1,2\cdots,n) \tag{6-26}$$

该公式也可用于在条件 E 情况下，求解 H_i 的后验概率。

结论不确定性更新算法的基本思想是：按照顺序使用规则对先验概率进行更新，再把得到的更新概率当作先验概率，更新其他规则。这样继续更新直至所有的规则均使用完毕。主观贝叶斯的核心思想在于，当一个事件发生后，先验概率就转变为后验概率，并且推理前知道结论的概率信息。但是，当证据不确定时，需要采用杜达推导公式。

例 6.3　现有如下几个条件。R_1：IF　E_1　THEN $(2,0.001)H_1$；R_2：IF　E_2　THEN $(100,0.001)H_1$；R_3：IF　H_1　THEN $(200,0.01)H_2$。并且已知 $P(E_1)=P(E_2)=0.6$，$P(H_1)=0.091$，$P(H_2)=0.01$，$P(E_1 \mid S_1)=0.76$，$P(E_2 \mid S_2)=0.68$，试求 $P(H_2 \mid S_1S_2)$。

解： 对 R_1，先求 $O(H_1 \mid S_1)$，由于 $P(E_1 \mid S_1)=0.76>P(E_1)$，说明不是 E “肯定存在、肯定不存在、与 S 无关”这三种情形，必须采用杜达公式

$$P(H_1 \mid S_1)=P(H_1)+\frac{P(H_1 \mid E_1)-P(H_1)}{1-P(E_1)}\times[P(E_1 \mid S_1)-P(E_1)]$$

$$=0.091+\frac{P(H_1 \mid E_1)-0.091}{1-0.6}\times[0.76-0.6]$$

其中

$$P(H_1 \mid E_1)=\frac{L_{S_1}\times P(H_1)}{(L_{S_1}-1)\times P(H_1)+1}=\frac{2\times 0.091}{(2-1)\times 0.091+1}=0.17$$

则

$$P(H_1 \mid S_1)=0.091+\frac{0.17-0.091}{1-0.6}\times[0.76-0.6]=0.1226$$

进而：$O(H_1 \mid S_1)=\dfrac{P(H_1 \mid S_1)}{P(\overline{H}_1 \mid S_1)}=0.14$

对 R_2，采用杜达公式

$$P(H_1 | S_2) = P(H_1) + \frac{P(H_1 | E_2) - P(H_1)}{1 - P(E_2)} \times [P(E_2 | S_2) - P(E_1)]$$

$$= 0.091 + \frac{P(H_1 | E_2) - 0.091}{1 - 0.6} \times [0.68 - 0.6]$$

其中

$$P(H_1 | E_2) = \frac{L_{S_2} \times P(H_1)}{(L_{S_2} - 1) \times P(H_1) + 1} = \frac{100 \times 0.091}{(100 - 1) \times 0.091 + 1} = 0.91$$

则

$$P(H_1 | S_2) = 0.091 + \frac{0.91 - 0.091}{1 - 0.6} \times [0.68 - 0.6] = 0.25$$

进而

$$O(H_1 | S_2) = \frac{P(H_1 | S_2)}{P(\bar{H}_1 | S_2)} = 0.33$$

综上，对于 R_1，有 $O(H_1 | S_1) = 0.14$；对于 R_2，有 $O(H_1 | S_2) = 0.33$，而易得 $O(H_1) = \frac{P(H_1)}{P(\bar{H}_1)} = 0.1001$，则由合成法可计算出

$$O(H_1 | S_1 S_2) = \frac{O(H | S_1)}{O(H_1)} \times \frac{O(H | S_2)}{O(H_1)} \times O(H_1) = 0.46$$

进而

$$P(H_1 | S_1 S_2) = \frac{O(H_1 | S_1 S_2)}{1 + O(H_1 | S_1 S_2)} = 0.32$$

对于 R_3，有 $P(H_2 | H_1) = \frac{L_S \times P(H_2)}{(L_S - 1) \times P(H_2) + 1} = \frac{200 \times 0.01}{(200 - 1) \times 0.01 + 1} = 0.67$

同时，$P(H_1 | S_1 S_2) = 0.32 > 0.091 = P(H_1)$，因此有

$$P(H_2 | S_1 S_2) = P(H_2) + \frac{P(H_2 | H_1) - P(H_2)}{1 - P(H_1)} \times [P(H_1 | S_1 S_2) - P(H_1)]$$

$$= 0.18$$

6.3　D-S 证据理论及应用

D-S 证据理论起源于 20 世纪 60 年代的哈佛大学数学家 A. P. Dempster 利用上、下限概率解决多值映射问题，1967 年他连续发表一系列论文，标志着证据理论的正式诞生。而后 A. P. Dempster 的学生 G. Shafer 对证据理论做了进

一步研究，引入信任函数概念，形成了一套“证据”和“组合”来处理不确定性推理的数学方法从而形成了该理论。因此，D-S 理论就是以这对师生的名字命名的。

D-S 理论是主观贝叶斯推理方法的推广。主观贝叶斯推理是利用概率论中贝叶斯条件概率来进行的，需要知道先验概率。而 D-S 证据理论不需要知道先验概率，能够很好地表示“不确定”，被广泛用来处理不确定数据。早期主要应用于军事领域如敌我目标识别，精确制导武器的多传感器数据融合，现在的应用范围越来越广，广泛出现在信息融合、专家系统、情报分析、法律案件分析、多属性决策分析等多种领域。

6.3.1　典型概念

设 U 表示 X 所有可能取值的一个论域集合，并且所有在 U 内的元素间是互不相容的，则称 U 是 X 的识别框架。U 既可以是有限的也可以是无限的，在专家系统应用中是有限的。识别框架 U 定义为非空集合 $U=\{1,2,\cdots\}$，其包含若干个两两互斥事件，辨识框架 Ω 的幂集包含 $2U$ 个元素，描述如下：

$$U=\{\varnothing,\{1\},\{2\},\cdots,\{\},\{1,2\},\cdots,\{1,2,\cdots\},\cdots,U\} \tag{6-27}$$

1. 基本概率赋值（BPA）与焦元

设 U 为一识别框架，若函数 m：$2^U\to[0,1]$满足条件

$$\begin{cases} m(\varnothing)=0 \\ \sum\limits_{A\subset U} m(A)=1 \end{cases} \tag{6-28}$$

则称 $m(A)$是命题 A 的基本概率赋值，表示对命题 A 的信任程度，是对 A 的直接支持。若 U 的子集 A 满足 $m(A)>0$，则称 A 为信任函数（BEL）的焦元（focal element），所有焦元并称为核（core）。

2. 信任函数和似真度函数（PL）

设 U 为一识别框架，$m(A)$为基本概率赋值，定义函数

$$\mathrm{BEL}(A)=\sum_{B\subset A} m(B) \quad (\forall A\subset U) \tag{6-29}$$

为 U 上的信任函数（belief function），表示 A 的所有子集的可能性度量之和，即表示对 A 的总信任。

显然，$\mathrm{BEL}(\varnothing)=0$，$\mathrm{BEL}(U)=1$，当 A 为单一元素集时，有

$$\mathrm{BEL}(A)=m(A) \tag{6-30}$$

同样，定义函数

$$\mathrm{PL}(A)=1-\mathrm{BEL}(\bar{A})=\sum_{B\cap A\neq\varnothing}m(B) \tag{6-31}$$

该函数称为 U 上的似真度函数（plausibility function），表示不否定 A 的信任度，是所有与 A 存在交集的集合的基本概率赋值之和。显然，有

$$\mathrm{BEL}(A)\leqslant\mathrm{PL}(A) \tag{6-32}$$

3. 证据的不确定区间

依上述定义可知，BEL(A)代表证据对命题 A 支持度下限值，对应 D-S 定义的下概率度量（信任函数），PL(A)表示对命题 A 不反对程度，对应 D-S 定义的上概率度量（似真度函数）。PL(A)-BEL(A)表示既不信任 A 也不信任 $\bar{A}$ 的程度，即对于 A 是真是假不知道的程度。图 6-9 就给出了 D-S 证据的各种区间描述。

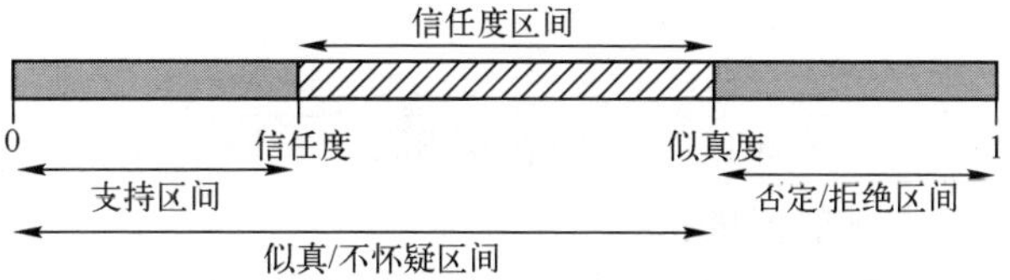

图 6-9　D-S 证据的各种区间描述

同时，定义

$$\mathrm{EI}(A)=[\mathrm{BEL}(A),\mathrm{PL}(A)] \tag{6-33}$$

为焦元 A 信任度区间。该区间也成为证据间隔，可用来综合描述焦元 A 的不确定性。

比如，EI(A)=[0.25,0.85]表示 A 为真有 0.25 的信任度，A 为假有 0.15 的信任度，A 不确定度为 0.6。

需要说明的是，存在三个特殊的区间：EI(A)=[1,1]表示信任 A 为真；EI(A)=[0,0]表示信任 A 为假；EI(A)=[0,1]表示对 A 是真是假一无所知。

6.3.2　D-S 组合与决策

1. 证据组合方法

设 BEL_1 和 BEL_2 是同一识别框架 U 上的两个信任函数，m_1 和 m_2 分别为对应的基本概率赋值，焦元分别为：$A_1,A_2,\cdots,A_k$ 和 $B_1,B_2,\cdots,B_r$，又设

$$K_1=\sum_{\substack{i,j\\A_i\cap B_j=\Phi}}m_1(A_i)m_2(B_j)<1 \tag{6-34}$$

表示证据组合的不一致因子。

则定义组合后的焦元 C 的基本概率赋值为

$$m(C)=\begin{cases}\dfrac{\sum\limits_{\substack{i,j\\A_i\cap B_j=C}} m_1(A_i)m_2(B_j)}{1-K_1} & \forall C\subset U, C\neq\varnothing \\ 0 & C=\varnothing\end{cases} \tag{6-35}$$

显然，若 $K_1=1$，则认为 m_1 和 m_2 矛盾，不能组合。

设 $A,B\subseteq U$，A，B 的证据间隔分别为 $\mathrm{EI}_1(A)=[\mathrm{BEL}_1(A),\mathrm{PL}_1(A)]$，$\mathrm{EI}_2(B)=[\mathrm{BEL}_2(B),\mathrm{PL}_2(B)]$，则组合后的证据间隔为

$$\begin{aligned}&\mathrm{El}_1(A)\oplus\mathrm{El}_1(B)=\\&[1-K_2(1-\mathrm{BEL}_1(A))(1-\mathrm{BEL}_2(B)),K_2\mathrm{PL}_1(A)\mathrm{PL}_2(B)]\end{aligned} \tag{6-36}$$

其中

$$K_2=\frac{1}{1-[\mathrm{BEL}_1(A)\mathrm{BEL}_1(\bar{B})\mathrm{BEL}_1(\bar{A})\mathrm{BEL}_1(B)]} \tag{6-37}$$

2. 基于基本概率赋值的决策

设 U 为识别框架，m 为基于 Dempster 组合规则得到的基本概率赋值，典型的决策方法包括基于信任函数的决策、基于基本概率赋值的决策和基于最小风险的决策，本节简要介绍基于基本概率赋值的决策方法。

设 $\exists A_1,A_2$，满足

$$m(A_1)=\max\{m(A_i),A_i\subset U\}$$

$$m(A_2)=\max\{m(A_i),A_i\subset U \text{ 且 } A_2\neq A_1\}$$

若有

$$\begin{cases}m(A_1)-m(A_2)>\varepsilon_1\\m(\theta)<\varepsilon_2\\m(A_1)>m(\theta)\end{cases} \tag{6-38}$$

则最终判决结果 A_1，式中：ε_1 和 ε_2 为预先设定的阈值；θ 为由测量误差或噪声等原因引起的不确定性因素。

6.3.3　基本概率赋值的获取

在基于身份融合的 D-S 证据理论中，基本概率赋值的获取是一个与应用密切相关的课题，也是实际应用中最难的一步，它直接影响最后融合决策结果的准确性和有效性。本节接下来将会较为系统地介绍如何在实际中获取基本概率赋值，并给出了每种方法的适用场合，为证据理论的应用奠定基础[3]。

1. 根据目标类型和环境加权系数确定概率赋值

当考虑目标类型数及环境对识别的影响时，可采用如下经验方法确定基本概率赋值。设 N 为目标类型数，M 为传感器总数，$C_i(O_j)$ 为传感器 i 对目标类型 O_j 的关联系数，要根据具体环境而定，λ_i 为传感器 i 的环境加权系数，且定义

$$\alpha_i = \max\{C_i(O_j) \mid j=1,2,\cdots,N\} \xi_i = \frac{N\lambda_i}{\sum_{j=1}^{N} C_i(O_j)} \quad (i=1,2,\cdots,M)$$

$$\beta_i = (\xi_i - 1)/(M-1) \quad (M \geqslant 2, i=1,2,\cdots,M)$$

$$R_i = \frac{\lambda_i \alpha_i \beta_i}{\sum_{i=1}^{M} \lambda_i \alpha_i \beta_i}$$

则传感器 i 对目标 O_j 的基本概率赋值为

$$m_i(O_j) = \frac{C_i(O_j)}{\sum_{i=1}^{m} C_i(O_j) + N(1-R_i)(1-\lambda_i \alpha_i \beta_i)} \tag{6-39}$$

2. 利用统计证据获得基本概率赋值

若一批证据是基于统计试验结果得到的，则称这批证据为统计证据。统计证据是证据理论在统计问题中的应用，是 Shafer 对统计问题的一种新的处理方法，是用非统计方法研究统计问题的一种尝试。在此条件下推导出的基本概率赋值公式较为复杂，有兴趣的读者可以参阅相关文档，此处不再赘述。

3. 利用目标速度和加速度获得基本概率赋值

设 $V(k)$ 和 $A(k)$ 是对应第 k 次扫描时的航迹速度和加速度，共有 n 次扫描，令

$$V_m = \frac{1}{n}\sum_{k=1}^{n} V(k), \quad A_m = \frac{1}{n}\sum_{k=1}^{n} A(k)$$

$$\sigma_V = \sqrt{\frac{1}{n}\sum_{k=1}^{n} (V(k) - V_m)^2}, \quad \sigma_A = \sqrt{\frac{1}{n}\sum_{k=1}^{n} (A(k) - A_m)^2}$$

则定义由速度和加速度得到的基本概率赋值为

$$m_{VA} = \min\{(V_m A_m / \sigma_V \sigma_A), 1\} \tag{6-40}$$

4. 利用目标身份（TID）获得基本概率赋值

设 N_{true} 为在一个航迹中真目标回波的总数量，T_{1f} 为航迹寿命（用扫描数

度量)，则定义由 TID 确定的基本概率赋值为

$$m_{\mathrm{TID}}=\min\{N_{\mathrm{true}}/T_{1f},1\} \tag{6-41}$$

5. 根据模式之间的相似度获取基本概率赋值

D-S 证据理论与模糊理论之间有一定的联系，可以从模糊理论的角度获取基本概率赋值。Keller 等提出了模糊 k 阶的方法，认为识别的分配是待识别的模式和它的 k 个最邻近之间的距离，以及这些最邻近对于可能的类别的隶属度这两者的函数。如果要将一些模式 $x\subset R^p$ 分配到 M 个类别 $\omega_1,\omega_2,\cdots,\omega_m$ 中，那么类别集可以看作 D-S 证据理论的鉴别框架 Ω，即 $\Omega=\{\omega_1,\omega_2,\cdots,\omega_M\}$。可以采用已知类别的 n 个 p 维模式作为训练集 X，计算每个训练模式 X_i 与待识别模式 X 之间的相似度。X 属于类别 ω_q 的基本概率赋值 $m^i(\{\omega_q\})$ 可以看作 X 与 X_i 之间的距离的减函数。

$$m^i(\{\omega_q\})=\alpha^i u_q^i \phi_q(d^i) \quad (q=1,2,\cdots,M) \tag{6-42}$$

式中：u_q^i 为训练模式 X_i 对类别 ω_q 的隶属度，$0<u_q^i<1$，且 $\sum_{q=1}^{M} u_q^i=1$；$0<\alpha^i<1$ 为常数；$m^i(\Omega)=1-\alpha^i\phi_q(d^i)$ 为根据 X_i 得到的 X 类别的不确定性。

模糊集合的基本思想是把普通集合中的绝对隶属关系灵活化，使元素对几何的特征函数从原来只能取区间[0,1]扩充到取区间[0,1]的任意数值，很适合用来对 D-S 证据理论中的多个证据体的不确定性进行描述和处理。

6.3.4　D-S 应用实例

例 6.4　<空中目标识别举例>假设空中飞行器目标识别框架 $U=\{o_1,o_2,o_3,o_4,o_5\}$，分别对应战斗机、多用途地面攻击机、轰炸机、预警机和其他飞行器。雷达、红外（IR）和光电（EO）侦测设备都能够实现对空中目标的识别，雷达设备还可以从射频（RF）和脉宽（PW）两方面独立识别空中目标。表 6-1 给出了各种侦测设备对空中目标识别的基本概率赋值。其中 θ 表示由测量误差和噪声等引起的不确定性。

表 6-1　各种侦测设备对空中目标识别的基本概率赋值

项　目	o_1	o_2	o_3	o_4	o_5	θ
m_{RF}	0.2	0.4	0.12	0.15	0	0.13
m_{PW}	0.45	0.05	0.25	0.1	0.00	0.15
m_{IR}	0.25	0.30	0.00	0.20	0.00	0.25
m_{EO}	0.40	0.40	0.00	0.00	0.00	0.20

试利用 D-S 组合决策方法，对该目标的最终属性进行判决。

解：利用 D-S 组合规则对 m_{RF} 和 m_{PW} 组合，得到关于目标识别的基本概率赋值。

首先，计算证据的不一致因子 K_1。

$$K=0.18+0.054+0.0675+0.01+0.006+0.0075+$$
$$0.05+0.1+0.0375+0.02+0.04+0.012=0.5845$$

其次，计算 RF 和 PW 组合后，各目标的基本概率赋值

$$m_{ESM}(o_1)=m_{RF\times PW}(o_1)=(0.09+0.03+0.0585)/(1-K)\approx 0.43$$

$$m_{ESM}(o_2)=m_{RF\times PW}(o_2)=(0.02+0.06+0.0065)/(1-K)\approx 0.21$$

$$m_{ESM}(o_3)=m_{RF\times PW}(o_3)=(0.03+0.018+0.0325)/(1-K)\approx 0.19$$

$$m_{ESM}(o_4)=m_{RF\times PW}(o_4)=(0.015+0.0225+0.013)/(1-K)\approx 0.12$$

$$m_{ESM}(o_5)=m_{RF\times PW}(o_5)=(0\times 0+0\times 0.15+0.13\times 0)/(1-K)=0$$

$$m_{ESM}(\theta)=m_{RF\times PW}(\theta)=0.0195/(1-K)\approx 0.05$$

再次，将 ESM 和 IR 证据融合后的基本概率赋值为

$$m_{ESM\times IR}(o_1)=0.48 \quad m_{ESM\times IR}(o_2)=0.27 \quad m_{ESM\times IR}(o_3)=0.10$$
$$m_{ESM\times IR}(o_4)=0.123 \quad m_{ESM\times IR}(o_5)=0 \quad m_{ESM\times IR}(\theta)=0.027$$

最后，把 ESM、IR 和 EO 证据融合后的基本概率赋值为

$$m_{ESM\times IR\times EO}(o_1)=0.58 \quad m_{ESM\times IR\times EO}(o_2)=0.33 \quad m_{ESM\times IR\times EO}(o_3)=0.03$$
$$m_{ESM\times IR\times EO}(o_4)=0.05 \quad m_{ESM\times IR\times EO}(o_5)=0 \quad m_{ESM\times IR\times EO}(\theta)=0.01$$

至此，我们就得到了组合后的基本概率赋值，如表 6-2 所示：

表 6-2 组合后的基本概率赋值

m	o_1	o_2	o_3	o_4	o_5	θ
RF×PW	0.430	0.210	0.190	0.120	0	0.050
ESM×IR	0.480	0.270	0.100	0.123	0	0.027
ESM×IR×EO	0.580	0.330	0.030	0.050	0	0.010

可以看出，采用 RF 与 PW 后，不确定性降为 0.05，加入 IR 后，降为 0.027，加入 EO 后继续降为 0.01。采用基于基本概率赋值的决策方法，选择阈值 $\varepsilon_1=\varepsilon_2=0.1$，最终决策结果是 o_1，即目标是战斗机。

同时，还可以计算出，D-S 组合后的证据区间

$$\mathrm{EI}_{\mathrm{ESM}\times\mathrm{IR}\times\mathrm{EO}}(o_1,o_2,o_3,o_4,o_5)=\begin{cases}[0.58,0.59]\\ [0.33,0.34]\\ [0.03,0.04]\\ [0.05,0.06]\\ [0,0]\\ [0.0,0.01]\end{cases}$$

例 6.5 <案情分析举例>假设在 2001 年美国发生“9 · 11 事件”之前，布什总统分别接到美国中央情报局（CIA）和国家安全局（NSA）两大情报机构发来的绝密情报，其内容是关于中东地区的某些国家或组织企图对美国实施突然的恐怖袭击。CIA 和 NSA 得到的证据如表 6-3 所示（本 · 拉登简称“本”，萨达姆简称“萨”，霍梅尼简称“霍”）。请直接利用 Dempster 证据组合进行案情分析，为布什总统提供方案决策。

表 6-3 方案决策

情报部门	可疑分子							θ
	本	萨	霍	本，萨	本，霍	萨，霍	本，萨，霍	
CIA（m_1）	0.4	0.3	0.1	0.1	0	0	0	0.1
NSA（m_2）	0.2	0.2	0.05	0.5	0	0	0	0.05
组合判决	?	?	?	?	?	?	?	

解：首先是识别框架，题目中的辨识框架为即为 $\Theta=\{本,萨,霍\}$；依题意 CIA 给出的结论，可得

$\mathrm{BEL}_{\mathrm{CIA}}(本)=m_{\mathrm{CIA}}(本)=0.4\mathrm{PL}_{\mathrm{CIA}}(本)=m_{\mathrm{CIA}}(本)+m_{\mathrm{CIA}}(本,萨)+m_{\mathrm{CIA}}(\theta)=0.6$

则对“本”的信任度区间为 [0.40,0.60]，类似也可以求出对“萨”“霍”的信任度区间，同样依据 NSA 也可以得出相应的信任度区间。

接下来，计算证据的不一致因子 K_1。

$$\begin{aligned}K_1&=\sum_{\substack{i,j\\ A_i\cap B_j=\varnothing}} m_1(A_i)m_2(B_j)\\ &=m_1(本)\cdot m_2(萨)+m_1(本)\cdot m_2(霍)+\cdots m_1(本,萨)\cdot m_2(霍)\\ &=0.27\end{aligned}$$

则 D-S 组合后，对各焦元的基本概率赋值为

$$\begin{aligned}m_{组合}(本)&=\frac{1}{1-K_1}\sum_{A\cap B=本} m_1(A)m_2(B)\\ &=\frac{1}{1-K_1}[m_1(本)\cdot m_2(本)+m_1(本)\cdot m_2(本,萨)+m_1(本)\cdot m_2(\theta)+\end{aligned}$$

$$m_1(\text{本},\text{萨})\cdot m_2(\text{本})+m_1(\theta)\cdot m_2(\text{本})]$$
$$=\frac{1}{0.73}[0.08+0.2+0.02+0.02+0.02]=0.4658$$

$$m_{\text{组合}}(\text{萨})=\frac{1}{1-K_1}\sum_{A\cap B=\text{萨}}m_1(A)m_2(B)$$
$$=\frac{1}{0.73}[0.06+0.15+0.015+0.02+0.02]=0.363$$

$$m_{\text{组合}}(\text{霍})=\frac{1}{1-K_1}\sum_{A\cap B=\text{霍}}m_1(A)m_2(B)$$
$$=\frac{1}{0.73}[0.005+0.005+0.005]=0.0205$$

$$m_{\text{组合}}(\text{本},\text{萨})=\frac{1}{1-K_1}\sum_{A\cap B=\text{本},\text{萨}}m_1(A)m_2(B)$$
$$=\frac{1}{0.73}[0.1\times 0.5+0.1\times 0.05+0.1\times 0.5]=0.1438$$

$$m_{\text{组合}}(\theta)=\frac{1}{1-K_1}\sum_{A\cap B=\text{本},\text{萨},\text{霍}}m_1(A)m_2(B)$$
$$=\frac{1}{0.73}[0.1\times 0.05]=0.0068$$

采用基于基本概率赋值的决策方法，选择阈值 $\varepsilon_1=\varepsilon_2=0.1$，最终决策结果是“本”，即最可疑的恐怖活动袭击者为本 · 拉登。

可以看出，D-S 证据理论有较强理论基础，可以处理随机性和模糊性所导致的不确定性，能通过证据的积累不断缩小假设集，能区分“不知道”和“不确定”，可以不需要先验概率和条件概率知识。但是，D-S 证据理论也并非完美，也存在一些缺陷，主要表现在三个方面：一是无法解决证据冲突严重和完全冲突的情况，比如著名的“Zadeh 悖论”；二是难以辨识模糊程度，由于证据理论中的证据模糊主要来自各子集的模糊度，根据信息论的观点，子集中元素的个数越多，子集的模糊度越大；三是 Dempster 组合规则对基本概率赋值非常灵敏，基本概率分配函数的微小变化会使组合结果产生急剧变化，而基本概率赋值的获取有较强的主观因素，这也限制了 D-S 证据理论在实际中的应用。

D-S 证据理论的下一步研究方向包括：当证据不独立时，如何设计组合规则；如何有效克服 D-S 组合规则的灵敏性问题；如何根据实际情况构造更为可信的基本概率赋值函数；如何利用证据理论进行综合评判以及综合使用的推广；等等。

表6-4给出了D-S证据理论和主观贝叶斯方法的比较。

表6-4　D-S证据理论和主观贝叶斯对比

项目	主观贝叶斯方法	D-S证据理论
1	采用概率表示不确定性	采用信任度表示不确定性
2	——	是主观贝叶斯方法的推广
3	——	可在不同层次上对证据组合进行处理
4	——	能区分“不知道”和“不确定”
5	需要先验概率和条件概率	——
6	具有指数信息复杂度	指数信息复杂度和指数时间复杂度
7	不确定性的给定方式可采用主客观两种形式	不确定性的给定方式由主观给出
8	不便于规则库的增减	具有语义模块性，方便增减

6.4　模糊推理

经典集合论只能把自己的表现力限制在那些有明确外延的概念和事物上。它明确地限定：每个集合都必须由明确的元素构成，元素对集合的隶属关系必须是明确的，绝不能模棱两可。

1965年，美国控制论专家、数学家L. A. Zadeh发表了论文《模糊集合》，标志着模糊数学这门学科的诞生。L. A. Zadeh教授在1995年荣获IEEE 1995年荣誉奖（IEEE Medal of Honor），他以隶属度为基石，通过定义的隶属度函数表达模糊性，利用模糊推理规则，从数据中挖掘知识表达的逻辑关系。

模糊数学的研究内容主要包括三大类：第一，研究模糊数学的理论，以及它和精确数学、随机数学的关系。第二，研究模糊语言学和模糊逻辑。人类自然语言具有模糊性，人们经常接受模糊语言与模糊信息，并能做出正确的识别和判断。第三，研究模糊数学的应用。模糊数学是以不确定性的事物为其研究对象的，使研究确定性对象的数学与不确定性对象的数学沟通起来，过去精确数学、随机数学描述的不足之处，就能得到弥补。在模糊数学中，目前已有模糊拓扑学、模糊群论、模糊图论、模糊概率、模糊语言学、模糊逻辑学等分支。

模糊数学理论于1976年传入我国。1980年，国内成立了中国模糊数学与模糊系统学会。1981年，创办了《模糊数学》杂志，1987年，创办了《模糊系统与数学》杂志。经过 40 多年的发展，目前，我国已成为全球四大模糊数学研究中心之一（其余三个是美国、西欧和日本）。

在处理现实对象时，采用的数学模型有确定性数学模型、随机性数学模型和模糊性数学模型。确定性数学模型的背景对象具有确定性或固定性，对象间具有必然的关系；随机性数学模型的背景对象具有或然性或随机性；模糊性数学模型的背景对象及其关系均具有模糊性。如果概率与统计数学将数学的应用范围从必然现象扩大到随机现象的领域，那么模糊数学则将数学的应用范围从清晰现象扩大到模糊现象的领域。

接下来，我们先介绍一个与模糊数学相关的著名案例——古希腊“秃头悖论”。在“秃头悖论”中，定义了下述 A、B 两个命题。

命题 A：一根头发都没有的是秃头；命题 B：比秃头多一根头发的还是秃头。

如果我们反复运用精确推理规则，则可得命题 C：满头乌发是秃头。

那么，问题就来了，如何区分“秃”和“不秃”。

它产生的关键在于“秃”和“不秃”是不能用精确的语言加以定义的。同样地，在现实生活中，存在着大量的不能精确定义的事物。比如像“高尚”“低俗”“漂亮”“丑陋”等，我们不能说一个人要么漂亮，要么丑陋。这种性态正是模糊事物的不确定性，这与经典数学中清晰事物的确定性相比，它更具有一般性，而且由此划分事物时不能得到界限分明的类别，也可以说，清晰性反映了事物性态和类属方面的非此即彼性，而模糊性则反映了事物性态和类属方面的亦此亦彼性。在此，有必要指出模糊性和随机性不同，随机性是与必然性相对的，是指时间发生与否不确定，但时间本身的性态和特征是确定的，在随机试验中，一个事件或者发生或者不发生，没有第三种可能，所以随机现象是服从排中律的，而模糊性则不服从排中律。

从集合的观点，可以更清楚地看到模糊数学与经典数学的不同之处。在经典数学中，集合是指那些有确定性质的个体汇集面成的集合，而不具有这种性质的个体则不属于这个集合，为了表示这种非此即彼性，数学上会引入特征函数：每个元素的特征函数值不是 1 就是 0，整个论域中的元素就被分成两类 A 和 C（C 为 A 的补集）。而在模糊数学中，研究对象的不确定性，决定了它无法用普通集合来表示，其特征函数值不局限于 0 和 1，还有其他中间量，它将特征值推广成区间［0,1］的任意实数。0 和 1 之间的数值表示隶属度，数值越大表示隶属度越高，0 表示完全不属于，1 表示完全属于。这种推广的特征函数就称为隶属函数。Zadeh 用隶属函数定义模糊集合，隶属函数描述了元素从属于集合到不属于集合的渐变过程，使应用模糊数学成为可能。

Zadeh 曾给出老年人集合的隶属函数，从而算出了 50 岁的人隶属度为 0.5，55 岁的人隶属度为 0.55，60 岁的人隶属度为 0.8，70 岁的人隶属度为 0.94……由此更容易看出，一个人是否为老年人不只有是和否两种情况，这样更容易体现出事物的亦此亦彼性，更符合客观实际。

在信息级融合特别是决策级融合应用中，有些不确定性是非随机的，所以也不能用概率论来处理和建模。模糊集合理论给出了表示不确定性的方法，模糊集合理论为那些含糊、不精确或缺少必要资料的不确定性事物的建模提供了独特的工具。本节接下来重点介绍模糊推理及其在决策融合中的应用[4]。

6.4.1　模糊集合与隶属函数

经典集合论任意元素和任意一个集合之间的关系式是用“属于”和“不属于”来表示的，都强调精确性。模糊集合论是用“隶属度”来表示的，强调模糊性。

在给定论域山的一个对象空间 U，研究对象 $x \in U$，对于另一个子集 $A(A \in U)$。对于研究对象 x 是否属于集合 A。将对每个 x 定义一个特征函数，使它与 x 构成一组有序对，因此，U 上的模糊子集 A 定义为一组有序对：

$$A = \{x, \boldsymbol{\mu}_A(x) \mid x \in U\} \tag{6-43}$$

式中：$\boldsymbol{\mu}_A(x)$ 为 x 对 A 的隶属函数（membership function，MF），它表示 x 隶属 A 的程度。当 $\boldsymbol{\mu}_A(x) = 1$，表示 x 完全属于 A；当 $\boldsymbol{\mu}_A(x) = 0$，表示 x 完全不属于 A；当 $\mu_A(x) = [0,1]$，表示 x 部分属于 A。图 6-10 给出了经典集合与模糊集合隶属度描述。

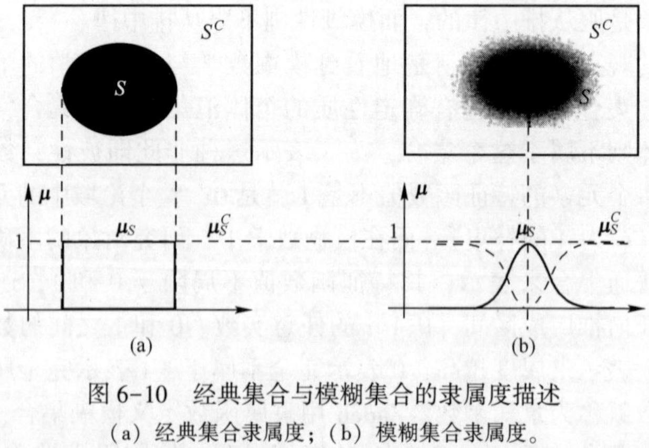

图 6-10　经典集合与模糊集合的隶属度描述

（a）经典集合隶属度；（b）模糊集合隶属度。

例如，设论域为实数域 R，A 论域表示“靠近 4 的数集”，则 $A\in\zeta(R)$。它的隶属函数为

$$A(x)=\begin{cases}e^{-k(x-4)^2} & |x-4|<\delta \\ 0 & |x-4|\geqslant\delta\end{cases} \tag{6-44}$$

式中：参数 $\delta>0$，$k>0$。

同样地，可以定义 B 是“比 4 大得多的数集”，它的隶属度函数为

$$B(x)=\begin{cases}0 & (x\leqslant 4) \\ \dfrac{1}{1+\dfrac{100}{(x-4)^2}} & (x>4)\end{cases} \tag{6-45}$$

$A(x)$ 与 $B(x)$ 与的隶属度函数参见图 6-11。

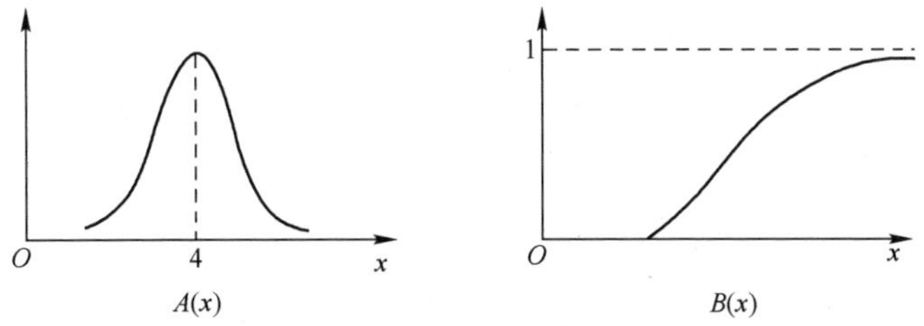

图 6-11 $A(x)$ 和 $B(x)$ 的隶属函数描述

模糊子集 A 的隶属函数的值域为 $\mu_A(x)\in[0,1]$，当 $\mu_A(x)=\{0,1\}$ 时，模糊子集 A 就称为一个精确集合，即普通集合。

例如，令 U 是人可能年龄的集合，假设老年人的隶属函数表达式为 $\mu_A(x)=1/\left(1+\left(\dfrac{x-60}{10}\right)^4\right)$ $(x<60)$，对于 $x\geqslant 60$ 时，$\mu_A(x)=1$。此时，可以用两种方式来表达老年人的集合，第一种表达式为 $A=\{x,\mu_A(x)\mid x\in U\}$，第二种表达式为 $A=\{\mu_A(x)/x\}$。

据此，我们可以很容易的计算出不同年龄段的隶属度，如

$$\mu_A(30)=0.0122;\ \mu_A(40)=0.0588;\ \mu_A(50)=0.5;\ \mu_A(60)=1$$

对于离散形式的隶属度赋值，此处也举个例子。

设 $X=\{1,2,3,4,5\}$，小 $=1/1+0.8/2+0.6/3+0.4/4+0.2/5$，则

有点小 $=1^{0.5}/1+0.8^{0.5}/2+0.6^{0.5}/3+0.4^{0.5}/4+0.2^{0.5}/5$

非常小 $=1^2/1+0.8^2/2+0.6^2/3+0.4^2/4+0.2^2/5$

非常非常小 $=1^4/1+0.8^4/2+0.6^4/3+0.4^4/4+0.2^4/5$

总体来说，在模糊控制中的隶属函数图形有以下三大类：

（1）左大右小的偏小型下降函数（Z 函数），如图 6-12 所示；

（2）左小右大的偏大型上升函数（S 函数），如图 6-13 所示；

（3）对称型凸函数（Ⅱ函数），如图 6-14 所示。

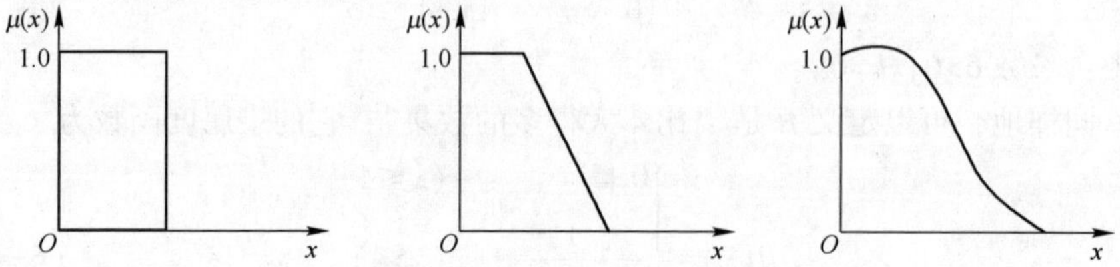

图 6-12　常用的 Z 函数样式

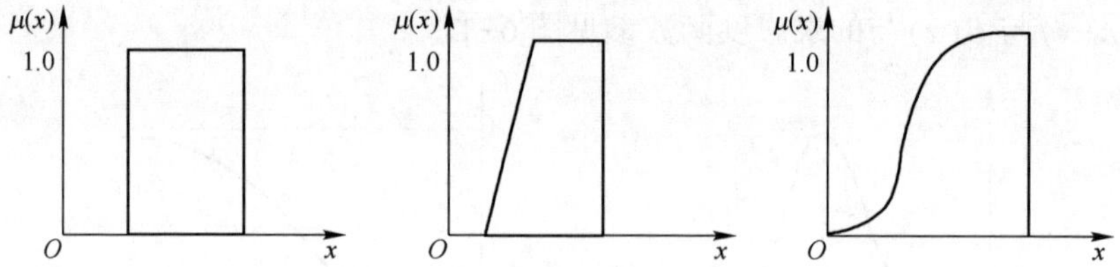

图 6-13　常用的 S 函数样式

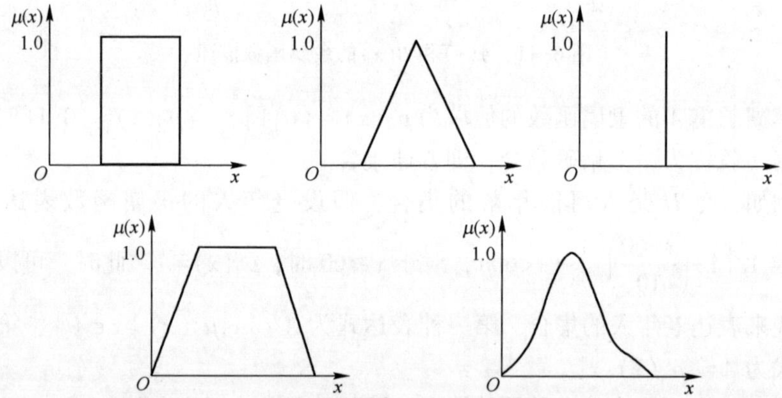

图 6-14　常用的Ⅱ函数样式

6.4.2　模糊集合的基本运算

通常，我们定义以下四种典型的模糊集合运算。

（1）模糊子集的并集（Cartersion 协积）。若 $C=A\cup B$，则

$$\mu_C(x)=\max(\mu_A(x),\mu_B(x)) \tag{6-46}$$

（2）模糊子集的交集（笛卡儿积）。若 $C=A\cap B$，则

$$\mu_C(x)=\min(\mu_A(x),\mu_B(x))\tag{6-47}$$

（3）模糊子集的截集。对于任意常量 $\lambda\subset[0,1]$，模糊集合 A 的 λ 截集记作 A_λ，且

$$A_\lambda=\{x\mid x\in U,\mu_A(x)>\lambda\}\tag{6-48}$$

（4）模糊子集的补集

$$\overline{A}\Leftrightarrow\mu_{\overline{A}}(x)=1-\mu_A(x)\tag{6-49}$$

图 6-15 给出了模糊子集 A 和 B 的隶属函数，图 6-16 给出的是模糊子集 A 和 B 相应并集、交集和补集的隶属函数。

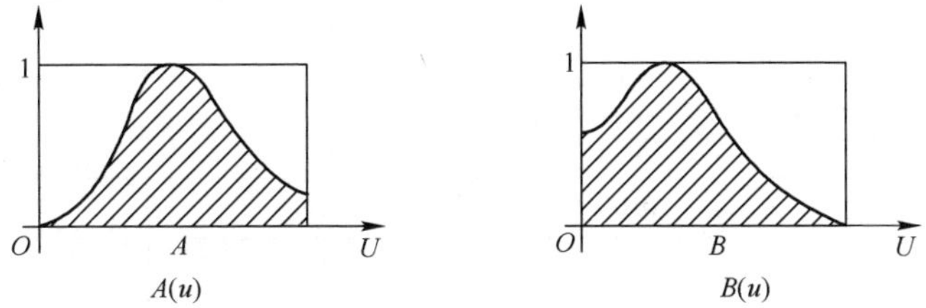

图 6-15　模糊子集 A 和 B 的隶属函数

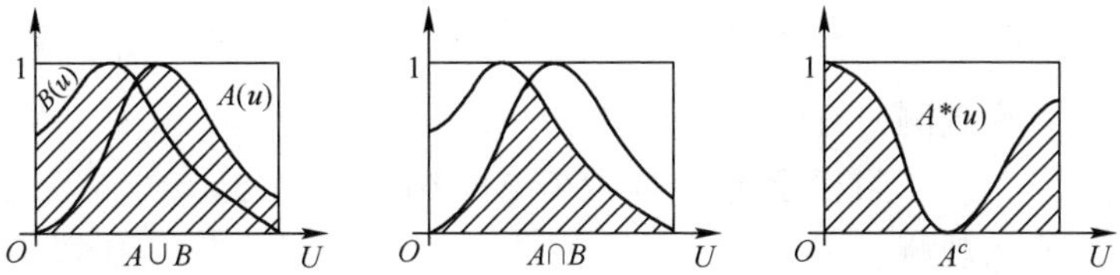

图 6-16　模糊子集 A 和 B 并集、交集和补集的隶属函数

此外，我们还给出来以下几种模糊集合中常用的代数运算。

（1）模糊集合的代数积。若 $C=A\cdot B$，则

$$\mu_C(x)=\mu_A(x)\times\mu_B(x)\tag{6-50}$$

（2）模糊集合的代数和。若 $C=A+B$，当 $\mu_A(x)+\mu_B(x)\leqslant 1$ 时，有

$$\mu_C(x)=\mu_A(x)+\mu_B(x)\tag{6-51}$$

（3）模糊集合的环和。若 $C=A\oplus B$，则

$$\mu_C(x)=\mu_A(x)+\mu_B(x)-\mu_A(x)\cdot\mu_B(x)\tag{6-52}$$

例如，两个模糊集合的简单运算。若论域 $U=\{x_1,x_2,x_3,x_4\}$ 上有

$\underset{\cdot\cdot}{A}=x_1/0.9+x_3/0.7+x_4/0.5$，　$\underset{\cdot\cdot}{B}=x_1/0.8+x_2/0.6+x_4/0.4$，则

$\underset{\cdot\cdot}{A}\cup\underset{\cdot\cdot}{B}=x_1/0.9+x_2/0.6+x_3/0.7+x_4/0.5$，　$\underset{\cdot\cdot}{A}\cap\underset{\cdot\cdot}{B}=x_1/0.8+x_4/0.4$

$\overline{\underset{\cdot\cdot}{A}}=x_1/0.1+x_1/1+x_3/0.3+x_4/0.5$

显然，模糊集合的逻辑运算实质上就是隶属函数的组合运算过程。

例 6.6 一个简单的模糊识别实例（表 6-5）。

表 6-5 实例

某传感器	目标隶属度		
	导弹 M	战斗机 F	客机 A
1	1.0	0.0	0.0
2	0.9	0.0	0.1
3	0.4	0.3	0.2
4	0.2	0.3	0.5
5	0.1	0.2	0.7
6	0.1	0.6	0.4
7	0.0	0.7	0.2
8	0.0	0.0	1.0
9	0.0	0.8	0.2
10	0.0	1.0	0.0

解：

基于第 4 次观测，有

$$\text{目标隶属度 }4=M/0.2+F/0.3+A/0.5$$

基于第 6 次观测，有

$$\text{目标隶属度 }6=M/0.1+F/0.6+A/0.4$$

基于上述两次测量，目标总的模糊集是目标隶属度 4 与目标隶属度 6 的并集，则有

$$\text{目标隶属度}=M/0.2+F/0.6+A/0.5$$

如果把隶属度最大值对应的目标作为最可能目标，则推理结果为战斗机。最大隶属原则和择近原则是模糊模式识别的基本方法。

6.4.3 模糊关系

在模糊集合理论中，一个重要内容就是在有限论域中，其模糊关系可用关系矩阵表达。常见的二元模糊关系 R，比如：对于数字 x、y，有："y 远远大于 x" 或者 "y 接近于 x" 等。再如，若 x、y 为事件、人物等，有："y 取决于 x" "y 相似于 x" "如果 x 是 a，则 y 是 b" 等模糊性关系论述。显然，这里就涉及基于模糊测度的关联计算。

设 U、V 是两个论域，$U\times V=\{(X,Y)\mid X\subset U,Y\subset V\}$ 称为 U 与 V 的笛卡儿乘积集。从 U 到 V 的一个模糊关系记作：$U\to V$，称为 $U\times V$ 的一个模糊关系子集 R，其隶属函数为

$$\mu_R=U\times V\to[0,1] \tag{6-53}$$

设 $\mu_R(x,y)$ 为 (x,y) 具有关系 R 的程度。模糊关系采用关系矩阵表达时，$R=\{r_{ij}\}$，其中 $r_{ij}=\mu_R(x_i,y_j)$，$0\leqslant r_{ij}\leqslant 1$。模糊关系集合 R 的表达式为

$$R=\{(x,y),\mu_R(x,y):(x,y)\in X\times Y\} \tag{6-54}$$

以上二元关系可以推广到 n 元关系。

例 6.7　设 X,Y 都是 $U\times V$ 上的正实数函数集，而且定义从 U 到 V 的模糊关系 R 为"y 远远大于 x"，模糊关系 R 的隶属度函数 μ_R 主观定义为

$$\mu_R(x,y)=\begin{cases}\dfrac{y-x}{x+y+2} & (y>x)\\ 0 & (y\leqslant x)\end{cases}$$

当 $X=\{3,4,5\}$，$Y=\{3,4,5,6,7\}$ 时，试求将模糊关系 $\boldsymbol{R}$ 用关系矩阵表示的形式。

解：根据 $\mu_R(x,y)$ 的基本规则，模糊关系 $\boldsymbol{R}$ 表示的表格形式如表 6-6 所示：

表 6-6　模糊关系 $\boldsymbol{R}$ 用关系矩阵表示的形式

X	Y				
	3	4	5	6	7
3	0	$\mu_R(3,4)$	$\mu_R(3,5)$	$\mu_R(3,6)$	$\mu_R(3,7)$
4	0	0	$\mu_R(4,5)$	$\mu_R(4,6)$	$\mu_R(4,7)$
5	0	0	0	$\mu_R(5,6)$	$\mu_R(5,7)$

将相应的 (x,y) 代入后，可以求解出关系矩阵为

$$\boldsymbol{R}=\begin{bmatrix}0 & 0.111 & 0.2 & 0.273 & 0.333\\ 0 & 0 & 0.091 & 0.167 & 0.231\\ 0 & 0 & 0 & 0.077 & 0.143\end{bmatrix}$$

模糊关系可以通过某些运算来形成。设 $\boldsymbol{R}_1$ 和 $\boldsymbol{R}_2$ 是分别定义在 $X\times Y$ 及 $Y\times Z$ 上的两个模糊关系，在进行新的模糊关系处理时，常见的复合运算有如下两种。

（1）极大-极小复合运算（内积）。

$$\boldsymbol{R}_1\circ\boldsymbol{R}_2=\{[(x,z),\max_y\min(\mu_{R1}(x,y),\mu_{R2}(x,y))]:x\in X,y\in Y,z\in Z\} \tag{6-55}$$

(2) 极大-乘积复合运算（外积）。

$$\boldsymbol{R}_1 \circ \boldsymbol{R}_2 = \{[(x,z),\max_y(\mu_{R1}(x,y)\cdot\mu_{R2}(x,y))]: x\in X, y\in Y, z\in Z\} \tag{6-56}$$

上述两个式子刻画了两个元素关系的深浅程度并不是简单肯定或否定。这种关系之间具有方向性，并且关系矩阵的对称性也不是必须的。例如，“朋友”是对称关系，“差异”也是，而“父子”“因果”都不是对称关系。接下来，举一个模糊关系的复合运算实例。

例 6.8　某家中子女与父母的长相相似关系 $\boldsymbol{R}$ 为模糊关系。用模糊矩阵 $\boldsymbol{R}$ 来表示为 $\boldsymbol{R}=\begin{bmatrix}0.2 & 0.8\\ 0.6 & 0.1\end{bmatrix}$，如表 6-7 所示。该家中父母与祖父母的相似关系用模糊矩阵 $\boldsymbol{S}$ 来表示为 $\boldsymbol{S}=\begin{bmatrix}0.5 & 0.7\\ 0.1 & 0\end{bmatrix}$，如表 6-8 所示。

表 6-7　模糊矩阵 $\boldsymbol{R}$

$\boldsymbol{R}$	父	母
子	0.2	0.8
女	0.6	0.1

表 6-8　模糊矩阵 $\boldsymbol{S}$

$\boldsymbol{S}$	祖父	祖母
父	0.5	0.7
母	0.1	0

试计算家中的孙子、孙女与祖父、祖母的相似程度如何？

解：利用极大-极小复合运算规则，对模糊矩阵 $\boldsymbol{R}$ 和模糊矩阵 $\boldsymbol{S}$ 进行复合运算，可得

$$\begin{aligned}\boldsymbol{R}\circ\boldsymbol{S} &= \begin{bmatrix}0.2 & 0.8\\ 0.6 & 0.1\end{bmatrix}\circ\begin{bmatrix}0.5 & 0.7\\ 0.1 & 0\end{bmatrix}\\ &= \begin{bmatrix}(0.2\wedge 0.5)\vee(0.8\wedge 0.1) & (0.2\wedge 0.7)\vee(0.8\wedge 0)\\ (0.6\wedge 0.5)\vee(0.1\wedge 0.1) & (0.6\wedge 0.7)\vee(0.1\wedge 0)\end{bmatrix}\\ &= \begin{bmatrix}0.2 & 0.2\\ 0.5 & 0.6\end{bmatrix}\end{aligned}$$

最终，得到孙子、孙女与祖父、祖母的相似矩阵如表 6-9 所示：

表 6-9　孙子、孙女与祖父、祖母的相似矩阵

R	祖父	祖母
孙子	0.2	0.2
孙女	0.5	0.6

6.4.4　模糊逻辑推理

模糊逻辑的基本思想是将常规数值变量模糊化，使变量成为以定性术语（语言值）为值域的语言变量。当用语言变量来描述对象时，这些定性术语就构成模糊命题。然后可以对模糊命题作合取（交）、析取（并）、取反等逻辑操作。

模糊逻辑推理是建立在模糊逻辑基础上的，它是一种不确定性推理方法。在曾黄麟的《智能计算》一书中，给出了三种典型的模糊推理模型，分别是 Mamdani 模糊模型、Sugeno 模糊模型和 Tsukamoto 模糊模型。

现实生活中，也经常会遇到模糊近似推理的实例。如果电视声音太小，则增加一点音量；如果音响声音太大，为防邻居抱怨把音量调小；若果交通堵塞，则开始大量开辟车道；如果由于吃馅饼、冰激凌、蛋糕而变得太胖，则适当少吃。这些都是属于启发式推理规则。

比如，如果路滑，则驾驶很危险。这属于典型的模糊假言推理。在该推理中，通过定义 $X \times Y$ 上的模糊关系 R，表达 $A \rightarrow B$。

模糊假言推理的特点是：对于前提 1（事实）：x 是 A'；对于前提 2（规则）：如果 x 是 A，则 y 是 B。那么，基于上述的事实和规则，通过模糊推理可以得出的结论为 y 是 B'。这里就用到了近似推理。A 与 A' 是 X 上的模糊集合，A 接近 A'；B 与 B' 是 Y 上的模糊集合，B 接近 B'。

$A \rightarrow B$ 定义了一种恰当的二元模糊关系：模糊约束（fuzzy restriction）和弹性约束（elastic constraint）。显然，在上述例子中 x 表示“路”，A 表示“滑”，在 x 和 A 之间形成了模糊隶属度 $\mu_A(x)$；y 表示“驾驶”，B 表示“危险”，在 y 和 B 之间形成了模糊隶属度 $\mu_B(y)$。

接下来，给出典型的模糊推理过程，如图 6-17 所示。

在上述模糊推理过程中，去模糊的常用方法包括最大值法、重心法和面积等分法。三种方法各有特点：最大值法突出了主要因素，但缺乏全面的考虑；重心法又称瞬时方法，它通过采用加权平均策略突出主要信息，也兼顾到了其他信息，在实际中应用得较多，但是该方法需要计算重心，运算量较大；面积等分法又称中位数法，能全面考虑，但没有突出主要信息。

模糊逻辑推理广泛应用于社会的各行各业。在电脑产品的资料库设计、

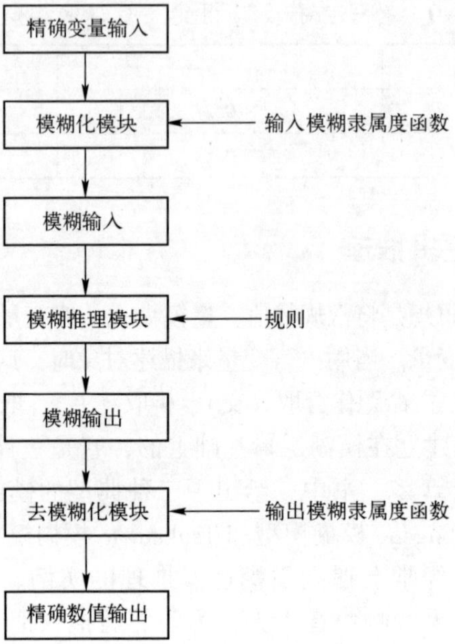

图 6-17　模糊推理典型过程

文字辨识和专家系统中，在通信产品的电话故障诊断、公共电话线路管理和影像处理中，在工业控制领域如视频制造控制、马达控制、工业机器人和能源控制等场景下，均会用到模糊逻辑推理知识。可以说，模糊科技具有非常广泛的应用方向。

更重要的是，模糊逻辑推理方法可应用于决策融合的不同任务阶段。在航迹关联算法中，可利用模糊隶属度构建关联测度；在目标识别的模糊综合评价阶段，可利用模糊综合函数实现识别分类；在对传感器的空间配准误差估计时，可利用模糊聚类估计空间位置。模糊科技及其应用也是信息融合领域的重要研究方向，无论是模糊综合评判系统、模糊推理和系统建模，还是模糊划分与模糊聚类方法都值得深入研究。此外，模糊推理还可以与其他研究相结合，如通过与神经网络、遗传算法等相结合，能够使系统具有学习能力，变得更加智能化。

6.5　人工神经网络

在决策融合领域的研究内容非常丰富，所涉及的基础理论及极其广泛。目前，信息融合方法大致可分为概率统计方法和人工智能方法。

概率统计方法包括加权平均法、贝叶斯估计法、卡尔曼滤波法、D-S 推理、产生式规则等。在数据关联、分布式融合等系统中，上述基于概率统计的融合算法存在计算组合爆炸，学习速度慢等缺陷，从而限制其应用范围。人工智能方法则有模糊推理、粗糙集理论、人工神经网络以及专家系统等。近年来，随着计算机技术的飞速发展。人工神经网络技术与信息融合的结合，已成为新的研究热点，它为研究信息融合条件下的深度态势感知提供了强有力的支撑。

人工神经网络是由大量互联的处理单元连接而成，它基于现代神经生物学和认知科学在信息处理领域应用的研究成果，具有大规模并行模拟处理、连续时间动力学和网络全局作用等特点，有很强的自适应能力，从而可以代替复杂耗时的传统算法，使信号处理过程更接近人类思维活动。为了使目标系统能够自适应、并行、高效地融合信息，信息融合处理算法越来越多地将神经网络应用其中，是因为神经网络技术具备以下优势：

（1）学习能力。学习能力是神经网络具有智能的重要表现，即通过学习训练可抽象出训练样本的主要特征，表现出自适应能力。

（2）联想记忆功能。由于神经网络具有分布存储信息和并行计算的特征，因此它具有对外界刺激信息和输入模式进行联想记忆的能力。这一能力使其在分类、模式识别和图像复原等方面具有潜在应用价值。

（3）非线性映射。神经网络可有效实现输入空间到输出空间的非线性映射。寻找输入到输出之间的非线性关系模型，这是工程界普遍面临的问题。

（4）分类和识别。神经网络对外界输入样本具有强识别和分类能力。对输入样本的分类实际上是在样本空间找出符合分类要求的分割区域，每个区域内的样本属于一类，比传统分类器具有更好的分类和识别能力。

（5）知识处理。神经网络能够从输入输出信息中提取规律而获得相关知识，并将知识分布在网络的连接中予以存储。这使其能够在没有任何先验知识的情况下自动从输入数据中提取特征、发现规律，并通过自组织过程将自身构建成适合于表达的规律。

由于人工神经网络技术涉及的知识面过于广泛，本节简要介绍几类典型神经网络以及基于典型神经网络技术的信息融合应用。

6.5.1　人工神经网络技术基础

人工神经网络（artificial neural network，ANN）技术起源于 20 世纪 40 年代。神经网络是由数个至数十亿个被称为神经元的细胞（组成我们大脑的微小细胞）所组成，它们以不同方式连接而型成网络。人工神经网络就是尝试模拟这种生物学上的体系结构及其操作用于信息处理技术，利用多个简单计算模型有机构成一个计算网络用以实现一个复杂的规则。

人工神经网络技术的实现是基于数据的，最终的规则对用户是透明的。其主要用途有两种：①利用一定数据在一定误差下逼近一个解析式未知的函数；②实现空间的线性或非线性划分，从而完成目标分类。人工神经网络技术发展至今经历了以下 5 个主要阶段。

第一阶段是 40 年代初，称为萌芽期。美国 Mc Culloch 和 Pitts 从信息处理的角度，研究神经细胞行为的数学模型表达，提出了阈值加权和模型——MP 模型。1949 年，心理学家 Hebb 提出著名的 Hebb 学习规则，即由神经元之间结合强度的改变来实现神经学习的方法。Hebb 学习规的基本思想至今在神经网络的研究中仍发挥着重要作用。

第二阶段是 20 世纪 60 年代初，称为第一次高潮。50 年代末，Rosenblatt 提出感知机模型（Perceptron）。感知机虽然比较简单，却已具有神经网络的一些基本性质，如分布式存贮、并行处理、可学习性、连续计算等。这些神经网络的特性与当时流行串行的、离散的、符号处理的电子计算机及其相应的人工智能技术有本质上的不同，由此引起许多研究者的兴趣，在当时掀起了神经网络研究的第一次高潮。但是，当时人们对神经网络研究过于乐观，认为只要将这种神经元互联成一个网络，就可以解决人脑思维的模拟问题，然而，后来的研究结果却又使人们走向另一个极端。

第三阶段是 20 世纪 60 年代末，称为反思期。60 年代末，美国著名人工智能专家 Minsky 和 Papert 对 Rosenblatt 的工作进行了深入研究，出版了有较大影响的 *Perceptron* 一书，指出感知机的功能和处理能力的局限性，同时也指出如果在感知器中引入隐含神经元，增加神经网络的层次，可以提高神经网络的处理能力，但是却无法给出相应的网络学习算法。另一方面，以串行信息处理及以它为基础的传统人工智能技术的潜力是无穷的，这暂时掩盖了发展新型计算机和寻找新的人工智能途径的必要性和迫切性。再者，当时对大脑的计算原理、对神经网络计算的优点、缺点、可能性及其局限性等还很不清楚，使对神经网络的研究进入了低潮。

第四阶段是 20 世纪 80 年代，称为第二次高潮。进入 80 年代，首先是基于“知识库”的专家系统的研究和运用，在许多方面取得了较大成功。但一段时间以后，实际情况表明专家系统并不像人们所希望的那样高明，特别是在处理视觉、听觉、形象思维、联想记忆以及运动控制等方面，传统的计算机和人工智能技术面临着重重困难。模拟人脑的智能信息处理过程，如果仅靠串行逻辑和符号处理等传统的方法来济决复杂的问题，会产生计算量的组合爆炸。因此，具有并行分布处理模式的神经网络理论又重新受到人们的重视，对神经网络的研究又开始复兴，掀起了第二次研究高潮。1982年，美国加州理工学院物理学家Hopfield提出了一种新的神经网络—循环神经网络，引入"能量函数"的概念，使得网络稳定性研究有了明确的判据。1984年，Hopfield研制了大名鼎鼎的"Hopfield网络"，物理实现为神经计算机的研究奠定了基础，解决了著名的TSP问题。1985年，UCSD的Hinton、Sejnowsky、Rumelhart等人所在的并行分布处理小组的研究者在Hopfield网中引入随机机制，提出了Boltzmann机。1986年，Rumelhart等人在多层神经网络模型基础上，提出反向传播学习算法（back propagation，BP）算法，解决了多层前向神经网络的学习问题，证明出多层神经网络具有很强的学习能力，能够解决许多实际问题。

第五阶段是20世纪90年代至今，称为再认识期。许多具备不同信息处理能力的神经网络已被提出来并应用于许多信息处理领域，如模式识别、自动控制、信号处理、决策辅助、人工智能等方面。各种神经网络模拟软件包、神经网络芯片以及电子神经计算机相继出现，也为神经网络的理论研究提供了许多有利条件。同时，神经网络学术会议和神经网络学术刊物的大量出现，给神经网络的研究者们提供了许多讨论交流的机会。

虽然人们已对神经网络在人工智能领域的研究达成了共识，对其巨大潜力也毋庸置疑，但是须知，人类对自身大脑的研究尤其是对智能信息处理机制的了解还十分肤浅。因此，现有的研究成果仍处于起步阶段，还需许多有识之士的长期努力。综上可以看出，当前又处于神经网络研究的高潮期，不仅给新一代智能计算机的研究带来巨大影响，而且将推动整个人工智能领域的发展。不论是神经网络自身的工作原理自身，还是目前正在发展的神经计算机，都仍有很长的路要走。

人工神经网络是对人类大脑特性的一种描述，也是一个数学模型，可以用电子线路实现，也可以用计算机程序来模拟。图6-18是一个神经元的结构图，通过与生物神经元的比较可以知道它们的有机联系，生物神经元中的神经体与人工神经元中的节点相对应，树突（神经末梢）与输入相对应，轴突与输出相对应，突触与权值相对应。

基于神经元结构，美国学者Rosenblatt于1957年提出了感知器神经网络模型如图6-19所示。感知器中第一次引入了学习的概念，使人脑所具备的学习功能在基于符号处理的数学到了一定程度的模拟，所以引起了广泛的关注。感知器的连接权重被定义为可变的，这样感知器就被赋予了学习的特性。

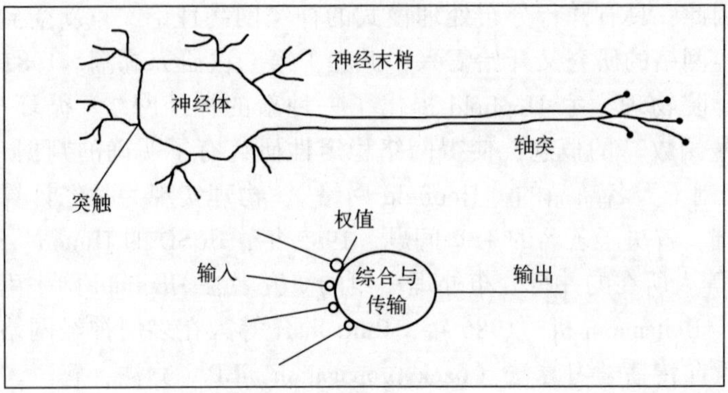

图 6-18 神经元结构图

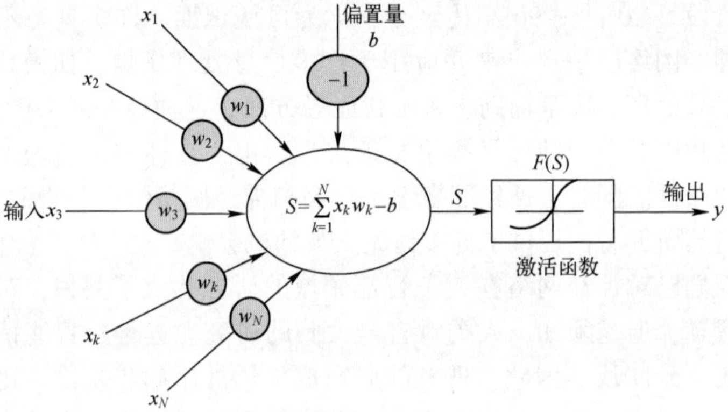

图 6-19 感知器神经网络模型

可知，输出信号 y 可表示为

$$y = F\left(\sum_{k=1}^{N} w_k x_k - b\right) \tag{6-57}$$

式中：x_k 为第 k 个输入；w_k 为第 k 个输入到处理单元的连接权值；b 为阈值；F 为激活函数。为简化表示，把阈值 b 当作输入 $-w_0$，写成向量形式。

激活函数 F 可以采用多种形式，常用的有阶跃函数、对称性阶跃函数等。图 6-20 给出了两种常用的阶跃型激活函数，函数表达式分别为 $f(x)=\begin{cases}1, & x\geqslant 0\\ 0, & x<0\end{cases}$ 和 $f(x)=\dfrac{1}{1+e^{-x}}$；图 6-21 则给出的是两种对称阶跃型激活函数，对应的函数表达式分别为 $f(x)=\begin{cases}1, & x\geqslant 0\\ -1, & x<0\end{cases}$ 和 $f(x)=\dfrac{1-e^{-x}}{1+e^{-x}}$。

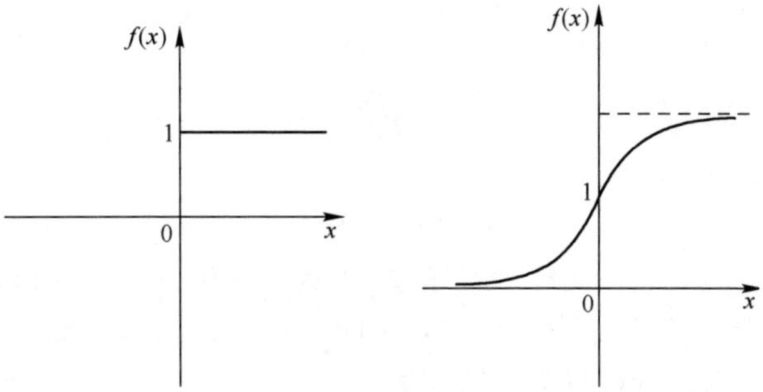

图 6-20　阶跃型激活函数

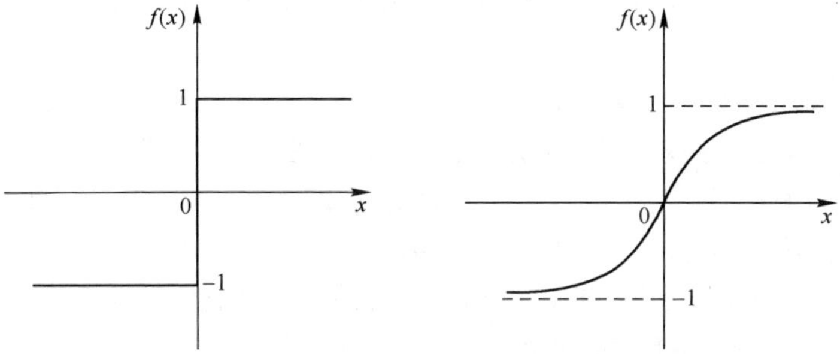

图 6-21　对称阶跃型激活函数

感知器的输出为 $s=w_0+w_1x_1+w_2x_2+w_Nx_N$，训练误差为

$$E[\boldsymbol{\omega}] = \frac{1}{2}\sum_{d\in D}(t_d - s)^2 \tag{6-58}$$

式中：t_d 为期望输出；s 为实际输出的感知器计算值；D 为训练样本集。

通过梯度下降法调整权值，有

$$\begin{aligned}\frac{\partial E}{\partial w_i} &= \frac{\partial}{\partial w_i}\cdot\frac{1}{2}\cdot\sum_d(t_d - s)^2 = \frac{1}{2}\sum_d\frac{\partial}{\partial w_i}(t_d - s)^2 \\ &= \sum_d(t_d - s)\frac{\partial}{\partial w_i}(t_d - w_ix_i) \\ &= \sum_d(t_d - s)(-x_i)\end{aligned} \tag{6-59}$$

从而，有

$$\frac{\partial E}{\partial w_i} = -(t_d - s)x_i \tag{6-60}$$

训练误差 E 的梯度可表示为$\nabla E[\boldsymbol{w}]\equiv\left[\frac{\partial E}{\partial w_0},\frac{\partial E}{\partial w_1},\cdots\frac{\partial E}{\partial w_N}\right]$，$\Delta\boldsymbol{w}=-\eta\nabla E[\boldsymbol{w}]$，

$\Delta \boldsymbol{w}_i = -\boldsymbol{\eta}\dfrac{\partial E}{\partial w_i}$，将式（6-60）导入该式可得：

$$\Delta \boldsymbol{w}_i = \boldsymbol{\eta}(t_d - s)x_i \tag{6-61}$$

定义 $\delta = (t_d - s)$，则有：

$$\Delta \boldsymbol{w}_i = \boldsymbol{\eta}\delta x_i \tag{6-62}$$

$\boldsymbol{\eta}$ 为一个正的常数，又称学习速率。δ 为某一输入样本对应的期望输出与实际输出的误差。相关文献研究结果表明，只要训练样本线性可分，并且使用充分小的 $\boldsymbol{\eta}$，训练过程肯定能够收敛。

感知器引入的学习算法称之为误差学习算法，该算法是神经网络学习中的一个重要算法，并已被广泛应用。根据上文描述，感知器的学习算法可描述为如下过程：

（1）选择一组初始权值 $w_i(0)$；

（2）计算某一输入样本对应的实际输出与期望输出的误差 δ；

（3）如果 δ 小于给定值，结束，否则继续；

（4）更新权值：$w_i = w_i + \Delta w_i = w_i + \boldsymbol{\eta}\delta x_i$

式中，学习率 $\boldsymbol{\eta}$ 为在区间(0,1)上的一个常数，它的取值与训练速度和 w 收敛的稳定性有关，x_i 为神经元的第 i 个输入。

（5）返回（2），重复上述步骤，直到对所有训练样本，网络输出均能满足要求。

6.5.2　典型神经网络类型介绍

在实际设计中，神经网络的网络结构通常如图 6-22 所示，包含三个部分，分别是输入层、隐含层和输出层。隐含层中的两个重要参数是神经网络的层数和每层神经元的数量。决定神经网络性能的因素有以下几个方面：隐含层参量（即神经网络层数和每层神经元数量）、每层神经元的作用函数、神经网络训练的目标函数和学习算法、神经网络权值和阈值的初始值以及神经网络的训练数据。

神经网络的应用步骤：①神经网络的设计，包括确定网络结构、作用函数和学习算法；②神经网络初始化；③利用实验方法获得神经网络的训练数据和测试数据；④利用实验数据对网络进行训练和测试；⑤利用训练后的网络处理相关的输入信息。

根据学习环境不同，神经网络的学习方式可分为监督学习和非监督学习。在监督学习中，将训练样本的数据加到网络输入端，同时将相应的期望输出与网络 输出相比较，得到误差，以此控制权值连接强度的调整，经多次训练

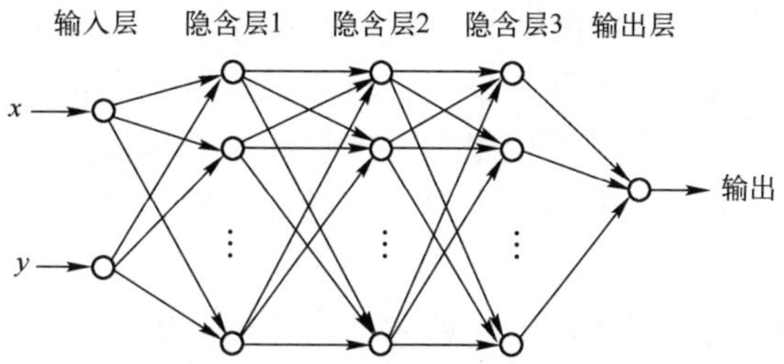

图 6-22　神经网络的网络结构

后收敛到一个确定的权值。当样本情况发生变化时，经学习可以修改权值以适应新的环境。使用监督学习的神经网络模型有反传网络、感知器等。在非监督学习中，事先不给定标准样本，直接将网络置于环境之中，学习阶段与测试阶段成为一体。此时，学习规律的变化服从连接权值的演变方程。常见的神经网络有感知器神经网络，线性神经网络，BP 神经网络，Hebb 神经网络，SGNN 神经网络等。各类神经网络都存在优点与不足。下文重点介绍基于感知器、线性及 BP 神经网络。

1. 感知器神经网络

感知器神经网络是一种前馈神经网络，其网络结构如图 6-23 所示。信息从输入层进入网络，逐层向前传输到输出层。它是线性阈值组成的网络，在 Mcculloch 和 Pitts 两人提出的神经网络模型（即 MP 模型）基础上增加了学习功能，使其权值可以调节。

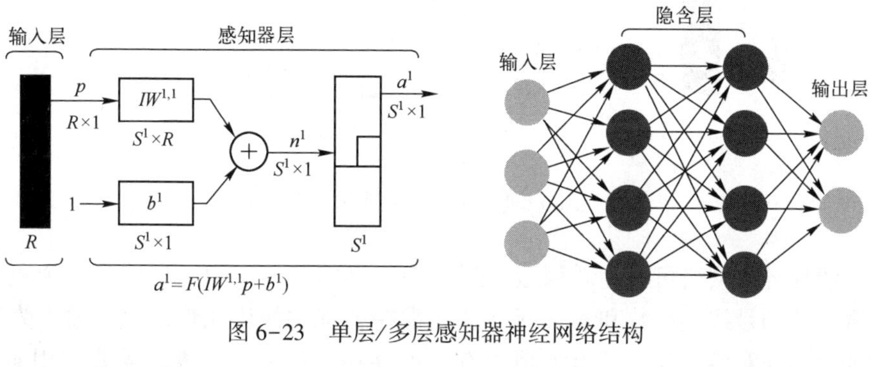

图 6-23　单层/多层感知器神经网络结构

感知器神经网络可分为单层感知器和多层感知器。单层感知器仅包括输入层和感知输出层，输入层只负责接受外部信息输入，每个输入节点接受一个输入信号，感知输出层也称处理层，兼具信号处理和向外部输出处理信息的能力。多层感知器（multi-layer perception，MLP）包括输入层、隐含层和输出层，隐含层越多，神经网络的计算复杂度越高。

感知器神经网络有三个基本要素：权重、偏置和激活函数。权重是神经元之间的连接强度表征，权重值表示可能性大小；偏置的设置是为了正确分类样本，保证通过输入算出的输出值不能随便激活；激活函数起到非线性映射作用，可以将输出幅度限制在一定范围内，如(-1,1)或者(0,1)。激活函数常采用阶跃型函数，因此输出信息为二值变量（0或1）。利用输入和误差简单计算权值和阈值调整量，学习算法较为简单，常用于用于解决较为简单的线性分类和识别，例如经典的数字识别问题，就可以采用MLP网络实现。

感知器神经网络的学习算法主要有四个步骤，分别是权值调整、权值增量、阈值调整和阈值增量，具体实现过程参见上文式（6-57）~式（6-62）。在Matlab程序中有专门的函数来实现感知器神经网络的训练和仿真，比如adapt函数专门用于网络训练，sim函数则专门用于网络仿真。感知器神经网络有诸多局限性，表现在网络结构很简单，仅能解决线性分类问题，无法解决异或等问题。

2. 线性神经网络

线性神经网络在结构上与感知器神经网络非常相似，其单层神经网络结构如图6-24所示。

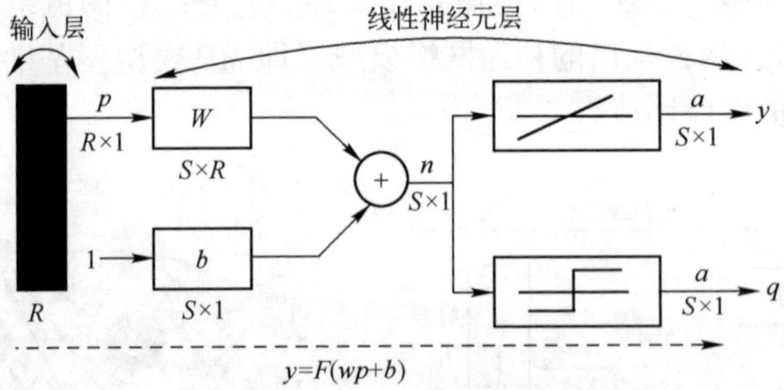

图6-24　线性神经网络结构

线性神经网络可以为单层或多层的前向网络结构，同时运用了两个激活函数，分别是线性函数和sign函数，通常在训练时使用线性函数，输出为连续变化的任意值，表示所有的值都有可能存在。在训练完成后需要使用sign函数进行整合，得到0、1标签，从而获得对输入参量判决结果。

对于线性神经网络，一般可以利用基于最速梯度和最小均方（least mean square，LMS）的学习算法，获得较好的学习性能。LMS和感知器都是基于纠错学习的方法，但是LMS更容易实现，也称为δ规则，学习训练过程中的误差量可表示为：

$$e(n)=d(n)-x^{\mathrm{T}}(n)w(n) \tag{6-63}$$

采用均方误差作为评价标准：

$$\mathrm{mse}=\frac{1}{Q}\sum_{k=1}^{Q}e^2(k) \tag{6-64}$$

式中：Q 是训练样本的个数，线性网络学习的目标是找到合适的 w 使得误差的均方平均量（即上式的 mse）最小。

因此，只要对 mse 求偏导，再令偏导数等于 0 即可求出 mse 的极值，可得：

$$\frac{\partial E}{\partial w}=-x^{\mathrm{T}}(n)e(n) \tag{6-65}$$

权值修正量为

$$\begin{aligned} w(n+1)&=w(n)+\eta(-\nabla)\\ &=w(n)+\eta x^{\mathrm{T}}(n)e(n) \end{aligned} \tag{6-66}$$

线性神经网络常用于解决较为简单的线性逼近问题，也可以解决异或问题。在 Matlab 程序中有专门的函数来实现线性神经网络的训练和仿真，比如 train 函数专门用于网络训练，sim 函数则专门用于网络仿真。

线性神经网络的局限性表现在三个方面：一是由于采用线性作用函数，只能反映线性映射关系；二是训练不一定能达到零误差，网络收敛性弱；三是网络的训练和性能受学习速率的影响较大。

3. 误差反向传播（back propagation，BP）神经网络

1986 年，Rumelhart 等人在多层神经网络模型的基础上，提出了多层神经网络模型的反向传播学习算法——BP 算法，实现了 Minsky 的多层网络设想。BP 神经网络是一个多层网络，它的拓扑结构如图 6-25 所示。

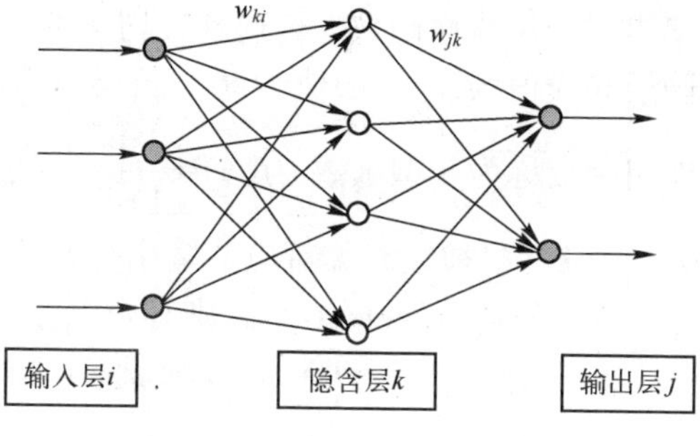

图 6-25　BP 神经网络结构

标准的 BP 神经网络的拓扑结构由三层组成，最左层称为输入层，中间层称为隐含层，最右层称为输出层。输入层、输出层的个数可以由所求的问题决定，而中间层的神经元个数依据实际需求而定。各层次的神经元之间形成相互连接，各层次内的神经元之间没有连接。三层神经网络已经足以模拟输入与输出之间的复杂的非线性映射关系。更多的网络层虽然能提高神经网络学习复杂映射关系的能力，但因为随着网络层的增加，神经元及其连接权将大规模增加，所占用的计算机资源过多，网络学习收敛反而慢了。

各个神经元之间的连接并不只是一个单纯的传输信号的通道，而是在每对神经元之间的连接上有一个加权系数，这个加权系数就是权值，它起着生物神经系统中神经元的突触强度的作用，它可以加强或减弱上一个神经元的输出对下一个神经元的刺激。修改权值的规则称为学习算法，它可以根据经验或学习来改变。

BP 网络的隐含层传递函数通常是 S 型函数，常用 logsig( ) 和 tansig( ) 函数，也可以采用线性传递函数 purelin( )。函数如图 6-26 所示：

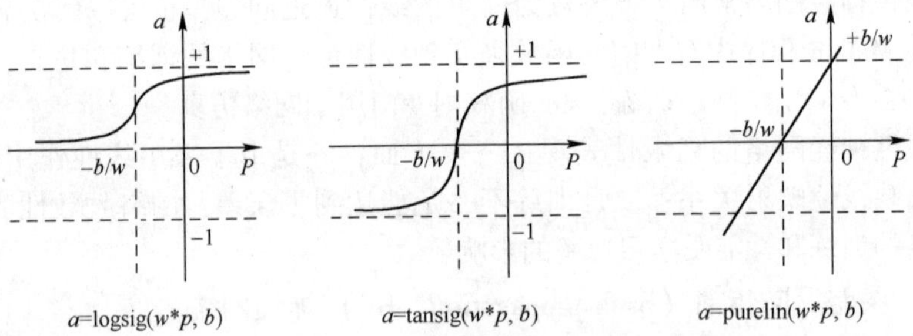

图 6-26 BP 隐含层传递函数

如果输出层是 S 型神经元，那么整个网络的输出被限制在一个较小的范围内，如果输出层使用线性神经元，那么输出可以取任意值。因此，一般隐层使用 S 型函数，输出层使用线性函数。传递函数均是可微的单调增函数。

假定输入层与隐层间权值为 w_{ki}，阈值为 θ_k，隐层与输出层间权值为 w_{jk}，阈值为 θ_j，网络的作用函数称为 S 型函数：$f(x)=\dfrac{1}{1+e^{-x}}$，输入层神经元 i 对应的输出分别为 (x_i, O_{pi})，隐含层神经元 k 对应的输出分别为 $(\mathrm{net}_{ik}, O_{pk})$，输出层神经元 j 对应的输出输出分别为 $(\mathrm{net}_{kj}, O_{pj})$，则有：

$$O_{pk}=f(\mathrm{net}_{ik})=f\left(\sum_i w_{ki}x_i-\theta_k\right) \tag{6-67}$$

$$O_{pj}=f(\mathrm{net}_{kj})=f\left(\sum_k \omega_{jk} f\left(\sum_i w_{ki}x_i-\theta_k\right)-\theta_j\right) \tag{6-68}$$

误差：$E = \frac{1}{2}\sum_{j}(T_{pj} - O_{pj})^2$，$T_{pj}$为期望输出。采用梯度法对各层权值进行修正：

$$\Delta\omega_{ki} = \eta\delta_{pk}o_{pi} \tag{6-69}$$

$$\delta_{pk} = f'(\mathrm{net}_{kj})\sum_{k}\delta_{pj}\omega_{jk} \tag{6-70}$$

$$\omega_{ki} = \omega_{ki} + \Delta\omega_{ki} \tag{6-71}$$

非输出层神经元的误差 δ_{pk}等于所有与该神经元相连的神经元的输出端误差 δ_{pj}乘以对应的权值 w_{jk}。

从本质上说，神经网络的训练问题是一个函数极小化问题，但由于它的数学基础是非线性理论，因系统的高度非线性使最初的 BP 算法存在效率低、收敛慢、易于陷入局部极小等缺陷，使神经网络在复杂系统中的应用受到限制。大部分新的研究都集中在算法的改进上，如共轭梯度算法、基于信息熵优化的算法、改进的 BP 法等。通过这些研究，使神经网络的应用得到进一步的发展。

6.5.3　基于神经网络的传感器信息融合

基于人工神经网络的信息融合技术是利用神经网络的信号处理能力和自动推理功能，将传感器数据组之间进行关联，或是将传感器数据与系统内部的知识模型进行关联，从而产生一个新的信息表达式，也即实现了多传感器数据融合。在多传感器系统中，由于各信息源所产生的环境信息具有一定程度的不确定性。因此，对这些不确定信息的融合过程实质上是一个不确定性推理过程。神经网络根据当前系统所接受的样本相似性，确定信息的分类标准，这种确定方法主要表现在网络的权值分布，同时可以采用神经网络特定的学习算法来获取知识，得到不确定性的推理机制。

基于人工神经网络的信息融合的基本思想，就是模拟人的大脑学习、联想记忆以及对信息的整合等功能[5]。模拟人脑的学习能力，是指神经网络系统利用神经网络的自学习、自适应能力，通过对大量的传感器信息（样本数据）进行学习，以网络连接权值和阈值的形式将不确定性推理知识储存在网络中，再将其用于对系统产生的新的不确定信息进行推理；模拟人脑的联想记忆功能，是指利用人工神经网络所特有的联想记忆功能，当某些传感器信息出现误差甚至是故障时，可以恢复正确的传感器信息；模拟人脑的信息整合功能，是指神经网络系统还可利用强大的非线性映射功能，对传感器所获取的信息进行关联和整合，实现系统输入和输出之间的非线性映射，以保证不同的输入均能蝴蝶相应的正确输出。

基于人工神经网络的信息融合，一般应包含下述5个基本步骤：

(1) 选取传感器。针对不同的信息融合问题，选择相应的传感器，检测对需要进行信息融合系统的状态，获取相关信息。

(2) 采样和预处理。用选定的传感器检测系统的状态，并进行预处理。

(3) 人工神经网络的选择。根据不同信息融合问题的特点，选择合适的神经网络模型。模型选择主要遵循三个要素：选择神经元特性、选择网络的拓扑结构和选择网络权值修正学习规则。

(4) 神经网络的训练和学习。利用传感器所获得的信息，按照一定的学习规则，对已设计好的神经网络进行权值训练和学习，从而得到对信息的不确定推理机制或获得正确的输入输出关系。

(5) 实际应用。将训练好的神经网络应用到实际问题中，进行实时的决策融合处理。

例 6.9　由于红外光在介质中的传播速度受到温度等环境因素影响，为获得较准确的测量结果需要对红外测距系统的测量数据进行处理。为确定某一红外测距传感器系统的数据处理算法，利用该测距系统进行如下实验：在不同温度下将目标放置不同的距离分别进行测距，每一温度下对同一目标连续测量5次，测量的实验数据见表6-10所示。请利用BP神经网络完成该系统的数据处理。

表 6-10　测量实验数据

理论值	750									
环境温度	20					45				
测量值	756.58	771.00	765.33	762.90	762.73	778.06	768.42	767.07	753.32	754.78
理论值	850									
环境温度	20					45				
测量值	869.19	837.81	846.64	850.12	871.75	886.93	896.77	855.98	844.27	878.67
理论值	950									
环境温度	20					45				
测量值	975.68	936.68	953.53	936.95	972.73	969.70	966.84	967.40	991.95	960.17

注：为说明问题上述数据扩大了温度对结果的影响。

解： 利用BP神经网络，其整体结构考虑为

① 由于输入向量有2个元素、输出向量有1个元素，所以网络输入层的神经元有2个，输出层神经元数目为1。

② 隐含层数。隐含层的层数应大于 1 层，可由下式试算：

$$N \leqslant \mathrm{ceil}\left(\frac{J(K-1)-(I-1)}{2}\right)$$

式中：N 为隐层层数；J 为输出层神经元个数；I 为输入层神经元个数；K 为标准样本个数。本例中隐含层数取 1。

③ 隐含层神经元个数。隐含层节点个数设计相对于隐含层数的设计比较复杂，一般包含基于最小二乘设计法、基于黄金分割设计法等。本例取：$M=2n+1$，其中 n 为输入层神经元的个数。

④ 激活函数设计。

隐层作用函数取正切 S 型传递函数 tansig 函数，即

$$f(x)=\frac{1-e^{-2x}}{1+e^{-2x}} \quad (-\infty<x<\infty)$$

输出层作用函数取对数 S 型传递函数 logsig 函数，即

$$f(x)=\frac{1}{1+e^{-x}} \quad (-\infty<x<\infty)$$

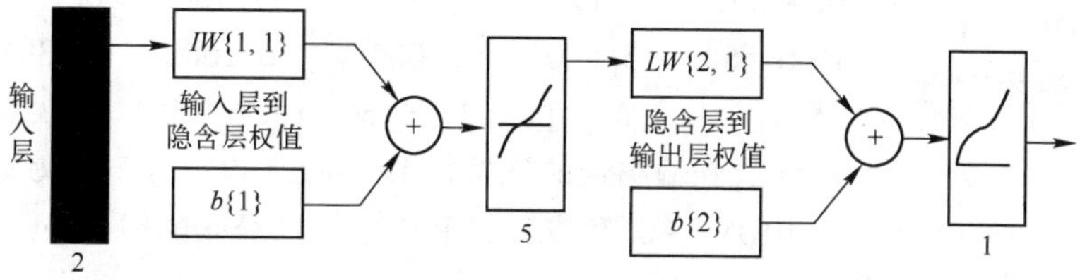

⑤ 学习算法设计。

traingdm 算法是一种带动量的梯度下降法，由此延伸而来的有 trainlm 算法，指 L-M 优化算法，trainscg 算法是指量化共轭梯度法等，本例选择 trainlm 学习算法。

针对输入/输出向量，根据已知条件，可将目标距离的理论值作为对测量温度和测量值的一个映射（二元函数）。由此，可以确定网络的输入为二维向量，且该网络为单输出神经网络。

⑥ 训练样本和测试。

题目中给出的数据共 30 组，可在同类（共 6 类）数据组中各挑选一个样本，从而得到 6 个测试样本，构成测试样本集。剩余 24 组数据可作为训练样本集。

经过若干轮训练后，BP 神经网络的误差收敛情况如下图。可以看出，最终网络针对训练样本数据的训练误差达到 1.874×10^{-21}，距离 0 误差目标已经

非常接近。

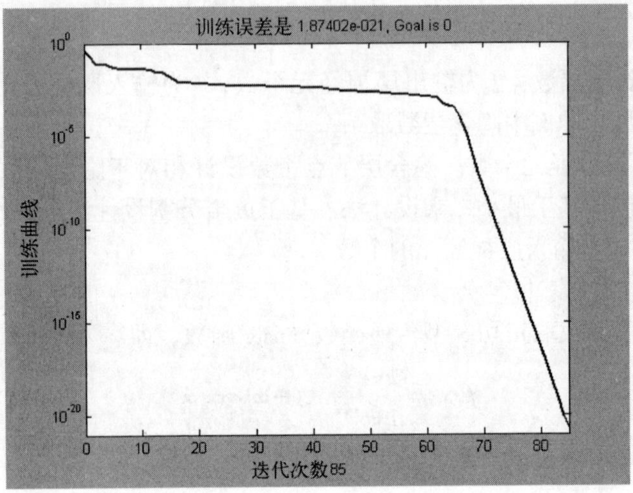

输入层到隐含层的连接权值为：

$$\text{net.}\boldsymbol{IW}\{1,1\}=\begin{bmatrix}-0.43261 & 40.1188 & 35.9519 & -11.1545 & 6.7316\\ -0.064564 & -5.8201 & -2.0847 & -6.1602 & -1.3919\end{bmatrix}^{\mathrm{T}}$$

隐含层的神经元阈值为 net.$\boldsymbol{b}$\{1\} = [13.6766　-36.3567　-3.8506　-7.0659　7.745]^{T}，隐含层到输出层的连接权值：net.$\boldsymbol{LW}$\{2,1\} = [10.8115　12.9675　13.6101　12.9105　-0.75872]，输出层的神经元阈值：net.$\boldsymbol{b}$\{2\} = [2.2152]。

经过上述 BP 神经网络的学习训练，对 6 组测试样本进行实际测试，并记录测试测试误差，如表 6-11 所示，可见预测误差非常小，显示出 BP 神经网络强大的预测分选能力。

表 6-11　测试记录

测试样本	样本 1	样本 2	样本 3	样本 4	样本 5	样本 6
测量温度	20	45	20	45	20	45
测量距离	770.9971	767.0724	846.6408	855.9834	975.6780	960.1649
实际距离	750	750	850	850	950	950
预测距离	750.0001	750.0000	850.0000	850.0000	950.0000	949.9994
误差	-0.0001	0.0000	0.0000	0.0000	0.0000	0.0006

需要注意的是，为了使神经网络的输入和输出有实际意义，在用神经网络进行决策融合时，必须建立好神经网络的传感器信息与输入、系统决策与

输出之间的映射关系。已训练好的神经网络用于实际的决策融合，在进行融合决策时，实现神经网络的输出（数据或矢量）与系统实际决策之间的映射关系，将网络的输出解释为待识别融合对象的具体决策行为。

小　　结

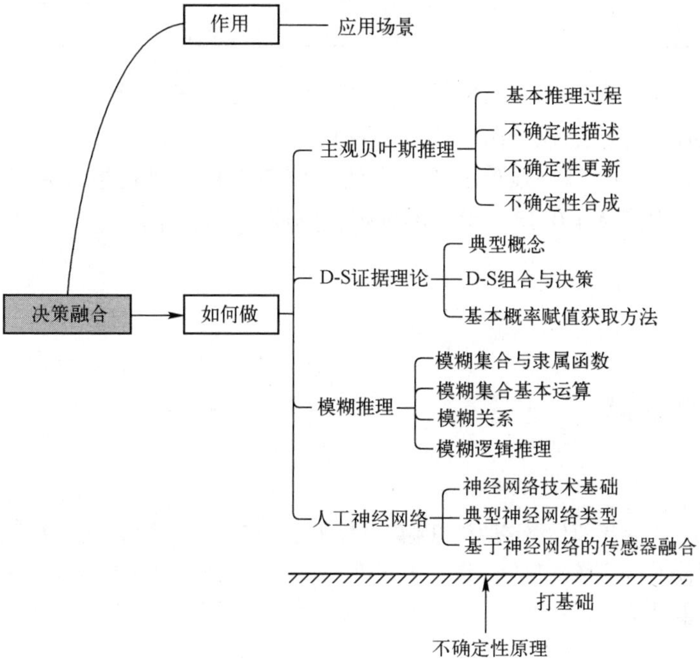

习　　题

1. 设 A、B 独立，且 H 先验概率为 $P(H)=0.03$。已知（LS，LN）为

规则	证据 E	假设 H	LS	LN	
$R1$：A->H	A	H	20	1	$P(A)=1$
$R2$：B->H	B	H	300	1	$P(B)=1$

当证据 A、B 同时存在条件下，计算假设 H 的后验概率 $P(H|AB)$。

2. 假设空中飞行器目标识别框架 $U=\{o_1,o_2,o_3,o_4\}$，ESM、EO、IR 关于目标识别的基本概率赋值如下表所示，其中 θ 表示由测量误差和噪声等引起的不确定性。

传感器分类	o_1	o_2	o_3	o_4	θ
m_{ESM}	0.25	0.1	0.35	0.15	0.15
m_{IR}	0.2	0.25	0.25	0.1	0.2
m_{EO}	0.15	0.1	0.3	0.2	0.25

（1）试按照先 ESM 和 IR 组合，再和 EO 组合，求三个传感器组合后的基本概率赋值（计算过程中保留两位小数）；

（2）根据基本概率赋值的决策方法对该空中目标进行最终判定（假设目标可区分性阈值 $\varepsilon_1=0.15$，噪声不确定性阈值 $\varepsilon_2=0.1$）。

参考文献

[1] 张亚俊. 自由手写体汉字脱机识别融合特征的研究［D］. 成都：西华大学，2016.

[2] 吉奥克. 专家系统原理与编程［M］. 印鉴译. 北京：机械工业出版社，2000.

[3] 孙锐，孙上媛，葛云峰. 基于 D-S 证据理论的基本概率赋值的获取［J］. 现代机械，2006，12（4）：22-23.

[4] 曾黄麟. 智能计算［M］. 重庆：重庆大学出版社，2004.

[5] 周涛. 基于神经网络的林火信息融合系统设计［D］. 长沙：中南林业科技大学，2018.

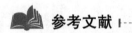

第7章 态势评估与威胁估计

随着信息化技术的快速发展，现代战争用到的武器和工具越来越丰富，战场环境变得越来越复杂，对战场进行实时监测和评估也变得越来越重要。在复杂的战场环境中，战场态势的评估可以使指挥员更加清晰地了解战场情况，而威胁估计则可以辅助决策，帮助指挥员指导武力分配，进行有效攻击和防御[1]。

目前，态势评估和威胁估计是信息融合领域研究的热点问题，但仍未形成统一规范的定义。不同研究者对这两个概念的定义和理解各不相同[2]。根据 JDL 功能模型，态势评估和威胁估计分别是信息融合第二级和第三级融合处理，属于信息融合的高级层次。本章以空中战场为背景，对态势评估和威胁估计展开讨论。

7.1 态势评估的概念

7.1.1 态势评估的定义

态势评估最为广泛被认可的定义是 1988 年由 JDL 给出的，态势评估是动态描述相关环境中实体与事件间的关系。更具体地，态势评估是对上一级融合过程的更深层次解读与预测，是对当前战场形势的进一步梳理，对敌我双方兵力分配的清晰展示，对敌方目标群体分布的明确判别，对敌方目标作战企图的有依据预测，构成一张清晰简洁展示战场态势的多层视图。其目的是综合战场上兵力部署、军事事件、战场环境等多方面因素，实时将战场态势反映给指挥员帮助其决策[2]。

对战场的态势评估不仅需要全面、实时地掌握各种战场数据，形成对战场的态势感知，还需要使用各种技术将态势信息进行知识表示，并对知识进行整合，产生能准确反映战场情况的信息，完成对战场的态势理解，辅助战场指挥人员制定更加合理的决策。由上可知，态势评估是一个将数据转化为知识并进一步深化分析的过程，通常将其分为态势察觉、态势理解和态势预测三个阶段，如图 7-1 所示[1]。

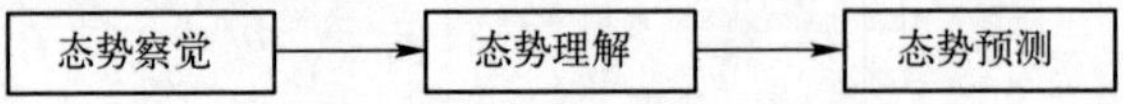

图 7-1　态势评估阶段

图 7-2 对图 7-1 进行细化，对态势评估每一阶段的功能做具体的描述，同时对每一阶段要完成的任务做具体的要求[2]。

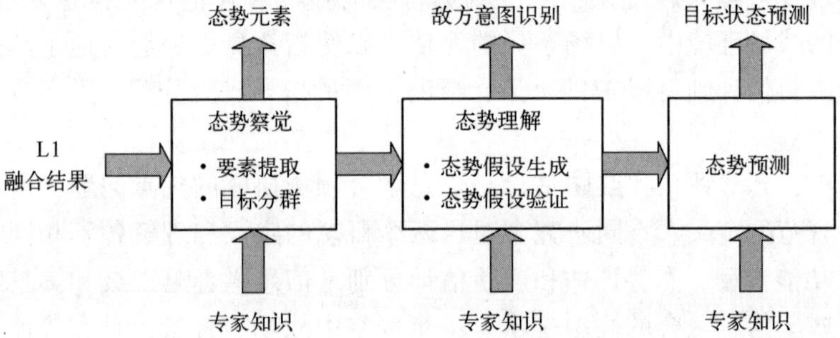

图 7-2　态势评估功能模型

态势察觉是态势评估的第一个阶段，包括态势要素提取和目标分群。

1. 态势要素提取

态势要素提取的目的是在海量信息中提取出当前作战环境下的关键要素，不同作战环境对于信息有不同需求，这是简化战场态势的第一步。海、陆、空不同作战环境所考虑的关键态势要素如图 7-3 所示[2]。

2. 目标分群

目标分群是对战场态势的进一步简化，其主要工作是按照一定的分群规则，将敌我双方单位分成具有不同位置、功能、相互作用的群体；是对战场信息的抽象和组织，可以帮助指挥员大大减轻信息处理负担，减少需要关注的目标数量。一种普遍被认可的目标分群结构如图 7-4 所示[2]。分群按低级到高级顺序分为四个层次：

(1) 目标对象——各个战场实体作战单元；

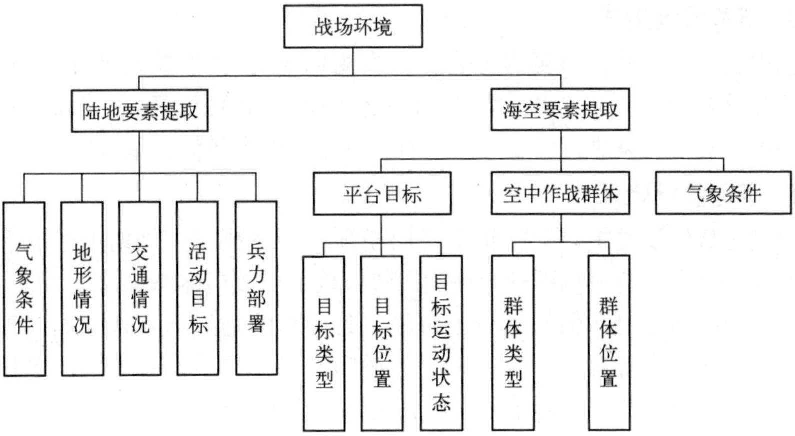

图 7-3　海、陆、空关键态势要素

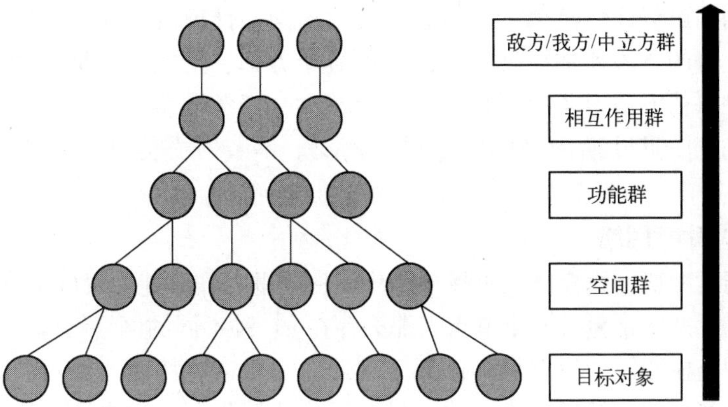

图 7-4　目标分群结构图

(2) 空间群——按空间一维或多维分类而划分的群。同一群中的成员空间位置相近、行为相似；

(3) 功能群——实施类似功能的空间群组成或相关实体作战单元形成的群；

(4) 相互作用群——多个相关的功能群形成一个相互作用群；

(5) 敌/我/中立方群——将所有相互作用群按敌方、我方和中立方标识划分为 3 个大群，形成战场的 3 个阵营。

态势理解是态势评估的第二个阶段，可将态势评估看作一个多假设动态分类问题[3]，包括态势假设生成和态势假设验证。

3. 态势假设生成

依据上一周期的态势要素集合，对本周期收集/侦察获得的作战行为/事件进行复核检验。对复合检验后生成的态势要素集的元素，按照时空关系、目标关系和对抗关系进行聚合形成带有不确定性的态势假设集合[4]。

4. 态势假设验证

通过态势假设复核检验，将上一周期预测的态势与本周期生成的态势假设相比较，寻求具有最小不确定性的态势假设，形成当前态势[4]。

态势预测是态势评估的第三个阶段，其反映的是战场未来可能出现的变化，基于当前的态势理解，对未来一段时间内目标单位位置、目标单位作战企图等进行合理推断。预测结果为威胁估计建立了基础[2]。

7.1.2 态势评估模型

不同的态势评估模型关注的态势要素不同，推理效率和准确性也不尽相同，因此好的态势评估模型不仅能兼顾各个方面，还能提升推理的效率。已有的态势评估方法有贝叶斯网络、黑板模型、匹配模型、最大相似度、模糊推理等，其中贝叶斯网络的应用最为广泛。本节对态势评估常用模型进行介绍。

1. 贝叶斯网络

利用贝叶斯网络模型解决战场态势评估问题，需要建立贝叶斯网络模型。若一个贝叶斯网络包含 n 个节点，那么存在 $n!$ 种不同的网络结构，所以建立贝叶斯网络模型属于组合爆炸问题。因此，需要依照特定的规则和方式才能构建一个有效的贝叶斯网络。建立贝叶斯网络模型有两种方法：机器学习与人工建立。在具有充足数目的训练样本时，能够通过训练样本数据得到贝叶斯网络模型的结构。对于态势评估系统，由于没有充分的样本数据，此时需要研究如何人工构建贝叶斯网络。建立用于态势评估的贝叶斯网络模型需要完成以下三步。

1）确定节点内容

贝叶斯网络模型由若干节点构成，每个节点表示相应的事件。因此，首要任务是明确态势评估中包含的事件有哪些。这些事件以态势为重点，分为四种层次：第一层次的事件为全局态势事件，代表敌军行动的根本目标，如是防御、进攻、撤退还是相持。第二层次的事件为子态势。对于全局态势的每种状况，存在相对应的子态势，而这些子态势又构成了全局状态。例如：进攻态势包含掩护、支援、佯攻、主攻等多个子态势。第三层次的事件为战斗行为事件，如雷达开关动作、机动、集合等。此外，存在第 0 层事件来说明引起全局态势的缘由。如攻击命令的发布，可能是因为作战指挥员对两军兵力进行了比对，得出我方兵力部署情况占据优势地位，从而做出攻击决策。而敌军做出了撤离行为，可能的原因是战场状态对敌方不利，已发生过多损失。

2）确定节点关系

完成节点内容的确定后，需要使用特定方式，继续对各节点事件是属于其他节点事件的起因还是结果进行确定。态势事件通常包含极强的因果关联，根据态势事件层级的分类，可对各层事件之间的因果联系进行确定。例如：第 0 层的事件是造成第一层事件，即全局态势事件的原因，而第一层事件则导致了第二层事件，即子态势事件。此外，同一层次的事件之间也有相应的因果关联。进行态势评估是一件非常繁杂的工作，而分析各事件的因果关联，涉及了非常多的军事理论。目前，这部分工作内容主要由军事专家与科研人员共同进行。

3）贝叶斯网络参数学习

将某个无父节点的第 0 层事件记为 V，假设它的某个子事件为 a。概率分配由两个步骤组成：对无父节点的第 0 层事件指定先验概率，即 $P(V)$；指定有父节点的事件的条件概率，即 $P(V|P_a(V))$。完成概率分配涉及相应的军事理论，一般由经验丰富的军事领域专家根据经验做出指定。因此，在利用贝叶斯网络解决态势评估问题时，建立的网络包含了领域专家的知识。

在实际工作中，上述三步通常使用交叉执行的方式，而非顺序执行。在交叉执行的过程中，需要对网络参数进行不断修正，最终完成贝叶斯网络模型的创建。

2. 黑板模型

黑板这一概念最早是由 Newell 提出的，后来 Carnagie-Mellon 大学给出了针对黑板问题的求解模型，如图 7-5 所示。黑板模型可以看作一个协作解决问题的过程，主要由三部分组成，专家（知识源）、黑板和监控机制。黑板上记录了问题及初始数据，通过监控程序对黑板进行监控，同时控制任务调度，让专家对黑板上的问题进行求解，当其中一个专家根据黑板上现有数据可以对问题进一步求解时，就将结果记录在黑板上，而新记录的这些数据可能被其他专家使用，不断重复这一过程直至问题解决，得到最终的结果。

由上可知，黑板模型主要是利用专家经验知识对问题进行求解。而军事专家的经验知识对于战场态势评估影响甚大，甚至很多军事规则都是通过专

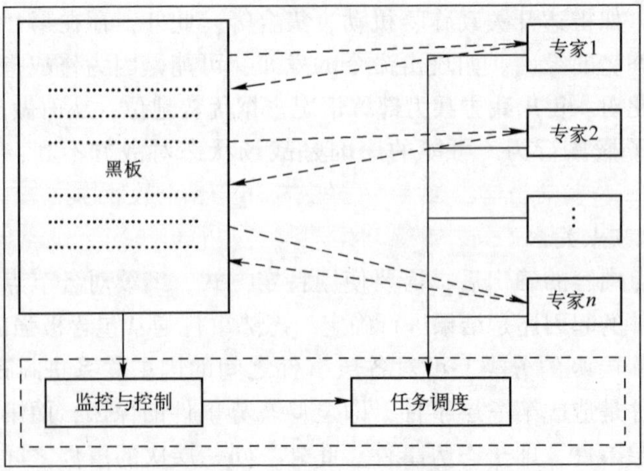

图 7-5　黑板模型工作过程

家经验知识发展而成的，所以利用专家经验知识进行态势评估是可行的。Ruoff 最先提出使用黑板模型来解决态势评估问题，之后，程岳等提出基于分级多层黑板模型的态势评估系统结构，这开启了使用黑板模型对态势评估的研究。因为在不同的场景下或者针对不同的问题对专家知识的要求也不一样，所以黑板结构的建立往往要结合具体的问题或者应用场景，图 7-6 就是针对一般战场情景建立的一个分级多层黑板模型。

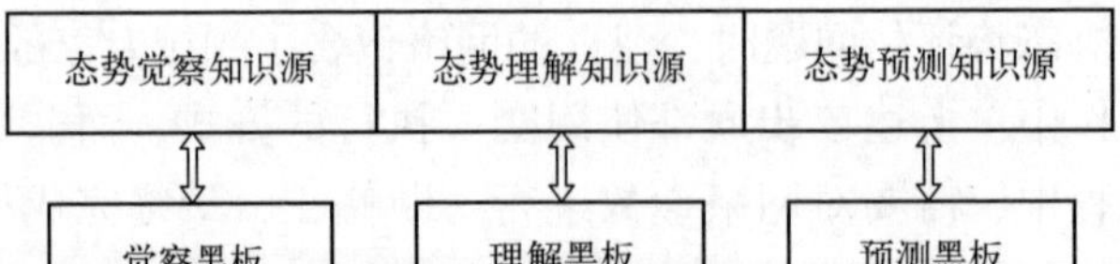

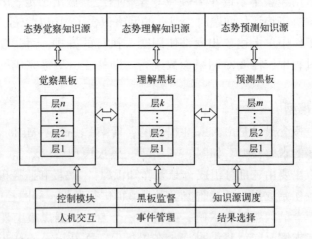

图 7-6　分级多层黑板模型

3. 匹配模型[1]

匹配模型主要是以模板匹配、规则推理等为代表的态势评估方法，主要根据监测到的数据或者事件匹配库中已有的知识来对比分析得到态势评估的结果，如图 7-7 所示。这种模型得到的结果准确性与库中知识的完备性直接相关，如果模板库或者规则库建立比较完善，则态势评估结果比较准确。下面将对模板匹配和规则推理进行简单介绍。

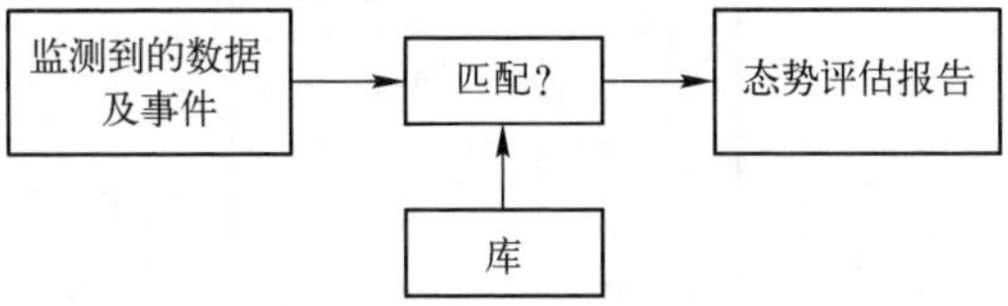

图 7-7　匹配模型

模板匹配的过程即是对战场事件识别并匹配的过程，而在战场环境中，事件是由实体、实体采取的机动动作及当前的状态来表示。敌方的任务或者计划也是通过一系列简单任务组合而成，因此为了识别和模板制作的方便，通常将模板划分成几个层次的简单模板，复杂模板由一系列简单模板组成。图 7-8 将其划分为态势级别模板、复合事件模板及简单事件模板三个层次，在态势评估时，通过对时间信息、经纬高信息、状态信息、运动信息等一些信息的分析，识别出一系列简单事件，然后通过对简单事件的匹配，完成对复合事件的识别，再由复合事件完成对态势级事件的理解，达到对其评估的效果。

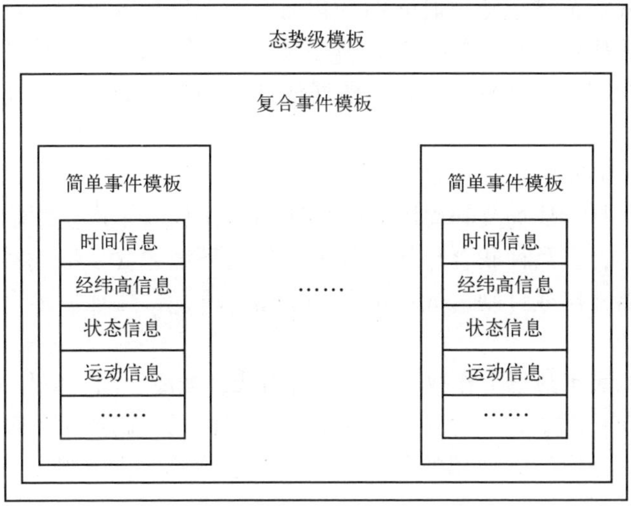

图 7-8　模板结构

规则推理主要依赖于规则库和事实库的建立，决策推理机根据输入的态势信息不断从规则库中匹配可用的规则进行推理，并用推理的结论不断扩充事实库，循环推理直至得出决策结果。在战场应用中，一般会对推理结果进行人工干预，产生较为合理的推理结果，如图 7-9 所示。

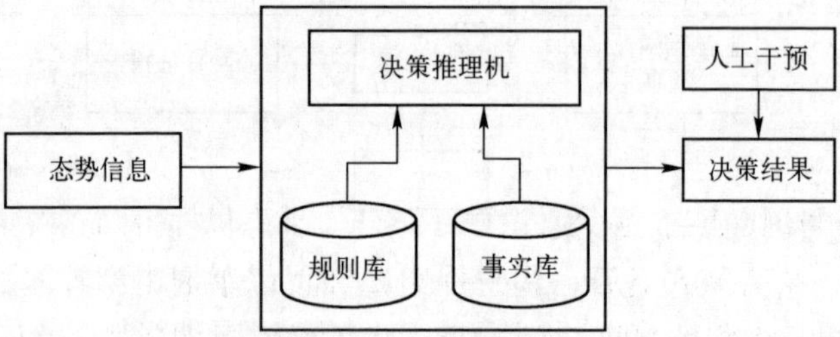

图 7-9　规则推理图

7.2　态势评估的实现

7.2.1　态势察觉

1. 态势要素提取[6]

由于态势要素构成的战场态势随着作战背景的不同而不同，即便是同一个目标，其战场态势也随着时间的变化而实时地发生改变。因此，不存在一个固定不变的战场态势，要确定战场态势，需要综合所有的战场态势要素对各个目标进行实时的分析和理解，根据战场态势要素的动态变化理解各要素之间的关系。

1）战场环境要素

战场环境是指战场及其周围对作战活动和作战效果产生影响的所有因素和条件的统称，多兵种联合作战条件下的战场环境包含了敌我兵力结构、军事目标、武器、作战计划、战略位置、电磁环境、自然环境等众多要素，如图 7-10 所示。

兵力结构表示战场上作战双方的兵力组成，如海、陆、空作战种类及旅、团等作战单元；军事目标包含指挥中心、军用机场、武器库、医院等军事单位；武器指的是作战方使用的各种武器，如巡航导弹、反舰导弹、机枪、火炮等；作战计划表示作战单元执行的作战任务或意图，如投放导弹、战斗掩护、引导指挥、空中加油等；战略位置表示战场重要的区域，如资源区、交

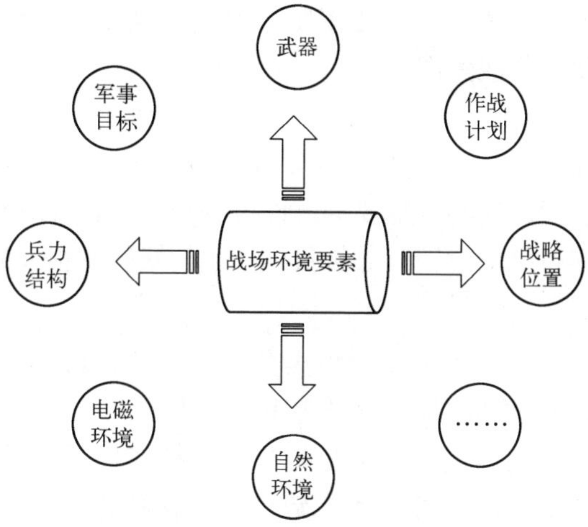

图 7-10　战场环境要素

通要道、重要城市等；电磁环境表示战场环境下能够对作战活动产生影响的电磁状态和相关事件，主要分为人为电磁辐射、自然电磁辐射、辐射传播；自然环境描述战场的地理、天气等状况，如沙漠、海洋、台风、高温等。

2）目标静态要素

目标静态要素描述了战场上不随时间变化的特征要素，又称固有特征，包括目标编号、敌我属性、国别、平台类型、军民类型和目标型号等，这些目标静态特征不会随着时间而改变。

（1）目标编号：当出现新的目标时给该目标设定编号，用于该目标在战场环境下的唯一性识别。

（2）敌我属性：敌我属性主要区分目标的敌、我、友三种阵营，在作战时必须确定敌我属性，当无法确认目标敌我属性时可视为敌方目标。

（3）国别：国别用来区分作战目标的所属国家或地区。

（4）平台类型：平台类型用于区分目标的类型，目标平台类型不同，其执行的作战任务也不同，区分目标平台类型可以提高态势推理的效率。

（5）军民类型：确定目标军民类型，可以剔除民用类型的目标，从而简化了战场态势推理模型。

（6）目标型号：通常同一类型的目标有不同的生产批次和编号，同一类型的目标型号不同属性也不同，它们对我方产生的威胁程度也不同。

3）目标动态特征要素

目标动态特征指的是目标的运动特征，主要包括目标运动过程中的速度、航向、经纬高等特征要素。这些要素随着时间不断变化，可以分析目标的活动规律、航迹变化及作战意图等。

4）目标辐射源要素

目标辐射源要素包括辐射源型号辐射源频率、脉冲重复周期、脉宽和辐射源载体等要素，通过这些特征要素可以得到辐射源的工作模式和工作状态，因为辐射源对确定目标的意图和分析目标产生的威胁有很大的作用。

2. 目标分群[7]

目标分群的最重要手段之一是聚类分析，聚类分析是一种无监督处理方法，依据不同的聚类准则将样本划分为不同的类别。

态势理解中需要利用提取的态势特征元素把实体目标按照空间和功能进行分群，从而推断更高级别的战术态势描述。在敌我编队对抗中，敌我双方的兵力都是按照一定的规则进行部署和聚集，不同态势中的目标有不同的组织和空间结构，结构中不同的组成部分起着不同的作用，各个目标由属性、位置、航向、速度、隶属关系等多维状态信息构成。目标分群根据各目标的多维状态信息，按照战法战术、军事条例、物理近邻关系、功能依赖关系等，对目标进行抽象和划分，形成关系级别上的军事体系单元假设，以便揭示态势元素之间的相互关系，并据此解释感兴趣的所有元素的特性。从数学角度来刻画目标聚合问题，可以得到如下数学模型。

1）输入信息设定

态势感知的输入即在某特定时刻，各目标实体的状态信息，比如时间、位置、速度、属性、目标类型等。设在时刻 t 经过一级融合得到 m 个实体目标 $u_1,u_2,\cdots,u_m$ 的信息，令目标对象集合为 U，即

$$U=\{u_1,u_2,\cdots,u_m\} \tag{7-1}$$

式中：$\boldsymbol{u}_i$ 为第 i 个实体目标在该时刻的状态信息集合。用 n 个状态信息来描述 $\boldsymbol{u}_i$，记 $\boldsymbol{u}_i$ 的第 j 个状态信息值为 $x_{ij}(1\leqslant j\leqslant n)$，则可用矢量

$$\boldsymbol{u}_i=(x_{i1},x_{i2},\cdots,x_{in}) \tag{7-2}$$

来描述第 i 个目标。

本书设定输入的实体目标状态信息集合为

$$U=<P,I,X,Y,Z,C,T> \tag{7-3}$$

式中：P 为目标批号，它是目标的唯一标识符；I 为目标属性，如敌方、我方等；X,Y,Z 为目标的三维位置坐标；C 为目标的航向角；T 为当前时刻。根据工程需要，实际应用时为了避免形成可能没有任何战术意义的群，还可以加入更多的状态信息参数。

2）输出信息设定

目标聚合根据各实体目标的状态信息集合，采用自下而上逐层分解的方式对描述实体目标的状态信息进行抽象和划分，作为更高阶段态势评估的输入数据。目标聚合的过程可以概括地分为两个步骤：①目标分群，即根据实体目标的状态信息集合，运用聚类分析的方法将实体目标进行分群处理，形成具有作战意义的目标群；②分层聚合，将目标群以属性相同、群重心距离相近的准则，聚合成更高层次的群结构。群结构的等级由低级到高级分为空间群、功能群、相互作用群和敌方/我方/中立方群。

低级群结构的输出信息作为高一级群结构的输入信息。由于各层次群结构的功能和特性等不尽相同，故其输出信息的参数组成略有差异，鉴于篇幅原因，将各层次群结构的输出信息概括表示如下：

$$V=<D,QI,QZ,QC,QF> \tag{7-4}$$

式中：D 为不同群结构的等级，如空间群、功能群，该等级编号是各个层次群结构的唯一标识符；QI 为群结构属性；QZ 为群结构重心位置，由坐标 X，Y,Z 组成；QC 为群结构的平均航向角；QF 为空间范围，表示群结构的长宽高，由参数 L,W,H 组成。

3）目标分群处理过程

分析目标对象集合 U 中的 m 个实体目标所对应的状态信息间的相似性，按照各实体目标的亲疏关系把 $u_1,u_2,\cdots,u_m$ 划分成多个不相交的目标群子集 $P_1,P_2,\cdots,P_c$，并要求满足下列条件

$$\begin{gathered}P_1\cup P_2\cdots\cup P_n=U\\ P_i\cap P_j=\varnothing\\ 1\leqslant i\neq j\leqslant c\end{gathered} \tag{7-5}$$

战场中各个军事单元在性态和类属方面的界线不一定很清楚，各实体目标可能不同程度地隶属于若干目标群子集，因此可以考虑采用模糊数学的方法进行目标聚类分析。在模糊划分中，实体目标集合 U 被划分成 c 个模糊目标群子集 $\widetilde{P}_1,\widetilde{P}_2,\cdots,\widetilde{P}_c$，而且目标的隶属函数从 0，1 两值扩展到区间 $[0,1]$，满足条件

$$E_f=\left\{\mu_{ik}\middle|\mu_{ik}\in[0,1];\sum_{i=1}^{c}\mu_{ik}=1,\forall k;0<\sum_{k=1}^{m}\mu_{ik}<m,\forall i\right\} \tag{7-6}$$

在本书中，所谓目标分群所对应的状态信息间的相似性，主要是目标之间的空间距离相近、航向角相近及属性相似等。

4）自组织迭代目标聚类算法

自组织迭代目标聚类算法的基本思想是：给定一组目标样本 S，包含 N

个目标，每个目标具有 m 维状态信息，确定距离阈值。从目标空间中任意选取一个目标样本 x，作为第一类 S_1 的初始值。搜索整个目标空间，以欧氏距离为判断依据，找出距离小于设定的距离阈值的数据样本，即这些数据样本相关联，归为一类 S_1。搜索剩余样本空间，若有数据样本与 S_1 中任一样本小于设定的距离阈值，则将该数据样本从剩余空间中取出，归入 S_1 中。重新搜索剩余样本空间，反复进行判断、分类，直至剩余样本空间为空或剩余样本内容不再变化，算法结束。算法流程如图 7-11 所示。

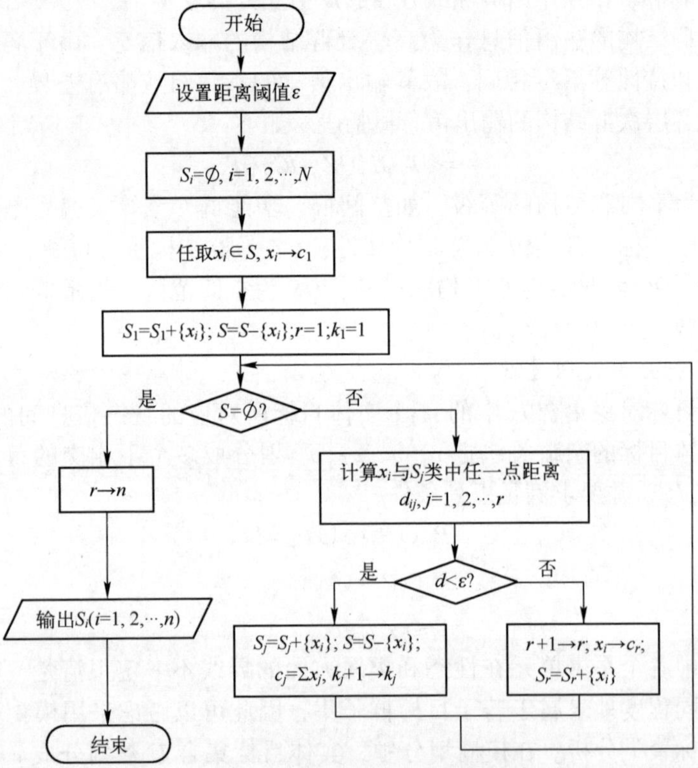

图 7-11　自组织迭代聚类算法流程图

7.2.2　态势理解

1. 态势理解模型[8]

态势理解是建立在态势察觉过程融合产生的战场态势元素的特征数据的基础上，同时利用领域专家知识分析上述信息，从而推断出对方可能要采取的作战活动（攻击、防御、撤退等），进而我方做出相应的决策。态势理解过

程的本质可简述为结合当前的所有领域专家知识 $K=(K_1,K_2,\cdots,K_m)$ 和利用获取到的当前战场状态信息 $D=(D_1,D_2,\cdots,D_n)$ 推理出态势 $H=(H_1,H_2,\cdots,H_l)$ 的融合估计 $P(H|K,D)$ 的过程。下面对态势理解过程进行数学建模。

假定战场态势表示为 $\Theta=\{a,b,c,\cdots\}$，式中 $a,b,c,\cdots$ 指整个作战环境中所有的态势元素，$M=\{x,y,z,\cdots\}$ 表示所有特征信息的知识规则，式中 x、y、z、…指整个作战环境中所有的作战活动。结合领域专家知识和态势理解的过程，可建立 M 与 Θ 的关系映射 f:

$$f:M\rightarrow\Theta \tag{7-7}$$

基于式（7-7）的对应关系 f，特征信息进行如下划分：

$$M/f=\{\overline{X}\,|\,\overline{X}=f^{-1}(a)\} \tag{7-8}$$

$$\overline{X}=f^{-1}(a)=\{x\,|\,x\in M,f(x)=a\} \tag{7-9}$$

综上，从式（7-7）到式（7-9）就完成了态势理解阶段的数学表达。可以看出，上述建模的过程的本质是将态势特征信息进行了分类，得到不同的特征单元。

上述态势元素划分的核心思路首要是推断出与它相对应的态势单元，涉及多层次的推理。其数学表示如下：

$$F=\{f_1,f_2,\cdots,f_n\} \tag{7-10}$$

式中：F 为融合模型；$f_i(i=1,2,\cdots,n)$ 为 $M=\{x,y,z,\cdots\}$ 中的元素在第 i 层的状态属性和其所属类别的对应关系。

2. 基于深度学习的战场态势理解[9]

数据分析是为了获得对事物和目标更好的认识，大数据分析技术强调以数据为中心，数据量的大小对于分析结果影响较大。而认知技术强调以人为中心，重视人在认知循环中的作用，它依赖数据但又能突破数据局限，结合深度学习和增强学习等方法，借鉴人类的思维和理解能力，实现对已有信息的全新解读或诠释。

从时空关联的战场态势数据集合中抽取战场态势关键数据要素是构建战场态势认知模型，实现战场态势认知和预测的基础。战场态势是多行为个体之间及与战场环境交互过程的复杂行为表现，对于战场态势的理解不仅要关注表面特征，更要深入挖掘分析其高层特征，即数据信息中无法通过外部和物理等基础特征直接得到的信息。人脑在识别物体活动概念时通常包括场景信息、特征获取、神经感知、活动识别和概念表达等阶段。其中，场景信息指发生在相关时空位置的活动，特征获取是场景活动特征通过相应渠道传播到人的感知器官的过程，神经感知是人的感知神经获取活动特征，活动识别是人的脑部神经融合各渠道获取特征并进行识别的过程，概念表达是对识别出的活动进行输出。

深度学习方法借鉴了人脑的认知机理，通过深度学习模型对战场态势信息进行深度挖掘和规律分析，利用认知计算进行事件主题行为模式分析，将挖掘到的客观规律转化为态势认知规律，并进一步转化为可执行的智能认知系统模型，实现目标数据到目标行为、趋势和意图等高层特征的映射。与传统的浅层学习方法相比，深度学习具有更好的非线性表示能力，可随数据快速变化自动调整。

基于深度学习的战场态势理解框架如图 7-12 所示。通过混合神经网络实现时空关联数据向神经感知特征的转变，结合约束信息对战场态势数据进行高层特征识别，将任务、意图和行为等高层特征提取问题转变为预测问题，实现深度学习框架下的高层特征提取和战场态势理解。

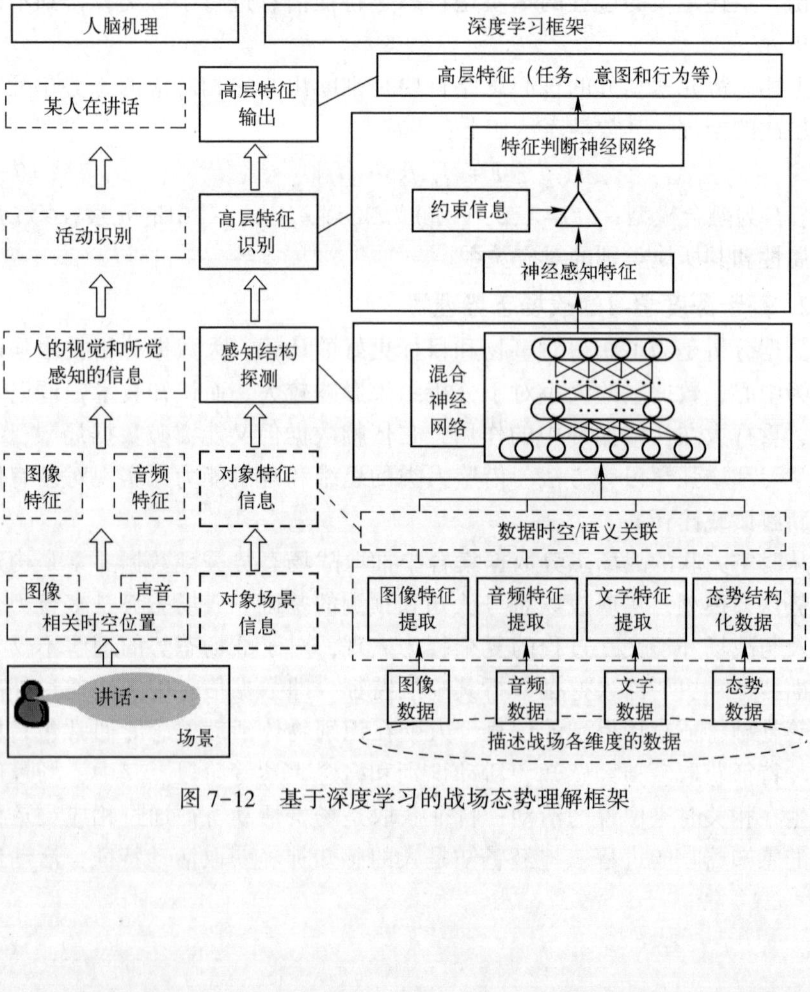

图 7-12　基于深度学习的战场态势理解框架

基于深度学习的战场态势理解实现步骤如下。

（1）基于混合神经网络的关联数据特征转变：对多模态数据的分析处理有助于理解战场态势。目前，针对单一模态数据的深度学习模型已在不同数据中得以应用，并表现出各自的优势和特点。针对战场态势数据多源、异构和复杂等问题，基于深度信念网络、深度玻尔兹曼机和卷积神经网络等典型深度学习模型的算法特性和机理，通过构建混合神经网络模型，实现数据之间的相互印证、补全和统一表示。

（2）考虑约束条件的态势数据特征识别：研究表明，对于提取的对象特征，利用判别式模型，通过估计对象特征与高层特征之间映射关系的最大概率，可实现对象特征理解与高层特征识别。以混合神经网络感知输出为输入，将专家经验和约束条件等作为先验信息，通过判别式模型，预测适合的目标任务、意图和行为等高层特征标签，实现考虑约束条件的态势数据特征识别。

（3）基于高层特征的战场态势理解：以高层特征标签为基础，通过数据挖掘分析和知识图谱构建等技术，实现对战场态势的智能理解和事件的智能发现，辅助危机管理和威胁预警。

7.2.3　态势预测

1. 态势预测模型[8]

态势预测是建立在前两级的估计基础上，从某一时间空间的态势估计结果出发，预测其他范围可能发生的态势。同时，基于当前的分析所做出的决策和行动又可以反过来影响当前的战场情况，继而做出相应地调节。可以发现，这是一个具有反馈思想的过程。态势预测是在时空上进行的未知态势推断，依赖作战实体对象的特征和属性值，同时依赖已有的数据信息在时空上的扩展，对应用 JDL 模型的第三级。这实际上是对实体属性的进一步深化与精练，从而证实了态势预测是一个层层递进的过程。它不但能从单个实体对象的特征属性集预测其他各个实体对象的状态信息，甚至根据当前的态势预测整个作战系统的全局态势。基于上述过程的分析，结合知识库对态势预测的作用建立如下数学模型：

$$Q(s+s_0)=Q(s)\cdot C(NK) \tag{7-11}$$

式中：$Q(s)$为当前 s 时刻的战场作战状态；$C(NK)$为军事专家的知识库；$Q(s+s_0)$为战场在 $s+s_0$ 时刻的全局状态。

2. 基于复杂网络和模糊推理的战场态势预测[9]

复杂网络是研究复杂系统的一种角度和方法，具有关注系统中个体相互作用的拓扑结构。复杂网络借助图论和统计物理的方法，揭示复杂系统的演化机制，进而理解发生在其上的动力学行为。模糊推理是建立在模糊数学基础上的一种推理方法，可解决具有不确定性和模糊性的问题，相比时序分析法具有更好的分析和预测效果。战场包含了敌方、我方和第三方的众多行为个体，个体之间在战场环境下通过信息交互和行为作用共同推动战场态势的演变发展。战场态势预测包含了敌方行动估计和趋势预测等内容。将复杂网络和模糊推理技术应用于战场态势预测的实现步骤如下。

1）基于复杂网络的战场态势网络模型构建与动力学分析

合理描述战场态势网络模型是从根本上理解和预测战场态势的基础。将战场中的各作战要素（传感器、指挥控制节点和打击节点等）作为网络节点，将节点之间的信息交互关系和行为作用关系作为网络的边，并将真实战场抽象为一个复杂网络模型。将复杂网络理论应用于战场态势预测就是根据构建的复杂网络模型，基于历史关联数据和当前战场态势数据信息描述作战对抗行为，在节点和边的生成与演化过程中提取战场态势演变规律和时序特征，通过重构其上的动力学行为变化，理解战场态势的发展演进。

2）基于模糊推理的战场态势推演预测

基于专家经验和历史战场态势数据信息建立一套推理规则和推理策略，结合战场复杂网络动力学模型的演化，利用模糊集理论处理输入、输出信息的表达及节点之间的信息交互和行为作用，实现对战场态势的推理预测及认知系统的自学习。

7.3　威胁估计的概念

7.3.1　威胁估计的定义

威胁估计作为 JDL 模型的高级融合层次，是基于态势评估的结果，根据敌方目标的目标类型、作战能力、作战企图等信息，量化敌方目标威胁指数。同时结合战场环境，对战场各个区域内我方单位受到的威胁等级做出预测，是对战场形势的进一步理解与预测，可以帮助我方指挥员更加精确地进行兵力部署、目标打击[2]。

威胁估计是指挥员在作战决策过程中重要的环节，是建立在目标状态、属性估计及态势估计基础上的高层信息融合技术。威胁估计反映敌方兵力对我方的威胁程度，依赖于敌兵力作战/毁伤能力、作战企图及我方的防御能力。威胁估计的重点是定量估计敌方作战能力和敌我双方攻防对抗结果，并给出敌方兵力对我方威胁程度的定量描述。

威胁估计是一种综合评估过程，不仅需要考虑敌方某些威胁元素，还要充分考虑战场综合态势及双方兵力对抗后可能出现的结果。影响威胁估计的元素如图 7-13 所示，威胁估计是通过对各个威胁元素的分析，逐级实现对具体保卫目标或对战场总体威胁的估计。

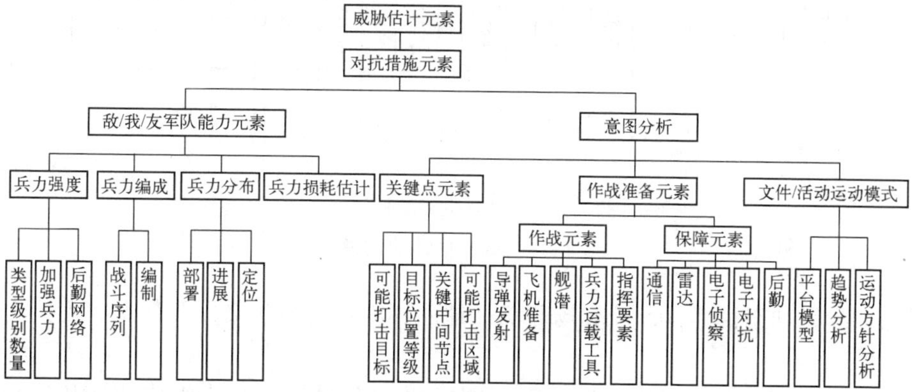

图 7-13　影响威胁估计的元素

7.3.2　威胁估计的功能模型

威胁估计的功能模型如图 7-14 所示，主要包括威胁元素估计、威胁估计和综合威胁估计。

1. 威胁元素估计

威胁元素估计包括基本威胁元素估计和综合威胁元素估计。基本威胁元素从一级和二级融合中实时探测和侦察所获得的敌方战场目标中选取，其中，战场目标主要包括地面兵力、平台及其态势（活动模式和运动趋势），海/空动态目标属性与状态的动态估计等。综合威胁元素包括对敌可能攻击的地域、目标，可能途径的关键节点（机动点、必经点）的分析与估计，对实时和非实时侦查获得的敌兵力强度、兵力编成、兵力分布、可能损耗及其构成元素的估计等。

2. 威胁估计

威胁估计依赖于敌方威胁元素的估计和我/友方投入兵力、作战方案计

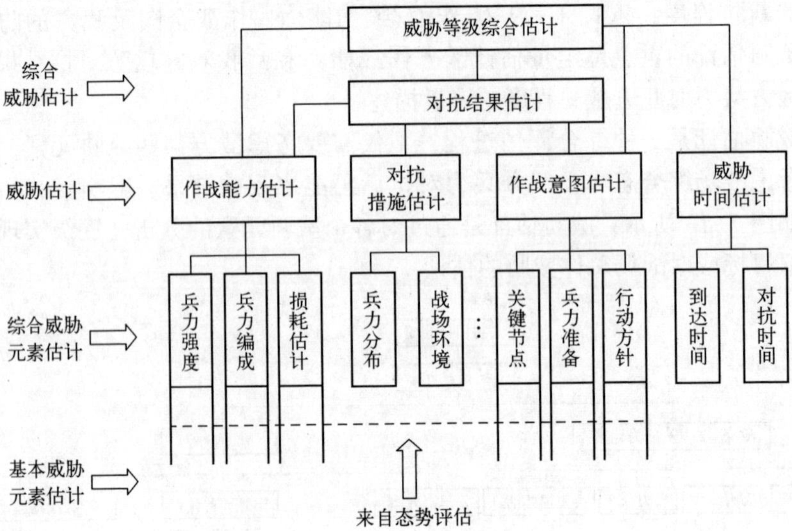

图 7-14　威胁估计功能模型

划、空/海动态目标，以及战场环境（地面环境及气候气象）等信息。主要内容如下。

(1) 作战能力估计。对敌/我/友方兵力强度估计、兵力编成估计和损耗估计的综合分析，为综合威胁估计提供支持。

(2) 作战意图估计。对敌/我/友方兵力准备估计、行动方针/作战行为估计和关键作战节点（攻击地域/目标、机动点等）分析结果的综合分析，为综合威胁估计提供支持。

(3) 对抗措施估计。对来自态势估计的战场敌/我/友方兵力分布态势、战场环境和对抗手段估计结果的综合分析，为对抗效果评估和综合威胁估计提供支持。

(4) 威胁时间估计。根据目标当前的位置、速度、运动方向等信息对敌方目标到达防线时间及与防卫兵力的对抗时间进行估计。该时间给出了我方可能的防御准备时间或预警时间。

3. 综合威胁估计

综合威胁估计包括敌方威胁判断、基于攻防双方对抗结果估计的综合威胁判断和威胁等级判定。综合威胁估计结果如图 7-15 所示，图中各项内容都是需要依据前述各项估计结果综合生成。由于威胁估计是建立在我方作战能力基础上的，是一个相对动态的过程，对抗分析是综合威胁估计中的一个重要环节。

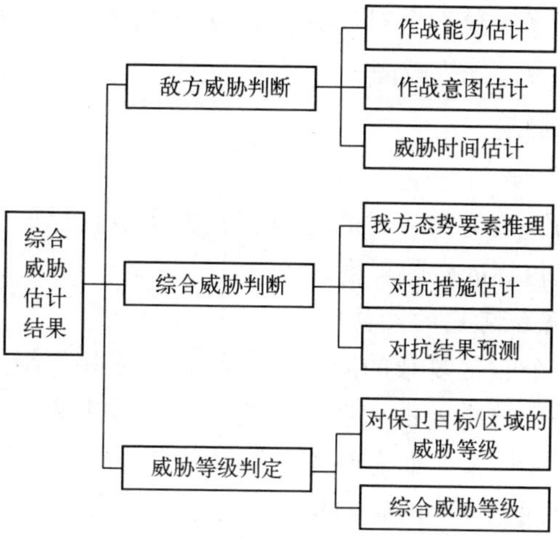

图 7-15　威胁估计结果

7.3.3　威胁估计的主要内容

威胁估计主要包括综合环境判断、威胁等级评估和辅助决策三个方面的内容。

1. 综合环境判断

1）进攻能力推理

根据敌平台类型，查询平台数据库，找到该类型平台作战能力的描述。例如，在第三级处理时，通过身份识别已经知道平台类型为某种类型的隐身战斗轰炸机，通过查询平台数据库，找到该型号飞机的描述，便可知道该型号飞机的概况，如它的性能参数、携带的武器类型、主要无线电设备性能，可获得平台的电子战能力和硬武器的杀伤、摧毁能力的有关数据，最后综合分析和推理得出对敌平台进攻能力的有效描述。

2）平台意图推理

根据敌平台的进攻能力、速度、航向及敌战略、战术意图和作战目标，推断出敌各平台的可能行为。

3）时间等级推理

判断敌平台经多长时间可对攻击目标实现有效攻击。时间等级计算是威胁估计中的一个重要指标，涉及我方能赢得多长时间的问题。假如我方的反应时间是 1min，敌平台的有效攻击时间只有半分钟，我方就来不及反应。平台离目标越近，对目标的威胁程度越高。因此，可根据平台当前的位置、速度、飞行方向，计算出敌平台对我方实施攻击的时间。通常将时间划分为若干个等级，时间越短，等级越高。

2. 威胁等级评估

1）威胁等级推理

根据敌平台的进攻能力、时间等级和我方保卫目标的重要程度，可推断出敌平台对我保卫目标的威胁程度。

2）划分威胁等级考虑的主要因素

威胁估计是一个非常复杂的问题，如何确定威胁等级及确定威胁等级时要考虑的因素均是十分重要的问题。因为要考虑的因素很多，所以只能考虑主要因素而忽略次要因素。如需要考虑敌方兵力分配、敌我双方的作战能力、地理、气象环境对武器性能的影响等，再加上敌平台隐身、伪装等欺骗行为，都给正确判断敌方作战意图和做出正确的威胁估计带来很大的困难。特别是当前大量采用高科技等手段，战场态势变化迅速，要考虑评估的实时性更应考虑以下主要因素：

（1）敌平台携带的武器类型。根据敌平台携带的武器类型，通常按杀伤力划分威胁筹级。

（2）我方保卫目标的重要程度。根据我方保卫目标的重要程度，可将保卫目标划分为几个等级。

（3）敌平台距我保卫目标的距离。根据敌平台距我保卫目标的距离，可将保卫目标划分为几个等级。

（4）平台的数量。根据敌平台的数量、位置和类型，可以计算出总的攻击能力。按照不同的攻击能力，将其划分为若干等级。

（5）敌平台的到达时间。根据敌平台从当前位置到达我保卫目标所需要的时间，考虑到达时间越短，威胁程度越高。到达时间可根据平台速度和当前位置进行计算。

（6）威胁等级的确定。综合考虑以上各种因素来确定威胁等级，但对某个具体平台来说，并不一定要考虑上面所有的因素。因此，在建立威胁等级时，要根据具体平台来决定考虑哪些因素。

3. 辅助决策

辅助决策系统针对各种平台的威胁程度，为指挥员提供作战指挥的参考方案。参考方案通常包括两部分内容。

（1）得到满意解。由于辅助决策属多目标决策，多目标决策一般不存在最优解，只能得到满意解；

（2）得到最满意解。多目标决策问题的决策方法就是要求出满意解，其过程是先求出满意解，然后从中得到一个最满意解。

综上所述，威胁估计结构如图 7-16 所示。

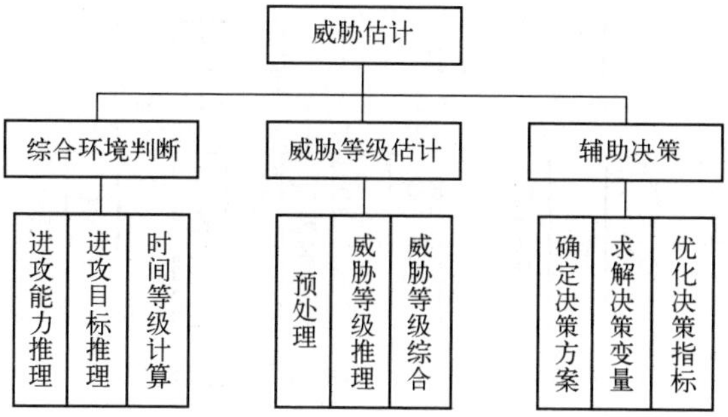

图 7-16　威胁估计结构

7.4　威胁估计的实现

7.4.1　威胁要素提取

1. 威胁要素选择与分类

目标威胁度评估是一个多种因素共同作用下的复杂问题。对于严格的威胁评估来说，不仅要考虑敌方目标的作战能力和攻击意图，还要考虑如天气情况、地理环境、政治背景等多种因素。目前较为常用的威胁估计影响因素有近 20 种。这些因素有的对威胁估计影响较大，有的影响较小；有的是定性描述的，有的是定量描述的；有的因素之间无关联，而有的因素之间存在一定的相关性，比如距离、航向、高度三个因素决定航路捷径，距离和飞行速度决定飞临时间等。然而，由于信息量和运算量限制，在进行威胁估计时，考虑全部因素是不现实的，应在诸多因素中筛选适当数量的主要因素作为评价指标，以确保威胁估计的准确性和实时性。

对于常见的空中目标类型，如战斗机、侦察机、轰炸机、空地导弹等而言，可以通过雷达、红外探测器等探测装置获得的评判因素较多，为简化计算、提高实时性，本书从中选取了六项较容易获得的因素作为威胁度评判的依据，包括目标运动速度、机动特征、干扰能力、与我方阵地的距离、高度及航向角等。以上因素大体可以分为两类：目标行为及与我方保护对象的相对关系，如图 7-17 所示。

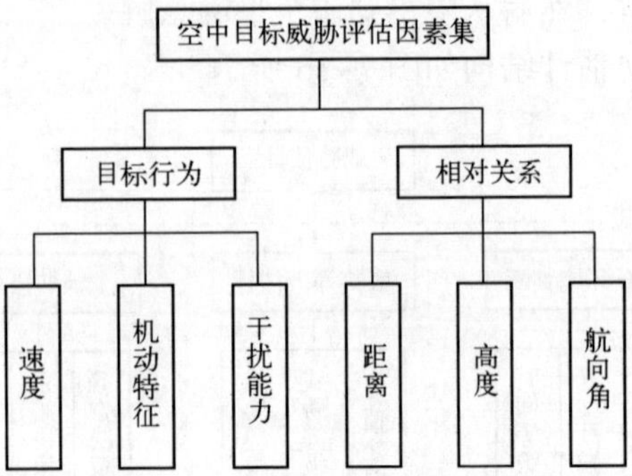

图 7-17　空中目标威胁评估因素集

2. 目标行为因素

1）目标速度

空中来袭目标的飞行速度将直接影响我方武器系统的拦截成功率，是反映目标威胁程度的重要因素。不同类型的目标往往具有不同的速度特征，如武装直升机的飞行速度较低，通常在 100m/s 以内，轰炸机、侦察机的飞行速度在 200m/s 左右，而空地导弹的再入速度则可以达到 2000m/s 以上。因此，在评估过程中可以根据目标飞行速度粗略地估计目标类型及威胁程度。目标的飞行速度越快，我方对其拦截的准备和实施时间也越短，因此其突防成功的可能性较大，将对我方造成较大的威胁。

2）机动特征

机动特征在一定程度上反映了目标的攻击意图，可以通过目标航迹中的加速度信息进行表征。在实际作战过程中，目标的机动方式通常有爬升、俯冲、盘旋、平飞等。当来袭目标采用低空突防的攻击形式时，通常在接近被打击目标时开始跃升，到达一定高度后进行平飞搜索，在确认被打击目标后实施攻击。图 7-18 描述了载机投放武器前后的机动情况。若目标为民航飞机或其他民用飞行器时，则其机动性往往较弱，飞行方式也较为单一。因此，根据目标的机动情况可以大致判断其是否存在攻击意图，以及可能的攻击时机和方位。

3）干扰能力

敌方来袭目标携带的干扰源将对我方武器系统产生严重影响。我方雷达和红外探测器受到干扰，将导致探测距离、发现目标概率、识别目标概率等指标降低；我方通信系统受到电子干扰，将导致通信距离减小、通信质量和

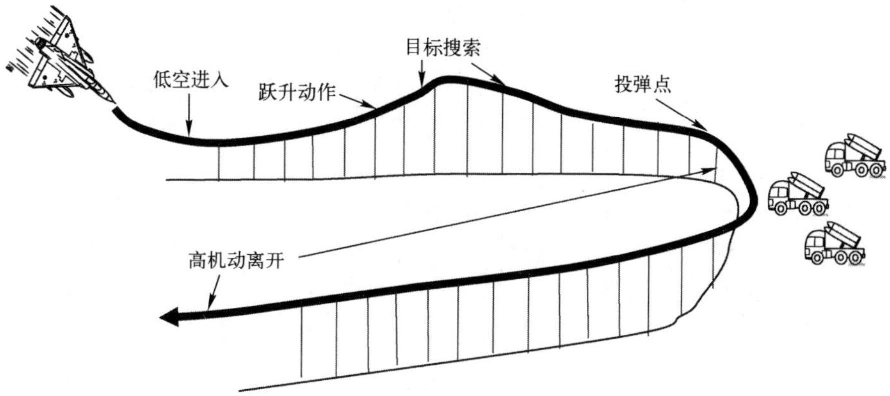

图 7-18　低空突防示意图

可靠性降低，严重影响我方作战节点间信息的有效传递。因此，目标的干扰能力越强，对我方电子设备的危害就越大，这将大大降低我方指挥系统的决策效率和武器系统的作战性能，进而削弱我方的作战优势。因此，敌方来袭目标的干扰能力也是判断目标威胁程度的一个重要依据。

3. 相对关系因素

1）目标距离

目标与我方保护对象之间的距离也是影响其威胁程度的重要因素。根据实战规律，敌方来袭目标距离我方保护对象越近，我方的防御反击时间就越短，其突防成功的概率就越大，威胁程度相应也越大。而当敌方目标距离我方保护对象较远时，可以认为其威胁程度较小或不构成威胁。

2）目标高度

低空突防是目前常采用的空袭模式。由于地物遮蔽，远距离飞行的低空目标往往难以被探测到。因此在一定高度范围内，目标的飞行高度越低，被我方发现的概率就越小，其突防概率就越大。此外，由于低空飞行难度较大，对于无攻击意图的飞行器而言，通常不会采用低空飞行的方式。因此，若探测到低空飞行目标则应对其保持足够的警惕。

3）目标航向角

目标航向角通常指目标的飞行方向与敌我连线之间的夹角，如图 7-19 所示。目标相对于我方保护对象的航向角越小，其攻击意图就越明显，攻击后对我方的毁伤程度就越大。当目标航向角为 0°时，可以认为其瞄准我方要地飞行，在其落地后能够发挥最大杀伤力，将对我方造成严重毁伤。而当目标偏离我方保护对象飞行时，其威胁程度就相对较小。

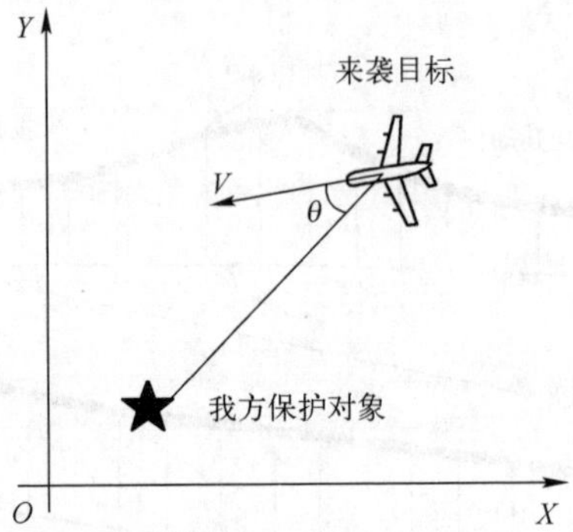

图 7-19　航向角示意图

7.4.2　要素指标规范化

由 7.4.1 节的分析可知，各威胁评估指标可以是定性的或定量的，并且具有不同的量纲和不同的数量级，这将对目标威胁程度的综合评判产生不利的影响。因此，在进行综合评估前，需要对各项指标的原始数据进行规范化处理，将其转化为 0~1 的无量纲数据。由于威胁程度的描述没有明确界限，往往具有模糊性，可以基于模糊数学相关理论对各项指标进行量化描述，其量化属性值由隶属度函数刻画。

依据 7.4.1 节的分析，速度指标的威胁隶属度函数应当满足速度越大，威胁度越大的特点，因此采用上升型指数函数的形式

$$\mu(v)=\begin{cases}0.9\times(1-e^{-a\cdot v+b})+0.1 & (v\geqslant 0.5)\\ 0 & (v<0.5)\end{cases} \tag{7-12}$$

式中：$a=1$；$b=0.5$；速度用马赫数表示。目标速度与威胁度关系曲线如图 7-20 所示。当目标速度小于马赫数 0.5 时，认为目标不具有威胁，此时威胁隶属度为 0。当目标速度大于马赫数 0.5 时，随着速度的增加，威胁度逐渐增大；当目标速度大于马赫数 3 时，对我方具有较大的威胁，此时其威胁隶属度超过 0.9。

机动特征为定性指标，可以由目标的历史航迹信息中分析提取。本书依据空中目标的常见机动方式及其可能意图对该指标进行了量化，对应关系如表 7-1 所示。当目标进行俯冲动作时，其攻击意图最为明确，此时对我方具有较大威胁；当目标做盘旋运动时，其意图可能为侦察我方阵地或等待攻击时机，因此仍需将其视为具有一定威胁度的目标；而当目标爬升或平飞时，其攻击意图不明显，对我方的威胁也相应较小。

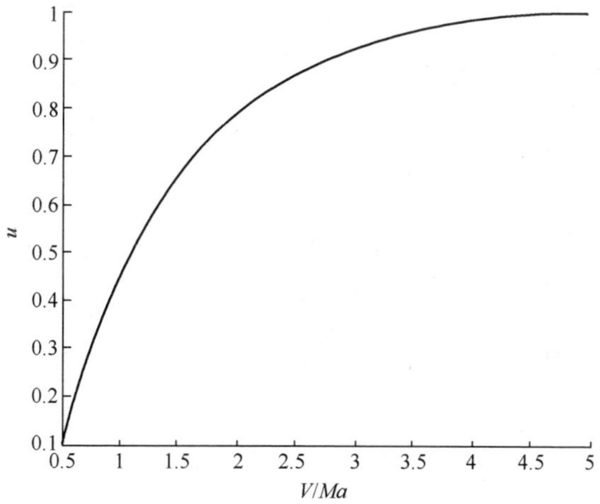

图 7-20　目标速度与威胁度关系曲线

表 7-1　机动特征量化表

机动特征	俯冲	盘旋	爬升	平飞
量化值	1	0.75	0.5	0.25

目标的干扰能力也为定性指标，本书将其划分为强、较强、中、弱和无五个等级，对应的量化值如表 7-2 所示。

表 7-2　干扰能力量化表

干扰能力	强	较强	中	弱	无
量化值	0.9	0.7	0.5	0.3	0.1

距离隶属度函数应满足待评目标与我方保护对象的距离越近，其威胁隶属度越大。因此，采用降半正态分布函数来描述目标距离与威胁度的关系

$$\mu(r)=\begin{cases}1 & (r\leqslant 15)\\ \mathrm{e}^{-k(r-a)^2} & (r>15)\end{cases} \tag{7-13}$$

式中：$k=0.00008$；$a=15$；距离单位为 km。目标距离与威胁度的关系曲线如图 7-21 所示。当目标逼近到 15km 内时，可对我方保护对象造成毁灭性打击，因此其威胁最大，对应威胁隶属度为 1。当目标远离我方保护对象时，其威胁程度逐渐减小。在距离大于 300km 时，认为目标对我方基本不构成威胁。

由于目标的飞行高度越低，被雷达发现的概率就越小，其突防成功的概率就越大。因此，目标飞行高度隶属度函数应符合目标高度越低威胁度越大的特点，本书中采用降半正态分布函数来描述目标高度与威胁度的关系

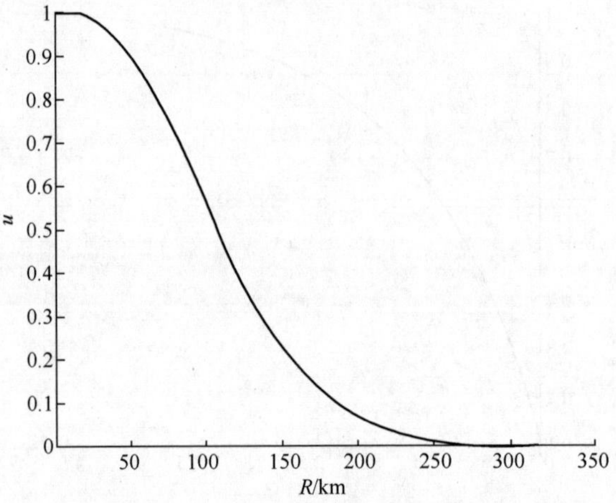

图 7-21　目标距离与威胁度关系曲线

$$\mu(h)=\begin{cases}1 & (h\leqslant 1)\\ e^{-k(h-a)^2} & (h>1)\end{cases} \tag{7-14}$$

式中，$k=0.015$，$a=1$，高度单位为千米，目标高度与威胁度的关系曲线如图 7-22 所示。当目标高度小于 1km 时，难以被我方侦察雷达发现，此时其威胁最大，威胁隶属度为 1。随着目标高度增大，其威胁度逐渐减小，当目标高度大于 20km 时可以认为对我方不构成威胁。

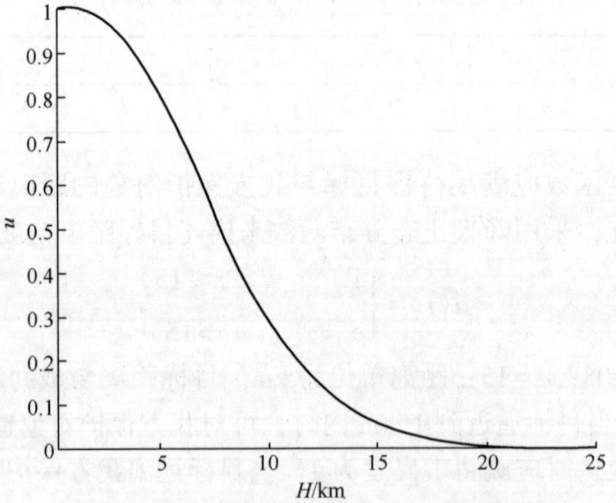

图 7-22　目标高度与威胁度关系曲线

为讨论方便，规定航向角以来袭目标与我方保护对象的连线为基准，顺时针方向为正。当来袭目标航向角在区间[-90°,90°]时，其攻击意图较为明显，将对我方保护对象构成威胁，航向角越接近 0°，其威胁程度越大；当航向角在此区间范围之外时，来袭目标对我方保护对象几乎没有威胁。于是，航向角的威胁隶属度采用中间型对称正态分布函数进行描述，其函数形式为

$$\mu(\theta)=e^{-k\theta^2} \tag{7-15}$$

式中：$k=2.25$，航向角单位为°，目标航向角与威胁度的关系曲线如图 7-23 所示。

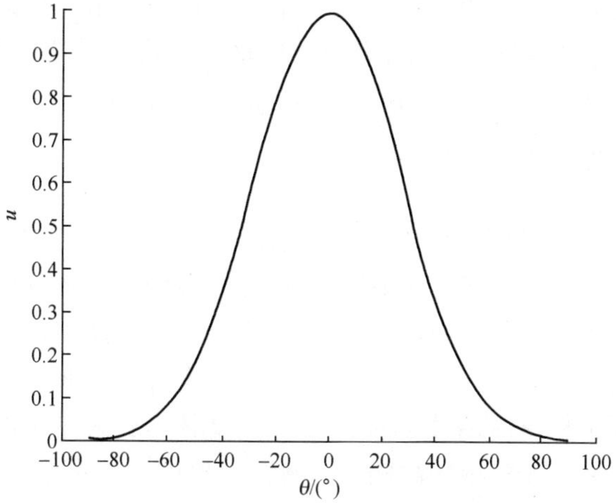

图 7-23　目标航向角与威胁度关系曲线

在实际作战过程中，在己方雷达、红外探测器等探测设备获得来袭目标的各项属性值后，可依据上述规范化方法计算出目标在各项指标下的威胁程度，从而形成目标属性矩阵 $\boldsymbol{B}=(b_{ij})_{m\times n}$，其中 b_{ij} 为第 i 个目标在第 j 个指标下的威胁隶属度。

7.4.3　要素赋权

1. 主观赋权法

主观赋权法是由评价者依据自身理解对待评价指标进行赋权的一类方法。该类方法依赖于专家或指挥员的知识积累及对现有战场环境的主观把握，是目前比较成熟并且较为常用的一类赋权方法。由于人员思维的灵活性和适应性较强，因此在实际作战过程中，指标权值可以根据实际情况进行快速调整，有利于提高系统对复杂环境的适应性。然而，对评价者过多的依赖也导致该类方法具有较强的主观性和随意性，权值易受战场环境、评价者经验和精神状态等因素影响。不同的评价者所赋权值可能会不同，甚至同一名评价者在

不同的环境下所赋权值也可能不尽相同。目前，较为常用的主观赋权法有专家调查法、德尔菲（Delphi）法、层次分析法等。

1）*专家调查法*

专家调查法，又称为头脑风暴法，是一种利用专家群体决策进行赋权的方法。在采用专家调查法进行群体决策时，需要集中有关专家召开会议，由专家在会议过程中自由提出评估方案。实践经验表明，头脑风暴法通过对问题连续、客观的分析，可以排除折中方案，并找到一组可行的方案，因而在军事和民用决策中得到了广泛的应用。但是，头脑风暴法实施的成本较高，并且比较耗时。此外，该方法还要求参与者具有丰富的经验和较好的素质，否则将会影响评估结果的准确性和合理性。

2）*德尔菲法*

与专家调查法面对面讨论不同，德尔菲法采取匿名的方式广泛征求专家的意见并进行背靠背的交流，并通过多次反馈和修改完善评估结果，最终形成一个能反映群体意志的评估结果。该方法通常包括建立评估领导小组、选择专家、轮回征询、统计分析四个步骤。德尔菲法可以通过专家的集体智慧来减少个人在确定权重时的片面性，同时有效避免了集体讨论过程中存在的盲目服从多数或屈服于权威的缺陷，是解决评价问题的重要手段之一。然而，该方法在使用的过程中，也暴露了耗时长、程序复杂、专家回复率低等不足。

3）*层次分析法*

面对多目标、多因素、多准则等复杂情况，依靠专家直接决策往往存在一定的困难，并且决策结果的可信度不高。于是，美国运筹学家 Satty 提出了一种将定性与定量相结合的决策分析方法——层次分析法（analytic hierarchy process，AHP）。该方法可以将复杂事物或者问题分解成若干层次或若干因素，通过逐层分析因素间的重要程度，并进行简单的比较和计算，就可以给出对各因素或各目标重要性程度的定量评判。根据 AHP 方法的基本思想，其分析过程主要包含建立层次结构模型、构造判断矩阵、层次单排序及一致性检验、层次总排序及一致性检验等步骤。

AHP 方法通过将复杂问题划分为多个简单的层次进行分析求解，有效降低了分析问题的复杂程度。并且，该方法建立在严格的矩阵理论之上，具有扎实的理论基础，分析结果较为合理可信。

2. 客观赋权法

客观赋权法主要以待评价数据的客观特征为依据，通过建立满足一定指标要求的优化模型来求解各项指标的权值。该类赋权方法具有较好的理论基础，可以反映数据间的离散程度等客观特征，避免了主观赋权方法随意性强、对决策者要求高等问题。并且在实际应用中，可以根据不同的优化需求选择优化模型，较为灵活便捷。然而，客观赋权法也存在着明显的不足。该类方法忽视了专家的经验和知识积累，赋权结果往往具有片面性，并且对战场环境的敏感性不强。此外，该类方法还易受到数据质量的影响，数据量少或精度较差均会导致赋权结果不稳定，难以满足实际作战需要。目前，较为常用的客观赋权方法主要有主成分分析法、离差最大化法及熵权法等。

1）主成分分析法

在评价过程中，若原始指标个数较多，则会导致评价问题过于烦琐，甚至无法求解。主成分分析法（principal components analysis，PCA）则通过对多个指标的主要成分进行提取，尽量保留对评价问题影响较大的指标，去除影响较小的指标，在实现最大化保留原始信息的同时减小评价复杂程度。经主成分分析后，系统中的变量将由原来具有一定的相关性变为相互独立的一组新的变量。主成分分析法的主要步骤如下。

（1）数据标准化。

假设原始数据有 m 个方案，每个方案有 n 维变量，则原始数据矩阵可以表示为

$$\boldsymbol{X}=\begin{bmatrix} x_{11} & x_{12} & \cdots & x_{1n} \\ x_{21} & x_{22} & \cdots & x_{2n} \\ \vdots & \vdots & \ddots & \vdots \\ x_{m1} & x_{m2} & \cdots & x_{mn} \end{bmatrix}=[\boldsymbol{X}_1 \quad \boldsymbol{X}_2 \quad \cdots \quad \boldsymbol{X}_n] \tag{7-16}$$

在实际应用中，为去除量纲、数量级等因素的影响，首先需要对各变量作标准化变换，可采用 Z 分数法对原始数据进行标准化变换。

（2）求解相关矩阵及其特征根。

标准化后的数据矩阵为

$$\boldsymbol{Z}=\begin{bmatrix} z_{11} & z_{12} & \cdots & z_{1n} \\ z_{21} & z_{22} & \cdots & z_{2n} \\ \vdots & \vdots & \ddots & \vdots \\ z_{m1} & z_{m2} & \cdots & z_{mn} \end{bmatrix} \tag{7-17}$$

则相关矩阵 $\boldsymbol{R}$ 可以表示为

$$\boldsymbol{R}=\frac{1}{m-1}\boldsymbol{Z}^{\mathrm{T}}\boldsymbol{Z} \tag{7-18}$$

由特征方程 $|\lambda \boldsymbol{I}_n-\boldsymbol{R}|=0$，可求解出相关矩阵 $\boldsymbol{R}$ 的 n 个特征根 $\lambda_1,\lambda_2,\cdots,$

λ_n，特征根的大小表征了各个主成分在评价问题上的贡献大小。

(3) 确定主成分个数。

在实际应用中，通常取使累计贡献率达到85%以上的 p 个主成分，即

$$\frac{\sum_{j=1}^{p}\lambda_j}{\sum_{j=1}^{n}\lambda_j} \geqslant 85\% \tag{7-19}$$

2）离差最大化法

离差最大化法的核心思想是，若某一项指标使各方案的属性值差异较大，则说明该指标对方案排序结果所起的作用较大；若各方案在某一项指标下的属性值差异较小，则说明该指标对方案排序结果的影响较小。因此，从对方案进行排序的角度考虑，若某一项指标使各方案属性值偏差较大，则应被赋予较大的权重，反之，其权重应为较小值。在离差最大化方法中，各方案属性值间的差异可用离差表示。假设在指标 j 下，方案 i 与其他方案间的离差 $d_{ij}(\boldsymbol{\omega})$ 为

$$d_{ij}(\boldsymbol{\omega}) = \sum_{k=1}^{m} |b_{ij}\omega_j - b_{kj}\omega_j| \quad (i \in m, j \in n) \tag{7-20}$$

式中：$\boldsymbol{B}=(b_{ij})_{m\times n}$ 为规范化后的数据矩阵；ω 为权重矢量。则有

$$d_j(\boldsymbol{\omega}) = \sum_{i=1}^{m} d_{ij}(\boldsymbol{\omega}) = \sum_{i=1}^{m}\sum_{k=1}^{m} |b_{ij}\omega_j - b_{kj}\omega_j|, j \in n \tag{7-21}$$

式中：$d_j(\boldsymbol{\omega})$ 为在指标 j 下，各个方案与其他方案的总离差。

根据上述分析，权重矢量 ω 的最优解应使所有方案评价结果的总离差 $d(\boldsymbol{\omega})$ 最大。因此，基于离差最大化法的最优化模型为

$$\begin{cases} \max d(\boldsymbol{\omega}) = \sum_{j=1}^{n} d_j(\boldsymbol{\omega}) = \sum_{j=1}^{n}\sum_{i=1}^{m}\sum_{k=1}^{m} |b_{ij}\omega_j - b_{kj}\omega_j| \\ \text{s.t. } \omega_j \geqslant 0, j \in n, \sum_{j=1}^{n}\omega_j^2 = 1 \end{cases} \tag{7-22}$$

通过求解上式即可获得各项指标的权重系数。

3）熵权法

信息熵是对系统状态不确定性的一种度量。在评价过程中，若某一项指标数据的离散程度越大，则其包含的信息量就越多，对应的信息熵就越小，此时该指标应被赋予较大的权值；反之，若某项指标数据的变异程度越小，则其不确定性就越大，熵值也越大，其对应的权重值就越小。由于熵权法具有严格的数学意义，且数据来源于各备选方案的原始数据，因此其结果真实

可靠，可以消除主观因素的影响。熵权法确定指标权重的步骤如下。

（1）计算各指标熵值。

首先将规范化后的数据矩阵 $\boldsymbol{B}=(b_{ij})_{m\times n}$ 进行归一化处理，得到归一化的属性矩阵 $\boldsymbol{C}=(c_{ij})_{m\times n}$，其中 $c_{ij}=\frac{b_{ij}}{\sum_{i=1}^{m} b_{ij}}$，则对于第 j 个属性，其熵值为 $e_j=-\frac{1}{\ln m}\sum_{i=1}^{m} c_{ij}\ln c_{ij}$。

（2）计算各指标权重。

由熵的极值性可知，当各评价对象在某一指标上的值近似相等时，其熵值也接近最大值 1，此时对于决策者来说，这项评价指标并没有为决策提供有价值的信息。反之，当各个评价对象在某一指标上的值差别较大时，其熵值较小，说明该因素指标提供了较多有用的信息，应该被重点关注。因此，对于属性 j，其熵权可以表示为

$$\omega_j=\frac{1-e_j}{\sum_{k=1}^{n}(1-e_k)} \tag{7-23}$$

与层次分析法不同，熵权法反映的不是某项指标实际意义上的重要程度，而是在给定属性值与评价指标后，表征各项指标在竞争意义上的激烈程度。因而，熵权法的权值的大小与评价对象有着紧密的联系。从信息角度来看，熵权反映了一个指标提供有用信息的多少程度。

3. 基于总偏差最小原则的组合赋权法

主观赋权法和客观赋权法作为两类经典的赋权方法都具有各自的优势和特点，但同时两类方法也存在一定的局限性，单独使用任何一类方法都无法保证赋权结果合理可信。因此，为兼顾专家的经验与战场数据的客观特征，尽量减小所赋权值的随意性和片面性，许多专家学者提出了将两类赋权方法进行结合的赋权方法，即组合赋权法。该方法通过一定的优化策略将主观权值与客观权值进行有机结合，较好地实现了主、客观的统一，避免了单一赋权方法的缺陷，可以获得更加科学的赋权结果。目前，组合赋权法已在目标威胁评估、金融机构信用评价、信息安全评估、环境安全评估等领域得到了广泛的关注和应用。

本节将在建立威胁评估指标体系的基础上，结合层次分析法与熵权法赋权法则，构建基于总偏差最小原则的优化组合赋权模型，以实现主、客观赋权方法的有机结合，提高威胁评估的准确性。组合赋权方法的具体步骤如下。

1）求解主观赋权法（AHP 法）权值

（1）建立层次结构模型。

在运用 AHP 法进行分析时，首先需要对问题所涉及的因素进行分层。通常情况下可将待评价问题划分为目标层、准则层和措施层三个层次。其中，目标层为最高层，通常是指问题总的概括和预计；准则层一般为中间层，是指标受支配于目标层又影响目标的实现；最底层为措施层，受支配于准则层，并间接作用于目标层。对于本书的威胁评估问题，层次划分如图 7-24 所示。

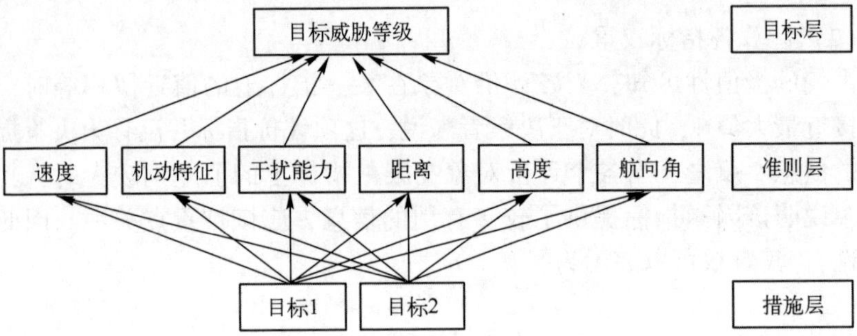

图 7-24　层次结构模型

（2）建立判断矩阵。

建立判断矩阵是 AHP 法的核心步骤。在层次结构模型的基础上，利用专家经验对同一层次指标间的相对重要程度进行评估，评估结果采用 TL Satyd 的 1~9 比例标度方法进行量化表示。同层指标间的重要程度量化值形成判断矩阵 $\boldsymbol{A}=(a_{ij})_{n\times n}$，其中 a_{ij} 为因子 i 对于因子 j 的相对重要性程度估计值。当某一指标相对于另一指标更重要时，其相对重要程度量化值大于 1，取值如表 7-3 所示。当某一指标的重要程度低于另一指标时，其相对重要程度量化值小于 1，取值为表 7-3 中各数值的倒数。

表 7-3　相对重要程度量化表

相对重要程度	量化数值
相等	1
稍微重要	3
明显重要	5
强烈重要	7
极端重要	9
介于上述重要程度之间	2，4，6，8

（3）层次单排序。

层次单排序是将层次结构模型中隶属于同一层次的因素进行重要性比较，并赋予相应的权重系数，是某个层次下各因素重要程度排列的过程。根据矩阵理论，求解 $\boldsymbol{A\omega}=\lambda_{\max}\boldsymbol{\omega}$，获得最大特征值 $\lambda_{\max}$ 对应的特征矢量 $\boldsymbol{\omega}$，即为各项指标对上层因素的权重系数，而 $\lambda_{\max}$ 将用于后续的一致性检验。

最大特征值和特征向量的近似求解方法主要有幂法、和法及方根法等等。本书将采用幂法求解矩阵的最大特征值及对应的特征向量。首先取任意两非零矢量 $\boldsymbol{v}_0=\boldsymbol{u}_0$，构造矢量序列 $\{\boldsymbol{u}_k\}$，$\{\boldsymbol{v}_k\}$，满足

$$\begin{cases}\boldsymbol{v}_0=\boldsymbol{u}_0\neq\boldsymbol{0}\\ \boldsymbol{v}_k=\boldsymbol{A}\boldsymbol{u}_{k-1}\\ \mu_k=\max\{\boldsymbol{v}_k\}\\ \boldsymbol{u}_k=\boldsymbol{v}_k/\mu_k\end{cases}\quad(k=1,2,\cdots,n)\tag{7-24}$$

当迭代次数足够多时，即可依据下式求得最大特征值 $\lambda_{\max}$ 及对应的特征向量 $\boldsymbol{\omega}$

$$\lim_{k\to\infty}\boldsymbol{u}_k=\frac{\boldsymbol{\omega}}{\max\{\boldsymbol{\omega}\}}\tag{7-25}$$

$$\lim_{k\to\infty}\mu_k=\lambda_{\max}\tag{7-26}$$

（4）一致性检验。

由于专家对各项指标的评判过程主要依赖主观因素，并不遵循数学公式，因此给出的判断矩阵往往不能满足一致性要求。于是，在求解出权值矢量后还需要对其进行一致性检验。通常，一致性指标使用下式进行计算：

$$\mathrm{CI}=\frac{\lambda_{\max}-n}{n-1}\tag{7-27}$$

当 CI=0 时，判断矩阵为完全一致并通过检验：若 CI>0 则需要将其与随机性指标 RI 进行比较得到随机一致性指标 CR，当 CR 值超出了允许范围时，认为判断矩阵的一致性检验无法通过，需要对矩阵中的比较结果做出适当调整。表 7-4 列出了常用的平均随机一致性指标值。

表 7-4　平均随机一致性指标值

n	1	2	3	4	5	6	7
RI	0.00	0.00	0.52	0.89	1.12	1.26	1.36

（5）层次总排序。

层次单排序只给出了各层因子相对于上一层的重要程度，为体现整个层

次结构的完整性和一致性，需要通过层次总排序来计算各层次因子相对于目标层（最高层）的权重系数。若第 $k-1$ 层某个指标相对于目标层的权重矢量 $\boldsymbol{l}$，第 k 层相对于 $k-1$ 层的权重矢量 $\boldsymbol{H}$，那么有第 k 层相对于目标层的权重矢量为

$$\boldsymbol{W}=[w_1,w_2,\cdots,w_n]^{\mathrm{T}}=\boldsymbol{l}\cdot\boldsymbol{H} \tag{7-28}$$

与层次单排序类似，层次总排序也需要进行一致性检验。若一致性检验未通过则需要对判断矩阵的元素取值进行重新调整。

2）计算客观赋权法（熵权法）权值

（1）计算各指标熵值。

首先将目标属性矩阵 $\boldsymbol{B}$ 进行归一化处理，得到归一化的属性矩阵 $\boldsymbol{C}=(c_{ij})_{m\times n}$，其中 $c_{ij}=\dfrac{b_{ij}}{\sum\limits_{i=1}^{m}b_{ij}}$，则对于第 j 个属性，其熵值为 $e_j=-\dfrac{1}{\ln m}\sum\limits_{i=1}^{m}c_{ij}\ln c_{ij}$。

（2）计算各指标权重。

对于属性 j，其熵权可以表示为

$$\omega_j=\frac{1-e_j}{\sum\limits_{k=1}^{n}(1-e_k)} \tag{7-29}$$

3）建立总偏差最小原则下的组合赋权模型

设决策者采用主、客观赋权方法获得的权矢量分别为 $\boldsymbol{W}^i=(\omega_1^i,\omega_2^i,\cdots,\omega_n^i)^{\mathrm{T}}(i=1,2)$。则由上述两种权矢量组成的分块矩阵可以表示为 $\boldsymbol{W}=(\boldsymbol{W}_1,\boldsymbol{W}_2)$。对权矢量进行组合，获得的组合权重矢量记为 $\boldsymbol{w}=(w_1,w_2,\cdots,w_n)^{\mathrm{T}}$，则组合表达式为

$$\boldsymbol{w}=\boldsymbol{W}\boldsymbol{\omega} \tag{7-30}$$

式中：$\boldsymbol{\omega}=(\omega_1,\omega_2,\cdots,\omega_n)^{\mathrm{T}}$ 为线性组合系数矢量，满足

$$\boldsymbol{\omega}^{\mathrm{T}}\boldsymbol{\omega}=1 \tag{7-31}$$

由式（7-30）可知，若要确定组合权重向量 $\boldsymbol{w}$，只需确定线性组合系数矢量 $\boldsymbol{\omega}$ 即可。下面将建立基于总偏差最小原则的组合赋权模型来求解组合系数矢量 $\boldsymbol{\omega}$。

总偏差最小原则的核心思想：为达到决策者的主观偏好与战场数据的客观特征的有机统一，利用组合权矢量计算出的评价值矢量与各权矢量计算出的评价值矢量之间的偏差应尽量小。为此可以建立以下基本模型。

设规范化后的属性矩阵为 $\boldsymbol{B}=(b_{ij})_{m\times n}$，则对于某待评价目标 i，各权矢量

对应的评价矢量之间的偏差为

$$F_i(\boldsymbol{\omega}) = \sum_{t=1}^{2}\sum_{j=1}^{n}[(\boldsymbol{W}_j \cdot \boldsymbol{\omega} - \boldsymbol{W}_j^t)b_{ij}]^2 \tag{7-32}$$

对于 m 个待评价目标，评价值总偏差为

$$F(\boldsymbol{\omega}) = \sum_{i=1}^{m}\sum_{t=1}^{2}\sum_{j=1}^{n}[(\boldsymbol{W}_j \cdot \boldsymbol{\omega} - \boldsymbol{W}_j^t)b_{ij}]^2 \tag{7-33}$$

则采用两种赋权矢量的总偏差最小模型可以表示为

$$\min F(\boldsymbol{\omega}) = \sum_{i=1}^{m}\sum_{t=1}^{2}\sum_{j=1}^{n}[(\boldsymbol{W}_j \cdot \boldsymbol{\omega} - \boldsymbol{W}_j^t)b_{ij}]^2 \text{s. t.} \quad \boldsymbol{\omega}^{\mathrm{T}}\boldsymbol{\omega} = 1, \omega_i \geqslant 0 \tag{7-34}$$

求解模型即可获得线性组合系数矢量 $\boldsymbol{\omega}$，再根据式（7-30）即可求出组合权矢量 $\boldsymbol{w}$。

为验证威胁评估方法对多目标威胁度排序的正确性与合理性，本节将在仿真实验中随机生成属性数据，以模拟我方探测到的空中目标，之后利用本节方法对各目标的威胁程度进行评估排序。仿真条件及计算过程如下。

假设某一时刻我方侦察系统探测到 10 个来袭空中目标，选取目标的飞行速度、机动特征、干扰能力、与我方阵地距离、飞行高度及航向角等 6 项指标构成威胁评估指标体系，各目标的属性值如表 7-5 所示。

表 7-5　空中来袭目标属性值

目　标	指标					
	速度/*Ma*	机动特征	干扰能力	距离/km	高度/km	航向角/(°)
1	1.3	盘旋	中	102.4	12.8	41.4
2	1.6	平飞	强	319.5	6.2	-2.0
3	3.4	平飞	中	61.2	13.0	14.1
4	3.0	俯冲	无	140.7	7.2	-7.4
5	2.3	爬升	无	211.1	8.3	83.3
6	1.3	爬升	弱	287.0	6.9	8.4
7	0.7	盘旋	中	139.0	7.3	3.8
8	0.9	平飞	弱	281.4	11.1	-1.9
9	2.1	俯冲	较强	141.6	5.2	32.2
10	0.8	盘旋	弱	77.1	17.0	-18.8

（1）计算威胁隶属度矩阵。

利用7.4.2节各项指标的威胁隶属度函数对表7-5中的属性值进行量化，获得目标威胁隶属度矩阵 $\boldsymbol{B}=(b_{ij})_{m\times n}$。

$$\boldsymbol{B}=\begin{bmatrix} 0.5956 & 0.75 & 0.5 & 0.5428 & 0.1239 & 0.3089 \\ 0.7004 & 0.25 & 0.9 & 0.0010 & 0.6666 & 0.9973 \\ 0.9505 & 0.25 & 0.5 & 0.8430 & 0.1153 & 0.8726 \\ 0.9261 & 1.00 & 0.1 & 0.2825 & 0.5618 & 0.9632 \\ 0.8512 & 0.50 & 0.1 & 0.0461 & 0.4496 & 0.0086 \\ 0.5956 & 0.50 & 0.2 & 0.0027 & 0.5932 & 0.9528 \\ 0.2631 & 0.75 & 0.5 & 0.2923 & 0.5514 & 0.9902 \\ 0.3967 & 0.25 & 0.2 & 0.0034 & 0.2165 & 0.9975 \\ 0.8183 & 1.00 & 0.7 & 0.2774 & 0.7675 & 0.4913 \\ 0.3333 & 0.75 & 0.2 & 0.7345 & 0.0215 & 0.7849 \end{bmatrix} \tag{7-35}$$

（2）确定各项指标权重。

经专家评议后认为，6项指标对于目标威胁评估的重要程度由大到小依次为距离、速度、干扰能力、航向角、机动特征及飞行高度，各指标间的相对重要程度如表7-6所示。

表7-6　各指标相对重要程度

指标	速度	机动特征	干扰能力	距离	高度	航向角
速度	1	4/2	3/2	1/2	5/2	3/2
机动特征	2/4	1	3/4	1/4	5/4	3/4
干扰能力	2/3	4/3	1	1/3	5/3	3/3
距离	2	4	3	1	5	3
高度	2/5	4/5	3/5	1/5	1	3/5
航向角	2/3	4/3	3/3	1/3	5/3	1

利用幂法，可以求解出各项指标的权向量 $\boldsymbol{\omega}_1=[0.191\quad 0.096\quad 0.127\quad 0.382\quad 0.077\quad 0.127]^{\mathrm{T}}$，对应的最大特征值 $\lambda_{\max}=6$。由此可得一致性指标 $\mathrm{CI}=\dfrac{\lambda_{\max}-n}{n-1}=0$，满足一致性要求。

在确定主观赋权法权重系数后，利用熵权法确定各项指标的客观权重系数。首先对威胁隶属度矩阵 $\boldsymbol{B}$ 进行归一化，求得归一化后的隶属度矩阵 $\boldsymbol{C}=(c_{ij})_{m\times n}$，

$$
\boldsymbol{C}=\begin{bmatrix}
0.0926 & 0.1250 & 0.1282 & 0.1794 & 0.0305 & 0.0419\\
0.1089 & 0.0417 & 0.2308 & 0.0003 & 0.1639 & 0.1354\\
0.1478 & 0.0417 & 0.1282 & 0.2786 & 0.0283 & 0.1184\\
0.1440 & 0.1667 & 0.0256 & 0.0934 & 0.1381 & 0.1307\\
0.1324 & 0.0833 & 0.0256 & 0.0152 & 0.1105 & 0.0012\\
0.0926 & 0.0833 & 0.0513 & 0.0009 & 0.1458 & 0.1293\\
0.0409 & 0.1250 & 0.1282 & 0.0966 & 0.1356 & 0.1344\\
0.0617 & 0.0417 & 0.0513 & 0.0011 & 0.0532 & 0.1354\\
0.1272 & 0.1667 & 0.1795 & 0.0917 & 0.1887 & 0.0667\\
0.0518 & 0.1250 & 0.0513 & 0.2428 & 0.0053 & 0.1065
\end{bmatrix} \tag{7-36}
$$

即可求得熵权法权矢量 $\boldsymbol{\omega}_2=[0.055\quad 0.085\quad 0.165\quad 0.410\quad 0.174\quad 0.111]^{\mathrm{T}}$。在获得目标属性矩阵和主、客观权值后，即可依照式（7-34），构建总偏差最小原则下的组合赋权模型，求解出组合权矢量 $\boldsymbol{w}=[0.123\quad 0.091\quad 0.146\quad 0.396\quad 0.125\quad 0.119]^{\mathrm{T}}$。

（3）目标威胁度综合评估排序。

依据多属性决策理论，在获得指标赋权后，可依据决策信息（权重及规范化属性矩阵）和一定的规则完成方案集的排序。本书采用加权求和的方式对各目标的威胁度进行合成，如式（7-37）所示，将指标隶属度矩阵乘以组合权矢量，即可求得各目标的威胁度指数。

$$
\boldsymbol{F}=\boldsymbol{B}\cdot\boldsymbol{w} \tag{7-37}
$$

式中：$\boldsymbol{w}$ 为组合权重系数；$\boldsymbol{B}$ 为目标属性矩阵。经计算，目标威胁程度与相应的威胁等级排序如表 7-7 所示。为直观地表示各赋权方法评估结果的差别，给出了各排序结果的曲线图，如图 7-25 所示。

表 7-7　目标威胁度及威胁等级排序

序　号	赋权方法					
	AHP 赋权法		熵权法		组合赋权法	
	排序结果	目标威胁度	排序结果	目标威胁度	排序结果	目标威胁度
1	3	0.7108	3	0.6186	3	0.6646
2	9	0.5687	9	0.5473	9	0.5580
3	4	0.5591	10	0.5071	10	0.5250
4	10	0.5430	7	0.4864	4	0.5160
5	1	0.5054	4	0.4729	1	0.4814

续表

序　号	赋权方法					
	AHP 赋权法		熵权法		组合赋权法	
	排序结果	目标威胁度	排序结果	目标威胁度	排序结果	目标威胁度
6	7	0.4656	1	0.4574	7	0.4761
7	2	0.4504	2	0.4354	2	0.4430
8	6	0.3549	6	0.3183	6	0.3367
9	5	0.2766	8	0.2259	8	0.2479
10	8	0.2698	5	0.2039	5	0.2403

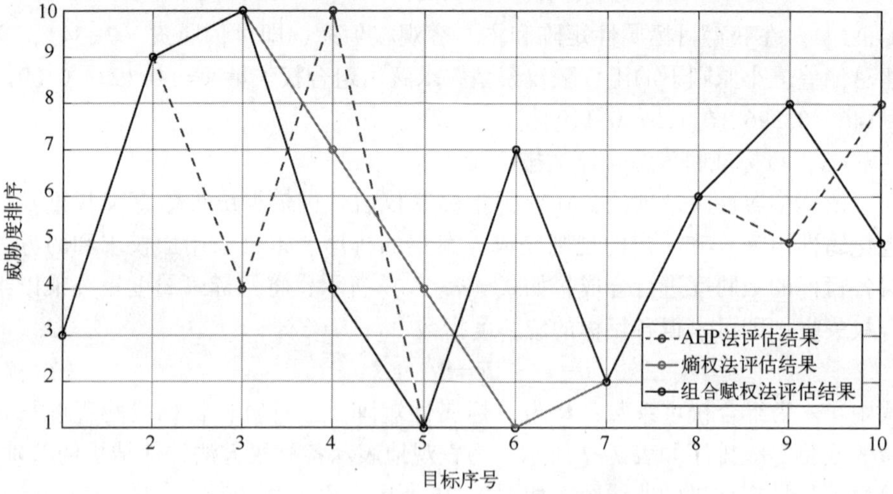

图 7-25　三种赋权方法排序结果对比

由表 7-7 和图 7-25 可知，各项指标的权重分配会对威胁评估结果产生较大影响，采用不同的赋权方法时，得到的各指标权重往往会存在一定的差异。例如，当采用层次分析法时，专家根据其经验认为速度是重要程度仅次于距离的因素，因而对其赋予了较高的权值。然而在实际战场环境中，10 个目标在速度上的差别较小，不足以成为决定威胁度次序的重要因素，因此在熵权法计算结果中，速度的重要程度最小，仅采用单一的赋权方法并不能保证赋权结果的合理性。

基于总偏差最小原则的组合赋权方法则将两种权值进行了有机结合，并保证了组合后的权值与主、客观的权值相差较小，以兼顾专家的主观偏好和战场数据的客观特征。通过该方法得到的威胁评估结果与专家的定性分析结果完全一致，表明通过综合主客观赋权方法，可以在一定程度上避免单一赋权方法的不足，所赋权值更为合理，评估结果更加真实可信。

4. 基于极限学习机的威胁估计[12]

极限学习机（extreme learning machine，ELM）是由 Huang 等提出的一种新型神经网络算法，输入权值和偏置量是随机初始生成，输出权值随输入权值和偏差的变化得到。该算法相比经典的 BP 神经网络算法，首先具有学习速度快的优势。此外，BP 算法存在过度训练的问题，使其泛化能力变差，而 ELM 具有较好的模型泛化能力，而且算法的高实时性使其广泛应用于在线学习系统。本节基于 ELM 算法进行目标威胁估计，通过对威胁感知的输入输出样本数据进行学习建模，自主得到威胁估计结果。

极限学习机是机器学习领域中的一种新型高效算法，以单隐层前馈神经网络架构为基础，通过高斯均匀随机分布生成的固定权值矩阵实现输入层到隐含层的连接，而隐含层与输出层的加权矩阵的学习是 ELM 算法建模的主要目标。因此，ELM 算法只需设置训练网络的隐层节点个数，不需要调整网络的输入权值及隐层神经元的偏置。基于上述描述可知，ELM 算法具备参数选择容易、学习速度快的优势。特别是在可用空战数据样本有限的条件下，能够以零误差逼近任意的线性和非线性函数。

极限学习机的具体算法原理如下：给定 N 个样本$(\boldsymbol{u}_i,\boldsymbol{t}_i)$，其中 $\boldsymbol{u}_i=[u_{i1},u_{i2},\cdots,u_{iN_u}]^{\mathrm{T}}$ 和 $\boldsymbol{t}_i=[t_{i1},t_{i2},\cdots,t_{iN_y}]^{\mathrm{T}}$ 分别为样本输入输出数据，N_x 个隐层神经节点，$N_x\leqslant N$，激活函数为 $h(u)$的单隐层前馈神经网络数学模型为

$$\sum_{i=1}^{N_x}\boldsymbol{\beta}_i h(u_j)=\sum_{i=1}^{N_x}\boldsymbol{\beta}_i h(\boldsymbol{a}_i\cdot u_j+b_i)=y_j\quad(j=1,2,\cdots,N)\tag{7-38}$$

式中：$\boldsymbol{a}_i=[a_{i1},a_{i2},\cdots,a_{iN_u}]^{\mathrm{T}}$ 为输入层与隐层的连接权值（随机生成）；$\boldsymbol{\beta}_i=[\beta_{i1},\beta_{i2},\cdots,\beta_{iN_x}]^{\mathrm{T}}$ 为隐层与输出层连接权矢量；b_i 为偏移量（随机生成）。采用激活函数 $h(u)$能够零误差逼近 N 个样本，则 $\sum\limits_{i=1}^{N}\|y_i-t_i\|=0$，即

$$\sum_{i=1}^{N_x}\boldsymbol{\beta}_i h(\boldsymbol{a}_i\cdot u_j+b_i)=t_j\quad(j=1,2,\cdots,N)\tag{7-39}$$

上述方程的矩阵形式为

$$\boldsymbol{H\beta}=\boldsymbol{T}\tag{7-40}$$

式中：

$$\boldsymbol{H}=\begin{bmatrix} h(a_1u_1+b_1) & \cdots & h(a_{N_x}u_1+b_{N_x}) \\ \vdots & \ddots & \vdots \\ h(a_1u_N+b_1) & \cdots & h(a_{N_x}u_N+b_{N_x}) \end{bmatrix}_{N\times N_x} \tag{7-41}$$

$$\boldsymbol{\beta}=\begin{bmatrix} \beta_1^{\mathrm{T}} \\ \vdots \\ \beta_{N_x}^{\mathrm{T}} \end{bmatrix}_{N_x\times N_y}, \quad \boldsymbol{T}=\begin{bmatrix} t_1^{\mathrm{T}} \\ \vdots \\ t_{N_x}^{\mathrm{T}} \end{bmatrix}_{N\times N_y}$$

式中：$\boldsymbol{H}$ 为极限学习机的隐含层输出矩阵，其中第 i 列代表第 i 个隐层神经元关于每个输入向量 $u_1,u_2,\cdots,u_N$ 的输出。

对于已经固定的随机输入权值 a_i 和隐层节点偏移值 b_i，训练这个单隐层前馈神经网络实际上就是找到线性系统 $\boldsymbol{H\beta}=\boldsymbol{T}$ 的关于$\hat{\boldsymbol{\beta}}$的最小二乘解。一般情况下，隐层节点数远远小于训练样本数，即 $N_x \ll N$，因此需要求 $\boldsymbol{H}$ 的伪逆，即

$$\hat{\boldsymbol{\beta}}=(\boldsymbol{H}^{\mathrm{T}}\boldsymbol{H})^{-1}\boldsymbol{H}^{\mathrm{T}}\boldsymbol{T} \tag{7-42}$$

采用极限学习机技术实现目标智能威胁估计，首先，选取输入输出数据，其中假设输入数据为五维，包括目标距离、目标速度、目标进入角、目标类型及目标航迹精度，输出为目标的威胁度，并将样本数据以一定比例划分为训练样本和测试样本，模型如图 7-26 所示；其次，采用 ELM 算法对训练样本的输入输出数据进行训练建模；最后，训练完成后，采用测试样本进行结果测试，如果精度不满足，则重新训练。

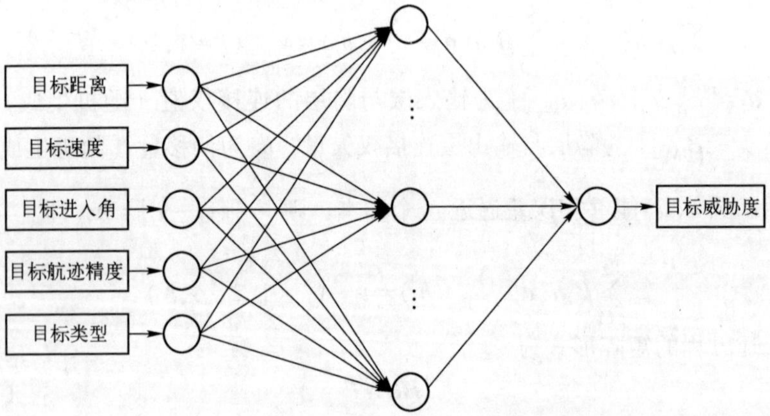

图 7-26 基于 ELM 的目标威胁估计模型

具体步骤如下。

步骤 1：选取样本数据，包括五维输入样本，目标距离特征、目标类型、速度、目标进入角及航迹精度，输出样本数据即目标威胁度。

步骤 2：将样本数据按一定比例划分为训练样本和测试样本数据。

步骤 3：选择 ELM 算法进行建模训练，由于本节研究问题属于回归问题，因此针对回归问题设置 ELM 算法参数，即类型参数与隐层节点参数。

步骤 4：采用训练样本数据进行建模训练。

步骤 5：采用测试样本数据进行模型测试，精度满足要求，则进入下一步，否则返回步骤 3 调整参数重新训练。

步骤 6：结束。

下面 ELM 算法对目标威胁估计进行特征建模，从而实现目标威胁智能感知。从某目标威胁数据库选取目标威胁样本数据，其中输入样本包括五维，即目标距离特征、目标类型、速度、攻击角及航迹质量，各特征值的归一化隶属度函数计算结果如表 7-8 所示。

表 7-8　输入样本的隶属度函数值

威胁要素	归一化数值					
目标距离	0.99	0.96	0.89	0.80	0.40	
目标类型	0.90	0.80	0.70	0.60	0.50	0.30
目标速度	0.70	0.60	0.30	0.20	0.10	
攻击角	1	0.27	0.0054			
航迹质量	0.99	0.72	0.30	0.23	0.12	

通过上述数据预处理，选取的样本数据共 2250 组。按均匀分布随机抽取 2000 组数据作为训练样本，250 组数据作为测试样本。

为了更好地说明采用 ELM 算法进行目标威胁估计的合理性，采用 ELM 和 BP 算法对比验证。ELM 采用随机的方式设置输入权值及隐层神经元的偏置，只需设置隐层神经元个数，设置为 100；BP 算法学习率设置为 0.1，训练目标 1.0×10^{-5}，隐层神经元个数同 ELM 算法。

测试结果如图 7-27 和图 7-28 所示。从图 7-28 统计的预测误差百分比可知，ELM 预测误差基本在 0.1%的水平，BP 的误差百分比约为 0.5%，ELM 大大低于 BP 算法的预测误差百分比。此外，在统计得到 250 组样本中，ELM 的预测均值误差为 5.0×10^{-4}，BP 的预测均值误差为 1.4×10^{-3}。因此，基于

ELM 算法训练得到的感知模型具有较高的威胁估计精度。

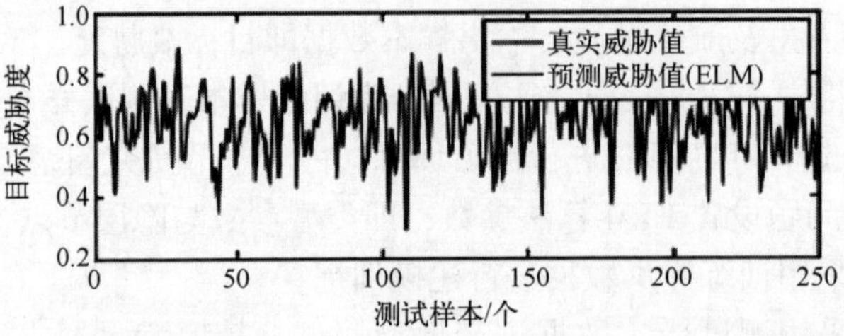

(a)

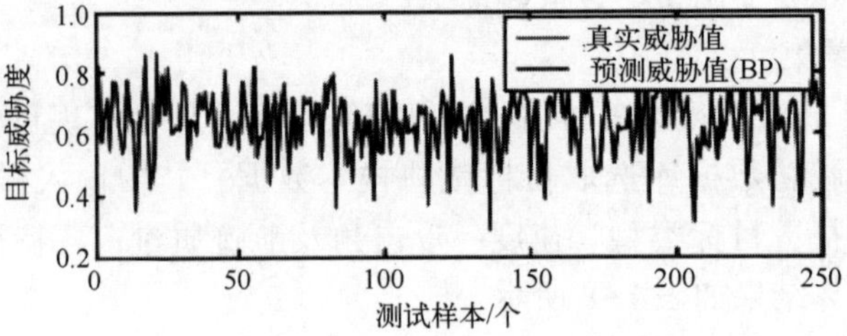

(b)

图 7-27　测试样本目标威胁估计结果

（a）ELM 仿真结果；（b）BP 仿真结果。

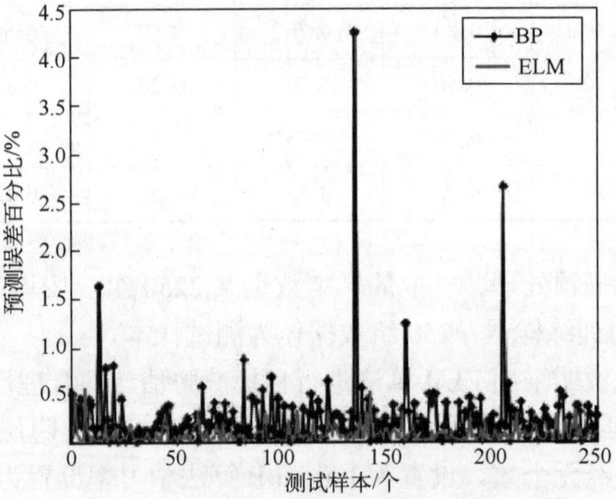

图 7-28　目标威胁估计误差百分比

小　　结

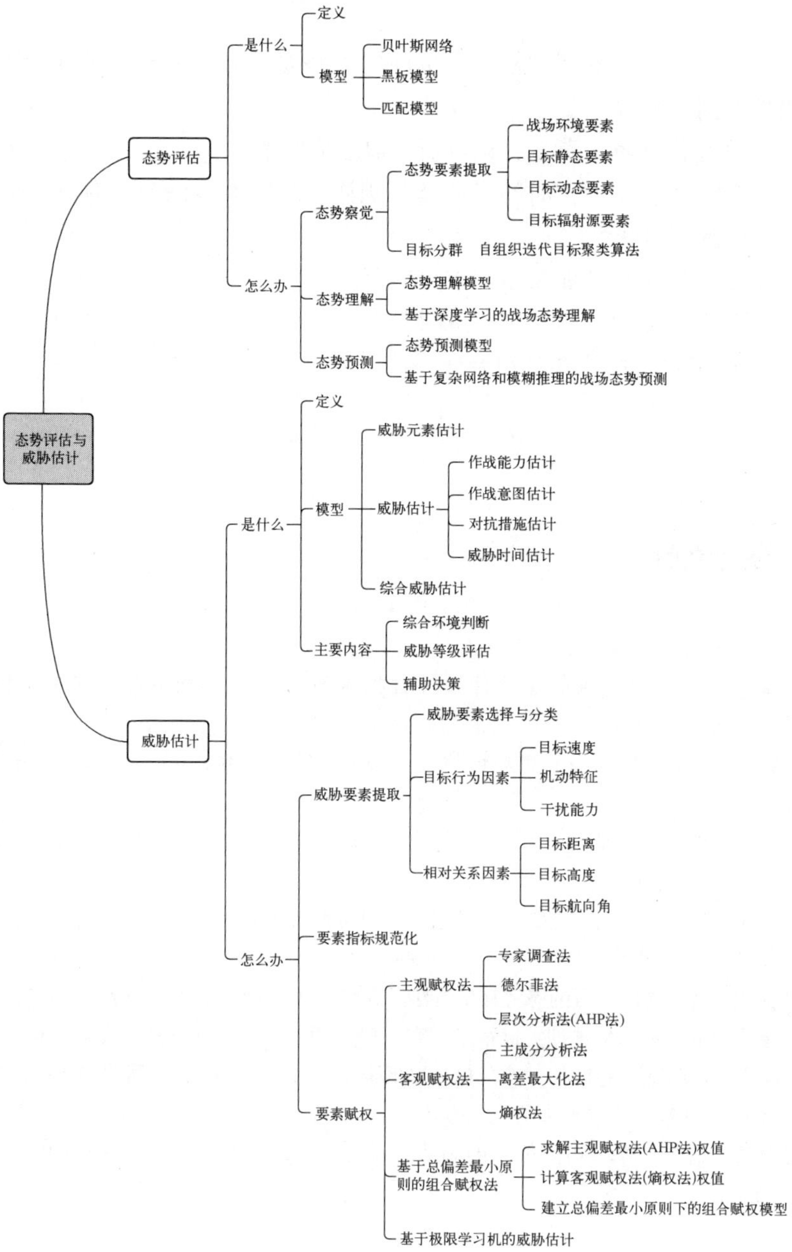
态势评估与威胁估计
态势评估
是什么
定义
模型
贝叶斯网络
黑板模型
匹配模型
怎么办
态势察觉
态势要素提取
战场环境要素
目标静态要素
目标动态要素
目标辐射源要素
目标分群　自组织迭代目标聚类算法
态势理解
态势理解模型
基于深度学习的战场态势理解
态势预测
态势预测模型
基于复杂网络和模糊推理的战场态势预测
威胁估计
是什么
定义
模型
威胁元素估计
威胁估计
作战能力估计
作战意图估计
对抗措施估计
威胁时间估计
综合威胁估计
主要内容
综合环境判断
威胁等级评估
辅助决策
怎么办
威胁要素提取
威胁要素选择与分类
目标行为因素
目标速度
机动特征
干扰能力
相对关系因素
目标距离
目标高度
目标航向角
要素指标规范化
要素赋权
主观赋权法
专家调查法
德尔菲法
层次分析法(AHP法)
客观赋权法
主成分分析法
离差最大化法
熵权法
基于总偏差最小原则的组合赋权法
求解主观赋权法(AHP法)权值
计算客观赋权法(熵权法)权值
建立总偏差最小原则下的组合赋权模型
基于极限学习机的威胁估计

习　题

1. 分析黑板模型和匹配模型在关注的态势要素方面的异同及在推理效率和准确性方面的优劣。

2. 以典型海战场为背景，试分析提取态势要素。

3. 查阅文献，学习短时间段的态势预测和长时间段的态势预测，并分析两者之间的区别与联系。

4. 简述威胁估计功能模型和主要内容。

5. 简述利用层次分析法求各威胁要素加权系数的步骤，画出流程图。

6. 通过 Matlab 编程实现组合赋权法。

参考文献

[1] 陈斌．面向空中战场的态势评估关键技术研究［D］．西安：西安电子科技大学，2019.

[2] 王晟．基于大数据处理的态势评估与威胁估计算法研究［D］．成都：电子科技大学，2019.

[3] 姚春燕，胡卫东，郁文贤．态势估计中基于假设检验的统计时间推理方法［J］．国防科技大学学报，1999，21（6），59-62.

[4] 吕学志，胡晓峰，吴琳，等．战役态势认知的概念框架［J］．火力与指挥控制，2019，44（7）：1-6.

[5] 吕少楠．基于深度学习的态势评估方法［D］．西安：西安电子科技大学，2020.

[6] 余源丰．群目标态势推理关键技术研究［D］．西安：西安电子科技大学，2020.

[7] 王晓璇，刁联旺．态势估计的目标分层聚合方法研究［C］．第四届中国指挥控制大会论文集，2016：592-597.

[8] 李龙顺．面向多源传感器信息的态势估计方法研究［D］．杭州：杭州电子科技大学，2017.

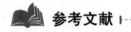

[9] 刘科．认知技术在战场态势感知中的应用［J］．指挥信息系统与技术，2021，12（3）：13-18.
[10] 潘泉，等．多源信息融合理论及应用［M］．北京：清华大学出版社，2013.
[11] 孔尚萍．基于多源信息融合的目标航迹估计与威胁评估［D］．北京：中国航天科技集团公司，2017.
[12] 王永坤，郑世友，邓晓波．基于极限学习机的目标智能威胁感知技术［J］．雷达科学与技术，2020，18（4）：387-393.